REDIAN YU DUICE

2005—2006NIANDU
CAIZHENG
YANJIU BAOGAO

热点与对策：

2005—2006 年度财政研究报告

中 册

财政部财政科学研究所 编

中国财政经济出版社

“三农”问题研究

以资本为纽带　推动农村经济发展

——山东寿光市的研究报告

内容提要

本文旨在分析资本对推动农村经济发展和扩大内需的作用。通过实地调研考察山东寿光市金融部门（人民银行、信用社和农业银行）和财政部门为推动农村经济发展所作的努力，作者发现，资本对推动农村经济发展的贡献功不可没——增加农民收入，促进农村人口流动，实现农村城镇化，缩小城乡差距。而且，寿光市农村经济的发展也增强了财政金融部门实力和抗风险能力，并对全国农村地区的经济发展产生积极影响。为了进一步提高劳动生产率，公平收入分配，更好地发挥资本的纽带作用，寿光市正在建立和完善包括龙头企业、农户、中介组织等在内的多层次利益形成机制和分配机制（包括贷款本息归还机制和财政投入机制）。这表明，寿光市正在进一步规范和培育市场主体，加快农村市场化进程。

地处山东半岛中部的寿光市，被誉为“中国蔬菜之乡”，近来受到各方关注。目前，社会上对寿光发展经验的介绍较多，如农业生产经验（杨光玉，2004），农业生产结构调整（刘命信，2000），农业生产标准化（马金涛，2004），农业科技主导地位（刘克强，2002）等。特别是由许毅教授牵头的课题组对寿光发展模式进行深入总结，提出了解决“三农”问题的根本途径是对农村生产方式进行革命式变革（许毅，2003）。应该说，该报告是我国“三农”问题研究的重要理论文献，对指导今后我国农村经济发展道路有着很好的参考价值。但是，在资本推动农村经济发展这一问题上，该报告着墨却并不多。为此，2005年10月，我们再次到寿光进行调研，了解寿光市如何通过资本的带动作用，加快农业产业化，推动农村经济发展。

考虑到我国农村金融市场并不发达，资本一级市场对农业和农村经济发展的支持还不是主要因素，商业保险对农村经济发展的推动作用几乎是一片空白。因而，本文所说的资本融资，主要是指民间金融资本（特别是农业银行和农村信用联社）和社会资本（这里不包括社会捐赠，仅指财政投入）。

本文内容如下：第一部分介绍寿光金融部门（人民银行、寿光联社和农业银行寿光市支行）为推动农村经济发展所采取的措施。第二部分介绍财政部门在农村经济发展中的作用和财政支农特点。第三部分讨论资本支持农村经济发展的效果，包括农民增收，人口流动，农村城镇化和缩小城乡差距。而且，农村经济的发展也增强了财政金融部门实力和抗风险能力，并对全国农村地区的经济发展产生积极影响。第四部介绍寿光市用资本进一步支持农村经济发展的设想。

一、金融系统对农村经济发展的支持

（一）人民银行

多年来，人民银行寿光市支行紧密结合实际，从农村经济发展的关键环节、关键部位入手，加大窗口指导力度，根据国家的货币信贷和产业政策，围绕不同时期农村经济发展重点，先后制定了“南扶粮菜果，北保盐棉虾”、“五保、四支持、一帮促”、“金融机构业务交叉贷款实施办法”等多项区域货币信贷指导政策。国家每一项货币政策和金融调控措施出台后，人民银行寿光市支行都及时向地方党委政府汇报，使其充分领会政策趋向，发挥了参谋助手作用，同时也赢得了地方政府的支持和理解，较好地发挥了金融支持区域经济发展的作用。人民银行的同志认为，金融部门特别是中央银行只有站在全局和战略的高度，通过参与经济运行的全过程，挖掘抓住经济工作的规律性，把支持经济发展作为工作的主要内容，牢固树立有为才有位，有位才能更好地有所作为的观念，才能创造性地贯彻货币政策，充分发挥基层中央银行对区域经济的调控作用。

（二）寿光联社

寿光联社共有机构 103 家，其中 6 家法人社，97 家分社。在编正式职工 701 名。寿光联社对支农工作做出了巨大贡献。

1. 重点支持了无公害蔬菜生产

近两年累计发放贷款 7.5 亿元，在支持蔬菜种植面积不断扩大的基础上，重点支持了乐义蔬菜、欧亚特蔬菜、洛城特菜等以无土栽培为主的无公害蔬菜生产。在寿光联社的贷款支持下，全市优质蔬菜种植面积达到 90 万亩，无公害蔬菜发展到 60 万亩，有 20 多种农产品获国家无公害农产品标志。

2. 重点支持了农业产业化发展

为培植新的经济优势，促进农业产业化发展进程，寿光联社自 2003 年以来累计发放贷款 4.6 亿元，积极支持农民发展合同、订单种养等多元化生产，将分散经营、投资主体单一、抗风险能力小的千家万户纳入公司、农户等的多层次农村合作经济组织，培育了一批外联国内外市场，内联基地农户的“农”字号龙头企业，增强了农业龙头企业对农业产业化发展的辐射和带动作用。

3. 大力支持农业和畜牧园区建设

寿光联社以推广农业农场化、农民职工化、产品标准化为目标，累计发放贷款 22 亿元，支持建设了一大批粮食、蔬菜、果品、畜牧专业乡镇和专业村。在寿光联社的贷款支持下，全市投资近 6 亿元，建成了包括 10 多家国际知名企业在内的 60 多个农业高科技项目和 500 多个标准化饲养小区，成为农民增收新的经济增长点。

4. 大力拓展城区业务

寿光联社在城区借鉴支农营销网络建设的经验，以信用等级评定为基础，通过专项授权，建立以专业市场为依托，以个体工商户联户联保为主的贷款方式，积极拓展城区服务领域，抢占优良客户。对个体工商户贷款，寿光联社采取联户联保的方式，在不超最高限额 10 万元的前提下进行发放。对超过额度限制且形成一定规模的专业市场，寿光联社采取专项授信的方式进行信贷支持。2004 年，寿光联社对煤炭市场、钢材市场、生资市场和摩托车市场等四大市场及盐田、蔬菜储存等集约化经营市场进行了专项授权，2005 年又对盐田和蔬菜经营户再次进行专项授信，受到了经营业主的热烈欢迎和大力支持。截止到 2005 年 9 月底，寿光联社累计授信 1379 户，共计 37680 万元。

5. 大力开展支农营销网络建设，及时满足“三农”贷款需求

营销网络是开拓农村市场的主要手段。为此，寿光联社坚持“三农”市场定位，不断加快业务创新，努力改善金融服务，积极实施以评定信用守法村、户为主要内容，以信用社为中心，以支农信息员为纽带的支农营销网络建设，全面推行联户联保、贷款证和贷款上柜台制度，并对评定的信用守法村、户给予贷款优先、利率优惠的政策倾斜，简化了贷款手续，增加了对农业和农村的资金投入，基本满足了“三农”贷款需求，构筑起了农民增收、信用社发展的双赢平台。对信用守法村的评定，采取原则性与灵活性相结合的原则，如果条件暂时达不到，但村委主动与信用社签订还款协议，寿光联社也对其进行信用等级评定。到 2005 年 10 月 20 日，寿光联社共评定信用守法村 654 个，占全市行政村的 71.2%；评定信用守法户 57446 户，占全市农户的 38.8%；发放贷款证 45803 个，贷款证贷款余额为 95284 万元；涉农网点全部推行了贷款上柜台。

（三）农业银行寿光市支行

农业银行寿光市支行根据企业的资产及经营状况，确定了重点支持 20 家农业产业化龙头企业，包括 1 家国家级龙头企业（寿光蔬菜批发市场有限公司），4 家省级龙头企业（巨能电力集团金玉米开发有限公司、山东圣海集团公司、山东龙威实业公司、寿光天成食品有限公司），15 家市级农业产业化龙头企业。2002—2004 年，农业银行寿光市支行的贷款规模不断扩大，贷款占比不断扩大。农业银行寿光

市支行信贷投入情况如下：2002 年贷款余额 1.36 亿元，承兑汇票 2870 万元，贴现 2100 万元；2004 年贷款余额 1.93 亿元，承兑汇票 4501 万元，贴现 3456 万元。

二、财政部门对农村经济发展的支持

寿光市财政部门一直重视支持农业产业化和促进农村经济发展。在寿光农业产业化还处于雏形的时期，财政部门就对农业产业化给予了大力支持。20 世纪 80 年代末期，正是财政（通过财政周转金）和信用社贷款的大量支持，三元朱村村委王乐义书记才可能带动全村 17 户党员进行大棚蔬菜试验，并一举成功。随后，政府财政部门与金融部门密切配合，统筹安排，通过贷款贴息、补助资金、减免税收或补贴化肥农药等生产资料等多种补贴政策，努力发挥财政“四两拨千金”的杠杆作用，增加了对农业基本建设项目、技改项目等的投入力度，加快了农业产业化步伐。

近年来，寿光市财政部门对农村经济发展的支持有一些新特点：

（一）财政支持农村生产的力度近年来不断加大，但财政支农占财政支出比重呈总体下降趋势

1989 年，财政用于支持农村生产① 的资金为 1285 万元。随后，

① 包括农业行业（推广与培训、病虫害防治、检疫监测、农产品加工与营销服务、农业信息服务、农产品质量安全、农村公益事业、执法监管、干部培训、垦区公益事业等），自然灾害救急（包括对种子、农机具、肥料、牲畜、农业生产保险补贴和其他），农业生产资料补贴（包括对种子、农机具、肥料、农用油、饲料等），农业资源和环境保护，土地管理（地籍管理、土地利用规划、建设用地管理、技术推广等），农业综合开发（土地治理、多种经营、科技示范、贷款贴息等）和其他农业支出等内容。

由于农村生产自给能力的不断增强，财政支农支出不断下滑，到1994年降至最低（为289万元）。1995年到2004年，受创品牌等因素的影响，财政支农支出又逐步提高（表1）。

从横向比较来看，寿光市财政投入农村的力度很大。2004年，寿光市用于支持农村生产的财政资金达到6451万元，占财政总支出的7%；同年，潍坊市财政支农支出占财政总支出的比重为5.48%，全国的相应比重则为5.95%。显然，寿光财政支农支出所占比重比潍坊市和全国高出大约1个百分点（表2）。这表明，寿光市作为一个农业县，之所以连续六年进入全国经济综合百强县（市），与其财政大量农业投入有直接关系。

（二）逐步把农村社会事业发展和农村公共基础设施建设纳入财政支出范围

尽管政府主要不再直接支持农村生产和经营经济活动，但政府对农村道路等基础设施和教育文化卫生事业等社会性支出的支出不断加大，政府将社会资本用于社会公益事业，体现了“以人为本”的执政理念。

（三）财政支持支农方式发生重要转变，对农民直接补贴的比重大幅度提高

过去，财政支农的方式主要是以间接支持为主，或者是项目投资、项目补助，或者是对流通领域的间接补贴，对农民或者是农业直接补贴不够。实行农村税费改革后，财政支农的方式开始转变。从2004年开始，中央财政通过寿光市财政增加了粮食良种补贴、对种粮农民的直接补贴、农业机械购置更新补贴等项目，力图增加农民的直接收益额度。

表 1　　寿光市财政支农情况（1989—2004 年）

单位：万元，%

	1989 年	1990 年	1991 年	1992 年	1993 年	1994 年	1995 年	1999 年	2000 年	2001 年	2002 年	2004 年
财政支出合计	7588	7785	6747	8049	7620	13410	14709	41968	47774	71788	63543	95909
支援农村生产支出类	1285	1182	918	567	222	289	418	2235	3421	4553	3898	6451
农业综合开发支出类	—						131	881	701	679	514	364
农林水利气象等部门的事业费类	340	380	286	513	493	802	733	1779	1631	1942	1983	1680
农业生产支出占财政总支出的比重	17	15	14	7	3	2	3	5	7	6	6	7
农业综合开发支出占财政总支出的比重							0.89	2.1	1.47	0.95	0.81	0.38
农林水利气象等部门的事业费支出占财政总支出的比重	4.48	4.88	4.24	6.37	6.47	5.98	4.98	4.24	3.41	2.71	3.12	1.75

资料来源：寿光市财政局。

注：2003 年数据不详。

表 2　　国家财政用于农业的支出

年份	农业支出合计（亿元）	用于农业支出占财政支出的比重（%）	支农支出（亿元）	占财政总支出的比重（%）	农业基本建设支出（亿元）	占财政总支出的比重（%）	农业科技三项费用（亿元）	占财政总支出的比重（%）	农村救济费（亿元）	占财政总支出的比重（%）	其他（亿元）
1978	150.66	13.43	76.95	6.86	51.14	4.56	1.06	0.094	6.88	0.613	14.63
1980	149.95	12.2	82.12	6.68	48.59	3.95	1.31	0.107	7.26	0.591	10.67
1985	153.62	7.66	101.04	5.04	37.73	1.88	1.95	0.097	12.9	0.643	
1989	265.94	9.42	197.12	6.98	50.64	1.79	2.48	0.088	15.7	0.556	
1990	307.84	9.98	221.76	7.19	66.71	2.16	3.11	0.101	16.26	0.527	
1991	347.57	10.26	243.55	7.19	75.49	2.23	2.93	0.086	25.6	0.756	
1992	376.02	10.05	269.04	7.19	85	2.27	3	0.080	18.98	0.507	
1993	440.45	9.49	323.42	6.97	95	2.05	3	0.065	19.03	0.410	
1994	532.98	9.2	399.7	6.90	107	1.85	3	0.052	23.28	0.402	
1995	574.93	8.43	430.22	6.31	110	1.61	3	0.044	31.71	0.465	
1996	700.43	8.82	510.07	6.42	141.51	1.78	4.94	0.062	43.91	0.553	
1997	766.39	8.3	560.77	6.07	159.78	1.73	5.48	0.059	40.36	0.437	
1998	1154.76	10.69	626.02	5.80	460.7	4.26	9.14	0.085	58.9	0.545	
1999	1085.76	8.23	677.46	5.14	357	2.71	9.13	0.069	42.17	0.320	
2000	1231.54	7.75	766.89	4.83	414.46	2.61	9.78	0.062	40.41	0.254	
2001	1456.73	7.71	917.96	4.86	480.81	2.54	10.28	0.054	47.68	0.252	
2002	1580.76	7.17	1102.7	5.00	423.8	1.92	9.88	0.045	44.38	0.201	
2003	1754.45	7.12	1134.86	4.61	527.36	2.14	12.43	0.050	79.8	0.324	
2004	2357.89	8.28	1693.79	5.95	565.01	1.98	13.22	0.046	85.87	0.302	

注：从 1998 年开始，“农业基本建设支出”包括增发国债安排的支出。

资料来源：《国家统计年鉴》（2005 年）第 274 页（整理）。

三、资本支持农村经济发展的效果分析

（一）城乡经济一体化

通过资本的带动，实现各生产要素的优化组合，加快农业产业化进程，提高劳动生产率，增加农民收入，促进农村人口自由流动，实现农村城镇化，缩小城乡差距，并最终实现城乡经济一体化。

1. 农民增收

在资本的推动下，寿光能够引进先进技术，大规模使用农业机械，实现农业生产的集约化、规模化和标准化。从表 3 可以看出，寿光农业机械总产值（原值和净值）和农业机械总动力都在全潍坊市排名第一，这为提高寿光农业劳动生产率和增加农民收入奠定了基础。事实上，由于大规模采用了先进的农业生产工具，寿光市农民收入增长很快。据统计，寿光市农民人均纯收入从 1995 年的 2826 元，增加到 2000 年的 4010 元和 2004 年的 5016 元（表 5）。

表 3　　潍坊市各县区主要农业机械年末拥有量（2003 年）

县区	农业机械总产值（万元）		农业机械总动力（万千瓦）
	原值	净值	
市区小计	45052	29159	79.14
潍城区	11198	7019	15.49
寒亭区	19856	13198	45.43
坊子区	11592	7129	15.34
奎文区	2406	1813	2.88
青州市	53274	40122	88.65

续表

县区	农业机械总产值（万元）		农业机械总动力（万千瓦）
	原值	净值	
诸城市	76681	58188	89.08
寿光市	77355	60895	110.01
安丘市	64737	49415	121.2
高密市	49715	41469	91.22
昌邑市	60793	44627	98.63
临朐县	18934	13062	37.57
昌乐县	34439	24493	49.26

资料来源：《山东潍坊市统计年鉴》（2004 年），第 245 页。

2. 农村人口流动

在资本的带动下，农业劳动生产率提高，农村劳动力自由流动。2004 年，寿光农村劳动力有 43 万人。其中，第一产业人口占农村劳动力人口的 55%，从事工业和建筑业人口的比重为 24%，第三产业人口比重 21%（图 1）。这表明，随着农村经济的发展，寿光有 45% 的农村剩余劳动力从土地上解放出来，从事非农业活动，增加了本地农民收入，减轻了农民负担。此外，寿光还外派一些农村技术种植能手指导外地蔬菜种植技术。据统计，近年来寿光市每年外派农村大棚技术人员达到 5000 人。①

在资本的纽带作用下，农业产业化程度提高，产业链延长，本地劳动力不能满足生产和经营活动的需要，鲁、浙、皖、湘等十多个省市的劳动力不断涌入寿光。1995 年，外地暂住人口只有 2.6 万人，到 2004 年则迅速发展到 9.4 万人。其中，城区暂住人口发展尤其迅速，从 1995 年的 2.17 万人发展到 2004 年的 8.37 万人，10 年平均增长率

① 中国人民银行潍坊市中心支行调研组：“对寿光市蔬菜产业发展带动农业结构调整的调查”，《金融研究》，2000 年第 8 期。

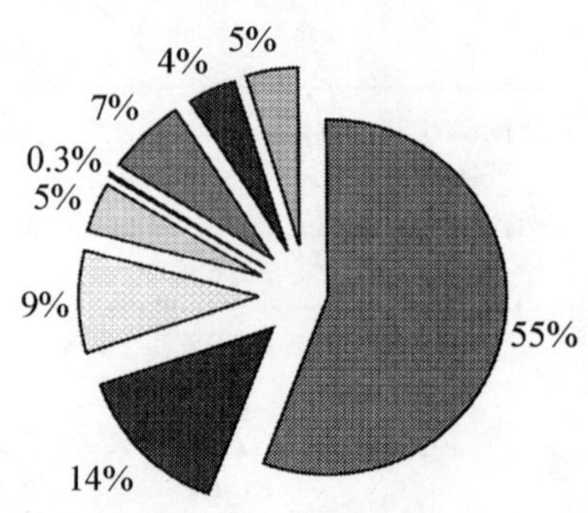

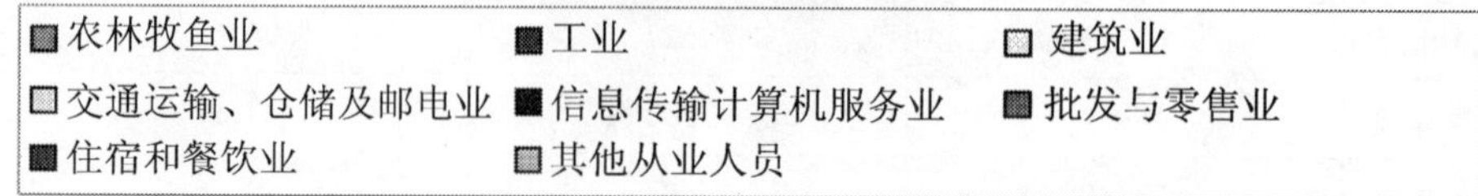

图 1　寿光市乡村从业人员行业分布（2004 年）

资料来源：《寿光统计年鉴》（2004），第 24—25 页。

为 285%，外来人口增长幅度由此可见一斑（表 4）。

表 4　　**寿光外来暂住人口**（1995—2004 年）　　单位：人

	1995 年	2000 年	2004 年
城区暂住人口	21725	32400	83700
农村暂住人口	4230	7800	10324
外来人口合计	25955	40200	94024

资料来源：寿光市公安局。

3. 农村城镇化

人口流动带来许多产业（如运输、邮电、固定资产投资等产业的迅猛发展。例如，1995 年寿光公路客运量和货运量分别是 108 万人和 6.63 亿吨，到 2004 年分别增加到 326 万人和 9.9 亿吨。年末电话机数也从 1995 年的 3.3 万部增加到 2004 年的 69.5 万部。全社会消费品零售总额从 1995 年的 18.8 亿元增加到 2004 年的 41.9 亿元。全社会固定资产投资从 17.5 亿元增加到 2004 年的 106.1 亿元（表 5），人口流动大大加快了农村城镇化进程。

表 5　　寿光经济和社会发展的若干指标

	1995 年	2000 年	2004 年
地区生产总值（亿元）	74.8	102	193
一二三产业结构	33.3:39.8:27.9	26:41:33	18.4:47:34.6
全部工业总产值（亿元）	16.4	n.a.	30.3
公路客运量（万人）	108	146	326
公路货运量（万吨）	663	700	990
年末电话机数（万部）	3.3	19.6	69.5
全社会固定资产投资额（万元）	174555	311722	1061290
全社会消费品零售总额（万元）	188038	281858	418565
农民人均纯收入（元）	2826	4010	5016

注：n.a. 表示资料不祥。

资料来源：《寿光市统计局》（1995 年、2000 年和 2004 年）。

4. 城乡差距缩小

农业现代化和农村城镇化带来了城乡差距的缩小，并最终实现城乡经济一体化。通常，考察城乡一体化的重要指标是城乡人均收入差距。不过，寿光市城镇居民人均纯收入的数据难以直接获取，我们将从两方面进行间接考察。首先，比较寿光市所在的潍坊市（地级市）与全国在城乡人均收入方面的差距。这是因为在潍坊各县市中，寿光比较有代表性。表 6 显示，2003 年全国城镇居民人均可支配收入与农民居民人均纯收入之比 3.23:1，而同年潍坊市相应比重为 2.12:1，表明潍坊市在实现城乡一体化方面走在全国前列。其次，我们比较了城镇居民平均工资与农民人均纯收入的情况。表 7 显示，2004 年寿光城镇职工人均工资（14537 元）比全国水平（16024 元）低，但寿光农民人均纯收入（5016 元）远远高于全国的水平（2936 元），因而寿光城镇职工平均工资与农村居民人均家庭纯收入之比要远远小于全国水平。

表 6　城乡居民人均收入（2003 年）

	全国	潍坊市
城镇居民人均可支配收入（元）	8472.2	8316.86
农村居民人均家庭纯收入（元）	2622.44	3921
城乡差距（农村人均收入为 1）	3.23:1	2.12:1

资料来源：《国家统计年鉴》（2004 年）第 369 页和第 381 页；《潍坊统计年鉴》（2004 年）第 203 页和第 213 页。

表 7　城镇职工人均工资和农村居民人均家庭纯收入（2004 年）

	全国	寿光市
城镇职工平均工资（元）	16024	14537
农村居民人均家庭纯收入（元）	2936.4	5016
城乡差距（农村人均收入为 1）	5.46:1	2.90:1

资料来源：《国家统计年鉴》（2005 年）；《寿光统计年鉴》（2004 年）第 15 页和第 241 页。

（二）经济与财政金融的协调发展

1. 经济与金融的协调发展

金融部门通过政策和信贷资金支持了农村经济大发展，壮大了国民经济的实力。据统计，寿光市地区生产总值由 1995 年的 74.8 亿，增加到 2000 年的 102 亿元和 2004 年的 193 亿元（表 4）；人均 GDP 也由 1995 年的 7312 元上升到 2004 年的 17988 元。反过来，经济繁荣也带来金融系统存贷款的增加和金融运行质量的上升。首先，金融存款余额不断增长。寿光的存款余额由 1979 年的 0.48 亿元增加到 1999 年的 69.4 亿元，增长了 145 倍，其中城乡储蓄余额由 0.23 亿元增加到 56.1 亿元，增长了 244 倍。其次，金融贷款余额也在不断增长。1999 年贷款余额 43 亿元，比 1979 年增长 44.3 倍。第三，金融部门抗风险能力增强。1999年寿光市级商业性金融机构无一亏损，实现利润7374万元，金融机构综合收息率达95%，金融资产质量不断提高。[①]2004年，寿光信用联社在全省农信系统综合实力排名居第五位，入选全国农信系统百强联社，并被省政府授予省级文明单位。

2. 壮大财政实力，增强财政抗风险能力

在资本的带动下，农业产业化进程加快，农民收入增长，产业链条延伸，交易次数增加，相关的税收收入也大幅度增加。1994年到2004年，增值税由1793万元上升到1.06亿元，营业税由1414万元上升到9794万元，企业所得税由1690万元上升到7053万元（表8）。从财政收入总量来看，寿光财政也的确受益于经济的繁荣和产业链条的延伸。寿光财政收入从1994年的1.9亿元增加到2004年的7.3亿元，财政实力大大增强，[②] 印证了毛泽东同志所说的“只有经济发展了，财政才能宽裕”。

表8　　寿光财政收入及其部分构成　　单位：万元

收入项目	1994年	2000年	2001年	2002年	2003年	2004年
财政总收入	19092	70887	80005	92102	11038	127852
地方财政收入合计	12077	43927	52958	51622	60518	73018
其中：增值税	1793	8780	8153	9388	11464	10613
营业税	1414	4031	4110	5005	6393	9794
企业所得税	1690	8462	14992	4759	4436	7053
个人所得税	69	2319	3655	1831	1614	1860
集体企业奖金税					3321	4659

① 中国人民银行潍坊市中心支行调研组：“对寿光市蔬菜产业发展带动农业结构调整的调查”，《金融研究》，2000年第8期。

② 在寿光经济发展带来地方财政收入增长的同时，也增加了中央两税（增值税和消费税）收入和在寿光的省级财政收入。例如，中央财政收入从1994年的7015万元和加到2004年的5.06亿元，省级财政收入也从2002年的2441万元上升到2004年的4212万元。

续表

收入项目	1994 年	2000 年	2001 年	2002 年	2003 年	2004 年
资源税	2606	3352	3422	4239		
固定资产投资方向调节税	279	394	49	2	68	
建筑税				—		
城市维护建设税	716	2471	2027	2948	3397	4213
房产税	268	1276	1261	1921	1840	2090
印花税	38	85	172	235	206	358
城镇土地使用税	132	397	365	542	1149	1945
土地增值税	—			61	42	92
车船使用税	70	534	812	1130	1154	1137
农业税	1020	1210	981	4615	5274	4083
农业特产税	196	3786	5190	4388	4000	
耕地占用税	136	200	140	133	1377	3044
契税	2	458	567	343	1500	3236
国有资产经营收益		2034	3500	3300	3733	7160
行政性收费收入		332	205	600	2088	2963
罚没收入	370	836	735	1008	1432	4374
专项收入	347	2170	2316	2859	1878	2694
其他收入	646	699	304	2311	4152	1650
中央库两税收入合计	7015	26960	27047	38039	47814	50622
1. 增值税	5380	26338	24459	28164	34392	31839
2. 消费税	1579	622	2588	2095	2683	2769
3. 非银行金融企业所得税	56					
4. 企业所得税				5949	8318	13224
5. 个人所得税				1831	2421	2790
省级财政收入				2441	2706	4212
1. 企业所得税				1190	1108	1763
2. 营业税				1251	1598	2449

资料来源：寿光市财政局。

在财政收入大幅度上升的同时，财政抗风险能力也在增强。为了更清楚地了解寿光市的财政可持续情况，我们将它与西部地区一农业县（新疆××县）的直接显性负债进行比较。从表9可以看出，虽然寿光市的直接显性债务规模（2.5亿元）大约是××县的债务规模（0.44亿）的6倍，但直接显性债务规模占GDP和地方财政总收入的比重，前者分别只有后者的约1/6和1/9。此外，从分项目情况来看，与××县相比，寿光市在外国政府贷款、国内金融机构组织借款、向单位和个人借款，以及拖欠工资项目上是空白。从直接显性负债的主体构成来看，寿光市的债务主体是国债资金转借贷款（占74%），[①] 而××县的主要债务是工资拖欠（占66%）。可以看出，通过财政资金和政策的导向，农村“造血”机能明显增强，并反过来壮大财政实力和增强财政抗风险能力，实现了财政经济的协调发展。

表9　山东寿光市和新疆××县关于直接显性负债的比较（2004年）

单位：万元，%

	山东寿光市	新疆××县
一、直接显性债务余额小计	25186	4437
1. 外国政府贷款（一类）		577
2. 国际金融组织贷款		
世界银行贷款		
亚洲开发银行贷款		
国际农业发展基金贷款		
3. 国债转贷资金	18542	100
4. 农业综合开发借款	767	10
5. 解决地方金融风险专项借款	5877	

① 据了解，这些国债转贷项目全部用于地方基础设施建设项目，如农网改造项目、技改项目、养口港口改造项目、纺钞机项目和污水处理项目等。

续表

	山东寿光市	新疆××县
清理农村合作基金会借款	4302	
清理信托投资公司借款		
清理城市商业银行借款		
清理城市信用社借款		
清理供销合作社股金借款		
清理股金会借款	1575	
6. 国内金融组织其他借款		447
人民银行		
政策性银行		
国有商业银行		
其他金融机构		
7. 向单位借款		95
8. 向个人借款		9
9. 拖欠工资		2929
拖欠国家统一规定的工资、津补贴		
拖欠地方出台的补贴		
10. 其他		270
二、直接显性负债占 GDP 的比例	1.3	8.5
三、直接显性负债占地方财政总收入的比例	19.7	181

（三）外部辐射效应

寿光这种以资本为纽带，以市场为导向的做法，创造了不可估量的经济和社会价值，① 引起了全国的广泛关注。2001 年 5 月 22 日的《经济日报》，2002 年 11 月 22 日的《人民日报》和 2002 年 11 月 21 日的《新华社》分别发表社论，对王乐义的贡献作了充分肯定，也充分

① 作者到三元朱村了解到，新疆一些地方的农民在学习了三元朱村的先进技术和管理经验后，人均收入增长了 1000—2000 元，经济效果十分明显。

肯定了山东寿光市资本支持农业产业化的发展道路（陈进轩，2005）。2005年4月7日至8日，胡锦涛总书记先后到寿光市劳动和社会保障局、农业局、三元朱村和蔬菜博览会展厅，与干部群众交谈并发表重要讲话。他说："……推进经济社会又快又好地发展，必须坚持以科学发展观为指导。这是我们总结国内外发展经验得出的宝贵认识。寿光改革开放以来的发展历程也证明了这一点。希望同志们坚持以科学发展观统领经济社会发展全局，从本地实际出发，因地制宜地制定经济社会发展战略，推动经济社会发展不断迈上新台阶。要高度重视'三农'工作，进一步做好推进农业产业化经营这篇大文章，特别要打造好'寿光蔬菜'这个农业品牌，促进农业增效、农民增收。"①

四、未来展望

作为"中国蔬菜之乡"，寿光市的农业产业特别是蔬菜产业无疑走在全国前列。但是，"寿光菜"在发展过程中也面临一些矛盾和问题：寿光在蔬菜生产方面有极大的优势，但其生产优势并没有完全转化为加工优势，蔬菜深加工已经成为制约蔬菜产业发展的瓶颈问题。"寿光蔬菜"这一品牌在国内蔬菜行业中享有盛誉，但在蔬菜良种的开发研究方面相对滞后，近70%的蔬菜品种依赖于进口，拥有自主产权的品种匮乏。寿光产业化已发展到一定程度，但从总体上看，寿光农业生产既不是"小生产"，也不是现代意义上的"大生产"，而是介于其间的"中生产"，"基地+农户+龙头公司"的生产组织模式还需进一步向前推进，多层次的利益分配机制尚需不断建立和健全。

此外，随着寿光从蔬菜产业化到现代化的转变，资金供求矛盾更

① http://www.shouguang.gov.cn/zsjkc/Article_Show.asp?ArticleID=852。

加突出。一是农民收入增长幅度递减，投入再生产的资金相对较少。二是为蔬菜产业可持续发展提供保障的农业基础设施建设资金需求量大。农业基本建设资金、农业技改资金等数额大、投资周期长、投资风险大，因缺少承贷主体和相应的抵押担保手段，削弱了信贷支持的力度。三是寿光蔬菜产业是依靠当地的资金支持发展起来的，但其劳动生产率的提高和基础设施的改进仍需要内资和外资的大力支持。

目前，寿光市政府正在贯彻落实胡锦涛总书记“特别要打造好‘寿光蔬菜’这个农业品牌”的重要指示，积极发展各种中介组织，形成包括公司、农户、中介组织在内的多层次利益形成机制和分配机制（包括贷款本息归还机制和财政投入机制），更好地发挥资本的纽带作用，推进农村经济又快又好地向前发展。

（一）加大中央银行对农村经济发展的支持力度和精度

寿光人民银行认为，保障金融稳健运行，引导金融机构增加信贷投入，服务寿光经济持续发展，就是中央银行最好的金融服务职责。中央银行将适当增加对农村信用社的支农再贷款支持；逐步放开农村信用社存贷款利率，实行利率市场化改革；县级及以下的邮政储蓄上存人民银行后，人民银行应按照一定比例、低利率贷给农村信用社，实现农村资金为“三农”服务的宗旨。

中央银行将继续培育好信用环境，真实地评定贷款对象的信用等级；深化改革，尽快改革金融零售业务不灵活，批发业务难批发的不良状况。为了更有效的指导金融工作，中央银行将依托寿光蔬菜价格形成中心和信息交流中心的优势，在政府的大力支持下，重点建立蔬菜市场波动预警体系，从量上确定蔬菜产业的“安全运行区间”，为金融信贷工作服务。

（二）信用联社加大信贷支持力度，加强金融环境建设

信用联社以助推农业产业化发展为重点，进一步加大支农力度。

切实把支持“三农”作为信贷工作重点之一，进一步增加对农业产业结构调整的贷款投入，围绕做大做强蔬菜品牌，重点支持以特色农业、科技农业、品牌农业为重点的现代农业。加大对农业增产、农民增收和农村经济结构调整的信贷支持；努力满足农户发展种养业、农副产品加工运输和消费等方面的合理资金需求；加大农产品生产、加工、储运、销售等环节的信贷资金支持。按照推进农业农场化、农民职业化、生产基地化、产品标准化的要求，采取“龙头企业+基地+中介组织+农户”的经营模式，由政府引导、统一规划种植、饲养小区，龙头企业开拓市场，组织营销，中介组织提高种子、幼苗和各种技术服务，农户负责生产。通过大力发展合同、订单种养业，寿光联社将加大对全市农业龙头企业和中介组织的信贷扶持力度，使其迅速膨胀，引导农民发展高效农业、特色农业和外向型农业。

加强金融环境建设，提高信用社的竞争力。这包括：①不断推行信用体系建设，优化信用环境。广泛开展企业信用等级评定和信用村（户）创建活动，进一步营造重信用、讲信用的社会风气，积极推荐诚实守信企业参与潍坊市组织的资信评级活动，加大对诚信企业的支持力度，充分调动各方参与信用建设的积极性，发挥银行信贷登记咨询系统的作用，在完善企业信用信息数据库的基础上，建立个人信用信息数据库。②健全完善信用担保机构运营机制。有效解决中小企业抵押难、担保难目标，积极配合并加强与担保中介机构的沟通和协作，在企业资信调查、贷款风险评估、贷款监督方面实行协调联动。③加强对企业的信贷业务指导，建立新型银企关系。充分利用点多面广，人熟地熟的优势，融洽银企关系，变被动服务为主动服务，利用洽谈会、推介会等信息交流平台，宣传信贷服务品种，公开信贷市场准入条件。

（三）农业银行将继续大力支持农业产业化龙头企业

农业银行将继续支持对开拓市场作出巨大贡献的农业产业化重点

龙头企业。一是根据优质企业的状况和资金需求，适度下放贷款审批权限，扩大授权授信，拓宽重点企业金融营运空间。二是积极寻求培育和扶持优质龙头企业客户群。三是适应其贷款需求特点，改善贷款方式，单独制定适合其特点的信用等级评定标准，积极办理公开授信和国际贸易融资额度等业务，简化审批手续，提高贷款效率。

（四）充分发挥财政资金和政策的杠杆导向作用

财政部门将根据形势的变化，与金融部门密切配合，并研究支持中介组织的财税政策，大力推广“基地+农户+龙头公司+中介组织(如协会等)”的生产组织模式，更好地发挥资本纽带作用。这主要表现在：①建立县、乡农业发展基金，主要用于农田基本建设和农业科技推广的大中型项目，以提高农业综合生产能力。发展基金可以从乡镇企业上交的利润中划出一部分（具体由县市决定）。农业发展基金专户存入信用社，由县、乡财政调控，由信用社监督专款专用，确保效益；审计部门定期进行审计，确保安全。②对财政支农资金实行信贷化管理。无偿的财政支农投资改为贷款投入，变财政资金的“输血”功能为“造血”功能，提高资金的使用效益。③将财政资金、集体积累资金和农户资金有效结合起来，整合全社会资源，引导、鼓励农村民间资金向“三农”投入。④对积极支持中小企业发展而使经营效益受到影响的金融部门给予必要补偿，以鼓励金融部门增加信贷投入。

本文参考文献：

1. 杨光玉：“浅谈寿光市节水灌溉工程的发展及应用”，《山东水利》，2004年第11期。

2. 马金涛：“让‘标准化’确保农产品质量安全”，《农产品市场周刊》，2004年第11期。

3. 刘克强："强化科技主导地位　推动解决健康发展"，《山东农业》，2002年第5期。

4. 刘命信："山东寿光实施农业结构调整的经验"，《中国农村经济》，2000年第9期。

5. 许毅编著：《三农问题研究》，经济科学出版社2003年版。

6. 陈进轩：《农民的儿子王乐义》，山东文艺出版社2005年版。

许　毅　陈少强

西部地区农村经济改革与发展考察报告

——以新疆的塔城和博州两个地区为例

内容提要

目前，各地已充分认识到了“三农”问题的重要性，并将它提到了政府议事日程上来。中央政府最近采取了一系列的政策措施，鼓励粮食增产、促进农民增收和提高农业综合生产能力。我国东部和中部一些地区也在农业产业化方面已积累了许多成功经验。但西部地区农村经济改革与发展状况怎样，农业产业化到了什么程度，却往往不为人注意。为此，作者到新疆维吾尔自治区进行调研，考察中央农村税费改革和财政补助政策在西部地区的实施效果，了解西部龙头企业是否真正发挥了“龙头”的作用，农业小生产是否逐步得到改造等问题。通过实地调研发现，中央农村经济政策的积极效果值得肯定，但同时也存在一些新问题；西部地区生产力落后，农村经济发展形势严峻，农业产业化任重而道远。在分析西部地区农村发展现状的基础上，作者对我国西部农村市场化和产业化的发展道路作了初步分析，并就如何正确认识和发挥政府在西部农村经济发展与改革中的职能作用提出三点认识。

一、引　　言

国务院总理温家宝最近指出，中国首要的发展任务是立足于扩大内需，中国的发展应当而且有可能实行以国内需求（包括投资需求和消费需求）为主的方针。为增加消费需求，中国要增加城乡居民收入，改善消费环境，不断扩大消费，特别是扩大八亿多农村居民的消费，更多地依靠消费需求拉动经济增长。[①] 贯彻落实温总理的讲话精神，有许多工作要做。就启动农村市场消费而言，作者认为，其首要前提是尽快增加农民收入，为此就要提高劳动生产率，并吸收由此而产生的农村剩余劳动力。农民到大中城市打工是个很好的途径，它的确增加了农民收入，但大中城市吸纳就业的能力毕竟有限。农村剩余劳动力的解决，还要靠发展小城镇来进行。中国已经有为数众多的县城和乡镇，转移上亿的农村剩余劳动力是完全可以的，没有必要另起

① 中国易富网，2005年9月8日。

炉灶，重新建立和发展新的小城镇。问题是，农村劳动力是否可能和愿意流向小城镇？现有小城镇的发展靠什么带动？换言之，小城镇对农民有什么吸引力？

历史上看，城镇是农业生产率提高和粮食生产出现剩余的产物。中国自实行联产承包责任制以来，农民种粮的积极性得到很大提高，粮食生产有了充分保障，农业生产率有了一定的进步，农村剩余劳动力有了向城镇转移的可能。但在承包制框架下，农业生产方式并没有根本改变，现有的农业生产主要仍然是一家一户的小生产。最近，中央连续两年发布一号文件，出台了农业税减免和许多政府补贴措施，这些措施体现了党中央对“三农”问题的高度重视，体现了新一届政府“以人为本”的执政理念，它无疑有助于调动农民种粮的积极性，促进粮食增产和农民增收。不过，这些举措调整的是政府和农民之间的分配关系，只是从外部“输血”，不可能从根本上改变农业生产关系和增强农村经济的“造血”机能。当前及今后一段时期，农业小生产和与现代大生产，农村小市场和全球大市场之间的矛盾，已成为中国当前农村经济发展的主要矛盾，因而提高农业劳动生产率，提高农民购买力水平成为中国农村经济发展最重要的任务。从生产关系上讲，就是逐步引导小农经济向集约化、规模化、标准化、信息化的农业产业化道路上发展，增强农村“造血”机能，加大农村剩余劳动力向小城镇转移的力度。

要使农民流向小城镇成为现实，就要使作为农村市场化产物的小城镇能够给农民提供就业机会并且使农民获得的物质文化收益① 不低于大中城市。这就要求小城镇基础设施得跟上，同时农村市场化的成果——各种农副产品要通过小城镇转化为商品，并在城镇完成农副产品的初加工和深加工任务。同时，种子、农业机械等农业生产资料也要通过小城镇完成。农业生产资料和消费资料顺利变成商品，农村

① 在相当程度上是以农民收入水平的提高为重要标志。

剩余劳动力就业和农民增收得以顺利实现。增加了收入的农民就有可能通过小城镇购买冰箱、彩电市场之内的生活资料。随着商品生产和交换的进一步扩大，管理、技术、信息、营销、包装、运输、清洁等各类人员的大量涌入小城镇，带动了餐饮、电信、酒店、文化娱乐、教育、环保、医疗卫生等多种服务业的发展，小城镇这样就能吸纳更多的农村剩余劳动力。① 城乡消费品市场的启动，经济结构的调整，农业生产方式和农民生活方式的改变，与农村现代化相适应的农村小城镇便应运而生，② 小城镇对农村剩余劳动力也就有足够的吸引力。

以上关于农业产业化→农民剩余劳动力流向小城镇→工农产品交换在小城镇顺利实现和扩大→现代小城镇吸收农民就业→农民增收→城乡消费市场启动和区域发展这一过程的描述，旨在说明农村经济发展的一个基本方向。这种方向能否变为现实，还要看是何种什么力量能推动着农业产业化？谁来开拓农产品市场和组织农民生产？农村和城镇之间的劳动力能否以相对较低的成本自由流动？土地在农业范围内能否自由转让？

仅仅靠分散的农户是不能实现农业产业化的。过去人民公社的实践表明，单纯的劳动力联合是无法实现农业产业化和解放生产力的。分散的农户也不可能开拓大市场，至多只能是组成传统意义上的集贸市场。农业产业化的实现，要靠资本的带动，要靠劳动力的自由流动，要靠农业范围内的土地自由流通。开拓市场和组织营销，要靠龙头企业和专业户的带动。具体说来，通过龙头企业提供市场信息，带动农民生产，龙头公司负责农产品的加工和市场的开拓，并为农户提供产前和产中的服务，龙头公司和农民之间有相对稳定的契约关系。③ 通过

---

① 许毅、孔志峰：“新时代，新形势，新任务”，《广西财政》，2003 年第 3 期。

② 许毅、孔志峰：农业现代化，农村城镇化——西部大开发的切入点”，载许毅编著：《三农问题研究》，经济科学出版社 2004 年版。

③ 许毅、柳文：“转变农业生产方式：当前解决三农问题的一种现实途径”，载财政部科研所编：《热点与对策：2004—2005 年财政研究报告》，中国财政经济出版社 2005 年版。

龙头企业、农户以及中间环节的基地的相互作用，实现农业生产的规模化、标准化和集约化，农业产品加工的深度化，农产品销售的分工化，农产品竞争力因而大大提高。农产品顺利销售，资本获利，农民增收，小城镇吸收更多的农村剩余劳动力从事第三产业，经济步入良性循环，工农业消费市场启动，从而带动城乡、工农和区域的协调发展。所以说，是资本、自由流动的劳动力和农业范围内自由流通的土地联合推动着农业产业化，提高了农业生产率，彻底把小生产改造为大生产；是龙头企业开拓了农村市场和吸收了农村剩余劳动力，增加了农民收入；是城市提供了农业产业化所必须的资金、技术和人才，领导着农村经济发展。反过来，是农村经济的发展推动着国内市场的繁荣，内需的扩大和城乡、区域经济的协调发展。

目前，各地已充分认识到了促进粮食增产、农民增收和扩大内需的重要性，并已将它提到了政府议事日程上来。我国东部部分地区（如山东寿光）和中部一些地区（如河南）在农业产业化上进行过探索，并积累了许多成功经验。但西部地区农村经济发展状况怎样，农业产业化到了什么程度，却并不为人注意。为此，作者到我国最西部的新疆地区进行相关调研。

二、新疆农村经济改革与发展情况调查

作者首先是在新疆乌鲁木齐与自治区相关部门进行交流，了解全区农村经济改革与发展的整体情况。随后，又到塔城地区的塔城市、裕民县和托里县和博州地区的博乐市和温泉县进行调研，重点考察中央农村经济改革政策在这两个地区的实施效果，以及新疆农业产业化的发展状况等。通过实地调研，作者深感西部农村经济发展的形势严峻，农业产业化任重而道远。

(一) 塔城和博州的基本情况

塔城和博州都位于新疆西北部，与中亚的哈萨克斯坦接壤，地处内陆，气候属温带大陆性气候，日照时间长，昼夜温差大，是一个以农牧业为主导产业的地区（表1）。

表1　　塔城和博州两个地区的基本情况（2004年）

	地区生产总值（亿元）	人均生产总值（元）	一、二、三产业结构比例	农民人均纯收入中家庭经营收入的比重（%）	年末耕地面积（千公顷）	少数民族人口占总人口比重（%）
塔城	130	9992	37:26.3:36.7	91.20	303.97	41.8
博州	39	8554	40:20.5:38.9	93.36	167.06	32.5

资料来源：根据《新疆统计年鉴》(2005)，第52—57页，第112页；《新疆农村经济社会统计年鉴》(2005年)，第32页，第166—167页整理。

塔城和博州的国内生产总值分别为130亿元和39亿元，人均生产总值分别为9992元和8554元，低于全国平均水平（为10561元①）和新疆全区的水平（为11199元②），但高于西部12省（市、区）的平均水平（为7727.58元），其经济发展水平在新疆处于中等偏下的地位。塔城和博州两个地区的社会经济发展起步较晚，其中，博州到20世纪90年代初期才真正向内陆地区和周边国家开放。此外，两个地区距离远③，边界线长④，民族成分多⑤，自然条件恶劣⑥，政府运

① 《中国统计年鉴》(2005)，第41页。

② 《新疆统计年鉴》(2005年)，第43页。

③ 塔城与博州地区就相距380公里。

④ 博州边疆线长达385公里，塔城边境线长546公里。

⑤ 例如，博州就有蒙、汉、维、哈、回等35个民族，2004年少数民族占当地总人口的32.5%。

⑥ 塔城地区裕民县由于缺水非常严重，县委县政府办公楼居然没有洗手间，上卫生间只有楼房旁边的小厕所里，工作十分不便。

行成本高，经济基础比较落后。

塔城和博州地区的财政收入水平较低，对上级财政补助的依赖较大。下面以博州为例来说明。2004年，博州地区一般预算收入为2.36亿元，占GDP的6%①，人均一般预算收入为518.5元②；总财政收入为4.53亿元，占GDP的11.6%。博州一般预算支出为7.26亿元，人均一般预算支出为1593.8元③，一般预算支出占GDP的比重为18.6%④。在一般预算支出中，行政事业经费支出为6.39亿元，占一般预算支出比例高达88%。博州地方总财政支出为7.53亿元，占GDP的19.3%。地方总财政支出与总财政收入的差距，由新疆自治区通过转移支付解决（表2）。显然，这两个地区的政府财政是典型的“吃饭财政”⑤。

表2　　塔城和博州地区的财政收支状况（2004年）

财政收入（执行数，万元）	塔城	博州	财政支出（执行数，万元）	塔城	博州
1. 一般预算收入	57557	23643	1. 一般预算支出	159280	72631
其中：			2. 基金支出	6793	2661
税收收入	41102	17523	3. 地方总财政支出	166073	75292
农业各税	7410	1981	其中：		
非税收入和其他收入	9045	4139	生产建设性支出	26392	8650
2. 基金收入	7941	1915	行政事业经费支出	115602	63973

① 2004年，新疆全区的相应比重为7.1%。

② 2004年，新疆全区人均一般预算收入为793元。新疆全区人口为1963.11万人。新疆全区一般预算收支数据见《新疆统计年鉴》（2005年）第237页。

③ 2004年，新疆全区当年为2144.6元。新疆全区人口为1963.11万人。新疆全区一般预算收支数据见《新疆统计年鉴》（2005年）第237页。

④ 新疆全区相应比重为19.14%。

⑤ 博州地区温泉县的地方财政收入只能维持两个月的人员工资开支，其他各项事业开支都只能依靠上级政府补助。

续表

财政收入（执行数，万元）	塔城	博州	财政支出（执行数，万元）	塔城	博州
3. 上划自治区和中央收入	65329	19774	其他支出	24079	2668
4. 总财政收入	130827	45332			
5. 一般预算收入占GDP的比重	4.4%	6%	4. 一般预算支出占GDP的比重（%）	12.3%	18.60%
6. 地方总财政收入占GDP的比重	10.1%	11.60%	5. 地方总财政支出占GDP的比重（%）	12.8%	19.30%

资料来源：塔城和博州地区财政局。

（二）考察内容

作者在新疆主要考察了中央税费改革和粮食直补的政策效果，以及新疆农业产业化的实施情况，特别是了解龙头企业是否发挥了“龙头”的作用，农业小生产是否得到改造等问题。

1. 税费改革

中央站在全局高度，推行了一系列税费改革举措，取得了明显效果。首先，它减少了农民负担。取消各种收费（如行政事业收费、政府性基金、农村教育集资）和减免农业税直接减少了农民负担，① 深受农民欢迎。其次，它改进了基层政权组织建设。税费改革后，新疆农村地区普遍出现了以强化管理为重点的村组合并改革，调整了村组的规模，促进了减员增效；调整了农村教育结构的布局，优化了教育资源；规范了基层组织的行政行为，增加了工作的透明度，从制度上促进了乡村干部工作作风的改进和基层组织的

① 据新疆维吾尔自治区政策研究室对南疆5地州（巴州、喀什、克州、阿克苏和和田）的调研结果表明，2003年实行税费改革后，农民人均减负94.8元，减幅为67%。不过，农牧民家庭负担很大程度上集中在子女上学、医疗和养老等生活性消费方面，农业税减免只是在一定程度上减轻了农民负担。

党风廉政建设。

当然，在税费改革过程中，也出现了一些新问题，突出的是县乡财政困难程度加大。首先，税费改革明显地减少了基层财政的财政收入。税费改革前，农村税费收入在农业县乡财政收入中的比重较高。塔城地区温泉县财政收入中的30%左右就来自农业税。税费改革后，基层财政失去了重要的财政收入来源。

其次，财政支出压力并没有减少，甚至有增加的趋势。农村税费改革后，虽然通过配套机构改革，减掉部分财政供养人员，但在3—5年内大部分转岗分流人员还需要靠财政供养，工资支出仍居高不下。县乡政府按照国家的规定要保持农业、科技、教育和计划生育等社会事业支出的年增长率超过地方一般预算支出的平均年增长率。为争取项目资金，县乡两级政府要提供许多配套资金，如农业综合开发项目配套、中小学危房改造配套、国债项目配套、水利建设项目配套、公路建设项目配套等。上级政府要求下级政府配套的做法，对基层政府的压力很大。

最后，上级政府的转移支付资金不足以弥补县乡财政收入的减少。上级政府对县乡财政减收也安排了转移支付，但财政转移支付规模却远远低于县乡财政的资金需求。中央对新疆自治区的转移支付政策是，按2003年的“三提五统”和农牧业税基数的80%来确定对县乡转移支付规模，并且这种转移支付资金是固定额，不是按比例增长。县一级政府在给乡一级政府拨付转移支付资金，常以财政困难为由，减少对乡一级政府转移资金的拨付。这样，乡一级政府得到的转移支付规模就更小，其收支矛盾更加突出。作者在塔城市也勒门乡了解到，由于乡政府缺乏必要的办公经费，房屋一直无法维修，办公用房变成了危房。

由于基层政府财政困难，县乡经济和社会事业的发展受到很大限制，政府债务风险也大大增加。①由于支出没有经费来源，农村中小学代课老师的工资不能按时发放，学校无力对危房进行改造，农村基础设施出现大量欠账，甚至公检法系统的工作都难以正常开展，① 严重影响了政府的执政能力。②增加地方和中央的财政风险。为了满足上级各有关部门的"达标"检查，县乡两级政府只好变卖集体资产，② 挪用上级政府拨付的专项资金，③ 或者通过各种方式进行借款、担保，增加了地方直接和或有的债务负担。同时，县乡两级债务风险也在向上转移。例如，地方政府直接或间接地拖欠国内金融机构的借款，形成了金融机构的大量不良资产和呆账、坏账，最终由中央和省级财政兜底。

2. 提高粮食价格、粮食直补和生产资料价格上涨

对种粮农民实行直接补贴，对部分地区农民实行良种补贴和农机具购置补贴，是党中央、国务院为加强农业和粮食生产采取的重大措施，对调动农民种粮积极性、保护和提高粮食生产能力起着重要作用。但由于化肥、农膜、农药等部分生产资料价格上涨，农民并没有因粮价提高而得到实惠。④ 根据新疆维吾尔自治区农经局提供的资料，2004 年，全区氮肥、磷肥、农膜等大宗农资价格同比上涨了 10%—20%。其中，尿素每吨进货价同比上涨 17.2%，进口硫酸二铵到岸价同比上涨 12.7%，农膜价格同比上涨 15%。在阿拉泰地区，由于农用物资价格上涨费用投入增加，直接影响小麦的效益，每千克 0.2 元的直补资金至少损失 0.14 元，实际到农民手中仅有 0.06 元，每亩 0.07 公顷地由于物价因素损失 40.77 元。而在塔城地区，有 1/3 的农民认为粮食直补和生产资料价格相抵，1/3 的农民认为粮食直补

① 作者在调查中发现，一些地方出现了没有经费缉捕外地在逃犯人的现象，某县甚至发生因政府无力修筑监狱设施而犯人集体越狱的事件，社会稳定工作得不到有效保障。

② 不少乡村出现以变卖集体资产，如拖拉机、推土机、挖土机甚至部分树木来勉强维持乡村的运转，集体经济的发展受到严重制约。

③ 据反映，财政困难的县乡几乎没有不挪用上级专项资金的。不过，相比而言，乡级政府挪用专项资金的机会比县级政府少一些，因为专项资金归口县级政府管理。

④ 客观地说，粮食直补政策对农业生产大户有益，因为粮食生产大户产量高，得到的补助多，同时规模生产带来了其平均成本的下降。

带来的受益超过生产资料价格的上升，另外 1/3 的农民则认为种粮仍出现亏损。值得注意的是，2004 年自然条件好，有天帮忙，粮食产量高，否则，粮食直补的积极作用会更小。

相比而言，种粮补贴的政策效果不如减免农业税的效果好，这是因为：减免的财政收入直接到广大农民手中，中间环节少，而补贴是先将财政收入征收上来，再通过预算程序拨付到农民收入中，中间环节多（包括纳税环节、征收环节和预算管理和拨付环节），管理成本大。

3. 农业产业化

从本质上讲，农业税减免和政府对“三农”进行补助，是外部“输血”行为，调整的是政府和农民的分配关系，但这些政策不能增强农村“造血”机能，现行农业生产关系并没有根本调整。从趋势上看，农业产业化是对农业生产关系的根本变革，它能直接推进生产力向前发展。不过，从新疆了解的情况来看，西部农村地区的农业产业化还没有真正发展起来。这主要表现在：

（1）对龙头企业的认识存在误区。塔城和博州不少传统意义上的加工企业，如面粉加工厂、棉花加工厂等，被认为是所谓“龙头企业”。其实，这些企业市场开拓和组织营销的能力较差，存在装备技术水平低、加工规模小，产品档次低等问题，根本就不是现代大生产、大市场意义上所指的龙头企业。

（2）政府对发展龙头企业的思路没有转变。地方政府发展农业产业化的思路仍是按照过去计划经济的老路子，先组建一套班子，成立政府主导下的农业产业化领导小组，指导农业的生产和经营。这种政府指挥生产，市长指挥市场的做法，很容易出现瞎指挥，结果是政府好心出注意，农民最后承担损失。

（3）龙头企业和专业大户融资难。作者在座谈中了解到，地方金融监管部门将控制信贷规模，防范金融风险视为工作首要任务。各商业银行在《金融违法行为处罚办法》颁布后，风险意识也大大增强，基本上实现了事实上的“贷款风险终身责任制”，将信贷风险与信贷人员的职位、工资奖金等挂钩起来，并追究信贷人员终身责任，商业银行和信贷人员因此不敢多贷款。[①] 由于没有贷款业务，新疆四大商业银行的许多县一级支行已经撤销，只留下一些没有实质业务的银行网点。政策性银行（如农业发展银行等）在扶持农村经济发展方面的力度也远远不够，农村信用社也有往城市集中的趋势，一些地区的信用社就干脆变成了商业银行。虽然各地推广了农户小额信用贷款制度，较好地发挥了农村信用社金融支农的“主力军”和助推农民增收的作用，但当前小额农贷执行的最高授信只有5000元，无法满足农业大户和龙头企业的资金需求。[②] 农村商业保险在塔城和博州没有最终实施，资本市场上的资金，也很难用到农村经济发展中去。在这种背景下，龙头企业和专业大户普遍出现流动资金贷款难的现象。新疆自治区农业厅2004年秋季调查显示，全区87家龙头企业收购农产品共需90.7亿元，但企业自筹只有16.5亿元，约占19.5%，其他只有靠贷款解决，但企业普遍反映贷款难。到2005年，这些龙头企业反映流动资金更为短缺。由于龙头企业在农产品收购期收购资金短缺，无法正常收购原料进行加工，导致企业产品短缺，失信于市场，或者由于企业无法按时兑现农产品收购资金，只好给农民打白条，农民增产不增收，一些农民甚至因此直接到上级政府上访，影响社会稳定。所以说，农村金融“瓶颈”已成为制约西部地区农村经济长期、可持续发展的最大障碍之一。

(4) 龙头企业对农户带动作用较差。2004年，新疆87家重点龙头企业吸收农民工就业为6.3万人次，只占全区劳动力总人口的1.67%。[③] 新

---

① 在全国各金融机构的贷款余额中，2004年农业贷款比重为5.55%，只比2000年提高0.63个百分点，这对于解决中国“三农”问题极为不利。见崔克亮：“统筹城乡经济发展的五大方面”，《中国经济时报》，2005年9月27日。

② 谢晓明、裴志忠：“影响小额农贷发展的几个因素”，《经济日报》，2005年7月23日。

③ 据新疆农经局统计，2004年新疆全区有9350个自然村，30609个组，农户有207.94万户，农村人口有946.37万人，农村劳动力只有378.35万人。

疆农村剩余劳动力的解决，在很大程度上仍靠农民自身的流动。新疆2004年农民外出务工就达78.1万人，比2003年增加了20.1万人。

（5）农业产业化受自然条件的制约。首先，新疆属于旱漠生态区，绿洲面积只占国土面积的4.2%，夏季干旱少雨，农业发展受到很大限制。其次，新疆地广人稀，劳动力流动成本比东部和中部地区要高，农业产业链难以拉长，小城镇对农村剩余劳动力的吸收能力有限。在新疆，乡镇与乡镇之间，县城与县城之间的距离远，每个县城或乡镇的人口相对较少（见表3）。2004年底，新疆每平方公里人口数平均为12人，每个县19.8万人，每个乡镇1.96万人；西部12个省（市、区）每平方公里人口数平均为54人；全国每平方公里人口数平均有135个人，每个县平均45.4万人，每个乡镇平均3万人；而东部的山东省每个县人口数平均为95.6万人，每个乡镇平均4.73万人；中部的河南省每个县平均61.1万人，每个乡镇平均3.96万人。由于新疆农业生产和销售成本相对较高，不少外地龙头企业和农业专业大户因而只是到新疆购买原材料，并不在新疆组织生产和销售，造成新疆本地产业链难以延长，小城镇容纳农村剩余劳动力的能力也很有限。①

表3　　行政区划和人口分布情况（2004年）

	国土面积（万平方公里）	县级区划数	乡镇级区划数	人口（万人）	每平方公里的人数	县级区平均人口（万人）	乡镇平均人口（万人）
全国	960	2862	43258	129988	135	45.4	3
西部12省（市、区）	686.7			37127	54		
新疆	160	99	1004	1963	12	19.8	1.96
山东		140	1941	9180		95.6	4.73
河南		159	2451	9717		61.1	3.96

资料来源：根据《中国统计年鉴》（2005年）第3页、第41页和第94页整理而得。

① 例如，在塔城地区，当地奶牛加工企业只能供应本地使用，乳品加工业自给自足特征明显，无法形成产业规模，小城镇也难以解决农村剩余劳动力的就业问题。

（三）小结

从新疆农村调查情况来看，“三农”问题的确受到各级政府高度重视。特别是中央政府采取了一系列措施，如农业税减免和对农民种粮进行补助。这些政策措施的出台，旨在促进粮食增产、农民增收和促进城乡、区域经济的协调发展。从实施效果看，农村税费减免有助于减轻农民负担，规范农村基层政权建设，但它也加剧了县乡财政困难；对种粮农民直补的政策，其效果并不显著，因为对种粮进行直补实际上就是给提高农民粮价，农产品基础价格上涨带动了工业产品价格的回升，结果上涨的农产品价格在很大程度上被农业生产资料价格上涨所抵消，农民并没有获得多大好处。相比而言，农业税减免的效果要好于补助政策。不过，这两种政策不能起到提高劳动生产率的作用。

从趋势上看，农业产业化是农村先进生产力的代表，小城镇是吸收农村剩余劳动力的重要途径。新疆农业产业化初具雏形，但目前仍然面临不少困难和问题，如对龙头企业的涵义和发展龙头企业的认识存在误区，龙头企业和专业大户融资困难，农村经济发展客观上受到自然条件的制约。这些不利因素中，既有全国带有共性的问题，如龙头企业融资难，也有地区性的原因，如自然地理环境造成劳动力流动成本大，本地产业链难以延长。

三、对促进西部地区农村经济发展的思考

（一）西部地区农村经济发展现状

新疆农村经济改革与发展状况在很大程度上反映了西部地区农村经济发展实际。与东中部地区的农村相比，西部地区的农村发展有着

显著不同的特点。

西部地区经济薄弱，是我国经济发展最为落后的地区。西部地区在国内生产总值、投资额、财政收支、贸易和人均收入水平等方面明显低于全国平均水平（表 4）。

表 4　　西部 12 省（区、市）国民经济和社会发展的主要指标（2004 年）

指标	全国总计	西部 12 省(区、市)	西部 12 省(区、市)占全国的比重(%)
土地面积（万平方公里）	960	686.74	71.54
年底总人口(万人)	129988	37127.00	28.69
年底就业人员(万人)	75200	19078.32	8.77
国内(地区)生产总值(亿元)	136875.9	27585.17	16.90
人均国内(地区)生产总值(元)	10561	7727.58	
全社会固定资产投资总额(亿元)	70477.42	13754.42	19.85
地方财政收入(亿元)	11693.37	1982.89	16.96
地方财政支出(亿元)	20592.81	5133.09	24.93
进出口总额(亿美元)	11545.54	367.02	3.18
城镇居民可支配收入(元)	9421.61	8031.36	
农村居民人均纯收入(元)	2936.4	2191.59	

资料来源：《中国统计年鉴》(2005 年)，第 41—42 页。

总体而言，西部地区在第一产业从业人员集中程度及第一产业在经济中所占份额这两方面都高于东部和中部地区，表明西部地区对第一产业（即大农业）的依赖较大，其他产业（如二产、三产）的发展就显得相对落后（表 5)。[①] 此外，西部地区农民纯收入中来自家庭经营收入的比例较大。除广西、重庆、西藏和陕西略低于全国平均水平

① 2004 年，一、二、三产业占新疆生产总值的比重分别为 20.2:45.9:33.9。其中，一产高于全国水平 5 个百分点；二产低于全国水平 7.1 个百分点，工业所占比重为 33.8%，比全国水平低 12.2 个百分点；三产低于全国水平 6 个百分点。http: //www.china.com.cn/chinese/EC－c/956645.htm。

（为59.45%[①]）以外，其他8个省区都高于全国平均水平，最高的是新疆（为87.8%）。相应地，西部地区农村居民工资性收入比重较低，[②]说明西部地区农村剩余劳动力的流动性不如东部和中部地区。由此看来，西部地区城镇服务业落后，吸收农村剩余劳动力的能力有限。

表5　第一产业就业、产值情况和农民收入构成（2004年）　单位：%

地区	第一产业就业人口占全部就业人口的比重	第一产业占GDP的比重	农民纯收入中家庭经营收入的比重
北　京	6.9	2.4	25.9
天　津	19.3	3.5	48.4
河　北	47.1	15.6	59.5
山　西	43.8	8.3	57.8
辽　宁	36.8	11.2	60.2
吉　林	46.5	19	76.4
黑龙江	49.1	11.1	77.5
上　海	8.3	1.3	12.1
江　苏	31	8.5	42.5
浙　江	26.9	7.3	42.6
安　徽	52.3	19.4	59.6
福　建	40.3	12.9	54
江　西	48	20.4	59.9
山　东	44.4	11.5	61.2
河　南	58.1	18.7	67.2
湖　北	44	16.2	71
湖　南	55.2	20.6	56.9

① 《中国统计年鉴》（2005年）第359页。

② 新疆农民人均纯收入构成中，劳务收入不到150元，比全国平均少近800元。农民人均家庭经营纯收入中，来自第一产业的收入比全国平均水平高500多元，而来自二、三产业的收入比全国平均水平低近200元。其中来自第二、三产业收入的比重，全国已占到农民人均家庭经营纯收入的22.4%，而新疆只占8.9%。东部省区农民收入中已经有60%—70%是来自二、三产业，非农收入已成为农民的主要收入来源。http：//www. china. com. cn/chinese/EC－c/956646. htm。

续表

地区	第一产业就业人口占全部就业人口的比重	第一产业占GDP的比重	农民纯收入中家庭经营收入的比重
广　东	35.7	7.8	41.4
海　南	58	36.9	80.1
西部12省（市、区）			
广　西	57.8	24.4	59.2
内蒙古	54.5	18.7	78.2
重　庆	47.6	16.2	56.5
四　川	52.8	21.3	62.3
贵　州	59.6	21	64.8
云　南	71.3	20.4	74.4
西　藏	63.7	20.5	59.3
陕　西	51.2	13.7	55.1
甘　肃	58.5	18.1	66.3
青　海	51.2	12.4	68.1
宁　夏	49.9	14.1	64.9
新　疆	54.2	20.2	87.8

资料来源：根据《中国统计年鉴》（2005年）第59页、第119页和第361页整理而得。

西部地区第一产业就业人口相对集中，在经济中的份额却相对较低，这正说明西部地区农业劳动生产率不如东部和中部地区。从表4也可以看出，全国农村居民人均纯收入为2936.4元，而西部12省（市、区）只为2191.59元。西部地区农业劳动生产率低下的原因有以下两种。从社会组织形式来看，正如新疆案例所揭示的，西部地区的农业没有进行集约化、规模化、标准化、信息化生产，西部农村未能享受到农业产业化所带来的好处。从地理条件来看，西部农业发展客观上受到恶劣自然环境的限制。西部地广人稀，地势以高山、丘陵、高原和沙漠为主，土壤贫瘠，水资源匮乏，缺乏农业生产所必要的条件。西部 12 省（市、区）拥有全国 71.54%的国土面积，其人口只占全国总人口的 28.69%（表 4）。中国坡度在 25 度以上的土地面积有 607 万公顷，其中 70%以上分布在西部地区。[①] 又如，西北内陆干旱地区土地面积约为全国的 35%，水资源量仅占全国总量的 4.6%，有 1000 多万人口吃水困难没有解决。[②] 西部恶劣的自然环境和低下的农业劳动生产率，大大增加了西部农村反贫困的工作难度。据统计，西部地区集中了中国 50.69%的绝对贫困人口。[③]

西部地区各民族自古以来就混杂居住，西部至今仍是我国少数民族和民族自治区最为集中的区域。一些地方如西藏、新疆等地，还是我国边疆地区。西部地区的农民文化教育程度普遍不高，观念落后，[④] 农村卫生医疗条件差。

由此看来，促进西部地区农村经济快速、可持续地发展，事关国家安全战略，对于构建社会主义和谐社会和实现全面小康社会的目标意义重大，加快西部农村经济发展将成为“十一五”时期中国经济发展的重要内容。同时，它也表明了西部地区农村经济发展的长期性、艰巨性和特殊性，西部地区的发展必须因地制宜，逐步推进。

（二）西部地区农村市场化和产业化发展道路

中国正处于转型时期，面临着从计划经济体制到市场经济体制的转轨，面临着从农业小生产到现代大生产的变革。同东部和中部相比，中国西部地区生产力落后，这就要求加快市场化进程和农业产业

---

① Glantz, E., and Ge, Q.Sh., 2001. “China's Western Region Development Strategy and the Urgent Need to Address Creeping Environmental Problems”, Aridlands, No. 49, May/June.

② http: //www.tq121.com.cn/news/article _ view.php? article _ id = 4283。

③ 国家统计局：《中国农村贫困监测报告》，中国统计出版社 2003 年版，第 37 页。

④ 西部地区社会、文化发展特点的介绍，见 http: //202.115.49.147/content.asp? ID = 458。

化步伐，努力实现生产乃至经济的社会化。

在农村市场化和产业化过程中，要正确处理好市场和政府之间的关系。一般说来，市场（包括劳动力市场、土地市场和资本融通市场）的作用是配置和分配资源，促进农业生产结构的调整。政府则是让市场充分地、有效地发挥作用，并且运用政府资源去从事那些市场无法有效完成的重要活动，政府通过制定法律、规章和制度来引导市场、指导市场和调控市场，以通过改善上层建筑来促进生产力的发展。

1. 应允许和鼓励农民自由流动

为此，就要从制度上消除农村剩余劳动力流动的障碍，如消除户籍制度的壁垒，政府有组织地输出农村剩余劳动力等。当然，从根本上讲，提高西部地区农村劳动力素质是关键。大量证据表明，当得到更多的教育时，劳动力的流动成本会显著降低。从长期来看，只有使城乡居民具有同等的教育水平，才能消除城乡收入的差别。[①]从这点看，政府应减少对农业生产领域的直接干预，其主要作用不是农业调整——因为那主要是市场的职责，而应是着力于农村文化、教育、卫生等方面的建设（国外称之为人力资本投资）和基础设施建设（水、公路、电力、通讯等领域的投资），以提高农村人口素质，加快改善农村面貌。一旦农民素质得到提高，农村基础设施得到改进，农村小城镇就变为工农业商品顺利流通和扩大的地方，各种服务业随着发展起来，小城镇的发展带来劳动力需求的增加。这时，农村剩余劳动力不再会大量涌向大中城市，现代化的小城镇自然而然地成为吸收农村剩余劳动力的场所。

2. 作为农业生产的必要条件，农业范围内的土地也应流通起来

这是因为：对龙头企业和农业大户而言，转承包时必须让土地流通起来，必要时要对农户地基搬迁；对进城打工的农民而言，其土地

---

① D. 盖尔·约翰逊：《经济发展中的农业、农村、农民问题》，林毅夫、赵耀辉译，商务印书馆2004年版，第388—389页。

经营权应允许买断。当前，应在以家庭土地承办经营为基础，统分结合双层经营的农村基本经营制度的基础上，允许土地转承包。不过，土地承包经营权流转必须在农户自愿、有偿的前提下依法进行，必须尊重和保障农户拥有承包地和从事农业生产的权利。

3. 西部农村地区更要发挥资本的作用

列宁在研究土地问题时曾说过："在商品生产的社会里，没有资本就无法经营。"① 在社会主义初级阶段，建设全面小康社会，就要充分利用资本的积极作用。我们利用资本，是为了发挥其对小生产进行革命性改造和发展生产力的能力，这是社会主义初级阶段发展商品经济和市场经济所不可逾越的道路，是必须加以客观承认的。② 西部地区生产力水平低，更应充分认识到龙头企业和专业大户对提高农村劳动生产率的促进作用，认识到农业产业化从趋势上能够带来较高的收益率，农业产业化风险应该说是较小的（自然灾害和重大经济政策变动除外）。为此，一是应改革金融制度，农村金融贷款应充分考虑龙头企业的资金需要，鼓励各类金融机构开展涉农金融业务，鼓励农村资金回流农村，逐步发展农村金融保险制度等，条件成熟时鼓励龙头企业到资本市场直接融资。③ 对在商业化环境下支持"三农"的金融机构，要给予必要的财政、税收的优惠政策。二是地方政府要鼓励民间和外商资本到当地发展龙头企业。鼓励龙头企业开展"强强联合"，壮大企业开拓市场的能力；积极做好"引大、引强、引优"的招商引资工作，在政策上给予倾斜和照顾。三是寻找资本与西部农村实际情况有效地结合的方式。中国西部地区不可能像西方国家工业化初期那样搞"圈地运动"，资本家强制农民大规模地离开土地，那样

① 《列宁全集》第2版第16卷，第279页。

② 许毅、申学峰："资本的两重性与资本纽带作用的发挥"，《财政研究》，2005年第9期。

③ 关于中国农村金融改革的讨论，参见夏斌等："关于我国农村金融体系改革的建议"，《国研报告》，2005年9月13日。

会影响国家的安定。西部完全模仿东中部地区的经验做法，推行生产的高度集中化、规模化，在实际运行中会遇到这样或那样的困难和问题。但是，通过建立龙头企业和发展农业专业大户经营，以资本为纽带，以市场为导向，以贸易带动农民就业，发展特色农业或特色旅游业，可能是中国西部地区一条相对有效的发展道路。①

（三）正确认识和发挥政府的职能作用

以上在讨论农村市场化发展道路中政府的作用时，是假定了政府财力充足、政府内部合理分工、运转协调。但实际上中国西部地区不少县乡财政十分困难，政府运转最起码的要求都达不到，更谈不上促进经济发展。由于体制或政策方面的原因，政府职能被分割，政府各部门对发展农村经济的看法也未必一致。因此，不能教科书式地、抽象地研究政府的职能作用，而一定要从西部地区的实际出发，实事求是。作者认为，要发挥政府在促进西部地区农村经济发展中的作用，至少应注意以下三点。首先，保障基层政府的正常运转。否则，发挥政府在促进农村经济发展中的作用将是一句空话。其次，政府政策的制定和执行要充分考虑地方政府的财政承受能力。最后，要统一政府职能，整合政府资源，搞好为“三农”的公共服务工作。

1. 保障政府的基本运转

要发挥政府在促进西部经济改革与发展中的作用，保障政府基本运转是前提。政府运转离不开财政，政府通过财政来完成其各项职能。如果政府没有财力保证，其职能作用的发挥将大打折扣，甚至不能发挥。中国西部地区许多县乡财政非常困难，政府在许多问题上心有余而力不足，政府基本运转不能得到有效保障。作者认为，保障政府的基本运转就得满足两个基本条件：一是赋予政府职责，二是给予

---

① 许毅、柳文：“少数民族地区经济发展的几个问题”，载许毅编著：《三农问题研究》，经济科学出版社2004年版。

政府充分的财力保障。目前，对于第二个基本条件讨论得比较多，如建议赋予地方足够的财权（收费权、征税权或者举债权），或者是要求上级政府加大对下一级政府的转移支付力度等，这里不再赘述。

对于应赋予政府职责这个问题，理论和实际部门似乎关注得比较少。相反，国内有一种减少或弱化政府职责的趋势。中国正在推行以“虚市弱乡”为核心的政府改革，其意图一方面是通过弱化地市级和乡镇级政府的职能来减轻财政支出压力，从而减少纳税人负担，另一方面是希望通过扁平化的行政机构来提高政府运转效率，适应市场化改革和国际通行做法的要求。对于这种基于中国一些地区实际情况而展开的改革，应给予充分的重视和肯定。但同时也要看到，中国由于地理、历史、文化等各种原因形成了区域间的巨大差异性，“虚市弱乡”的政策不宜一刀切。相反，西部部分地区乡一级政府的职能不应取消，乡一级政府必须正常运转。这是因为：许多西部地区地广人稀，政府公共服务半径大，政府运行成本必然高。如果西部地区也像国内其他地方一样撤乡并镇，其结果可能是乡镇数目少了，但政府的运行成本并不会减少。县政府对乡里事务不熟悉，合并乡镇和撤销机构后可能会增加政府执政成本，进一步弱化西部地区本已不足的农村公共服务。更为重要的是，一些西部地区（如新疆和西藏），处于边疆地带，边境线长，少数民族人口多而且集中，乡一级政府在某种程度上承担了中央政府的事权。例如，乡政府鼓励农牧民到边界未确定区域放牧。如果农牧民能坚持长期在这种地方放牧，日久天长，这种未定明显国界的地域就属于中国国土了。否则，如果他国公民在这种地域放牧，久而久之，中国就会失去相应的领土主权。诸如此类现象，在边疆地区比较普遍。这些事务“太细”，是不可能通过县一级政府来直接管理的，交给县一级的所谓派出机构来完成也不太现实。对于这种乡一级政府承担中央事权的现象，中央政府不仅不能弱化乡一级的职能，而且还必须加以强化，以保障其正常运转。

2. 政策制定和实施要充分考虑地方政府的承受能力

专项补助配套政策应区别对待，不能一刀切。中央今后的专项配套资金应充分考虑到发达地区、欠发达地区以及待开发的地区的实际情况，专项配套政策应体现出差异性：对经济条件好的地区，中央应要求地方继续保留一定的配套比例，但对经济落后，尤其是边远的边境地区，专项补助的配套政策应予以取消。

上级政府在制定政策和发展规划时，应充分考虑到下一级政府的财政承受能力，不宜随意下达“达标”任务。“达标”就意味着地方政府花钱，而许多基层政府财力十分有限，本身已经债务累累，根本无法买单。为了完成上级“达标”任务，只好东拼西凑，靠负债、挪用上级专项资金或变卖集体资产过日子，其正常工作秩序被扰乱。

3. 统一部署，合理分工，搞好“三农”的公共服务工作

西部地区农村经济的改革与发展，需要各部门统一认识，统一部署，并采取相应的措施。当前，中国有五级政府，财政支农资金分布在十几个部门，其效率和效益可想而知。[①] 中央应当发挥宏观调控的职能，财政、发改委等部委应在中央统一的发展战略下，整合发改部门、农业综合开发等部门的资金，提高资金使用效益。

财政部门应改进财政支持的方式方法。建议由中央政府掌握的一些农业开发资金交由地方政府管理和使用，这样既提高农业项目开发资金的利用效率，又可以缓解县乡财政困难和工作被动的局面。

最后，对的确不具备生存条件的西部农村地区（不是前面所说的边疆地区），可以考虑将政府的各种补助费用集中起来，专门用于当地农牧民的搬迁或移民，以节约资源和保护环境，最大范围内实现人与自然的和谐发展。

许　毅　陈少强

① 王保安：“‘十一五’时期财政改革与发展的几点思考”，《财政研究》，2005年第4期。

社会主义新农村基础设施建设中应积极探索新管理模式——PPP

内容提要

农村基础设施是建设社会主义新农村的重要内容，仅仅依靠政府资金来建设，不能适应形势发展的要求。为了发掘市场经济大环境中的潜力，而且也为了扭转基础设施建设中重建设轻管理现象和提高建设、管理效率，有必要注重发展公私合作伙伴关系(PPP)的经营管理模式。这包括吸引民间资金、借贷资金介入的多种形式，也包括国务院提出的引导农民自愿出资出劳，开展农村小型基础设施建设，有条件的地方可采取以奖代补、项目补助等办法给予支持，等等。通过PPP为社会主义新农村提供基础设施，有可能成为未来农村基础设施建设中的一种重要的经营管理模式，应给予充分的重视和作出积极的探索。本文结尾对此提出了几点初步的建议。

党的十六届四中全会审时度势地提出“两个趋势”的重要论断，指出“在工业化初期，农业支持工业，是一个普遍的趋向；在工业化达到相当程度后，工业反哺农业，城市支持农村，也是一个普遍趋向。”党的十六届五中全会又进而提出了建设社会主义新农村的重要方针。

关于社会主义新农村的要点，有“生产发展、生活宽裕、乡村文明、村容整洁、管理民主”的 20 字表述。我们可以看出，建设社会主义新农村首先是要发展生产，而生产发展要以提高农业综合生产能力为建设重点，这是建设社会主义新农村的物质基础。但要提高农业的综合生产能力，也包括优化生活条件、改进文明与村容等，都必须有良好的公共基础设施作为保证。近几年，国家已采取“多予、少取、放活”的方针，出台了“两减免、三补贴”等一系列惠农政策，并停征农业税，使农民负担减轻，收入提高，但是，由于长期“二元经济”格局下农村公共基础设施的低起点，加之长期实行的城乡不同的财政政策，公共产品与服务在城市和在农村的差距，仍然十分鲜明，可以说新农村建设的要求，也凸显了农村公共产品供给的不足。实事求是地说，新农村建设有可能加快改变这种现状的步伐，但公共财政阳光普照广大农村区域的进程，仍然只能是逐步的。多年的实践和基本的国情表明，改善和增加农村基础设施和公用事业，光靠农民自己的力量不行，但光靠政府的资金，面对中国如此广阔的农村区域和欠发达地区，也是力所不及的，难以适应形势发展的要求。我们认为，在市场经济发展的背景之下，我国已经越来越有可能、也越来越有必要发掘市场微观主体的潜力、通过公私合作伙伴关系（PPP）管理模式来为农村提供基础设施，以求更好地满足在新农村建设中日益增长的公共基础设施需求。

PPP 是英语 Public - Private Partnership 的缩写，通常翻译为公私部门的伙伴关系或“公私合作伙伴关系”。是目前国际上愈益为人们所看重的为基础设施和公用事业进行融资与管理的一类模式。在基础设施建设中，一些国家已较为广泛地使用PPP。本文从下面几个方面讨论在我国社会主义新农村的基础设施建设中采用新管理模式——PPP的相关问题。

一、农村基础设施的基本内容和特殊经济属性

（一）农村基础设施所包括的基本内容

1. 乡村交通

在这里主要指农村村庄内的道路规划、建设以及村与村之间的道路建设。有资料显示：目前全国还有近5万个村不通公路，但没有资料显示全国还有多少个村内没有修成道路。在农村调查中，我们可以见到，依然有许多村内没有像样的道路可走，雨雪后泥泞满地，干旱天尘土飞扬。农村随处可见“要想富，先修路”的标语。说明农民已经意识到交通道路的重要性，当然这还主要是指与外部路网接通的道路是发展生产、提高收入的前提条件之一，但也逻辑地关联着村内道路是必然的配套因素和乡村生活状态况改善的标志之一。

2. 农村通讯

这主要是指农村区域固定电话、移动通讯和网络通信的基本建设。由于农村不像城市那样有着高密度的居住人群，加上农民经济水平较低，能够用得起固定电话、移动通讯、网络的人较少，导致通讯设备的安装使用成本高，和电信、移动通讯公司为农村提供服务的积极性低。

3. 农村自来水设施

自来水设施是指提供净化处理后的生活用水的水管网络。目前在我国农村区域缺水的地区，往往连用上井水、河水都是最大的奢望。就是在东部沿海地区，也有未使用自来水的村庄。

4. 农田水利设施

在农村实行联产承包责任制二十余年之后，原来一些大型的、传统的农田水利设施老化或被破坏了，新型的农田水利设施亟待建设起来。虽然国家一直鼓励支持农民采用新型灌溉技术和方法，但是由于成本较高，所以一直没有得到普及。

5. 农村电力供应

电力是农村生产和生活的一个重要条件。我国农村电力供应近年有所改善，但是还存在一些问题：一是电力供应上的保障不足，特别是在急需时，如在播种、收割、抗旱等时间。二是农村用电的价格仍显偏高。

6. 农村基础教育的设施

农村的基础教育可以分为两个方面：一是九年义务教育；二是对农民的科普教育。在农村普及义务教育所需的基础设施配套事项包括校舍、远程教育网络建设等。国务院关于《推进社会主义新农村建设的若干意见》中指出要“继续实施国家西部地区‘两基攻坚’工程和农村中小学现代远程教育工程”。至于对农民的科普教育，在我国农村更显薄弱，相关设施在欠发达地区往往是空白，或者难以维持。

7. 农村医疗卫生基础设施

农村医疗历史上曾由政府统一安排，各乡设卫生院，要求各个行政村都有卫生所。但是，近年农民看病难、看不起病，因病致贫、因病返贫的问题比较突出。在构建新型农村合作医疗制度的过程中，亟需加强农村医疗卫生基础设施建设。

8. 农村文化、娱乐设施

农村的文化、娱乐设施包括图书馆、电影院、体育活动场所等。

目前我国农村普遍存在文化、娱乐设施不足的现象，而这又产生了与一些农村封建迷信活动、赌博、私彩盛行的关系。农村文化娱乐设施的建设，不仅仅是为农民提供社区娱乐场所，同时也是为他们提供学习、交流和提高素质的一种平台。

（二）农村基础设施的特殊经济属性

1. 某些具有自然垄断性质

农村基础设施和城市基础设施一样，许多具有自然垄断性。正是由于这种自然垄断性，私人进行农村基础设施投资和经营时，有必要受到政府的合理管制。

2. 具有准公共产品性质

无论是城市基础设施或农村基础设施，大多都属于准公共产品而不是纯公共产品，有的具有非排他性，有的具有非竞争性。但其中有一些较接近于纯公共产品，另一些较接近私人产品。如村内道路就可能是一定意义上的纯公共产品，很难想像对其收费，而农村文化娱乐设施比较接近私人产品，一般可以向前来娱乐的人收取合理的费用。

3. 受益范围的区域性、有限性和使用上的相对低效性

通常基础设施随着使用者的增加，其边际成本会不断降低。由于大多数农村社区具有明显的区域性、边缘性和分散性，基础设施使用者明显少于城市，使得农村基础设施产品相对城市基础设施产品而言受益范围较有限，使用效率也较低。

4. 较弱的可经营性，私人参与意愿不高

农村基础设施和公用事业的可经营性较弱表现为其运营不能产生足够的现金流量，导致投资者不能从项目的经营中收回投资，特别是在经济欠发达的地区，如想通过建成后向消费者收费的方式收回投资，困难很大。因此，一般情况下私人参与农村基础设施建设的意愿不高。

二、以往管理模式存在的主要问题

（一）政府对农村基础设施投入不足

提供基础设施首先要解决其建设资金投入从何而来，过去农村的小型基础设施投入主要是由当地政府投入，大型的则有些能得到上级政府转移支付的支持。由于农村地方政府的财力不够雄厚，很难拿出足够的资金用于农村基础设施建设。即使是一些较为发达的地区，地方政府往往重视城市基础设施的建设，追求城市化，而鲜有把农村基础设施建设放在首位的。现阶段的上级转移支付，还远不可能全面解决其供给问题。

（二）体制不顺、基层财政困难

体制不顺、机制不活是造成农村基础设施建设不足的另一个重要原因。从财政体制框架看，农村基础设施建设事权（职责）主要落在低端层级（县乡），而由于分税分级财政体制在 1994 年财税配套改革后迟迟未能在省以下、特别是在县乡基层实质性地贯彻到位，过渡体制的负面因素积累而造成县乡财政普遍困难，更无力加强农村基础设施。

（三）对多元投融资激励不足

农村区域基础设施的多元投融资，通常要难于城镇区域，客观上需要更有力度的政策优惠来激励，以提高非公共部门的市场主体介入的意愿，而我国过去这种政策激励也是不足的。

（四）管理效率低

由于农村基础设施的建设者与受益者联系不紧，易造成只有建设、使用却无人管理的现象。例如政府在农村建设的小型水利基础设施，由于国家、集体、受益农户三者的职责和义务没有明确界定，导致建设、管理、使用三个环节脱节，往往疏于管理，经常出现“国家管理不到、集体管理不好、农户管理不了”的尴尬局面。

三、引用PPP管理模式的可能性和必要性

（一）私人可能参与农村基础设施供给的理论依据

1. 公共产品理论

公共产品可分为纯公共产品和非纯公共产品。纯公共产品必须同时具有两个属性，非竞争性和非排他性。所谓非竞争性就是指一个人对公共产品的使用并不减少其他人对公共产品的使用。非排他性是指一旦提供某公共产品，就不可能排除任何人对它使用。

现实生活中纯公共品甚少，大量存在的是准公共品，而对于准公共品没有必要完全由政府来提供，可以通过私人参与的方式让政府与市场来共同提供。特别是具有排他性的“俱乐部物品”，为私人提供创造了条件。由于排他性，可以把使用者和没有使用者区别开来，对于使用者可以收费。

2. 世界银行的基础设施可销售性评估理论

在公共产品理论的基础之上，世界银行在1994年发展报告中对基础设施的性质进行了详细的分类，并提出了对于不同类型基础设施评估和推行体制改革的政策建议。世界银行选取竞争潜力、商品或服

务的特点、向用户收费补偿成本的可能性、公共服务的责任、环境外部性等五个因素作为可销售性评价指标，最后给出了可销售性的综合评价估值。具体参见表1。

表1　　基础设施可销售性评估表

		竞争潜力	商品或服务的特点	向用户收费补偿的可能性	公共服务的责任	环境外部性	市场化指数
电信	地方性服务	中	私人产品	高	中	低	2.6
	长途、增值服务	高	私人产品	高	很少	低	3.0
电力和天然气	热力发电站	高	私人产品	高	很少	高	2.6
	电力输送	低	俱乐部产品	高	很少	低	2.4
	电力分配	中	私人产品	高	很多	低	2.4
	天然气生产、运输	高	私人产品	高	很少	低	3.0
运输	农村道路	低	公共产品	低	很多	高	1.0
	铁路货运和客运服务	高	私人产品	高	中	中	2.6
	一级公路、二级公路	中	俱乐部产品	中	很少	低	2.4
水	管道网络	中	私人产品	高	很多	高	2.0
	非管道系统	高	私人产品	高	中	高	2.4
排污	管道排污与处理	低	俱乐部产品	中	很少	高	1.8
	公寓污水处理	中	俱乐部产品	高	中	高	2.0
	现场处理	高	私人产品	高	中	高	2.4
水	收集	高	私人产品	中	很少	低	2.8
	净化处理	中	公共产品	中	很少	高	2.0
灌溉	一级与二级网络	低	俱乐部产品	低	中	高	1.4
	三级网络	中	私人产品	高	中	中	2.4

资料来源：World Bank，1994c：World Development Report 1994：Infrustructure for Development，pp.115. New York，Oxford University Press.

在表1中，各种产品或服务的可销售性从1到3计分，数值越大越容易销售，最后一栏是前五项的平均值。

从世界银行的基础设施可销售性评估理论可知，公私合作的潜力可以参照基础设施的可销售性来判断。可销售性越强的基础设施和公用事业项目，私人进入的可能性就越大，那么采用公私合作管理模式的可能性就越大。相反，可销售性越弱的基础设施项目，私人提供的可能性就越小，采用公私合作管理模式的可能性就越小。虽然世界银行的基础设施的可销售性评估表大多是针对城市基础设施进行的评估，但是由于城乡基础设施的普遍特征在主要方面是相同的，其评价理论框架同样适合农村基础设施的建设和管理，但有些指标的量值和相关判断需要修正调整。

（二）从现实生活看对PPP的要求和其可能性与优点

1. 随市场经济发展，开展多渠道融资，为农村基础设施建设提供一部分资金，弥补财政投入的不足，既有必要也有可能

目前我国农村基础设施建设的水平远远不能满足广大农民生产生活的需要，距离建设社会主义新农村的目标有很大的差距，如果仅仅依靠财政投资，不能适应形势发展，也不符合市场经济的环境特点。运用多渠道的融资方式来为农村基础设施建设筹集财力，在经济较发达的沿海地区和中部某些地区，已首先具备了可能性；即使在欠发达的西部，也不应排除结合土特产基地、旅游资源项目开发等活动，在“招商引资”中，运用适当方式吸引民间资金介入相关基础设施投融资。PPP管理模式，能够为农村基础设施建设提供多渠道的融资模式：一方面可以利用民营企业的自有资本；另一方面也可以通过民营企业向银行贷款等方式融到更多的资金，这样有利于加快我国社会主义新农村建设的进程。

2. PPP模式有利于提高农村基础设施的经营管理效率

过去我国农村基础设施十分缺乏的同时，对已经建设的基础设施又往往没有能够很好地加以利用和保护。农村基础设施和城市基础设

施相比，重建设轻管理的现象更为严重。常出现有人建设、有人使用，却没有人管理的情况。例如建设出来的乡村道路，往往只有使用没有维护、时间不长便被破坏了。农村基础设施和公用事业的经营管理效率低下是一个普遍现象，主要是由于责权不明晰所导致的结果。如果以PPP模式建设并管理农村基础设施和公用事业，其管理效率则有望得到大幅度的提高。

四、在农村基础设施建设中如何采用PPP管理模式

（一）基础设施的PPP管理模式

根据美国民营化专家萨瓦斯的研究，可以根据基础设施的不同形态，采用不同的PPP管理模式。参见表2。

表2　PPP管理模式的分类

基础设施类型	模　式	描　述
现有基础设施	出售	民营企业收购基础设施，在特许权下经营并向用户收取费用
	租赁	政府将基础设施出租给民营企业，民营企业在特许权下经营并向用户收取费用
	运营和维护的合同承包	民营企业经营和维护政府拥有的基础设施，政府向该民营企业支付一定的费用
扩建和改造现有基础设施	租赁—建设—经营 购买—建设—经营	民营企业从政府手中租用或收购基础设施，在特许权下改造、扩建并经营该基础设施；它可以根据特许权向用户收取费用，同时向政府缴纳一定的特许费

续表

基础设施类型	模　　式	描　　述
	外围建设	民营企业扩建政府拥有的基础设施，仅对扩建部分享有所有权，但可以经营整个基础设施，并向用户收取费用
新建基础设施	建设—转让—经营（BTO）	民营企业投资兴建新的基础设施，建成后把所有权移交给公共部门，然后可以经营该基础设施20—40年，在此期间向用户收取费用
	建设—拥有—经营—转让或者建设—经营—转让	与BTO类似，不同的是，基础设施的所有权在民营部门经营20—40年后才转移给公共部门
	建设—拥有—经营	民营部门在永久性的特许权下，投资兴建、拥有并经营基础设施

资料来源：转引自E.S.萨瓦斯：《民营化与公私部门的伙伴关系》，中国人民大学出版社2002年版，第259页。

政府与民间资金合作的主要途径可分三个方面：

1. 已有基础设施

已有的基础设施，政府可以通过出售、租赁、运营和维护合同承包等形式与民营企业合作，由政府向民营企业发放特许经营权证，让民营企业进行经营和管理。民营企业可以直接向使用者收费，也可以通过政府向使用者收费。如果民营部门通过购买或租赁的形式获得基础设施的使用权，民营部门就可以在政府的特许经营权下，自己向用户收费。如果是民营企业对政府拥有的基础设施进行经营和维护，那么就由政府向民营企业支付一定的费用。通过出售、租赁、运营、维护的合同承包等形式的合作，可以提高基础设施的使用效率。在出售和租赁的形式中，还可以为政府融资和置换资金，从而支持和从事新的基础设施建设。

2. 扩建和改造现有基础设施

这方面政府可以通过租赁—建设—经营、购买—建设—经营、外围建设等形式与民营企业合作。政府向民营企业发放特许经营权证，由民营企业对原有的基础设施进行升级改造，并对升级改造后的基础设施经营管理。经营者在特许权下向使用者收费，并向政府交纳一定的特许费。通过这种形式，可以加快提升农村基础设施的功能和基础设施升级、改造的速度。在提升原有基础设施功能的同时，也可为政府新建其他基础设施筹集一定的资金。

3. 新建基础设施

对于新建的基础设施，政府可以采用建设—转让—经营、建设—经营—转让、建设—拥有—经营等形式与民营企业合作。建设—转让—经营是指由民营企业对基础设施进行建设，建设完成后转交给政府部门，然后再由民营部门进行经营管理。这种形式有利于提高基础设施建设的效率和质量，也可以提高经营管理的效率。在民营企业对基础设施经营管理期间，所有权属于政府。民营企业以租赁的形式获得经营权，同时也可以把建设时所使用的资金作为租金，从而获得优先租赁权。建设—经营—转让是指由民营企业对基础设施进行建设，建成后由民营企业进行经营管理，按照特许经营的合约时间，经营到期后转交给政府。在经营管理期间，基础设施的所有权是属于政府的，但是，不需要向政府交纳使用费，只是在经营到期后，无偿交还政府。在交给政府之前，必须保证基础设施的完整性、正常功能等。建设—拥有—经营是指由民营企业建设基础设施，建设完成后，民营企业获得基础设施的所有权，同时获得基础设施的“永久性”经营权。当然这里的“永久性”经营权是个相对概念，是在特许权下面的“永久性”经营。这三种合作的形式主要目的是为新建基础设施融入民间资本，同时提高资金的使用效率和提高基础设施的建设质量。

（二）在农村基础设施建设中使用PPP管理模式所要解决的关键问题

农村基础设施有一些方面不同于城市基础设施，特别是可营利性较低，因此在农村基础设施建设中，要想成功使用PPP管理模式，必须更加注意以下几个问题：

1. 选择合适的项目

在我国选择农村基础设施项目采用PPP管理模式的时候，首先要选择盈利能力较强、具有较好现金流量的项目，如果项目本身的盈利能力较弱，则应该注意构造较好的盈利模式。一些基础设施项目有较强的社会性，即具有较高的间接经济效益，而直接的经济效益较弱，因此，构造盈利模式时可合理加入垄断性。如水厂项目的供水、电厂项目的供电，都是政府的垄断项目，产品的定价和出售都可同有关部门签订合同而得到一定保证。垄断性有利于保证项目有足够把握达到财务目标。如果所选择的项目盈利能力较强，其垄断性可以低一些，相反，如果项目的盈利能力较弱，其垄断性应该高一些。

2. 灵活的政策和有力度的激励措施

根据项目的特点，政府应该为经营者提供相应的优惠激励措施。通常有如下几个方面：①最低经营收入保证。为了确保项目的成功实施，政府应该在一定时期内以固定的价格购买一定数量的产品或服务，如电厂、水厂等。或者在现金流大幅度下降时，政府给予以适当的补贴，如隧道或公路交通等。即使补贴产生财政压力，也会比政府自己办项目的财政压力低很多。②授予经营现有收费设施的专营权。③商业自由空间。准许项目公司在授权范围之内进行符合公司利益的开发。④无第二设施担保。必要时政府应该担保在该项目经营期内不再建设第二设施，以保证该项目的独家经营权。

3. 技术上的创新

在新农村的基础设施建设中，强调使用新的技术是非常关键的。

例如现代的水利灌溉技术在我国农村水利基础设施中的应用、农村能源的有效利用等。如果缺乏技术创新的公私合作，其意义就会大打折扣。公私合作的一个重要目的就是利用民营企业的管理效率和新技术。

4. 重视财务经济分析

我们传统的基础设施经济评价重点放在项目的社会经济效益，容易忽视财务状况。重视财务经济分析是国际惯例，也正是我们以往的薄弱环节。政府如何对项目公司作出承诺和担保，如何商定项目设施的收费标准及收费标准的调整幅度，如何合理形成具体的PPP操作方案（合同和专营管理办法）？这些都需要财务经济分析作为依据。由于目标的差异，不言而喻，民营申办方在获取最大利润目标的驱动下倾向于把风险推给政府方，而政府部门如何判别其合理性与可接受性，其基础正是项目的财务经济分析。

5. 制定有效的专营管理办法

专营管理办法的主要内容取决于具体项目的特点及财务状况。一般应该包括以下几方面：首先是要界定项目的边界；其次是明确项目公司的职责；第三是明确政府的权力范围；第四是政府对项目公司的承诺。

五、小结及政策建议

为了更好地落实《中共中央国务院关于推进社会主义新农村建设的若干意见》中提出的："要把国家基础设施建设投入的重点转向农村"方针政策，加快我国社会主义新农村的建设，有必要在农村基础设施建设及经营管理中，积极探索和采用公私合作伙伴关系（PPP）管理模式。其主要原因有如下两点：一是加强农村基础设施建设，需要政府投入之外的多渠道融资，市场经济环境也提供了这方面的潜力和可能性；二是PPP有利于避免以往政府投入模式的重建设轻管理的现象，并提高农村基础设施经营管理的效率。因此，PPP模式有可能在将来成为农村基础设施建设中的一种重要的经营管理模式。

为了争取PPP管理模式在我国新农村基础设施建设中得到成功实施，充分发挥其对新农村基础设施建设的促进作用，提出如下政策建议：

(1) 应积极宣传和探索在我国新农村基础设施建设中运用PPP模式。建议首先鼓励沿海发达地区和城镇周边地带的试点。

(2) 今后欠发达地区得到中央对于农村较大型基础设施的专项资金支持时，也应积极配套和延伸可能的PPP项目。

(3) 积极构建民间资金进入农村基础设施建设的激励机制，以必要、合理的政策手段，鼓励更多的民营企业财力和信贷资金，参与到新农村基础设施建设中来。

(4) 积极为民间资金进入农村基础设施出台相关的法规和形成政策保障。在实践探索、总结经验的基础上，逐步地、由粗到细地形成明确规定，哪些基础设施可以由民营企业实行哪类经营管理，哪些基础设施可以由民营企业阶段性拥有，等等。

(5) 各地新农村建设中，应高度重视引导农民自愿出资出劳的方式开展小型基础设施建设，或自愿与公共资金“拼盘”从事本地基础设施建设。有条件的地方可采取以奖代补、项目补助等方式给予支持，并由政府方面实施必要的建设与运营监督。

本文参考文献：

1. 萨瓦斯：《民营化与公私部门的伙伴关系》，中国人民大学出版社2002年版。

2. Stevens：Comparing Public and Private - sector Efficiency.

3. 世界银行：《2004年发展报告——让服务惠及穷人》，中国财政经济出版社2004年版。

4. 加雷斯·D. 迈尔斯：《公共经济学》，中国人民大学出版社2001年版。

5. 欧文·E. 休斯：《公共管理导论》，中国人民大学出版社2001年版。

6. 孙洁：《城市基础设施经营的公私合作管理模式研究》，博士论文，2005年。

7.《中共中央国务院关于推进社会主义新农村建设的若干意见》，2006年中央一号文件。

8. 丹尼斯·C. 缪勒著，杨春学等译：《公共选择理论》，中国社会科学出版社1999年版。

贾　康　孙　洁

城乡协调发展：改善农民“就业状态”是根本

内容提要

中国的特殊国情从实质上讲是由最大的农民群体决定的。无论改革，还是发展，都绕不开农民的“就业状态”。农民的就业环境（核心是平等就业）、就业能力和就业岗位（机会）与当前面临的许多重大问题有直接的关联，是我国现代化进程中的最大约束力量。“三农”问题、新农村建设和城乡经济社会协调发展能取得多大的进展，从根本上讲决定于农民就业状态的改善程度。改善农民的就业状态既是当前的紧迫任务，也是长期的政策目标。当前实施的新农村建设战略应聚焦到农民就业状态的改善上来。

就业是民生之本。就业问题是现代经济学的核心，经济学上的“凯恩斯革命”以及由此流行开来的政府干预主义就是围绕就业问题而展开的，故而在西方国家实现充分就业一直是政府的最重要目标。就业问题，是一个经济问题，又是一个社会问题，也还是一个政治问题。今年前不久法国出现的骚乱就是因就业问题引起的。对具有 13 亿人口的我国而言，就业问题在经济社会发展中具有更大的“份量”，在一定程度上可以说，中国改革发展的成败取决于就业问题解决的好坏。中国是农业大国，有 8 亿人属于“农民”的范畴，农民的就业状态从根本上决定了中国经济社会发展的水平和状态。如果说，在革命战争年代，农民是决定战争胜负的根本力量，那么，在和平建设的今天，农民就业状态是改革发展成败的决定力量。

一、农民“就业状态”的涵义

在展开论述之前，有必要对“就业状态”这个概念做一个交代。在经济学上，最常用的概念是充分就业，尽管就业的含义后来扩展到各个生产要素，但最主要的仍是劳动力。这个概念主要是指就业的程度，从劳动力的供求数量对比关系上看，达到均衡也就实现了充分就业。但在中国，就业问题不只是一个劳动力与就业岗位多少的对比关系，更重要的是就业的平等性和就业能力的高低。就业平等与否不取决于个人的努力程度，是由一定的制度和体制环境造成的。就业能力高低，如果是个体性的差距，则与个人禀赋及努力程度密切相关，譬如同是大学毕业生，有的就业能力高，而有的就业能力低，这在任何一个社会都存在。但如果不是个体性的，而是群体性的差距，则也是制度安排造成的，如教育资源的不平等分配就会造成这种结果。我国长期实行的城乡分治体制，使农民长期处于就业不平等和就业能力低下的状态，一方面，对农民就业，尤其是外出打工长期采取歧视的政策，不能平等就业；另一方面，教育资源、医疗卫生资源分配都是向城市倾斜，在极其落后的农村环境中，造就了就业能力低下的庞大农民群体。而在经济学教科书关于就业问题的讨论中，这些情况都被抽象掉了，或是在假设不存在不平等的情况下来分析的。

因此，分析我国农民的就业问题，只是抽象地谈论有多少剩余劳动力、需要创造多少就业岗位、有多少人失业是远远不够的，从劳动力供给和劳动力需求的数量对比关系无法涵盖我国农民就业的实际状况，故在此用“就业状态”这个概念来考察农民的就业问题。

农民“就业状态”包括三层意思：一是指就业的平等性（或者说就业环境），二是指就业的能力，三是指就业的岗位（机会）。农民就业状态的变化，就是指农民就业的环境是否好转，就业能力是否提高以及就业岗位是否增加。就业环境好转了、就业能力提高了和就业岗位增加了，就可以说，中国农民的就业状态改善了；否则，就表明农民就业状态没有得到改善，甚至恶化了。由于农民就业环境与就业能力决定于制度因素，就业岗位既与制度相联，也与经济增长相关，很自然，农民就业状态的改善既要靠改革，也要靠发展，单有经济增长无法解决中国农民的就业问题，而农民就业问题解决不好，那其他问题都失去了化解的基础。进一步推论，我们既需要“在发展中解决问题”的思想，也须要树立“在改革中解决问题”的理念。

也许还要指出，农民就业既指雇佣就业，即所谓的打工，也包括没有被雇佣关系的“自我就业”，如从事种植、养殖、加工、运输、经商，甚至开工厂、办公司等等。打工也好，自我就业也罢，都离不开就业环境、就业能力和就业机会这三个方面。

二、重新认识农民就业问题

长期来实行城乡分治制度造成的经济与社会的二元结构，使我国的就业形成了两大板块：一是城镇户口劳动力的就业，二是农村农业户口劳动力的就业。对于第一就业板块，我国长期是由政府来安排的，在计划经济体制下完全由政府“包”起来，基本不需要个人操心。实行市场化改革以来，这种状况被打破了，政府提出“坚持劳动者自主择业、市场调节就业和政府促进就业的方针”。劳动力市场逐渐形成，企业下岗职工、高校毕业生及其他新增就业人员都需要自己寻找就业门路。但随着城市就业压力的增大，政府对此采取了许多倾斜性政策，2002年底开始实行的积极就业政策，主要就是针对城市而言的。而对于第二就业板块，长期固定于土地上，不允许流动。随着联产承包责任制激发出来的积极性和农业效率的提高，一部分农村剩余劳动力就地转向非农产业，如乡镇企业、家庭企业等，开始了农村的工业化。沿海地区农村工业化带来了大量的劳动力需求，中西部地区的农村剩余劳动力出现了大规模的异地转移，出现了中国特有的“民工潮”。城市建筑业、运输业、餐饮等服务业的快速扩张也拉动了农村剩余劳动力的转移。随着工业化和城镇化的不断推进，进入非农产业的农民也不断扩大，现在已经形成了一个庞大的“农民工”群体，并成为我国工业化和城镇化越来越重要的支撑力量。但农民进入非农产业的过程完全是自发形成的，并非有意的安排，一方面是农村长期的贫穷落后迫使农民不得不寻找新的谋生之路，选择外出打工，或者自我就业；另一方面是国民经济成长过程中产生了大量适合于农民就业的工种和岗位。

第二就业板块的多元化格局固然与改革开放的大背景相联系，如允许乡镇企业、个体工商业等非国有经济（后来进一步变为非公有经济）的发展，为农民就业提供了更大的空间，但在农民就业的制度安排上并未有大的变化，近几年政府对农民就业的关心、关注和重视都零散地体现在与多元政策目标相联系的各项政策之中，如农村税费改革，目标是减轻农民负担；关注“农民工”问题，目标是减缓长期不公正对待农民工激发的各种社会矛盾；[①] 政府扩大对农业的投入，目标是粮食安全；开始给农民提供一些劳动技能培训，目标是缓解农民长期不能平等获得教育资源所带来的巨大压力；加强农村基础设施建设，目标是为大量的过剩生产能力找到出路，化解国民经济新阶段的“过剩危机”等等。与过去相比，这些政策表现出巨大的进步性，体现了以人为本的新理念，而且对农民就业也带来了实实在在的帮助。问题是在各级政府，尤其是地方政府仍以经济增长为首位目标，大搞招商引资情势下，农民的就业问题依然是附带的，甚至以“只有经济增长了才能为农民提供更多就业机会”为理由而使农民的就业问题迟迟难以进入到“体制内”来。对农民就业问题缺乏整体考虑，长期使之处于“体制外”原生态，这样，平等就业就不可能实现，农民的就业能力难以提高，农民的就业机会也难以真正增加。农民的就业状态若在整体上不能得到有效改善，新农村建设就可能出现“泡沫化”，“多予少取放活”的方针就可能变成了只是“送温暖”、“关怀”和“照顾”，城乡经济社会发展可能仍旧是“两张皮”，最终的结果是中国经济社会发展就会因“农民就业”这个瓶颈而不可持续。回过头看看我们过去所走的路，不难证明这一点。

我国1949年以来的几次经济大调整，都是从农业开始的，其实质都是农民就业安排的调整。1961开始的国民经济大调整，首先就是让近千万人回乡充实农业生产劳动力，解决吃饭的问题。1958年“以钢为纲”的大跃进把农村最主要的生产要素——劳动力，大量地吸纳到工业领域，农业严重“失血”，加上浮夸风盛行，造成了粮食极度短缺、不少地方饿死人的恶果。这次教训强化了这样一种观念：要加强农业生产，不能让农民轻易地离开土地。战争时期创造的“人海战术”移植到了农业经济领域，出现了所谓“8亿农民搞饭吃”的

① 2003年温家宝总理出面为农民讨薪，以及由此而引发的一场政府为农民讨薪的运动，就从一个侧面充分说明了对农民工的不公正。

局面。这种封闭式的加强农业的做法，造成了长期的低效率，吃饭的问题并没有因为人多而得到解决。直到农村联产承包责任制的普遍推行，农民在农业领域的就业方式再一次得以调整，从以集体为单位的就业变为以家庭为单位的就业，使当时水平下的个体就业能力得到充分发挥，改变了集体方式下人人种粮的状况，促进了农业的分工分业，以家庭为单位的种植、养殖和加工开始兴盛起来。从集体到家庭的转变，使农民就业在有限的空间里有了更大的自由，农业效率大大提高，农民收入也出现了有史以来的大幅度增长。农业的发展为工业和城市提供了新的发展空间，并一直延续到上世纪90年代中期。1998年出现的经济增长滑坡，标志着1978年开始的农民就业状态改善给整个国民经济带来的发展空间已经用到极致，城乡之间的矛盾和冲突日益尖锐起来。

二者之间的矛盾和冲突表现在各个不同的层面，从结果上看，生活水平差距大，农民消费能力低，至今仍有2300多万人还没有解决温饱问题和一亿低收入人口，但还长期负担着农业税、“三提五统”等各项上交和摊派，农民和政府关系的陷入紧张状态；从条件上看，社会发展差距大，农村基础设施短缺，公共服务滞后，不少地方“家电用不了，有电用不起”；从制度上看，待遇不平等，户籍概念下的农民成了“另类”，农民权益得不到保障，尤其在土地方面最为明显，如此等等。由此引发的矛盾和冲突催生了农村税费改革、“三农”问题、新农村建设和城乡协调发展等新提法、新思路及其相应的政策措施，以试图缓解这种状况。新农村建设成为当前的热点，大家纷纷探讨，试图找出其中的要领，比如“关键”、“重点”、“核心”、“重心”等，由此形成五花八门的看法。有的认为关键是提高农民素质，因为农民是新农村建设的主体；也有的认为重点是加强农村的基础设施，实现“水、气、路、电”村村通，以改善农民的生产生活条件；还有的认为核心是加大农村社会事业发展投入，加强在基础教育、基本医疗、广播电视等方面的公共服务体系建设；有部分同志提出，新农村建设的重心是如何促进农民增收，而让农民富起来的关键是减少农民，转移剩余劳动力；也还有从生产力发展的角度出发，认为提高农业的综合生产能力是基础；一些学者从制度、组织创新和农民权利保护的角度分析，认为当前最重要的是维护农民的权利，包括土地权、村民自治权和结社权等等。从一个侧面看，这些观点都有道理，有的确实是深层次的原因，政府的各种政策措施基本上也是从上述各个不同方面来推进的，取得了一些效果。但从整体观察，缺乏一个共同的目标，多元化的目标没有被整合起来，很难形成合力。不言而喻，这会使新农村建设的整体效果大打折扣，将会导致城乡协调发展难有实质性的进展。

其实，当前我们面对的问题都与农民的就业状态有关。改革开放初期农民就业状态的改善主要表现在给予了农民更大的就业自由，从集体转变以家庭为就业单位，农民可以根据具体情况来安排自己的工种和岗位，可在种粮、种经济作物、养殖、加工、经商、打工等等之间做出不同层次的组合和选择，使各种生产要素得到最充分、最有效的利用和使用；对土地、资金、家庭劳动力也可以实行不同层次的不同组合，以产生最大的收益。这种微观就业状态改善带来的高效率一直支撑着中国的工业化、城镇化和市场化，也支撑着中国的改革、发展和稳定。但现在已经到了极限，再也无法承受规模日益庞大的中国这个经济体所带来的重压，农民有太多的不能承受之重。

户籍概念下的“农民”就业的范围不断扩大，进入的领域和行业越来越多，但种种不平等的“硬性”制度障碍和歧视农民的“软性”观念障碍在阻碍农民异地就业，在宏观层面上制约了农民作为生产要素潜能的进一步释放。农民整体的就业能力低下，主要从事简单劳动，与这种就业能力对应的就业格局会与我国工业化水平上升和现代农业对高素质劳动力的需求脱节，从而拖曳整个经济结构的优化和提升。相对于庞大的剩余劳动力，在农业、工业和第三产业给农民提供的就业岗位依然不足，在宏观层面看存在大量隐性失业。如果在宏观层面的农民就业状态不能逐步得到改善，我们面对的许多难题将无法解决，而且会造成新的矛盾和问题。下面几个方面的问题都与农民就业状态有内在的直接联系：

一是改革发展成果的共享。这是当前社会上最为关注的问题，对改革的争议也是由此引起的。从城乡关系来看，农民是低收入群体，改革发展成果更多地倾向了城市居民。客观分析，这主要是农民的就业状态未能得到同步改善所致，在就业能力低且不能平等就业的条件下，农民如何去共享发展成果呢？政府的再分配是保证社会成员共享发展成果的重要环节，但坚实的基础则还是要通过就业来实现。如果能平等就业和具有足够的就业能力和就业机会，那么，发展成果的共享就可基本实现。

对政府而言，有两条途径：一是通过促进就业来实现发展成果的共享，二是通过强化再分配来实现发展成果共享。在现实中我们的政策更多地偏向后一条路径，尤其是涉及到城乡分配关系问题时，对前一条路径重要性的认识还不十分清晰。在农村税费改革之后，应当是转变的时候了。

二是贫困群体的脱贫。目前全国农村仍有2365万人没有解决温饱问题，处于年收入683元至944元的低收入群体还有4067万人，两者合计达到6432万人。① 若按照联合国每人每天1美元的标准来衡量，我国的贫困人口将达到一亿人。贫困人口的最主要特征是就业能力极其低下。可以说，贫困是“就业的贫困”。在存在大量过剩劳动力的买方市场情形下，有一部分人必然找不到雇主，但这并不意味着找不到就业岗位（包括自我就业）。农村的贫困人口大多数是小学文化水平，甚至是文盲，加上长期处于封闭的环境中，即使外出打工都很困难，更不要说通过生产经营来实现自我就业。中国减贫能取得举

① 见《经济日报》报道：“‘两个基本’成‘十一五’扶贫开发目标”，2006年3月29日。

世瞩目的成绩，主要得益于农民的微观就业状态大大改善，农民有了更多的就业自由和自主选择权。要进一步减贫，并巩固减贫的效果，取决于农民就业状态能否得到进一步的改善，使农民有更好的就业环境、更强的就业能力和更多的就业机会。

三是农民增收。农民增收难，是农民的微观就业状态难以进一步改善而产生的硬约束导致的。就业环境差，影响了农民工资性收入增长，微薄的一点工资时常被老板克扣；就业能力低下，影响了农民的收入来源，靠传统耕作方式的种粮卖钱自然难以增收；相对于大量剩余劳动力来说，就业岗位的不足也使农民增收遇到了宏观层面的约束。农民增收难的直接障碍在于农民的就业状态，而粮食价格、农业成本、农民负担等影响农民增收的因素在目前既定的农民就业状态下已经没有可进一步操作的空间。

四是减少农民。从工业化、城镇化的最终结果来看，减少农民是必然的结果。工业化国家的发展历程已经充分证明了这一点，在中国也不会例外。但这个结果不会自动实现，需要农民就业状态的相应改变。这是前提条件，除了就业岗位在一定程度上可以由工业化、城镇化来扩增之外，就业环境、就业能力都是这个过程本身所不能创造的。减少农民和农民的就业状态有直接的关联。尽管现在进城的“农民工”队伍在不断扩大，但由于农民在城市不能享受平等的市民待遇，因而使农民难以在城市定居下来变成市民。“候鸟式”的就业使农民永远只能是农民。

从上面的分析中不难看出，农民就业状态是我国改革发展中具有广泛渗透性和关联性的问题，而不是一个孤立于农村范围内的问题。如果现行政策不能在宏观层面促进农民就业状态的改善，则上述问题都将无法破解；反过来说，如果我们的政策重心都围绕农民就业问题来做文章，则可产生广泛的“关联效应”，带动其他问题的解决，收到事半功倍之功效。

在中国，农民就业状态是判断城乡经济社会发展协调程度的基本标志。只要农民就业状态不断改善，有更好的就业环境、更强的就业能力和更多的就业岗位，城乡经济社会发展就会自动地趋向协调。像浙江等发达地区能率先发展起来，究其原因主要是农民的就业状态较好，地方政府营造了较好的就业环境，农民有较强的就业能力，尤其是自我就业能力，从而推动了城乡的协调发展。就此而论，改善农民就业状态应成为我国改革发展始终不渝的基本目标。这个目标实现了，全面建设小康社会就可自然达成。

三、农民的就业状态决定了中国现代化的进程

进一步分析，不难发现，农民就业状态是中国经济社会发展最大的制约因素，构成我们现代化进程中最主要的公共风险来源，一旦转化为现实，它引发的将不只是经济危机，还有社会危机和政治危机。农民就业状态与中国的改革发展紧密相连，与扩大消费、缩小收入分配差距、国家粮食安全以及工业化、城镇化和市场化等当前的重大问题都有内在的关联性。中国的特殊性很大程度上是由极其庞大的农民群体来建构的，无论作为生产要素，还是作为生产者和消费者群体，对我国经济、社会和政治发展所产生的影响是巨大的，是左右中国前进步伐的主要力量。如果这种力量能转化为积极因素，则会产生巨大的推动力；若是转化为消极因素，那就会形成巨大的阻力。向哪个方向转化，决定于农民就业状态，也就是取决于农民有什么样的就业环境、就业能力和就业机会。这从下面几个问题的分析中可以看出农民的力量及其与就业状态的内在联系。

（一）扩大内需战略的实现依赖于农民

主要靠外部需求来拉动经济增长，是不可持续的，扩大内需逐渐

成为共识。在我国投资率连续多年超过40%的情况下，扩大内需重点在扩大消费需求，而扩大消费重点在扩大农民消费。因为我国的内需不足，主要在消费需求不足，而消费不足主要在农民消费不足。有一个人大代表算过这样一笔账：全国农村按照2.5亿户农户计算，如果每户一台电视机、一台洗衣机、一台电冰箱，农村家用电器市场就能6250万台彩电、15675万台洗衣机和20550万台电冰箱。[①] 由此不难想到，农民作为消费者能为我国提供一个多大的消费市场。问题是农民有这种需求，但缺乏现实购买力，巨大的消费市场还是潜在的。因此，要把这个巨大的潜在市场开发出来，必须扩大农民的现实购买力；而要扩大购买力，必须增加农民收入；而要增加收入，核心在于改善农民就业状态。一个清晰的逻辑链条很自然地摆在了我们面前：扩大内需——扩大消费——扩大农民消费——扩大农民现实购买力——增加农民收入——改善农民就业状态。

（二）缩小分配差距，重点在农民

我国的收入分配差距在不断拉大，不管如何评价，这已经是一个事实。暂且不论收入分配差距扩大的原因是什么，缩小差距应是一个必然的趋势。不管这个趋势的到来是很快还是很慢，至少有一点是可以明确的，如果没有农民就业状态的改善，那收入分配差距将永远也不会缩小。我国的收入分配差距，主要是群体性的分配差距；而我国群体性的分配差距，主要是城乡居民之间的差距；而城乡之间的差距，主要是就业状态的差距，即就业能力、就业机会和就业环境的差距。表面上看，城乡之间的差距似乎是农业生产方式落后和效率低下所致。其实，我国农业效率之所以低，不是农业产业本身的属性，也不是小农的生产方式，而是农民就业状态的长期固化造成的。20世纪80年代农业效率的提高，仅仅是因为农民从以集体为就业单位变

① 《经济日报》报道：“让农村消费‘火’起来”，2006年3月30日。

为以家庭为就业单位，有了在不同工种和岗位就业的自由，使生产要素（包括劳动力）得到了更有效的利用和使用。有人借用倒U曲线来分析，认为我国现阶段分配差距扩大有必然性，之后随着工业化和城镇化水平的提高，这个差距会逐渐缩小，由此提出相应的政策主张：对现阶段的分配差距不必反应过度。其分析也许有几分道理，但模糊了群体性分配差距和个体性分配差距之间的本质区别。后者在工业化和市场化的推动下，也许会自动缩小，但前者却不会。群体性分配差距与制度安排及其历史性后果有直接因果关系。我国的城乡之间的这种群体性分配差距肇始于城乡分治这种制度安排，但却直接成因于农民就业状态。逐步进行户籍改革，打破城乡分治是必要的，但这替代不了对农民就业状态的改造，平等就业、提高就业能力不是短期内能改变的。长期造成的后果，也需要较长时间来矫正。因此，缩小分配差距，现在就要着手，重点在改善农民就业状态。

（三）粮食安全也系于农民

在全球化背景下，粮食安全的重要性在此无需多言。保证一定的粮食供应，决定于农业综合生产能力。影响生产能力的因素很多，如土地、农业技术、资金、规模化等等，但最活跃、最富有能动性、也是最重要的是作为生产者和生产要素的农民。农民是其他生产要素的推动者，其他生产要素的组合、利用和使用都要靠农民的一定能力来实现。农民的这种能力最终体现在就业能力上，包括对农业自身的认识能力、农业科技的使用能力、农业生产过程不同工种和岗位的组织协调、管理能力。在土地上就业的农民和在工厂就业的产业工人相比，需要复合的就业能力，否则就不适应在农业部门就业。大工业的高度专业化，使就业者只需要有限的知识就能胜任，尤其在劳动密集型产业；而在农业部门就业需要掌握气候、土地、肥料、育种、田间管理、病虫害、产品保存、市场行情等各方面的知识，否则，你这地就种不好，粮食就生产不出来，就不能当农民。一些长期在外打工的农民，尤其是一些没有积累起任何耕作经验的年轻人，若干年后回到农村才发现，自己已经失去了在农业部门就业的能力。20世纪六七十年代下乡的知识青年，也是跟农民学了多年才学会了种地。我国农业是一种经验型农业，其就业能力的形成，主要依靠经验积累。现代农业转向生态农业，有更高的技术含量，其就业能力的形成则要依赖于系统的专业化学习和培训，否则，就无法在农业部门就业。农业的进步、转型和农民在农业部门的就业能力是对应的，即，具备什么样的就业能力，才会有什么样的农业。要促进农业部门内部的分工分业，提高农业的专业化协作水平，实现传统农业向现代农业转化，并在这个基础上保障我国的粮食安全，提升农民的就业能力是前提条件。

另外，随着土地生产率的提高，农业部门的剩余劳动力要及时地转移到非农产业部门，否则，会造成“窝工”现象，阻碍农业综合生产能力的进一步提高。从农业部门进入非农产业部门，需要新的就业能力、就业环境和就业机会，不然，这种就业转移就会不顺畅，甚至引发各种社会矛盾和冲突。现实的情况已经说明了这一点。不难看出，保障我国的粮食安全，仅仅鼓励农民种粮是远远不够的，全面改善农民就业状态是基础。

（四）进一步推进工业化、城镇化和市场化，其最大的约束是农民

工业化是一个社会化的过程，包括生产过程的社会化、产品的社会化和劳动的社会化，内含着专业化分工与协作的不断扩展。从我国的工业化历程来看，在工业化初期，农民整体上是被排斥在这个过程之外的，农民的任务是为工业化提供粮食、原材料和资金积累。现在我国已经进入工业化的中期，在这个阶段，农民事实上已经参与到工业化过程之中，乡镇工业、家庭工业以及庞大的农民工都已经成为工业化的一部分，并成为工业化的重要力量。在中期以前，工业化主要是一个“平面化”的扩展过程，表现为行业规模的扩大、企业个数的

增加、就业人数的扩增以及产值份额的提高。这种“平面化”的扩展对劳动力的要求不高，大量农民工能进入工业部门就业，原因即在于此。进入工业化后期，“平面化”的扩展与产业的升级、增长方式的转换将会结合起来，对劳动大军的要求也会大大提高。在这个阶段，如果农民就业状态得不到改善，则会产生如下公共风险：要么因为农民的就业能力低下，使大量剩余劳动力不能被吸纳到工业部门就业，使农民的就业转移受阻；要么使后期工业化的升级受阻，陷入低水平的“平面化”扩展而不能自拔，增长方式的转换将无法实现。从现实情况看，出现后一种情况的可能性更大，我国的经济增长方式长期难以转换，与规模庞大的农民群体的就业状态密切相关。中国的经济增长方式转换不可能靠外资和外商来完成，主要还得靠中国人自己，那就不能不受农民就业状态的约束，一方面要为大量农民进入非农产业创造就业岗位，另一方面还要与农民的就业能力相适应。何况，农民自身就是工业化中的重要主体，农民以自我就业方式进入工业化过程本身就是低起点，如创办的乡镇工业、家庭工业以及与农产品相关的加工业等。抽象的工业化是不存在的，农民本身就是我国工业化的一部分。总之，中国的工业化不可能“甩开”农民而单兵独进，只能在适应农民就业状态条件下而逐步成长。

与工业化相伴随，城镇化是一个不可避免的过程。从居民角度看，城镇化过程是吸纳农民转变为市民的过程。城镇化有利于生产力的积聚和集中，但要占用土地资源。土地是农民就业的基本保障，城镇化的推进势必会与依赖于土地而就业的农民发生冲突，除非受城镇化影响的这些农民能顺利地进入非农产业就业。现在存在大量失地农民处于无业状态，虽然给予了一定的补偿金，但城镇化剥夺了这些农民的就业权，矛盾依然存在。这样的城镇化过程会激发严重的社会矛盾和冲突，是不可能持续下去的。不少群体性事件和大量农民集体上访，都是由此造成的。要使城镇化过程顺利推进，必须首先改善农民的就业状态。我国城镇化之所以落后于工业化，很大程度上就是农民就业状态的约束所致。

工业化、城镇化都离不开市场化。以市场化为导向的改革，就是要逐步扫除市场发挥作用的各种制度障碍。但制度障碍的扫除替代不了市场本身的发育过程，更替代不了市场主体的成熟过程。农民既是生产者，又是消费者，还是各产业部门的生产要素，对市场的影响是多维度的。作为生产者，影响产品市场；作为消费者，影响消费市场；作为生产要素，影响劳动力市场。无论从哪个角度观察，我国庞大的农民群体并未完全进入市场，一个重要的标志是农民对市场的依赖程度并不高。作为生产者，并不完全为市场而生产；作为消费者，部分消费资料（尤其是食品类）并不来自于市场，而是自产；作为生产要素，随时都可以退出劳动力市场。可以说，我国的农民群体一只脚在市场里，而另一只脚在市场外。之所以如此，是由农民的就业状态决定的。不平等的就业环境、低下的就业能力和有限的就业机会，使农民无法参与市场竞争，并完全成为市场的一部分。这就像刚刚学会走路的小孩，一遇到困难总是会不由自主地往回走，回到自认为最保险的自然经济状态。从此可以看出，我国的市场化程度并不是只要政府放开和加快改革就可以提高，而是受到农民就业状态的约束。可以说，只要庞大的农民群体还未能完全进入市场，就意味着我国的市场化还没有完成。中国的市场化过程是不可能把农民群体撇在一边而可以独自实现的。

工业化、城镇化和市场化，都受到农民就业状态的约束。或者说，工业化、城镇化和市场化的边界是由农民就业状态来决定的。农民就业状态能改善到什么程度，工业化、城镇化和市场化才可以推进到什么程度。

还有诸如充分就业、自主创新、资源与环境等等问题，都与农民的就业状态有直接的关联，或者说，这些问题的解决同样立于农民就业状态改善这个基础之上。静态地看，农业是国民经济的基础；动态观察，农民是整个中国的基础，是经济、社会和政治的基础，也是物质文明、精神文明和政治文明的基础。只要就业状态很差的庞大农民群体还“站”在一边，只要他们依旧处于就业不平等、就业能力低、就业机会少的状态，就意味着中国得以发展的这个“基础”很脆弱，中国的现代化就会变成空中楼阁。由此我们不难推出一个结论：农民的就业状态决定了中国现代化的实际进程。

四、改善农民就业状态既是当前的任务，也是长期的目标

与城市的就业问题相比，农民就业问题具有特殊性，二者之间有重大区别。在现阶段，城市的就业问题是以非农户口为对象的，虽说有异地就业，但都在城市，逆向转移到农村就业的现象至今未曾出现。城市的就业主要与就业意愿有关，与就业环境、就业能力和就业岗位关联不大，如果有农民工那样的心态，城市的失业者会大大减少。而户籍概念下的农民就业，则要复杂得多。其就业的地域范围，既有农村又有城镇；能否就业，与就业的制度环境、本身的就业能力和提供的就业岗位密切相关。相比之下，农民的就业问题既是发展的问题，也是改革的问题，与我国当前面临的许多重大问题都紧密地联系在一起。正是农民就业问题的特殊性、复杂性和关联性，它的重要性才被凸现出来。

从20世纪70年代末的农村改革、90年代的“三农”问题，到现在的新农村建设，都透示着在中国“农”字的重要性。但对这个“农”字却有不同的解读。曾有一个时期，主要强调“农业”的重要性，集中在粮食问题上。随着吃饭的问题基本解决，“农民”和“农村”逐渐地得到重视，于是“三农”问题作为一个重要的新提法，成为公共政策的重中之重。从主要讲“农业”到全面讲“三农”，再到

强调建设社会主义新农村，既是问题导向的结果，也是发展理念的更新。但“三农”也好，新农村建设也好，其实质都是为了解决“人”的问题，即农民问题。而农民问题的核心是就业问题。只要使农民有平等就业的环境、更强的就业能力和更多就业机会，农民收入增长及其消费水平的提高自然就会实现，城乡经济社会自然也就会进入协调发展的轨道。前面的分析已经说明了这一点。

因此，“三农”问题的解决和新农村建设的实施都应当围绕改善农民就业状态来做文章，只有聚焦到这个问题上来，“多予少取放活”的方针才能真正落到实处，并产生长期效果；以工促农、以城带乡的长效机制才能真正建立起来；农民才能真正进入国民经济循环，不再被边缘化；农民的各项权利才能真正得到维护，没有就业权，其他权利都失去了基础。

通过农村税费改革，农民负担大大减轻。农民原负担的各项税费现在都已经被取消了，“少取”的这项工作应当说基本落实。近两年对农民实行了各种“直补”政策，如粮食、良种、农机具的补贴等。另外，对农田水利设施、农村基础设施建设、农村社会事业的发展也提供各种支持。可以说，“多予”的力度和广度都在加强。“多予”和“少取”给“放活”创造了条件，但这只是外因，能不能活起来，最终要看农民的就业状态能否得到改善，这是根本，也是内因。以工促农、以城带乡最终也要通过这个内因发挥作用，而且这个内因能否得到强化也是衡量“促”和“带”之成效的基本指标。如果说多予少取是“授之以鱼”，那么改善农民的就业状态是“授之以渔”。只有在后种情况下，“放活”才有根基，并在长期内有效。而且，农民就业状态改善了，农民才可能深度参与国民经济循环，从而渐渐达成城乡经济社会的协调发展。

城乡差距表现在各个方面，但本质的差距是城乡就业状态的差距，是就业环境的差距、就业能力的差距和就业机会的差距，如果这些差距缩小了，整个城乡差距自然就缩小了。我国发达地区的经验可以为之提供佐证。从这个角度来看，农业、农民和农村三者之间并不是并列的关系，而是居于不同层次。解决“三农”问题、建设新农村的动力来自农民的积极性、主动性和创造性，即来自于农民就业状态的改善。就此而论，改善农民就业状态，既是我们当前面临的紧迫任务，也是各项政策共同的长期目标。

为此，当前的各项支农政策和农村各项改革有必要进行整合，使之形成合力，都落实到有助于改善农民就业状态上来，并以此来衡量各项政策和改革的轻重缓急。这样，就可以分清主次，分层推进，避免眉毛胡子一把抓，一哄而上。

农民就业分为三类：一是在农业部门就业，包括农林牧渔等。二是在农村的非农产业部门就业，包括工业、商业批发和零售、储运、建筑等第二产业和第三产业。三是异地就业的农民工，主要是在城市的各非农产业就业。尽管就业岗位不同，但都是属于户籍概念下的农民群体，与城镇户口的就业者享受的待遇是完全不同的。

就短期来说，最重要的是缓解这三类农民就业不平等状况，同时加强对现有劳动力的就业技能培训。对于农民工来说，就业的不平等是显性的，受到社会的广泛关注。国务院在今年 3 月份发布《关于解决农民工问题的若干意见》就是对社会的一个回应，这说明已经引起了政府的重视。而对于第一类和第二类就业农民来说，就业的不平等是隐性的。如在农业部门就业的农民，干什么，不干什么，并没有完全的自由，被地方基层政府强迫种这个、养那个的情况时有发生。在种粮食、种经济作物、养殖等不同的工种和岗位之间，农民没有多少选择权。这除了基层政府的原因以外，还有在融资方面受到歧视，限制了农民在农业部门内更充分的自我就业的自由。这种不平等抑制了农业部门内部的分工分业和农业产业链条的延长。对在农村非农产业部门就业的农民来说，也是一样。就地转移就业，多数是从自我就业起步的，如办家庭小工厂、从事商品贩运、开个小商店等等，但基础设施短缺，就业所需的基本条件都要靠农民自己来解决，而在城市则都是由政府来提供的。这限制了农村非农产业部门就业岗位的创造，就地转移就业变得十分艰难。从整体看，农民就业处于极不平等的状态，这需要转变基层政府职能和扩大政府对农村基础设施的投入来逐步解决。改善农村基础设施，既能改善农民的就业条件，也能改善农民的生活条件，并还能在基础设施建设过程中给农民提供新的就业岗位，可收“一石三鸟”之效。从这个角度来看，当前新农村建设中大为流行的住宅改造、改建倒是其次的事情。

另外，农民就业技能的培训十分迫切，在初期应当完全由政府免费提供，并覆盖上述三类农民。有些地方主要局限于外出打工农民的培训，认为种地的农民不需要培训，这无疑是一种错误的认识。根据农民就业的具体需要来设计多样化的培训课程，尽量避免主观臆断，不切实际。进一步加大农民培训的力度和广度，应是当前新农村建设的重要内容。

从中期来观察，提高农民的就业能力是重点。在近5亿的农村劳动力中，初中以下文化程度的占到87%，其中7%基本不识字。面对这种状态，要在短期内把现有农民训练成高素质的劳动大军是不现实的。因此，全面提高农民就业能力应是一个中期目标。这就要从娃娃抓起，普遍提高农民文化素质和身体素质。就业技能的培训不能替代农民素质的提高，这是两个不同层次的事情。我国农民的基本素质偏低主要是长期来教育资源、医疗资源的不平等分配造成的，不言而喻，全面提升农民的就业能力至少需要两个条件：一是社会经济资源用于基础教育和公共医疗的份额要进一步提高；二是教育资源和医疗资源的分配要进一步向农村倾斜。这除了加大政府财政投入之外，还要通过相应的改革和政策措施来引导社会经济资源向这方面流动。各级政府对农村的投入和针对农村的各项改革，都应当指向农民的就业能力，防止农村建设和改革上的“形象工程”和“政绩工程”，避免为建设而建设、为改革而改革，把建设和改革当成目标本身。新农村建设的热潮，使各级政府都想迫切地做点什么，弄不好，新农村建设就会变成一场新的“大跃进”，劳民伤财，得不偿失。对农民来说，就业能力的提高是最大的、也是长久的实惠；对政府来讲，农民就业能力提高，可以使农村的人口压力转变为人力资源。

从远期来分析，农民向市民的转化是关键。我国土地的城镇化，快于人口的城镇化，而整个城镇化又滞后于工业化。尽管原因多方面，但主要是农民的就业岗位都是靠农民自己来创造的，城市工业化为农民提供的就业机会远少于农村工业化。在目前全国已转移的农村劳动力中，在县域经济范围内吸纳了 65%，[①] 浙江、江苏和广东等经济发达省份，农村的工业化不仅吸纳了当地的大部分农村劳动力，而且也为欠发达地区农村劳动力异地转移就业提供了大量机会。城乡的发展长期来形成的“各自为政”局面，虽然使我国的非农产业快速发展，其就业率达到 53%，但农民难以向市民转化，城镇率仅达到 41%，相差了 12 个百分点。如果把城乡协调发展理解为城乡在原有格局下的各自发展，或在原有格局下的农村更快发展，并以此来缩小二者之间的差距，那农民永远还是农民，即使不再种地了。因此，农民向市民转化，需要打开城门，为农民就业提供更多的机会。也许，农村的非农产业发展会造就一批规模不等的城镇，但不能要求非农产业就业的农民全部就地转化为市民。事实上，这也是不可能的。中国人地关系日趋紧张，资源与环境的压力日渐增大，农村分散化的工业化已经没有多少空间，向城镇转移是必然趋势。除了农业部门内部的分工分业可以创造一些就业岗位供农民就业以外，更多的就业岗位长期来看将主要由城镇来提供，并以此为基础来促进农民向市民转化。这是工业反哺农业、城市支持农村的基本路径，也是城乡协调发展的必由之路。

城镇的就业岗位从何而来？静态地看是没有出路的，城镇的就业

---

① “国务院研究室负责人就国务院《关于解决农民工问题的若干意见》答记者问”，《经济日报》，2006 年 3 月 29 日。

压力也相当大。这需要动态地理解，其背后的意蕴是，我国的工业化战略要从城乡两条战线同时展开，逐步向一条战线融合，并使工业化和城镇化逐渐融合，并通过这种融合来转换发展模式，过去村村点火，处处冒烟的方式不可继续复制。新兴工业化的路子其实也就在此。这样，通过新型工业化战略，为农民创造更多的就业机会就有了可能。

综上所述，改善农民就业状态既是当前的任务，也是长期的目标，但在不同时期的重点是不一样的。当前重在改善农民就业不平等状况，使农民有一个更好的就业环境；中期的重点是全面提高农民就业能力，减弱农民就业能力不足对现代化进程的制约；从远期看，重点是开放城镇，为农民创造更多的就业机会，实现农民向市民的转化。如果说，“三农”问题、新农村建设是政府工作的重中之重，那么改善农民就业状态，则是“三农”问题、新农村建设的重中之重。

刘尚希

新型农村合作医疗存在的制度缺陷及面临的挑战

内容提要

新型农村合作医疗制度是一项旨在促进社会公平、协调发展的战略性政策，对于缩小城乡差距、扭转不平衡的社会发展结构、构建和谐社会和实现五个统筹发展具有深远的意义。但是，这项惠及七亿六千万农村人口的政策，仍存在一些制度设计上的缺陷和面临许多挑战，如果不注意到这些问题以及存在的某些负面激励，将可能降低这项制度的保障效力或者导致政策目标的偏离，影响新型农村合作医疗制度的健康运行和可持续发展。

新型农村合作医疗制度是在政府不断努力解决“三农”问题、构建和谐社会背景下出台的一项重大惠农政策，是落实十六届五中全会提出“社会主义新农村建设”的重要内容。政策目标重点是帮助农民减轻因患重大疾病而带来的经济负担，减少农村居民“因病致贫”和“因病返贫”现象。自2003年新型农村合作医疗制度试点推开以来，首批启动的试点县（市、区）有304个，2004年增加到333个。至2005年6月底，全国已有641个县（市、区）开展了试点工作，1.63亿农民参加了合作医疗。

近期，中央决策层进一步显露出加速推开对这项试点政策的果敢决心。2005年9月召开的“全国新型农村合作医疗试点工作会议”决定：2006年将试点的县（市、区）由目前占全国的21%扩大到40%左右，到2008年建立基本覆盖全国农村居民的新型农村合作医疗制度，比原定目标2010年提前两年。中央财政对参加合作医疗农民的补助标准在原有每人每年10元的基础上再增加10元，提高到20元，同时将中西部地区农业人口占多数的市辖区和东部地区部分参加试点的困难县（市）纳入中央财政补助范围。

农村新型合作医疗制度是一项旨在促进社会公平、协调发展的战略性政策，对于缩小城乡差距、构建和谐社会和实现五个统筹发展具有深远的意义。但是，这项惠及七亿六千万农村人口的政策，仍存在一些制度设计上的缺陷和面临许多挑战，如果不注意到这些问题以及存在的某些负面激励，将可能削弱这项制度的保障效力或者导致政策目标的偏离，影响新型农村合作医疗制度的健康运行和可持续发展。

一、以大病为主的医疗保障政策值得再推敲

新型合作医疗立足于基于大数概率的大病保险，政策方向以大病为主，即政府补助的人均20元和农民自缴的人均10元，都“主要补助大额医疗费用或住院费用”。

首先，以大病为主的保障容易诱发逆向选择，不利于建立稳定的筹资机制。由于重大疾病和住院医疗发生机率较小，会降低参保者的预期收益，健康人常常低估参保的重要性，而高危人群却非常愿意参加。这种逆向选择，即“选择性加入”和“选择性退出”很可能威胁新型农村合作医疗筹资的可持续性。在运行一年后，有相当一部分县乡出现一个很奇怪的现象，即前一年参加新农合并获得大病报销补助的农民，往往选择不再加入，这是因为农民往往抱有某种心理预期：“自己不会那么倒霉，第一年得大病，第二年还连续接着生大病”。有些地区考虑到这一问题，对前一年未得到大病补助的参保农民安排一次免费常规体检，但这仍然无法解决低风险群体参与意愿低的问题。

其次，现行筹资水平难以为农村居民提供有效的大病医疗保障。2003年农村人均医疗保健支出为115元，但合作医疗的筹资总水平才人均30元，用每人每年30元的合作医疗基金还远远不能解决农村居民因病致贫、因病返贫的问题，保障不足成为合作医疗的软肋。即使是针对大病救助，在目前的安排下，共付部分仍然很高(共付比例在多数地区达到30%—50%)，这就限制了这种保险对贫困家庭的用处，因为在很多情况下他们仍然无力支付看病共付的费用。

再次，保障目标定位为保大病，事实上放弃了对大多数人基本医疗需求的保障责任，也不可能获得良好的投入绩效。在农村的现实生活中，真正影响农村居民整体健康水平的是常见病和多发病。许多农村居民的大病也是因为“小病无钱治而扛成大病”的。从卫生投入绩效看，对大病的干预所获得的健康效果远不如对常见病和多发病的及时干预。此外，大病为主的保障方式导致“小病大医”的道德风险。有调查发现（汤胜蓝，2005），在西部很多试点县，就出现了不少本可以不住院的病人进行了住院接受治疗。

二、筹资困难和运行管理费用过高

首先，合作医疗筹资困难、筹资成本高。

每年合作医疗的筹资都需要基层干部挨家挨户的筹资，筹资成本相当高。在一些试点地区，为了达到上级规定的参合率，合作医疗参合率达标甚至是一个一个谈出来的。同时由于历史上存在诸多以“合作”为名目的乱收费等原因，造成部分农民对乡镇干部上门做工作持逆反心理，加上一些乡镇干部本身素质不高，政策宣传不当，导致筹资困难程度增加。

其次，合作医疗管理成本高，相关费用开支难以有效落实。

新型农村合作医疗制度缺乏组织能力和管理成本上的分析。以县为单位集中审核、报销费用，表面看来，统筹层次已经很低了。但实际情况却是，绝大部分县都有数十万甚至上百万的人口，且农村居民居住相当分散。合作医疗经办机构面对千家万户，居民健康状况差异很大且记录有限，县卫生部门在组织管理能力上凸显窘迫，管理成本之高难以负荷。

同时作为组织者，试点县各级政府都要成立一套相应的管理机构，县里设立农村合作医疗管理局（通常是挂靠于县卫生局的事业单位），各乡（镇）成立农村合作医疗办公室，人员和办公经费都列入财政预算。这对于财政状况本身就很拮据的县乡政府和较低的合作医疗筹资水平来说，是一笔不小的支出。许多县级政府迫于无法安排这部分经费，通过种种方式将其转嫁给卫生机构，包括县医院、乡镇卫生院和村级诊所，而这些机构最终又会把这部分费用在经营中转嫁给患者。

三、逆向补助和累退性负担较明显

（一）“人头税”的缴费形式显失公平，累退性负担较明显

也许是出于管理简便的考虑，目前新型农村合作医疗制度采取了人均负担10元的基本缴费形式，但这实际上是一种“人头税”的缴费形式，没用考虑到农村居民个人和家庭收入和支付能力的差异，这显然会造成贫困家庭的缴费负担较重。与此相比，城镇职工医疗保障制度下的个人的缴费率为本人工资的2%，单位按职工工资总额的6%缴纳，还一定程度上考虑了公平负担的问题。

同时，由于新农合实行政府补贴与自愿参加相结合，同时实行医疗费用报销制，而且设立了较高的自付率。这就在客观上造成了一个门槛，贫困家庭依然因无力垫付大病的全额医疗费用而放弃求医（虽然医疗救助对部分特困家庭和五保户参加合作医疗予以了补助，但目前受益范围较小，无法普遍照顾到一般贫困家庭）。这种状况不仅导致部分人口无法受益，而且还会导致逆向转移支付。因为富人相对更有能力交费，也就更有可能享受政府提供的补贴以及相应的医疗保障。这样客观上形成了富人既富又有保障，穷人越穷越没有保障，违背了社会保障制度应当对贫困者转移支付和缓解社会不平等的基本原则。另外，自愿参加的制度必然形成体制内和体制外的群体区分，难以有效避免体制外人员对体制内资源的侵蚀问题。

（二）还存在地区性的逆向补助问题

新型合作医疗制度采取个人缴纳、集体扶持与政府资助相结合的筹资原则，决定了入保者越多，国家财政补贴就越多，合作医疗基金

就越雄厚。较富裕的县市，地方政府和农村居民缴费能力较强，开展新型农村合作医疗也就相对较容易，在一些地区甚至出现了以套取中央补助资金为目的的快速推开铺面现象。各省市在启动农村合作医疗试点的时候，为了产生示范带动效应，基本上都是拿出当地经济发展好、财政实力较强的县作为试点地区，这就使得相对富裕的地区先一步和多享受到上级政府的资助。

对于地方政府来说，推行新型农村合作医疗的时运不佳。因为中国正在取消几项农业税，这就意味着乡、县本级财力的进一步减少。虽然中央对地方的补偿性的转移支付在某种程度上减弱了地方税收减少的负面影响，但基层财力困难的问题仍然十分突出。在经济欠发达地区，乡镇企业不发达，加上农业税的取消，乡村两级全靠国家转移支付来维持运转，乡村两级负债累累，地方财政根本挤不出资金投入到新的合作医疗。由于财政投入启动资金缺乏，农民参保率低，制度覆盖极为有限。

四、自愿参保机制难以避免逆向选择的难题

在改革开放以前的合作医疗制度中，虽然政策也规定农民自愿参加，但鉴于当时强大的行政动员力量和以人民公社为基础的体制，事实上具有强制性，因此大多数农民都得到了保障；在80年代中后期以来恢复和重建合作医疗制度的努力中，仍坚持自愿参加原则，但是自愿参加意向特别低，最终导致重建努力的失败。在当前行政强制力弱化的条件下，农民有了较大的选择权，导致低风险人群参保积极性很低。

由于新型农村合作医疗计划仅覆盖不到20%的家庭平均卫生费用，许多农户可能会觉得这个计划对于减少医疗支出的风险起不到什

么作用，他们对新农合的支持就会减少，其结果是要么不参加，要么退保。如果低风险保户（年轻和健康人群）首先退保，这是非常可能的，那么合作医疗计划就变成高风险者的互保，接下来就可能需要提高筹资标准。然而这又会进一步促使低风险保户退保，这样保险计划开始逐步萎缩，最终瓦解，这就是所谓的逆向选择。

由于存在逆向选择问题，即健康人群选择不参保，自愿性保险制度几乎都难以持久。国际的经验表明，逆向选择会迅速破坏并最终导致一个建立在完全自愿基础上的保险计划的解体。在任何人群中都有高风险保户和低风险保户，如果保险建立在自愿加入基础上，低风险保户会宁肯自己给自己保险。因此，工业化国家的基本医疗保险制度一般都是强制性参保，采取社会保险的方式。

五、定点卫生机构可能成为最大的赢家，农民并未能切实得到实惠

首先，卫生机构利用新型合作医疗政策创收，可能引发新一轮重治轻防。越是制度改革领先的卫生机构，往往越容易在大病为主的政策倾斜中占据优势地位，获取经济利益。卫生机构的注意力被引向以医疗为中心，这极易导致不顾实际需求盲目增加设备和设施、提高治疗标准的竞争，而忽视切实改善服务质量和预防保健。

其次，资金向公办卫生机构转移支付，可能保护落后，带来低效率。由于新型合作医疗的费用报销基本只限公立卫生系统，这不仅消除了公立卫生系统与私人系统的竞争，而且也部分地解除了未经改革的卫生机构的市场压力。只要是公立卫生机构，服务差、价格高也可借新型合作医疗政策得到市场份额。特别是乡卫生院，以往在市场竞争中处于劣势，由于新政策的倾斜便起死回生。

再次，定点医院选择机制的僵化可能带来很多新的问题。特别是在居住分散的农村地区，这可能意味着患者不得不花费更大的费用、走更远的路去看病，也可能意味着新型农村合作医疗给家庭带来的只是看病从到私人医生那儿转到公立机构，而实际上并没有增加患者就医的次数。

六、新型合作医疗对费用的合理控制仍是一个难题

对于新型农村合作医疗政策和制度是另一大挑战是费用的合理控制问题，即基金的稳定、可持续发展问题。与城镇医疗保障制度一样，新型农村合作医疗制度的设计缺乏农村医疗服务体系改革和费用支付方式改革的同步支撑，以至于不得不突出对患者的约束——在制度设计中引入了城镇职工医疗保险制度的起付线、封顶线、较高的共付比例以及分段按比例报销等做法。这些做法对于维持资金平衡是有益的，但对患者过分严格的约束，特别是过高的患者自付比例必然导致参保积极性的下降。

目前的合作医疗尚缺乏对供方行为的有效制度约束。在许多地区，新型农村合作医疗计划与城镇基本医疗保险的运作模式相同或类似，即它们都是被动地报销保户的医疗账单。这种运作模式容易引发医疗供方甚至患者的道德风险，最终很可能导致医疗支出急剧增长。有调查发现，一些定点医疗机构过度用药、不合理治疗检查问题比较突出，次均住院费用和门诊费用上涨较快；处方药物和检查项目超出基本药物目录和规定检查的项目过多，不少费用不在报销之列，增加了农民的费用负担。有农村居民反映，合作医疗买的药贵，虽可报销一部分，但是自己承担的部分并没有切实减少，与在别处买药没有什

么差别。在很多地区地方，合作医疗实行后，医疗费用呈现普遍上涨的趋势，患者可报销的部分被上涨的医疗费用抵消了，通过合作医疗来减轻农民医疗负担的目标大打折扣。

七、合作医疗基金管理和组织面临农村居民信任窘境

长期以来由于农民对健康问题不重视，从而导致相互间缺乏一种共济互助意识。鉴于20世纪80年代以来几次重建农村合作医疗尝试的失败，在农民心里留下了阴影，新型农村合作医疗制度仍面临不少的信任挑战。在现阶段，部分农民不清楚参加合作医疗的权利和义务，心存疑虑，担心合作医疗基金被挪用，担心医疗费用升高，得不到实惠等等，影响了农民参加合作医疗的积极性。

如果人们要参加合作医疗计划，那么他们需要信任计划的组织者和实施者，这一教训来自以前试图恢复合作医疗实践的失败。信任在一定程度上意味着消除腐败，以往许多合作医疗计划失败的原因就是由于腐败和管理失善。让保户参与合作医疗计划的监督可能有助于减少腐败的发生。

目前试点的新型合作医疗制度是政府主导型，政府不仅管规划、管融资、还直接管操作，同时监督。这在试点的初期可能难以避免，但是，如果不从现在开始就重视农民民主参与的问题，不注重将农民参与决策和监督作为试点的重要方向，那么，新型合作医疗制度即便设计管理得再好也难持续。农村卫生服务领域的三个主体——政府、卫生机构、农民之间如果出现利益严重失衡，其机制的内在作用就会诱导制度操作偏离预定目标，而长期偏离目标的操作很可能就会颠覆制度本身。因此，必须要逐渐引导农民对合作基金管理的民主参与，

使基金本身能够真正代表参保者利益，履行医疗保险基金的买方代理人职责。

八、医疗保险没有照顾到日愈壮大的流动人口

当前我国每年都有一亿左右的农村流动人口，越来越多的农村人口流入城市，这是促进经济增长的重要因素。但是，从农村来到城市的移民正处在一个医疗保险的真空地带——由于没有正式户籍，他们没有资格参加城市医疗保险，而新型农村合作医疗很可能会要求他们返回原住地去看病，或者如果他们在务工城市就医，那他们就得承担合作医疗只予以报销部分医疗费用的风险。

如果要充分发挥劳动力转移所带来的经济利益，确保医疗保险能够跟随保户迁移而流动就很重要。从长远的角度来考虑，随着城乡差别的逐步弱化，将中国所有居民纳入一个统一的全民医疗保险体系是大势所趋，正如其他国家，包括菲律宾、泰国和越南，已经实现或正在进行的那样。

总而言之，尽管中国农村的医疗卫生形势依然严峻，政府正在努力为没有保险的近八亿人口提供医疗保障，并明确提出了增加政府投入的责任，新型农村合作医疗体系的试点无论如何都是一个大胆的历史性开端。当然，任何一项政策都不可能十全十美，都存在这样那样的缺陷或面临很多挑战，特别是在启动之初。指出问题总是相对容易的，更多的挑战来自于如何解决这些问题，进而不断完善政策。令人欣慰的是，有大量的经验可以参考，这包括20世纪90年代城镇医疗改革的经验、过去旨在复兴农村合作医疗的数次尝试，以及来自国外医疗卫生发展的经验。有理由相信，随着新型农村合作医疗制度和政

策的不断完善，将推动农村经济社会向更好的方向发展，并促进城乡协调、经济社会协调发展的和谐社会的形成。

本文参考文献：

1.联合国卫生伙伴合作小组：《中华人民共和国卫生形势评估》，2005年7月。

2.世界银行简报："应对中国农村卫生的挑战"，http：//www. worldbank. org. cn/chinese/content/314y63381193. shtml，2005年6月22日。

3.贾康、张立承："改进新型农村合作医疗制度筹资模式的三点政策建议"，财政部科研所《研究报告》，2004年第52期。

4.国务院发展研究中心课题组：《对中国医疗卫生体制改革的评价与建议》，课题报告，2005年8月。

5.杨团："反思新型合作医疗政策"，中国改革发展研究院（海口）第50次中国改革国际论坛"政府转型与中国经济社会协调发展"论文。

6. http：//social - policy.info/839abstract.htm。

（感谢张立承博士在本文写作中提供了很多有益的建议和帮助）

刘军民

安徽省农业产业化、市场化及农村经济运行与改革发展情况的调查报告

内容提要

安徽是我国的农业大省，不但农产品的品种与产量占全国的相当比重，而且当地农民在改革方面的创新精神也令人瞩目，当前我国普遍实行的农村家庭联产承包责任制正是1978年由安徽凤阳县小岗村农民首创而来的。

经过27年的改革开放，安徽省的农业发展又取得了许多新的经验，除了传统种、养殖业的生产力得到了不断提高之外，以此为基础的农产品深加工、市场营销等第二、三产业也取得了长足发展。

2005年9月20—25日，我们财政部财政科学研究所安徽省农业产业化、市场化及农村经济运行与改革发展情况调查组联合安徽省财政科研所的同志到合肥市、六安市辖下

的舒城县、安庆市辖下的桐城市、枞阳县、怀宁县进行了实地调研，就上述地区的农业产业化发展及农村经济运行情况会同当地有关部门的同志进行了访谈并作了实地考察。

以下三篇调查报告围绕上述县市农村农业产业化的发展情况及存在问题、国家农业政策的落实情况、相关改革措施的运行状况、地方政府在解决三农问题过程中遇到的困难一一进行了分析总结，并就此提出了相关政策建议。

调查报告一

因地制宜　合理组织
以农业为中心促进乡村经济发展

——对安徽省舒城、桐城、枞阳、怀宁等地农业由小生产向规模经济发展情况的调查

安徽省六安市舒城县以及安庆市辖下的二县一市（桐城市、枞阳县、怀宁县）分别位于大别山区和长江沿岸。多年来，这些县市不断发挥自身农业的传统优势，并从实际区情出发，有针对性地发展了以

水禽、桑蚕养殖、水稻种植为主的农业经济。同时，又在此基础上有意识地推动农业产业链的延伸，一方面，通过组织当地农民成立各种农业专业化生产营销组织，逐步推广了农产品的规模化、标准化种植养殖，并统一营销；另一方面，发展了以羽绒、缫丝为代表的轻工业企业和以高科技为龙头的稻米深加工企业，提高了农产品的附加值，从而实现了农业的产业化发展，促进了农民增收和农村剩余劳动力的转移。

在调研过程中，我们分别听取了当地县市领导、具体管理部门的同志的情况介绍，在与舒城县玉河羽绒有限公司、桐城市大关蛋鸭生产协会、桐城市双龙丝绸有限公司、枞阳县媒鸭原种场、怀宁县稼仙米业集团等企业与行业协会的同志们及有代表性的农业大户进行座谈的基础上，又进行了实地考察，取得了第一手资料。

在此基础上，本文对上述县市的农业产业化发展案例进行了阐释分析，并对其未来的发展方向提出了相关政策建议。

一、立足自身优势，发展传统特色种植、养殖业

水禽养殖、羽绒制品加工是舒城县、桐城市和枞阳县的传统优势农业产业。

舒城是羽绒大县，当地很多村的农民都有养鸭、养鹅的传统，冬日里农民赶鹅是当地一道独特的风景。近年来，该县羽绒产业发展迅速，目前已成为华东地区最大的羽绒交易集散地之一。

我们走访的玉和羽绒有限公司通过向养殖户免费提供饲料，与该县河东村的农民形成了紧密的养殖、收购关系，此举实现了公司与农户的双赢——公司的生产原料来源有了保障，而养殖户生产的羽绒也因此不愁销路，除去成本，一只鸭产出的羽和绒就可净得利润9元。由此当地陆续涌现了一大批养殖大户，例如农民邓长宝一家每年养六批鹅，鹅绒一项的年收入就达5000元。专门从事羽绒销售、贩运等经纪业务的营销人员队伍已达600多人，足迹遍布全国各地，人均年

收入达 10 万元。

经过 20 多年的发展，如今玉和羽绒有限公司的羽绒产品 95% 出口到欧美、日本等十几个国家地区，2004 年出口创汇达 300 万美元，不但实现了公司自身的稳步发展，还发挥了带动当地农民致富和羽绒产业持续发展的龙头作用。

桐城市的大关蛋鸭生产基地现在已发展成为全国最大的棚养蛋鸭生产基地，2004 年产值达 3.7 亿元，净利润 4000 万元。该基地每年加工松花蛋 1.6 亿枚，执行的生产标准还在全国范围内得到推广。基地通过产业链的延伸，吸引了一大批劳动力从事蛋鸭孵化、松花蛋加工、饲料生产、货物运输、水产养殖等。蛋鸭产业促进农民增收的模式可归纳为“一、二、三、四”，即一个劳动力一年可养鸭 2000 只，需投入资金 3 万元，年底可获纯利 4 万元。大关镇整个蛋鸭产业链条共吸收了约 3000 人就业，占该镇人口的 10%。

枞阳县利用濒临长江，湖泊众多的特点，成功地建立了全省唯一一家野鸭家训基地——枞阳县绿头“媒鸭”原种场。该养鸭大户对野鸭进行驯化式养殖，经驯养的野鸭味道鲜美、营养价值丰富，制成的板鸭销路广阔，拥有着一般家鸭产品无法比拟的市场竞争优势，是一个极具发展潜力的特色农业生产项目。

桐城市利用丘陵多、荒地多的特点，鼓励农户发展土地流转，集中土地大规模种桑养蚕，丝加工成为该市新兴的特色高效农业。该市的双龙丝绸有限公司发挥龙头作用，组织桐城当地农户开发种植了 5000 亩桑园，并带动了粤西等地桑蚕农户的发展。公司统一向养蚕户免费提供桑苗、蚕纸，对养蚕户的基建贷款提供担保，并对蚕茧进行保价收购。养蚕大户目前有近 30 户，户均拥有 50 亩桑园，每年养蚕四季约 200 张蚕纸，每张纸养蚕约 2.6 万条，每亩地每年可获纯收入 2000 元，总获利约 10 万元。在蚕生长成熟的时节，每张蚕纸需要临时雇用 7 个工人照料，每工每日支付 20 元工资。包括养蚕大户、小户在内，这家丝绸公司共带动了约 3 万户农民从事蚕桑业，临时工每户每年可增收 3000 元。

双龙丝绸有限公司自身成功开发出了天然彩色蚕丝加工技术，根据订单年生产蚕丝 150—160 吨，其产品一部分出口印度、巴基斯坦和欧洲等国，一部分销往江浙，产品供不应求。

怀宁县地处全国十大水稻生产带之一，当地的稼仙米业集团公司利用这一优势，发展成为了集良种繁育、订单生产、收购储存、产品深度加工、销售为一体的国家级农业产业化龙头企业，全集团总资产 8000 万元。集团从日本引进了最新的水稻深加工技术，每年粮食加工量约 15 万吨，随着全部设备的建成投产，水稻的产品价值将被发挥到最大。除了大米加工之外，米糠被加工成“米糠色拉油”、“生物柴油”、谷维素和维生素等四个高附加值产品。此外，集团还引进稻壳加工设备，生产“大糠醋”用于植物病害防治，其下脚料通过焚烧生成颗粒，制成无毒无害的生物除草剂。

集团公司专门组建了产品营销班子，在近处的安徽合肥、铜陵，江西九江、南昌等地市场，每市设立一个总经销商、3—5 个中间代理商，进而调动 30—50 个批发市场，平均占有当地大米市场销售网络的 1/3。远端的广东、福建市场，采取每地联系一个大客户打品牌的营销策略。最后，集团新近开发了小包装精品大米，分销市场正在直接向各地的超市拓展。

目前，与公司签订订单的农户有 15 万户，其中种植面积 100 亩以上的产粮大户有 200 多家，在全县 100 个乡镇及周边县市共建立了优质稻生产基地约 37 万亩。公司与农技部门紧密合作，向种粮农户提供良种、生物有机肥和病虫害防治技术，粮食的订单收购价格比一般市场价格高 10%—15%。

二、农业产业化组织程度不断提高

近年来，通过政府的积极引导，安徽各地农民自发组织的农业合作组织及行业协会相继涌现，成为重要的农业产业化生产主体，逐步形成了龙头企业、农业合作组织与农户共同推进农业产业化的良好局面。

以安庆市为例，当地以农产品基地建设为起点，摸索出了“龙头企业+基地”、“龙头企业+基地+农户”、“专业协会+基地+农户”等农业产业化发展的多种有效形式，其中农业专业协会的建立与作用的充分发挥是其很有特色的经验。

安庆市辖下的桐城市大关镇从过去单一蛋鸭养殖发展到现在，形成了集养殖、蛋品、鸭体加工、饲料生产、运输为一体的产业基地。大关蛋鸭生产基地先后注册成立了以蛋鸭为核心产业的15个协会组织，其中最为活跃的蛋鸭协会有来自养殖户的会员约600人。该协会下设15个中介服务公司，中介公司向农户收取一定服务费之后，向农户统一提供鸭苗、进行养殖技术指导和疾病防疫。该基地已经发展成为全国最大的蛋鸭生产基地，中央党校还将其作为典型案例。

农业产业化组织程度的不断提高直接带动了当地农业及二、三产业的发展，其结果是农民就业机会增加，增加了农民收入，促进了农村剩余劳动力的转移，促进了当地经济和社会的发展。

三、存在问题

综上所述，上述县市的农业产业化、市场化发展取得了阶段性成果，但与邻近地区相比仍还存在一定差距，也存在诸多亟待解决的问题。

（一）龙头企业规模较小，带动农民致富的能力仍有待提高

在我们走访的县市中，其龙头企业年营业额过亿元的很少。仅有稼仙米业集团在2004年的营业收入达到4亿元、桐城市大关蛋鸭产业有限公司达到1.2亿元，其余的都不足亿元。直接面对农民种养业和农副产品深加工方面的龙头企业数量和规模的不足，都直接制约了其辐射带动农民增收的能力。

（二）产业链条短，深加工层次低，附加值不高

产业链条的短小仍然是制约当地农业经济发展的阻碍，这也影

响了农民的进一步增收。舒城玉和羽绒有限公司只收购羽绒，鸭鹅肉则由农户自行处理；枞阳县绿头媒鸭原种场目前只出产鸭蛋制品和板鸭两种产品；桐城双龙丝绸有限公司目前只有有限的蚕丝加工能力，尚不具备丝织能力。大关蛋鸭产业有限公司作为经济实体的核心作用仍有待进一步提高，对产业链延伸的带动作用也还需进一步加强。

（三）龙头企业发展迟缓，与农户的利益合作机制不健全

尽管采取订单农业、股份合作模式的农业企业数量在不断增加，但目前的覆盖面仍然很小。由于企业营销队伍发展滞后，大部分利润都被中间流通渠道的经营者赚取，生产型龙头企业和农户得利比重相对较少。

（四）组织化程度不高，服务体系不健全，科技信息服务发展滞后

当地农村整体仍相对封闭，劳动力的文化素质不高，市场信息不畅。面对瞬息万变的市场，农民难以应付，虽有闯市场的愿望，但往往苦于摸不着门路。

（五）扩大再生产所需资金来源有限，龙头企业可持续发展乏力

农业产业化的深入发展、产业链条的进一步延伸的任务都需要通过扩大再生产来实现，但龙头企业和农户在获得扩大再生产的资金特别是流动资金方面面对着种种困难，既包括市场阻碍也包括政策阻碍。尽管近年来出台了一些支农信贷优惠政策，但农业项目特别是中小项目在贷款融资方面仍存在障碍，例如农发行就规定对农副产品精细加工的企业不予贷款。金融部门不支持，农业产业化深入发展成为不可能，农业企业融资难严重地制约产业链条的进一步延伸、农业产业化的发展。

四、相关政策建议

（一）强化政府组织、领导

在市场经济条件下，土地的流转、农村道路建设、农田水利设施的建设等等涉及农业生产领域的发展都需要由政府出面来加以组织引导。例如为桐城双龙丝绸有限公司提供原料的桑蚕养殖大户有很强的扩大生产积极性，周边农民也很愿意把自己承包的土地转包给蚕桑大户，但由于涉及到的土地地块分散，不能实现规模化种植，因此目前还只能维持小规模经营，这就需要省、市的土地、农业等部门出面协调，通过合理的土地流转把分散的土地连成片交由大户统一生产使用，从而实现土地使用效益的最大化。此外，农业专业协会组织的成立、活动、发展也都需要政府部门的扶持和组织协调。

政府部门农业产业发展规划的制定应当以农业产业链的合理发展配置为目标，政府引导市场作用的发挥主要应当表现在，通过对土地、产品、资金、营销渠道的统一规划来实现产业链的延长和发展的坚固化。

现在的问题是这几个环节之间的关系没有打通理顺，而是各自为政，没有实现集中统一组织。金融企业对农业生产项目贷款的审批不应将贷款额大小作为唯一标准，而应该由政府参与规划，为当地农业产业化的发展服务，为完善产业链的结构服务。

由于营销组织的发展滞后，农产品因为缺乏销路而增产不增的情况时有发生。因此，各级政府应当在农业产业化的起步阶段专门投入力量组织和扶持一些有实力的营销机构来开拓市场。营销机构可以通过信息发布，回收订单，组织农民生产的方式最终保证农民增收致富。

（二）完善农业金融系统，解放思想，拓宽融资渠道，大力发展农村资本市场

农业龙头企业融资难，除了受自身信用等级、资产状况等客观因素限制之外，更根本的原因在于目前金融企业的惜贷，农业小额贷款成本高、收益低，金融企业不愿意提供。而有限的财政资金面对着广阔的农村往往会陷入力不从心的困境。

为了提高农村产业升级的速度，推动农业生产的社会化、市场

化，当前应当充分调动资本的纽带作用。目前，可以考虑建立符合我国国情的农村分级资本市场，大力发展区域性产权交易市场，因为分级的资本市场是企业获得规模经济的必要条件之一。目前各地产权交易市场发展还处于初期阶段，而为农业中小企业提供融资服务的资本市场几乎是空白，可以考虑允许农业企业发行有价证券、成立投资基金等方式来引入社会资本。

我们一方面要欢迎各种性质的资本进入农业生产领域进行投资，另一方面，又要坚决克服资本的消极作用，实行按劳分配与按资本分配相结合的分配方式，按照正常的平均利润率来分配收益，实现企业与农民共同富裕，反对资本在农业生产领域的垄断和暴利。在鼓励资本进入农业领域的过程中，财政资金应当发挥“药引子”的作用，用少量财政资金引导大量社会资金的流向，通过组织引导、政策扶持等手段来调动社会资金在农业生产领域的合理使用。

改革开放初期，全国集中力量支持沿海地区的发展，现在到了集中支持广大农村的时候。目前，大量的社会资金存放在银行里找不到用武之地，针对这一情况，有关机构应当及时制定和修正金融政策，建立完善的投融资体制，改变以往贷款给一家一户的支农方式，贷款应当向生产大户、专业户倾斜，鼓励农业现代化、集约化的发展，满足龙头公司的发展需要。

调查报告二

安庆市农村经济运行和政策落实情况

安徽省安庆市地处皖西南，下辖八县，拥有城市人口 100 万，农村人口 500 万，农业是主要产业。近年中央出台了一系列惠农政策后，安庆市农村经济、社会各项事业得到了加速发展，但旧的问题解决了，新的问题随之出现，由此“三农”工作面临着许多新问题、新挑战。

在调查中，安庆市财政部门的同志向我们介绍了当前安庆市农村发展的实际情况，主要集中在中央惠农政策落实情况，政策执行过程中遭遇的困扰，现行财政、金融、土地等政策支农效应，农民强烈的致富愿望与现行政策的矛盾等几个方面。

一、政策落实成本过高

目前中央支农资金、补助、补贴的发放成本很高，在很大程度上抵消了农民获得的实惠，由此基层乡镇政府从过去向上“要钱”难，变成了现在向下“发钱”难。以为贫困户建档工作为例，这需要核定人均年收入在 865 元和 625 元以下的农户数量。为此，乡、村、组要逐一摸底排查，然后村民代表投票表决，最后核定结果张榜公示。在确定扶困对象后，又要实行动态管理，为此基层干部磨破了嘴，跑断了腿。又如，落实贫困学生的“两免一补”的政策、计划生育奖励政策、农村合作医疗等各项补助都耗时费力，岳西县天堂镇东城区为了公平合理地发放 1300 元的特困补助，先后召开了村两委、党员、组长、村民代表四次会议，花去会议成本 1500 元，等于倒贴了 200 元。

二、财政支农政策的负面效应

种粮补贴直接发放到农民手中，是党中央、国务院为稳定农业，提高农民种粮积极性而采取的一项有力措施，体现了党中央重视农业发展和“以人为本”的执政理念。但在各地方的政策执行过程中，由于种种因素影响，直补的实际效果并不明显。

（一）农资价格上涨直接抵消了直补政策的惠农效应

根据安庆市农业部门提供的资料显示，当地农资价格在2004年的高价格基础上，今年继续全线上扬。春耕期间农药、农机价格上涨了5%—10%，种子、化肥、农膜价格上涨幅度超过10%，个别涨幅达25%。

从经济效应来说，直补在客观上将带动粮食价格的上涨，因为粮食是基础物资，粮价上涨必将带动其他商品价格一起上涨，涨价效应不断积累放大，最终的成本提升将超过直补的增收。农资价格上涨过快，直接增加了农业生产成本，这不但使中央直补政策大打折扣，而且在一定程度上影响了农民的生产积极性，种田亏本是一个客观现实，而该市今年夏粮收购呈现的稳中有降的态势也与此不无关系。

（二）直补投入使得农业基础设施和社会事业无人兴办

据有关资料显示，2004年中央财政的“三农”支出为2626.22亿元，平均每个农民只能分到300元，其中直补项目为420亿元，占总支出的16%。本身有限的财政资金再以分散的形式下拨，分配到各乡镇的资金就少得可怜了。

安庆市所属县的乡镇大多数是纯农业乡镇，过去靠收农业税、“三提五统”可以搞一些农业基础设施建设和社会福利事业，而现在虽然有转移支付，但充其量只能保机构运转、保工资发放，根本无力兴办农村道路、水利等基础设施，安庆市的农业基础设施整体上已有近20年几乎没有投入。

转移支付的数额低于农村基础设施建设的成本需要，更无法带动农业产业链的正常运转，进一步还会影响到商品流通的顺畅进行。

（三）土地流转困难，引发矛盾纠纷

过去因为粮价低，农民不愿种地，土地抛荒严重，乡镇政府采取各种方式将土地租赁给外来企业或者个人耕种。随着近年粮价上涨和种粮直补政策的实施，曾抛荒土地的农民纷纷向乡镇政府要还土地。因为政府与外来企业、个人签订的长期合同受法律保护，这样就在政府、外来企业、本地农民三者间引发了使用权矛盾纠纷。而要回土地的农民，往往又回到一家一户小生产的模式，根本谈不到集中土地，开展规模化经营的问题。土地中产生不了预期效益，这部分农民最终难免会再次抛荒土地。

（四）乡镇、村级债务沉重，运转困难

据安庆市基层财政部门的同志介绍，农村税费改革和取消农业税后，虽然国家加大了转移支付力度，但以农业为主的乡镇可用财力还是减少了20%—40%，伴随乡镇机构改革进行了人员分流，但真正分流出去的人员实际上很少，财政供养人口依然非常庞大。村村合并后，新当选的村干部工资虽然可以由上级转移支付解决，但一大批未当选和落选的村干部工龄需要政府出钱买断，而这笔钱县、乡镇、村都拿不起，由于改革的成本投入不能有效地支持改革措施，政策与支付力量不对称，因此改革政策很难深入地贯彻执行，进而还会形成新的社会不稳定因素。

2005年，安庆市在进行乡镇财务清理工作中发现，全市乡镇财政及行政事业单位的债务达23.87亿元，平均每个乡镇负债1100万元，有的高达2000万元，这已经严重制约了基层政权的正常运转。

（五）农村金融不为“三农”服务

目前农村金融存在的诸多问题仍然制约着农业结构调整，农村产业化的推进、农村发展和农民增收。从金融服务对象来看，农村金融服务主体应当是专业户、大户和农业产业化企业，而现有的金融组织的政策指导和具体运转都存在问题，满足不了以上几个主体的资金需求。矛盾主要集中反映在以下几点：

1. 现有的正规金融机构将本来有限的农村资金转移到了城市

据统计，全国每年通过农行及其他商业银行分支机构、农信社、邮政储蓄等机构从农村转移的资金约6000亿元，例如枞阳县2004年居民30亿元的存贷款差额，没有被用于当地农业投资发展，而是被全部调往了省级金融机构。

2. 信贷资金非农化倾向普遍

枞阳县农行只肯把贷款投放到教育部门，因为各类学校可以通过招收“择校生”的收费来保证自身偿还能力。而农业银行、农信社对农户的贷款渠道基本关闭，可以说没有一个农户能从农行取得贷款，从农信社贷款也需要找关系，并且只能获得所需款项的20%，剩下部分只能求助于高利贷，由此该县地下钱庄盛行也就不难理解了。

3. 商业银行受盈利目标的制约不能很好地服务于“三农”政策目标

2004年，枞阳县获得国家分配的扶贫贷款财政贴息50万元，但农行担心贫困户还不起贷款而不敢发放贷款，最后只好将财政贴息以每户2000元的形式分发下去，财政资金“四两拨千斤”的作用没有得到发挥。

4. 农业保险制度不能满足农村经济发展需要

我国农村经济改革和农业市场化进程一直在向前推进，而农业保险机构及业务却呈萎缩趋势。据2005年中国农业与农村经济形势报告会上透露的消息显示，按照全国目前有2.3亿农户计算，平均每户农业保险投保不到两元。因为农户自身抗灾的能力有限，在没有风险分担的情况下，一旦遭受自然灾害对其生活和再生产影响就是致命性的。客观地说，面对高自然风险的农业生产，金融企业出于成本收益的考虑不愿意提供保险是可以理解的。要改变这一局面，除了财政部门应当投入政策性资金对农业保险机构进行组织扶持之外，出路还在于农业自身提高造血机能，通过扩大生产规模，实现规模经营来提高农民自身的抗风险能力。

三、相关政策建议

尽管中央把发展农业放在重中之重的位置，但是现实执行中，有时会面临曲高和寡的情况。财政与金融手段配合不够默契，也阻碍着“三农”问题的顺利解决，由此农民增收仍然较难。

目前，针对“三农”问题制定政策、实施管理的部门很多，各部门都有其自身的管理目标。有效的管理方式应当是各部门的政策共同会商，协同一致，确定能够发挥合力作用后再统一规划，配套下达。如果各部门只从自身部门利益出发制定下达农业发展政策，所有政策到达基层后会互相纠缠，不但令基层政府无所适从，而且无法发挥政策的效益。目前中央财政为化解“三农”问题投入了相当比重的资金，但是面对着广大的农村地区，再多的资金投入也难以发挥深远的效益，从根本上说，要使农民增收，还是要从提高农村生产力，改造农业小生产，提高农村自身的造血机能入手。

土地政策的制定应当以促进农业规模化发展为目标，财政与金融部门的政策应当相互协同，形成合力，一方面发挥财政资金“四两拨千斤”的作用，一方面从市场入手，制定相关鼓励、扶持政策，让金融部门敢于、也愿意将资金投向“三农”领域，而不是为了防止资金流失而将其从农村中抽离。我们应当看到，农村问题不单单是钱的问题，不怕钱少，关键是怕没办法。要解放农村生产力，一个有效的手段就是结合生产力发展实际不断调整生产关系。生产关系及时调整了，土地和资金用活了，许多人、财、物的矛盾就会迎刃而解，市场流通也才能有机会顺畅地运转。

从安庆的具体情况来看，农业投入不足是困扰当地各县农业发展的瓶颈。农村经济运行存在的问题关键是钱的问题，城乡二元结构的长期存在、城乡人均收入差距的逐年拉大等等现实说明，以往财政支农的输血措施都不能从根本上解决“三农”问题，种种补贴、补助只能救一时之急而不能救穷。古人云，“给汝以鱼，不如授之以渔”，农村发展的根本出路在于通过建立新的融资形式、新的融资渠道和实现农业产业化来培育农村的造血机能。具体措施主要可以从以下几个方面来考虑：

（一）改变社会资金配置方式，开辟农业直接融资市场

以资本为纽带，大力发展农村资本市场，运用上市、担保、贴息、收购、兼并重组等多种资本运营方式，通过实现农业产业化，培育农业生产的“造血”机能。

（二）从近期看，应当调整和完善农村财政支农支出结构

一是财政支农政策要向初级生产要素倾斜，主要向农村基础教育和农民职业教育倾斜。财政应当增加对农村基础教育的投入，这是发展农村经济、提高农民素质的根本。当前农村农民职业技能培训和劳动力转岗培训亟待加强，中央财政要加大对培训农民的补助和资助力度。二是继续加大农业基础设施投资力度。三是建立和完善对农民收入的直接补贴制度，按照WTO规则要求，充分利用“绿箱”、“蓝箱”、“黄箱”政策保护农业，将一些国家补贴如主要农产品市场风险基金、农产品出口补贴等直接补贴给农民。

（三）规范支农方式，降低支农成本

一是要整合财政支农资金，集中财力办大事。将农业项目按照产业发展和生态建设统一规划，统筹安排，集中布局，打捆使用，以降低管理成本，提高资金的使用效益。

二是采取奖励、补贴和贴息方式，鼓励农民和农村企业完成对农业和农村经济发展有益项目。这不仅对先进者有激励作用，而且能引导社会、信贷资金的投入，又能起到示范和带动作用。

三是改革农民直接补贴支付方式，降低管理成本。当前农民直补项目多、基层负担重，要解决这一矛盾，可通过银行、信用社等金融机构直接发放到农民手中，这不仅可以把乡村干部从繁重的现金发放中解脱出来，而且还可以提高补贴发放效率和准确率。上级财政可适当安排此项工作的工作经费。

调查报告三

从对安徽若干县市调研引发的“三农”问题深入思考

邓小平同志在“南巡讲话”中指出：“过去，只讲在社会主义条件下发展生产力，没有讲还要通过改革解放生产力，不完全。应该把解放生产力和发展生产力两个讲全了。”要解决“三农”问题，从根本上说就是要解放和发展农村生产力，同时又要不断调整生产关系，使其适应新的生产力。

我们对安徽省部分县市“三农”问题进行调研，正是希望通过采用毛泽东同志提出的“解剖麻雀”的办法，一方面介绍安徽各地方发展农村经济的先进经验，另一方面探寻当前在全国农村发展中一些具有普遍性问题的成因，进而提出自己的政策建议。

在调研中，我们既看到了中国农业和农村发展的新的活力，又看到了许多亟待在发展中解决的新问题、新阻力。中央制定的各项促进农民增收的政策措施受到了农民的积极拥护，也基本得到了落实。但客观地说，受市场规律和价值规律的影响以及国际国内市场环境的影响，这些政策只能救农民的一时之急，不能救穷，要彻底解决“三农”问题任重而道远。

综合上述安徽各县市农业产业化建设的经验以及农业与农村领域存在的问题，我们可以得出以下一些解决“三农”问题的宏观思路：

一、实现农业生产方式的革命是解决“三农”问题的最根本出路

“三农”问题的核心在于农业生产方式的落后、农产品市场化的

程度低和农民生活水平低。解决问题的关键是增加农民收入，出路在于推进农业的现代化和农村的城镇化，而切入点则在于实现农业的产业化，根本途径在于要对农村的生产方式进行革命性的变革，也就是要从一家一户的小生产转变成为更有效率和效益的集约化、规模化、标准化的大生产。

农业生产方式只有由传统的小生产变革为大生产，提高劳动生产率，剩余劳动力才能得到妥善安置，农村城镇化进程才能顺利推进，农民才能真正走上小康之路，基层乡镇政府才能彻底摆脱财政困境。要实现农业的现代化、规模化生产经营，要从生产工具的集约化、生产数量的规模化入手，提高农业生产的技术水平和装备质量，实现农业生产的机械化、电气化、信息化。这些要求都是一家一户的小生产无力做到的，因此要走集中土地，组建农业公司、生产基地和农产品深加工龙头企业，根据市场需要集中生产经营的路子，这既是实现农业产业化的合理方式，也是农户避免现代大市场风险的可靠途径。这样才能克服小生产的弊端，把农业经济发展成为大产业、大商业，实现农产品的标准化检验，实现批量生产和批量出口，从根本上提高农业生产的经济效益，让农民致富。

农业产业化的过程是农业的生产、销售、加工环节走向高度分工的过程，也是农业走向市场化的过程，因此它的发展要以市场需要为导向，以经济效益为中心，以企业化生产为龙头，以基地为依托，走区域化布局、专业化生产、企业化管理、社会化服务、产供销、贸工农一体化经营的社会化大生产的组织形式和生产经营方式，其最根本的特征是农业生产的市场化、集约化和社会化，这是解决我国“三农”问题的根本途径。

（一）进一步调整农村生产关系，发挥城镇对乡村的指导带动作用

在发展农业大生产的问题上，如今我们面临着与27年前实行家庭联产承包责任制时截然不同的客观条件。1978年起实施的家庭联

产承包责任制曾充分调动了广大农民的生产积极性，农业生产由此获得了快速高效的发展。但我们决不能满足于这些进步，而要不断地随生产力的发展调整生产关系，使其更好地为打造一条不断向上下游延伸的、坚固的农业产业链这一发展方向服务，从而不断地发展农村经济。随着市场经济的快速发展，以家庭为单位的承包责任制与社会化大市场间的矛盾也同时发展了。以承包责任制为基础的一家一户的小生产正呈现着日益与现代市场经济不相容的问题，为此必须对当前农村的生产组织方式进行新的改革，发展集约生产，否则就解决不了农村土地少、劳动力多的问题。温家宝总理提出的农民对土地的经营、生产自主权永远不变的指示是非常正确的。但中央提出的土地承包权五十年不变的初衷是保护农民的生产积极性，而不是要把农民固定在土地上。因此，必须根据客观形势的需要和农民的主观意愿来不断地深入调整生产关系。具体来说，可以按照市场交易规则实现土地经营权的转承包，只有这样才能实现生产的集中和规模的扩大，才能使小生产转化为大生产，农村生产力才能得到进一步解放。小生产的改造则要依靠资本为纽带，通过农业生产力的提高、产业链的延长和市场流通的发展，实现剩余劳动力不断向第三产业转移。

在进行农业生产组织形式革命的过程中，各地都进行了一系列有益的尝试，以前这种尝试大多只是一个一个的点，现在已经到了把成功的模式尽快以面的形式铺开的时候。在发展过程中，广大城镇应当发挥龙头带动的作用，发挥连接农村和大市场的桥梁功能，城镇领导农村是打破城乡二元结构的必经之路。因为城镇在文化水平、信息交流、交通运输、商业流通、生产要素供给、劳动就业等诸多方面都拥有着农村难以比拟的优势。如果我国现有的2800多个县、380多个县级市以及两万多个小城镇的桥梁功能都被充分调动起来，农业产业化和农民生活小康化就有了坚实的条件和可靠的保证。只有实现了农村城市互动的可持续性，我国经济才能实现可持续发展。而实现这种互动的手段就是交换，即农副产品与工业品的良性交换，农村资源与城市资源的良性交换。

（二）通过龙头企业的发展带动农村大流通，实现农村产业结构的合理化发展

通过土地使用权流转等手段可以推动种植、养殖专业户、大户以及合作社等经营方式的发展，这是一个农业生产发展的合理模式。农产品生产出来之后，紧跟着就面临着营销问题，营销活动必须要有组织有领导，不能盲目进行。这时就需要组建龙头公司为生产者提供社会化的服务。龙头公司不但可以依托城镇，发挥贸易优势，根据市场供求信息来组织面向国内外大市场的农产品营销，而且能够提供包括优良动植物品种研发、农业生产资料的质检、科学种田、病虫害防治等生产技术指导、产品运输在内的一系列服务。龙头公司通过收集市场信息，向外介绍产品能够吸引大批订单，生产者按订单组织生产，农业生产才能稳定，也才能规避市场风险。龙头公司居于生产者和市场之间，不但发挥着组织协调作用，而且属于第三产业性质的龙头公司在发展包装、仓储、装卸、运输等业务时可以吸纳大量农村剩余劳动力，而对技术、信息、管理等人才的需求也可以吸收大量城乡知识分子就业。伴随着生产和营销的发展，餐饮、电信、金融、医疗、酒店、文化教育、娱乐、农业生态旅游等第三产业也会随之发展，可以说广大的农村需要广大的人才，这无疑也开辟了一条大学应届毕业生就业的好渠道。

龙头公司的组织形式既可以采取专业户、大户合作入股经营的方式，也可以用来自其他渠道的资金和人员来专门组建。无论采取哪种方式，都必须在按照市场经济要求进行运作的同时强调龙头公司的服务职能，要强调以农为本。龙头公司吸引到订单之后，要主动运用市场机制组织大户进行生产，并逐渐有意识地形成种植、养殖专业户体系。以往的种养小户可以通过参股、转卖、转承包等方式逐渐归并为大户。只有这样，农村剩余劳动力才能实现离土离乡，向第三产业领域转移，这是社会经济发展的正常规律。当然，这里所说的离土离乡

不是鼓励农村剩余劳动力向大城市转移，而是要通过产业间的转移，通过向龙头公司的转移向小城镇合理有序地流动，这样广大小城镇也可以避免以往凭借行政命令人为造城造市的弊端，真正获得生机。农业生产的扩大，商贸流通的发展和活跃，逐渐会对农产品的种类产生更多的要求，除了鲜活农产品之外，出于长途运输和提到附加值的需要，农产品的深加工也将成为客观需求，就此以农产品为原料的第二产业也会逐渐得到发展。用一产带三产，进而实现第二产业的配套发展，这是我国农村产业升级的合理顺序，也是发展农业生产、促进农民增收、实现农村变革的正确道路。常言道，凡事预则立，不预则废，只有通过合理规划、有序渐进地建立起符合现代化发展需求的农村生产组织体系，实现城镇化的合理发展，面对突发事件时的混乱被动局面才能得到根治。在农村的三次产业中，第一产业所占比重虽不断减少，但第二、三产业的发展始终要围绕着第一产业这个核心做文章。

二、充分发挥上层建筑的组织引导作用，实现农村经济的可持续发展

（一）正确发挥各级政府的组织协调职能

农村生产方式革命是一场大的革命，没有有力的事前组织领导是不可能顺利实现的，这个组织领导者的角色应该由各级政府担任。政府部门不能等着市场自发的力量进行生产组织形式的改造，而应当主动出面组织引导各种生产组织的建立和运行。通过建立新的领导体系，以财政金融作为调控的主要杠杆，实现发展计划、农业技术、农业物资、生产流通、人才交流等相关部门的整合。政府要发挥组织和引导的职能，但不能直接介入生产经营。目前全国各地有些基层政府不进行市场调查就发布行政命令指挥农民调整产业结构，由于缺乏市场的引导和组织，缺乏技术指导，许多地区凭借长官意志上马的农业的生产项目都存在着严重的盲目性，农产品由于没有销路而烂在地

里，最终吃亏还是农民。因此，在各级政府尤其是乡镇政府组织引导农业大生产发展的过程中，应当及时吸收大学生等现代管理人员从事管理工作，要坚决反对乡村行政组织系统中传统封建宗族势力的影响和家长制、一言堂的管理方式。

（二）发挥财政的引导职能，引导社会资金向农业生产领域流动

以往发展农业经济，财政部门是主要投资者，但有限的财政资金面对着国内广阔的农村往往会陷入力不从心的困境。为了提高农村产业升级的速度，推动农业生产的社会化、市场化，当前应当充分调动资本的纽带作用，一方面欢迎各种性质的资本进入农业生产领域进行投资，另一方面，又要坚决克服资本的消极作用，实行按劳分配与按资本分配相结合的分配方式，按照正常的平均利润率来分配收益，实现企业与农民共同富裕，反对资本在农业生产领域的垄断和暴利。在鼓励资本进入农业领域的过程中，财政资金应当发挥“药引子”的作用，用少量财政资金引导大量社会资金的流向，通过组织引导、政策扶持等手段来调动社会资金在农业生产领域的合理使用。改革开放初期，全国集中力量支持沿海地区的发展，现在到了集中支持广大农村的时候。目前，大量的社会资金存放在银行里找不到用武之地，针对这一情况，有关机构应当及时制定和修正金融政策，建立完善的投融资体制，改变以往贷款给一家一户的支农方式，贷款应当向生产大户、专业户倾斜，鼓励农业现代化、集约化的发展，满足龙头公司的发展需要。

在农业生产建设项目的投资过程中，要改变以往层层投入配套资金的投资方式，认识到基层政权财力的困难，中央财政可以考虑把农业资金的使用权下放到省和县，由省和县根据本地区实际因地制宜地加以科学有效地使用。中央应当发挥宏观调控的职能，国家发改委、农业部、财政部等相关部门要协调配合，贯彻中央制定的统筹发展的战略方针，通过制定合理有效的政策，一方面继续增加中央的经济实力，另一方面化解地方财政困难，形成“一级政权，一级事权，一级

财权，一级税基”的地方财政经济可持续发展局面。而各级基层政府也必须发挥合理的市场调节作用，同时又不能以行政命令代替企业的市场行为。

（三）积极制定相关政策，依法确保农民增收

前一阶段，各地曾大力推广“公司加农户”的农业生产经营模式，在对一些省份的实际调研中，笔者通过实地接触这种经营模式发现了它的一些弊端。在一定程度上，“公司加农户”的模式确实起到了集约生产、扩大生产规模的作用。但是在缺乏宏观调控的“公司加农户”模式中，公司往往钻政策和市场的空子，实际上居于垄断剥削地位，农户只能按照公司提交的订单指令被动地进行生产并被固定在土地上难以脱身。公司一心追求自身利益，没有起到中介组织的领头作用，与公司获得的高额垄断利润相比，农户的增收额度也少得可怜。这种类似于资本主义农场式的生产方式实质上形成了新的剥削手段，也造成了更为严重的两极分化。它无法实现党中央提出的科学发展观和构建和谐社会的基本任务，也无法实现让农民致富奔小康的发展目标，是必须加以反对的。

调查组牵头人：

财政部财政科学研究所　研究员、博导　许　毅

调查组成员：

财政部财政科学研究所　研究员、博导　许　毅

安徽省财政科学研究所　研究员　王恩奉

财政部财政科学研究所　助理研究员　柳　文

财政部财政科学研究所研究生部　博士生　吴　琼

调查报告执笔：吴　琼　柳　文

谨防乡镇机构改革落入“循环改革”陷阱

内容提要

本报告对当前流行的一些观点提出了不同的看法。其基本思路是：城乡分治体制是当前农村问题的总根源，农民负担、县乡财政困难、乡镇机构功能不健全等等问题，都是由它导致的。作为农村综合改革的核心，乡镇改革势在必行，但关键在于乡镇机构功能重建，即（间接地）为城市服务转变到全面为“三农”服务，为占人口多数的8亿元农民服务。这应成为改革的总目标。一味地单纯撤并乡镇和精简人员，并以为这样就可以防止农民负担反弹和缓解县乡财政困难，是一个误解。缓解县乡财政困难，防止农民负担反弹，要靠城乡分治体制的全面突破，光有财政加大投入是不够的；要靠整个政府职能的转换，光是乡镇改革而竖立其上的政府

> 职能不转换，难有实质性的进展；简单地寄希望于撤并乡镇和裁减人员有可能与我们的改革目标相悖，使乡镇改革落入“循环改革”的陷阱。

所谓“循环改革”，形象地说就是驴推磨式的改革，今天的改革成果成为明天的改革对象。形式主义的改革是名改实不改，不动真格儿，仅仅是应付或打打改革的旗号；而循环改革则不同，是动真格的改革，既打雷又下雨，但水过地皮湿，要不了多久，又恢复了原状。要说危害，后者更甚，因为需要实实在在的改革成本，而且往往是巨大的。我国的机构改革可谓是一个典型例证，每一次都是轰轰烈烈，撤机构，裁人员，耗费不少人才物力。改革似乎没有尽头，循环往复。这是为什么呢？究其原因，可谓复杂，但至少有一点端倪，那就是改革的目标不明确，时常把改革本身当成了目标，或目标有误。眼下乡镇机构改革又掀起了一场风暴，正在全国蔓延开来。结果将如何？以历史经验观察之，弄不好，“涛声依旧”。

乡镇机构改革自上世纪90年代就开始了，从统计数据来看，成效是有的。社科院的张晓山所长曾公布了如下数据：截至2004年9月30日，我国的乡镇数为37166个，比1995年减少9970个。据民政部计算，撤并乡镇共精简机构17280个，裁减财政供养人员8.64万人，减轻财政负担8.64亿元。① 但从实际效果来看，并无实质性进展。不然，2005年就不必再次强调乡镇机构改革了。但这新一轮的乡镇机构改革到底应该如何改？其目标是什么？从一些正在试点的情

① 人民网，2005年6月22日。

况和流行的观点来看，未必十分清楚。要回答这个问题，我认为至少要厘清以下关系才有可能。一是农民负担与乡镇机构的关系。农民负担重是不是主要因为乡镇机构臃肿，“生之者寡，食之者众”所致？二是乡镇财政困难与乡镇机构的关系。乡镇财政困难是不是主要通过撤并乡镇，裁减财政供养人员就能解决？三是小城镇建设与乡镇机构布局的关系。是不是在现有的乡镇机构布局下就无法推进小城镇建设？或者说，只有通过撤并乡镇才能加快小城镇建设？如果以上关系不能从理论上做出清晰的阐释，只是从一些表面现象来下结论，乡镇机构改革恐怕避免不了以往的命运，甚至可能带来难以预料的负面效应。

一、城乡分治体制是当前农村问题的总根源

从经济、社会系统的自然演进来看，作为基层组织，乡镇改革已经是时候了。因为无论从发展的视角来观察，还是以改革的眼光来分析，乡镇这个基层组织已经表现出明显的诸多不适应。原有的乡镇组织虽然与其之上的各级政府具有类似的构架，有行政，也有人大和政协，但其功能被城乡分治的二元体制框定在间接为城市服务的位置上。在城乡分治的体制下，乡镇以上的各级政府及其财政事实上是围绕城市来运转的，谈发展、讲改革、定政策有意无意地几乎都是以城市为出发点和落脚点。细细考量我国发展和改革的历程，这个结论是不难得出的。尽管有时候也十分重视农村问题，但也都是从不影响城市的粮食供应，不妨碍城市的工业和不危害城市的治安而言的。与这个大背景相适应，乡镇这个基层政权尽管身在乡村，但其使命是为城市服务，而不是为乡村居民服务。乡镇的任务就是把八亿农民稳定在农村有限的土地上，同时从农村、农业和农民身上尽可能地汲取资

源，以支撑在城市展开的国家工业化运动。这种状况一直持续到本届政府才有所改变。

在小农经济为主，生产力十分落后的状况下，要快速推进工业化，迅速增强国家实力，从“三农”大量汲取资源来支持城市及其工业，也许是不得已而为之的选择。就此而言，我国的城乡分治体制有一定的历史合理性，进而把乡镇的功能定位在为城市服务上也就不足为奇了。问题是我国的发展长期来形成的路径依赖使城乡分治体制难以松动，并反过来固化了经济的和社会的二元结构。经济的二元结构，使国民经济的循环在城乡之间中断，城乡发展失调，成为经济增长难以持续的主要原因。社会的二元结构，使社会成员渐渐形成了两个不平等的群体，成为社会不和谐的主要根源。正是面对城乡分治体制所引致的公共风险，本届政府才提出了以人为本的科学发展观和构建和谐社会的理念。也正是基于这种认识，中共中央在“十一五”规划建议中提出了“工业反哺农业”和“城市支持农村”的基本方针，这标志着我国的城乡关系已经进入到一个崭新的阶段。

二、乡镇改革要以乡镇功能重构为目标

从城乡关系的这种历史性变化中，我们不难看出乡镇政府的功能定位及其改革的目标正日益清晰地凸现出来。在新的历史时期，乡镇政府的功能应当是为农村居民提供各类公共服务和公共设施，这包括农村经济发展过程中的产前、产中、产后的信息、技术、法律、政策等方面的服务，社会发展过程中的卫生保健、基础教育、社会保障、社会治安等方面的服务，以及生产、生活的公共设施。很自然，乡镇改革的目标就是调整乡镇政府长期来（间接）为城市服务的功能定位，实现乡镇政府的功能归位，转变到真正为农村居民提供各类公共

服务和公共设施上来。如果我们从这个视角来分析，上面提出的问题就会迎刃而解。

既然乡镇功能定位是为农村居民服务，现在大行其道的撤并乡镇和裁减人员的改革就要重新考虑。其实，对于这样的改革是否具有正当性，并不需要太多的实证分析，只需从逻辑上做一个十分简单的推理就可以得知。如果认为撤并乡镇和裁减人员就是乡镇改革的目标，那就无须多言，其改革是正当的，合理的；如果反之，撤并乡镇和裁减人员仅仅是实现乡镇改革目标的手段，那么，这样的改革就要与目标联系起来才能判断其是否具有正当性。我还没有充分的证据可以证明不需要撤并乡镇和裁减人员，同样，我也无法得出大量地撤并乡镇是否与乡镇改革的目标相一致。有的地方定下指标，全省 470 余个乡镇要减少到 200 余个，也就是说要撤并的乡镇达到 57%；同时裁员 14 万人乡镇干部，认为乡镇干部超编达到 86%。[①] 我不知道这样的定量指标是如何计算出来的，在这里不敢妄加猜测。从乡镇改革的方法论来看，如果这些指标不是以为农村居民提供公共服务为归依，或者说不是以乡镇政府在新时期的功能定位为判断标准，而是以诸如过去规定的乡镇编制、财政负担能力、农民负担等为依据，则恐怕这样大规模的撤并乡镇与裁员只具有某种政绩的象征意义，而无助于“真问题”（乡镇功能重建）的实际解决，与建设社会主义新农村的方向背道而驰。赵树凯研究员通过对 10 省区的调查表明，撤并乡镇大多停留于形式上，既没有真正减轻财政负担，也没有实现乡镇机构的功能重建。[②] 如果功能机制不变，现在“瘦”下去的乡镇机构要不了多久就会重新“胖”起来。1998 年那场轰轰烈烈的政府机构改革应当能给我们一些启示。

---

① 《第一财经日报》，2005 年 10 月 26 日。

② 赵树凯：“乡镇改革面临艰难抉择”，http：//www.drcnet.com.cn/new _ product/drcexpert/showdoc.asp？doc _ id = 198473。

三、农民负担重是乡镇机构庞大造成的吗？

若是从长期形成的城乡分治体制下的思维习惯来分析，其答案是不言自明的。城乡分治下的思维是：农民的事情农民办。如农村基础设施、基础教育、卫生保健、五保户等都是农民自己的事情，应通过农民自己集资、投劳来解决。至于交纳的“皇粮国税”，则完全是尽义务。即使国家财政出于某种考虑给一些资金用来扶贫、修建农村水利设施、保持水土等，那也是“支援”而已，国家预算科目上至今仍保留着称之为“支援农业支出”的项目。这“支援”二字就蕴含了不是国家财政份内之事的前提性设定，[①] 这只能说明，农民、农业和农村长期不在国家财政的视野之内，要不然，金人庆部长也就用不着说“让公共财政的阳光逐步照射到农村”。长期来，城乡分治思维在财政上打上了深深的烙印，并固化为一种制度安排。在这种城乡分治的体制背景下，对待“三农”是“多取少予”，甚至是“只取不予”。这不只在计划经济体制下如此，在改革开放的20多年中也是一样。据卢周来教授统计，从1979年到1994年通过“工农业产品剪刀差”，从农业部门抽取了15000亿元人民币；还通过提供不需教育、不需养老的廉价劳动力和圈地运动，给城市提供了14万亿人民币。[②] 长期的

① 这与长期来以所有制为基础的财政理论有关，认为只有全民所有制范围内，财政才可以拨款，而对农村集体所有制则不行。由于全民所有制主要在城市，而集体所有制主要在农村，慢慢地就演变成了给城市拿钱可以，给农村拨款则没有理论依据。集体的事情集体办，也就逐渐地变成了农民的事情农民办。即使提供一些资金，那也叫做“支援”。稳定农村是为了稳定城市，加强农业是为了加强工业，这是过去公共政策长期来的思路。近30年来，理论的指导作用不明显，理论总是滞后；但理论的束缚作用则总是很显著。

② 卢周来：“中国为什么绝大多数穷人是农民呢”，http：//webbbs.szonline.net/bin/content.asp，2005年11月。

制度性歧视，城乡差距不断拉大，农民陷入群体性的贫困之中。对于贫穷的农民而言，有太多的不能承受之重。当你手中一文不名的时候，哪怕是一块钱也是一个沉重的负担。农民负担重，首先是因为农民太穷了。从当前农民负担来考虑乡镇机构改革，那就会得出这样的结论：越是穷的地方，乡镇机构就应越“瘦”，直至撤销。然而，对于贫穷的农民而言，如果我们的思维依然是“农民的事情农民办”，无论多“瘦”的乡镇机构，也是不堪承受的负担。

那么是乡镇政府的“三乱”造成沉重的农民负担吗？这里不排除了有害群之马利用手中的权力来中饱私囊，但能否说是整个国家的乡镇一级政府成为农民负担沉重的根源呢？如果说是，那也离不开城乡分治的这种体制安排。正是在这种体制下，乡镇政府变异成为为城市及其工业汲取资源的一个管道。农民负担沉重是城乡分治这种体制假手乡镇一级政府来无限地来掠夺农村、农业和农民所造成的结果。因此，要巩固农村税费改革的成果，要防止已经减轻了的农民负担再次反弹，以为通过撤并乡镇、裁员就可以断绝其根源，那是大错特错了。只要城乡分治的体制没有彻底改变，二元财政制度① 依然如故，农民负担反弹就只是一个时间的问题。就事论事地以为，只要精简乡镇机构，农民负担就可不再反弹的想法是只看到了现象，而忽略更深层次的原因。

四、农村税费改革之后，乡镇政府的出路就是被撤并或变为派出机构吗？

如果与为农村居民提供公共服务的目标相一致，那么，适当地撤

① 二元财政制度是指针对城市和农村给予不平等的财政待遇。中央在“十一五”规划建议中提出了要建立覆盖城乡的公共财政制度，表明城乡统一的财政制度正在萌生。但它进一步的完善依赖于城乡分治的全面破解。

并乡镇没有什么不妥，手段是为目标服务的。但如果以乡镇财政的负担能力为理由而大规模地撤并乡镇，甚至改为县里的派出机构，那就犯了本末倒置的错误。农村税费改革取消了农业税、农业特产税以及“三提五统”等各种各样的收费和摊派，农民负担大大减轻了。不少人在为之叫好的同时，却担忧乡镇财政的财源也断绝了，尽管有上级政府的转移支付，但要再担负起原有的乡镇机构和人员，已经力不从心了。这是一个现实的问题。也正是这个现实的问题成为不少地方撤并乡镇的重要理由，也成为学者们把它变为派出机构的一个实际依据。这貌似有理，实际上仍是城乡分治下的思维逻辑，无形之中仍在肯定乡镇政府的运转及其职能的履行靠农民的税费来支撑是合理的和正当的。进一步延伸一下，也就是，乡镇政府应当在财政上有自己的财源，应该自求平衡，自我保障，最好对上级还有点贡献；如果平衡不了，那就得缩减开支，精简机构和人员，甚至于撤销，至于是否会影响到为农村居民提供公共服务，则全然不顾了。不难看出，这是以财政为目标的改革。当乡镇一级财政成为“三农”这个木桶中最短的一块木板时，首先想到是，把“三农”这个木桶中的其他木板锯短，而不是想办法去把这块“短板”补长，以满足解决“三农”问题过程中的公共需要，以最大限度地为农村居民提供公共服务。

从省以下各级政府财政之间的关系来看，上级政府对乡镇财政的困难至少有两种选择：一是调整省以下体制和加大转移支付的力度，使基层公共财政的这块“短板”加长；二是通过改革的办法来压缩县乡的财政开支。特别是乡镇一级，由于在农民负担问题上背了黑锅，冠冕堂皇地大肆精简也就成为压缩开支的主要措施。站在省市政府的角度看，应该是与自身目标最为吻合的一种选择，既在改革上出了政绩，又减轻了省市财政转移支付的压力。如果说，省市财政很热衷于对县乡财政加大转移支付的力度，以解决它们的困难，那县乡财政困难也不至于到今天这种境地，也不至于要靠中央的行政指令和中央财政的激励。显然，各级政府都有自己的利益，也都有自己的“小九九”。以此角度来看，一些省份以大跃进的方式大搞撤并乡镇和人员精简，也就不难理解了。这至少增加了观察当前乡镇改革的一个视角。城乡分治体制能一直持续到现在，大概也脱离不了这种利益关系的不平等博弈。省市财政属于城市财政；县级财政一条腿站在城镇，另一条腿站在农村，但整个身子是面向城市的；乡镇财政两条腿都是站在农村，但肩负的使命也是为城市服务的。可想而知，其博弈的结果总是会以“三农”受损而收场。尽管中央政府在从中予以调控，比如现在采取了许多强有力的措施来加大对“三农”的投入，但在城乡分治体制被彻底打破以前也难以根本扭转。在新的制度安排建立以前，“三农”形势好转之后，当前的“重中之重”难保不会再次变为“轻中之轻”。这方面我们有深刻的历史教训。

五、为8亿人提供公共服务，乡镇一级的机构和人员当真是太庞大了吗？

我国有近60%的人口在农村，提供公共服务的主体自然落在乡镇政府身上。要现实城乡协调发展，要推进社会主义新农村建设，各级政府的作用自然是离不开的，但最终都要靠基层政府来贯彻和落实。上面千条线，下面一根针。乡镇政府的作用在新时期不是要削弱，而是要加强。面对新时期的新任务、新使命，面对8亿农民，乡镇政府是不是过于庞大了呢？财政供养人员是不是太多了呢？原有的“七站八所”是不是多余了呢？这恐怕都需要重新思考。

我不否认现有的乡镇机构确有“人浮于事”的情况，有的地方还很严重。这有一个人员结构问题，也有一个管理机制问题，暂且不论。但从总体来看，这样的判断说明不了任何问题。因为“人浮”与否，是相对于“事”而言的，在没有弄清楚这个“事”是否到位以前，轻易地下结论，说乡镇一级的财政供养人员太多是否过于轻率了？一位基层干部的话比我们讲得更明了："有多少事，才能养多少人。一个机构如果没有职能，养一个人都嫌多；如果要搬一座山，1000个人也不够。"① 在农村税费改革之前，乡镇政府的"事"（或者说职能）主要不是服务，而是汲取资源和完成上级政府交办的各项要求达标的任务，用老百姓的话说就是"催粮要款，刮宫流产，其他啥也不管"。若是相对于这样的职能定位，在农村税费改革完成之后，乡镇机构的"事"确实大大减少了。以此为基准来判断，认为乡镇机构"人浮于事"是成立的。但问题是如果承认这种逻辑，也就意味着对乡镇政府职能的原有定位是肯定的。依次往下推理，乡镇机构改革就不存在功能重建的内容而只剩下精简机构和人员的任务了，甚至可以一撤了之。喊出"农民减负在于减官"②这样口号的人，自然是基于这样的逻辑。也有的拿出数据来说明，认为省以下财政供养的人员在县乡占了70%，而相应的财力只占42%，不减人就没有出路。③ 看似有理，实际上混淆了一个概念，即行政官员和财政供养人员的区别。后者在县乡一级，包括了超过半数的中小学教师。农村人口多，上学的孩子多，中小学教师也就多，由此造成的财政供养人员的比重高是很正常的。但为什么总是以"人浮于事"这样似是而非的理由来对待乡镇机构改革呢？如果不以占人口多数的农村居民提供公共服务为目标，哪怕是精减到只剩下一个人，那也是冗员。是不是乡镇提供公共服务的效率将会出奇的高，因而只要少量人就可以满足8亿人口的公共服务呢？未来也许是，但至少在不发达的农村现阶段还做不

---

① 《经济视点报》采访报道："撤乡并镇：'乡官'该咋当"（李万卿、王海圣），2005年12月1日。转引自 http://stock.163.com/05/1201/16/23TAPBTP00251HJQ.html。

② 《中国青年报》采访报道："转移支付难填'零赋税'农民减负的根本在减官"（万兴亚），2004年3月19日。转引自 http://business.sohu.com/2004/03/19/80/article219498055.shtml。

③ 《21世纪经济报道》采访报道："湖北触及乡镇机构改革命门"（孙雷），2005年4月21日。转引自 http://www.chinainnovations.org/read.asp。

到，即使是搞市场经济了，农村还离不开基层政府这个主体。农村市场经济秩序的维护、利益矛盾和纠纷的处理、公共资源的管理、各种公共疫情的防范、农村教育和培训的组织、农村文化的建设、公共信息的发布等等，都要靠乡镇机构去具体组织和实施。若真正以人为本，乡镇机构现在不是无事可做，而应当是做不过来。

由此可见，从总体看，现在的主要矛盾不在于人浮于事，而是乡镇机构职能转换不到位。而职能转换不到位的责任也不在乡镇本身，而是其上的决策者从减少财政供养人员角度考虑多，从为“三农”服务角度考虑少；从上级政府角度考虑多，从下级政府的角度考虑少；从短期考虑多，从长期考虑少。因此，问题的关键是如何进一步明确乡镇改革的目标，弄清楚到底是为谁改革，为什么而改革。

六、推进小城镇建设是撤并乡镇的理由吗？

在不少主张撤并乡镇的文章中，还有一个重要的理由，那就是有助于小城镇建设。言下之意，不搞撤并乡镇，小城镇建设就难以推进。我觉得这是把两个不同层次东西弄混淆了。农村行政区划的设置是政权组织问题，属于政治学的范畴；而小城镇是生产力的组织问题，属于经济学的范畴，两者虽有联系，但很难直接扯到一起。在一定区域内，设多少个乡镇政府，不是随意的，有多方面的政治约束条件，如民族关系、历史传统、边疆安全、社会意愿、管理便利等等，只抓一点，不顾其余，会引致政治领域的公共风险。而小城镇的形成更多地与经济发展、自然地理条件和交通状况相关，中心城镇既可以是乡镇政府的所在地，也可以只是一个具有经济功能的产业集聚地。小城镇的建设有自身的约束条件和演进路径，政府顺势而为，规划得好，组织得好，确实可以推进小城镇的发展。但不是靠主观想象，依靠行政手段就可以加快的。撤并乡镇可以推进小城镇建设的这种想法，其背后暗含有行政推进的意思。以为乡镇变大了，就可以集中人才物力办大事，就可以“造”小城镇，这显然是计划经济体制下的思维方式，其后果是不言而喻的。

至此可以做一个小结了。上面的论述，主要是想阐释乡镇机构改革的方法论问题，至于细节问题还有待于依据这个方法论去进一步研究。乡镇改革是当前农村综合改革的重要内容，事关农村社会的稳定与长远发展，也是关系到社会主义新农村建设能否切实推进的大事。以上所说，并非反对撤乡并镇，精简人员，而是反对“为撤而撤，为减而减”。当我们在进行改革的时候一定要有十分明确的目标，注意改革的方法论，尤其不能把手段当成目标，更不能头痛医头，脚痛医脚，找错了病因，开错了药方。无论怎样改革，或改什么，始终都要以一定时期恰当的目标来衡量和判断。否则，就会贻误农村改革。我认为，这次乡镇改革的目标是：转换乡镇政府功能，使之从（间接地）为城市服务转变为“三农”服务，为占人口多数的农村居民服务。不论各地的差异和差距有多大，这个目标应当是一致的。缓解县乡财政困难，防止农民负担反弹，要靠城乡分治体制的全面突破，光有财政加大投入是不够的；要靠整个政府职能的转换，光是乡镇改而竖立其上的政府职能不转换，难有实质性的进展；简单地寄希望于撤并乡镇和裁减人员有可能与我们的改革目标相悖，使乡镇改革落入“循环改革”的陷阱。

刘尚希

充分认识我国农民对改革开放的三大贡献及有关的三点建议

内容提要

本文认为，在今后相当长一段时间里，农民问题依然是中国最严重的社会问题。简而言之，农民多，问题大；农民少，问题小。国家在制定中长期经济与社会发展规划时，要把农民非农化作为首要问题安排，不能就事论事，只是采取一些应急办法应对。

改革开放以来，在不到30年的时间里，中国经济与社会发展取得了巨大的成就。现在中国已经成为发达国家的竞争对手，发展中国家羡慕的对象。为什么能取得如此举世瞩目的成就？最高决策层的主导作用不言自明。从实践层面讲，人数最多的农民群体对改革开放有什么贡献？可以说我国农民对改革开放的贡献主要有以下三个方面。

一、向我国农民征用的一亿几千万亩耕地是促使经济高速发展的重要条件

改革开放以来，我国经济以平均接近两位数的速度快速增长，农民提供的一亿几千万亩耕地（比日本全国耕地总计还多）是促成经济快速发展的基本条件。首先，GDP中的相当一部分是由土地价值转化而来，并不是什么人生产出来的。例如，将农民的一块土地征用来，拍卖10亿元人民币，GDP马上增加10亿元。其次，很多人的资本积累是来自土地价值市场化。第三，各地地方政府以提供低价土地为条件吸引海内外投资。第四，国家以低价征用农民土地进行基本建设，节约了投资，加快了基础设施建设，如国外修建高速公路，土地费用要占总投资的40%以上，而我国还不到5%。第五，通过征用农民土地进行房地产开发，大大地改善了城市居民的居住条件，同时带动了其他产业的发展。

我国宪法规定，耕地是属于农民集体所有。但是改革开放以来，各级政府一直采用征用的办法占用农民的耕地，农民得到的补偿远远低于土地的市场价值。

二、我国农民提供的几亿廉价劳动力为我国经济的国际化提供了有利条件

当今美国、西欧等发达国家的商店里摆满了中国制造的商品。中国商品能够大量出口到世界各地的重要原因是价格低廉。美国等发达

国家工人的月工资在1000美元以上，中国农民工的月工资在100美元左右。中国农民工劳动力成本不及美国等发达国家劳动力成本的十分之一，而生产出的产品拿到国际市场上出售，中国生产的产品当然具有极大的竞争力。廉价的农民劳动力，加上优惠的土地出让政策及优惠的税收政策，吸引了国际资本大量来华投资，使中国成了世界制造业的基地。对外贸易高速增长，国家外汇储备迅速增加，中国对世界经济的发展所起的作用越来越大。产品价格国际化，劳动力（主要是农民工）成本地区化，是促成中国对外贸易迅速发展，中国在世界经济发展中的地位不断提高的重要条件。

三、我国农民为全社会提供比较充足、价格低廉、品种齐全的食品，很好地解决了众多人口的吃饭问题，为改革开放能在长期稳定的环境中顺利进行提供了物质保证

吃饭问题历来是中国社会的大问题。在改革开放以前的三十多年里，政府想了很多办法解决老百姓吃饭问题，如合作化、公社化、学大寨、机械化、大批判等，但都没能很好地解决这个问题。改革开放以来，农民在国家补贴不多（与发达国家相比）的情况下，基本上解决了中国人的吃饭问题。现在市场上粮食、蔬菜、水果、肉类、水产品应有尽有，普通老百姓再也不用整天为吃饭伤脑筋了。对普通家庭来说，想吃大米就买大米，想吃白面就买白面，想买几斤肉就买几斤肉，想打几斤油就打几斤油，这是太平常的事情了。但在改革开放以前，对一般居民来说，这是不敢想的事，想了也办不到。

农民在低价供应农产品的同时，工农消费水平差距却不断扩大，由1985年的1比2.3扩大到2004年的1比3.5。

通过以上几方面，我们可以毫不夸张地说，没有农民对改革开放的巨大贡献，改革开放就不会取得今天的巨大成就。

正确认识我国农民对改革开放的贡献，对于合理分配社会利益，共享改革开放成果，促进经济与社会和谐稳定发展，无疑具有重大意义。调整利益关系是我国今后经济与社会发展的基本内容，而调整农民与各方面的利益关系尤为重要。对此提出以下几点看法。

首先，征用农民耕地要依法保护农民利益。在对耕地实行最严格的保护政策的同时，对占用农民的耕地要依法保护农民的耕地所有者权益。用于纯公益事业的耕地占用，要提高补偿标准，使失去土地的农民的基本生活有保证；对于经营性用地，要尊重农民耕地所有者的法律地位，使农民与土地开发者平等享受出卖耕地带来的利益。宪法规定耕地属于农民所有。对于与宪法精神不符的法规、制度、政策要及时修改。

其次，要使农民工人逐渐融入到城市生活中。农民非农化是历史趋势，对当前中国尤为紧迫。随着中国经济的快速发展，农业 GDP 占 GDP 总量的比例迅速下降，到 2020 年前后，农业 GDP 占 GDP 总量的比例将不到 7%，到 2050 年将不到 3%。份额如此小的收入状况无法支持庞大的农村人口的收入与经济发展同步增长。要立法保证工人与企业所有者共享经营成果。要提高农民工人的工资水平，实行医疗保险、养老保险，为民工子女提供接受义务教育的条件，使务工的农民真正从农业分离出来，融入到城市生活中。今后对省、县政府官员的考核，要把农民非农化作为重要内容。

第三，国家对农民的经济支持力度要不断加大。由于受进口农产品对国内农产品价格的抑制、居民消费支出中恩格尔系数的不断降低、能源价格的上升、耕地面积减少等因素的影响，农业收入将长期处于低增长状态。经济发展越快，农民收入增长缓慢的矛盾越突出。因此，国家要不断加大对农民、农业、农村的财力支持力度。

中国近代社会的基本问题是农民问题。毛泽东等老一辈中国共产党领导人在先进思想的指导下，正确地认识了中国农民问题，依靠农民，取得了中国革命的胜利。改革开放以前，由于对农民限制过死，致使整个经济缺乏活力（当然还有其他体制原因）。改革开放之所以生机勃勃，一个重要原因是逐渐消除了对农民的种种束缚。在今后相当长一段时间里，农民问题依然是中国最严重的社会问题。简而言之，农民多，问题大；农民少，问题小。国家在制定中长期经济与社会发展规划时，要把农民非农化作为首要问题安排，不能就事论事，只是采取一些应急办法应对。

刘保军

税制改革和税收问题研究

逐步实现城乡税制一体化的路线图

内容提要

逐步实现城乡税制一体化具有重大的经济意义和社会意义，也是解决“三农问题”、弥合“二元经济”过程中的动态必然。但是，由于受到财政条件、经济条件和社会条件的制约，实现城乡税制一体化必将是一个长期的过程。因此，一方面要意识到，由于财政、经济和社会的一系列制约条件短期内难以解决，必须通过逐步理顺和化解二元财政、经济和社会结构中的矛盾，逐渐和动态地实现城乡税制一体化；另一方面也要认识到，统一城乡税收制度则并不一定要等到城乡经济和社会一体化实现以后进行。农业税取消以后，完全可以在制度上将经过改革优化后的城市税收征收制度逐步延伸到农村。税收制度的确立并不等于实际征收，因为可以确立一个较长的过渡时期，对农民和农业实行优惠减免。

在我国长期的计划经济体制条件下，实行工业优先发展战略，逐步形成了城乡二元财政、经济和社会结构，在这一过程中也确立了以城市征收制度和农村征收制度的城乡隔绝的二元税制结构。2000 年，国务院批准安徽省率先实施农村税费改革，2004 年中央提出 5 年内取消农业税。到目前，我国取消了除烟叶以外的特产税，并且绝大部分省区免征农业税，预计 5 年取消农业税的目标会在 2006 年提前实现。以农业税费改革为基础的农业税制改革，切实减轻了农民的负担，体现了国家对农民的宪法关怀和国民待遇。农业税的取消是实现城乡税制一体化过程中迈出的关键一步，但真正实现城乡税制一体化还需要解决一系列理论和实践问题。逐步实现城乡税制一体化的路线图（见图 1）拟解决以下几个方面的问题：

——必要性：有必要实现城乡税制一体化吗?

——制约性：能很快实现城乡税制一体化吗?

——策略性：该如何逐步实现城乡税制一体化?

实现城乡税制一体化的必要性不言而喻，但一系列制约条件却决定这一目标的实现不能一蹴而就，必须在确定总思路和基本目标的基

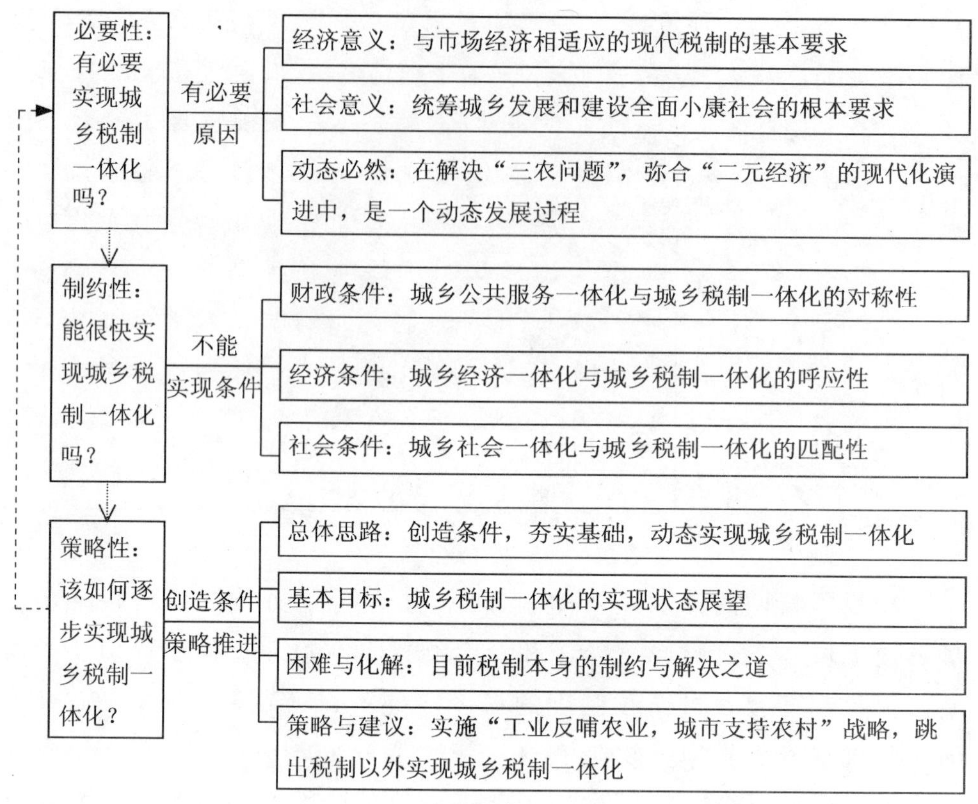

图 1

础上，通过实施“工业反哺农业，城市支持农村”战略，跳出税制以外实现城乡税制一体化。下面对逐步实现城乡税制一体化的路线图各部分进行分析。

一、逐步实现城乡税制一体化的意义和长远必要性

从经济意义上来说，逐步实现城乡税制一体化是与市场经济相适

应的现代税制的根本要求；从社会意义上讲，逐步实现城乡税制一体化是统筹城乡发展和建设全面小康社会的根本要求；从动态发展来看，逐步实现城乡税制一体化则是在解决“三农问题”，弥合“二元经济”的现代化演进过程中，一个必然的动态发展过程。

（一）经济意义：与市场经济相适应的现代税制的基本要求

完善社会主义市场经济对现代税制提出了两个基本要求：公平性和完整性。

首先，市场经济要求公平的竞争环境，体现在税收制度上就是公平税负。长期以来，我国城乡二元税制导致农民和城市居民之间、第一产业和其他产业之间的税负不公。相对城市居民和其他产业而言，农民和农业承担了较重的税负，形成对农民、农业的歧视，影响了农民的资金积累和对农业生产的投入，挫伤了农民生产的积极性。

其次，市场经济的运行要求产品市场和各种要素市场具有充分的流动性，以实现全社会利益的最大化。税制的完整性是保障产品市场和各种要素市场流动性的重要条件。城乡二元税制很容易造成市场链条的中断，与完善社会主义市场经济的要求相背离。

（二）社会意义：统筹城乡发展和建设全面小康社会的根本要求

统筹城乡发展包括统筹城乡经济、制度、各项公共事业发展，税收制度作为国家财政政策的重要组成部分是统筹城乡发展的重要一环。经济政策上给予城乡公平的竞争环境，有利于促进农村经济的发展，而农村的经济发展了，必将为农村各项公共事业的发展奠定坚实的物质基础。同时，全面建设小康社会客观上要求国家的产业政策上也应当向农业适度倾斜，保证农村经济、各项公共事业的较快发展，城乡税制统一为这种政策倾斜提供了较好的政策工具。

（三）动态必然：在解决“三农问题”，弥合“二元经济”的现代化演进中，是一个动态发展过程

实行农村税费改革为基础的农村综合改革，是实行家庭联产承包责任制后农村的又一次重大变革，必将进一步解放农村的生产力。而中央制定的“工业反哺农业、城市支持农村”的方针，为农村的现代化进程奠定了坚实的制度基础。可以预见，未来的几十年，将是城乡大融合的时代。在这种时代背景下，阻碍城乡税制一体化的各种因素将逐渐消除，城乡税制一体化也将会逐渐动态实现。

二、实现城乡税制一体化的制约条件和困难

目前，城乡二元财政、二元经济和二元社会结构的现实条件决定实现城乡税制一体化是一个长期的过程。

（一）财政条件：城乡公共服务一体化与城乡税制一体化的对称性

我国城乡财政的二元格局体现为城市与农村在享受公共产品和公共服务方面的巨大差距。主要表现为：

第一，县乡基层财政困难，有些地方财政赤字和债务状况较为严重，工资拖欠问题无法解决。例如，笔者2004年底在河南×县调研了解到，该县仅教育负债就达到6000多万元，1998年以前拖欠的1339万元工资还没有解决。在这种情况下，农村基层组织运转困难，因此也不能有效提供必要的公共服务。

第二，农村的基础设施、教育和卫生等公共产品和公共服务水平远远落后于城市的水平。从农业基础设施来看，我国农业基本建设投

资总量不足，长期以来制约着农业综合能力的提高，从 1989 年到 2003 年，我国农业基本建设投资占全社会基本建设投资的平均比例只有 1.8%，另外农村道路、饮水等方面也存在很多问题没有根本解决；从农村基础教育的投入来看，虽然取得了巨大的成就，但总体来讲农村基础教育仍然比较落后，不少地区特别是贫困地区，农村基础教育从办学条件到经费投入都面临极大的困难，2002 年我国农村中小学教育经费只占全国教育总经费的 23.1%；① 从卫生方面来看，农民获得医疗保健卫生服务的能力远弱于城镇居民，约 60% 的政府卫生支出流向了仅占总人口约 30% 的城市地区，仅有 40% 的政府卫生支出用于农村地区。②③

第三，农村的社会保障制度还远未形成。虽然有的地方在进行新型合作医疗的试点，个别地方为农民建立了社会保障制度，但广大的农村还基本处于“土地加子女”的保障模式，绝大部分农民被排斥在现代社会保障体系之外，农村养老等社会保障存在严重的制度缺失，特别是西部贫困地区，情况更加严重。

城乡税制一体化与城乡公共服务一体化是相对称的，公共财政覆盖农村还没有根本实现，农村基层财政的突出问题还没有根本解决，这种情况下，全面推行城乡税制一体化既不符合公平原则也是缺乏效率的。

首先，从公平方面来看，从税收基本法理意义上讲，城乡税制一体化也必然意味着城乡公共服务一体化，因为税收的公平包括对税收使用的公平，即承担同样的税收义务意味着要享受同等的公共服务。如果让农民负担同样的税收却不能享受到均等化的公共服务，这显然对农民是不公平的。

---

① 根据《中国统计年鉴》(2004 年) 数据计算。

② 苏明：《中国农村发展与财政政策选择》，中国财政经济出版社 2003 年版。

③ 黄佩华等：《中国：国家发展与地方财政》，中信出版社 2003 年版。

其次，从效率方面来看，县乡基层政府的正常运转是城乡税制一体化的组织保证，城乡税制一体化的推行需要基层政府的配合。县乡基层政府运转困难，必然会给城乡税制一体化的实施带来巨大的障碍。

（二）经济条件：城乡经济一体化与城乡税制一体化的呼应性

我国城乡经济的二元格局体现为城乡现代化、产业化和市场化的水平差距。表现为三个方面：一是我国农业部门原始落后、劳动生产率低下，而我国城市工业部门现代化水平相对较高，我国第一、二和三产业之间的劳动生产率比大致为1:2.4:3.3;① 二是我国农业生产基本处于小农经济状态、产业化水平较低，农产品加工产值在农业总产值的比重还很低，我国农业装备水平有80%是在20世纪80年代世界平均水平，15%达到90年代水平，只有5%达到了国际先进水平，而我国城市工业部门基本实现大工业化生产，产业化程度相对较高;② 三是我国的农业生产还带有自然经济的痕迹、农产品商品化和市场化的程度不高，有人对我国农业市场化的数量特征进行研究，表明目前我国农业市场化进程刚刚过半，农业市场化程度滞后于经济总体市场化程度，农业要素市场化程度低于农产品市场化程度。③

城乡经济一体化的基本目标就是要根本改变城乡经济的二元格局，即推进农业现代化、产业化和市场化的进程。如果城乡经济一体化的条件不具备，农业现代化、产业化和市场化的水平还比较低，在这种条件下全面推行城乡税制统一，会产生很多弊端，主要表现为：

---

① 根据《中国统计年鉴》(2004年)，2003年我国第一产业的劳动生产率为人均5387元，而第二产业的劳动生产率为人均12667元，第三产业的劳动生产率甚至达到人均18129元。

② 郑文凯：《中华工商时报》，2004年5月17日。

③ 刘金山："中国农业市场化的数量特征与逆市场行为分析"，《农业经济问题》，2002年第11期。

第一，不利于提高农业现代化水平。当前我国实行农村税费改革，取消农业税，其本意是减轻农民的负担，实现工业反哺农业，促进农业的发展，如果刚取消农业税就全面推行城乡税制统一，不利于提高农业劳动生产率和现代化水平。

第二，在农业产业化水平较低的情况下，税收征管将非常困难。例如，征收增值税和所得税，面对小农经济状态下的千家万户纳税人，交易费用无法估量，征管成本非常高，从而造成农村征纳秩序的混乱。

第三，农业市场化水平制约税收的经济和社会功能的发挥。现代税收体系应该是以非常发达的市场体系为基础的，一方面市场越发达，税源也就越充裕；另一方面税收对资源配置和收入分配的作用是以发达的市场为舞台的。因此，在农业市场化程度低下的情况下，征税的意义并不大。

（三）社会条件：城乡社会一体化与城乡税制一体化的匹配性

建国后，我国在城乡分治的行政建制基础之上逐步形成了城乡隔离的二元社会。这种社会制度的核心是僵化的、强制性分类的居民身份制度（户籍制度）。不同的身份享受截然不同的社会待遇，它是由一系列具体制度建起来的，包括：户籍制度、粮食供应制度、副食品与燃料供给制度、教育制度、就业制度、医疗制度、养老保险制度、劳动保护制度、人才制度、兵役制度、婚姻制度、生育制度等，上述十几种制度性的城乡差异，将中国农民置于近乎二等公民的境地。

改革开放后，国家根据社会发展的实际情况和人民的要求，制定了符合我国国情的政策，城市变得越来越开放，农民工人开始了在城乡之间的社会结构性流动过程。这样就在以前城乡二元社会结构分离的两大板块中，产生出一块介于两者之间的规模越来越大的中间层：在工业和农业之间产生了乡镇企业；在城市和农村之间产生了小城镇；在工人和农民之间产生了农民工人阶层，这就使得以前的二元社会结构变得比较松动和模糊，开始出现不断交流和融合的城乡二元社会结构。

但是，但是由于城乡户口管理制度和城市劳动就业制度的继续存在，农村人口所占比重仍然很高，一个直接的后果是，农村人口就业问题非常突出，据估计，农村富余劳动力规模仍在 1.5 亿左右。①

城乡税制一体化要求农民承担同样的社会责任，但二元社会却还决定他们只能享受不平等的社会地位，因此城乡分治的二元社会结构与城乡统一的税制是不相匹配的。

三、实现城乡税制一体化的推进思路与策略

（一）总体思路：创造条件，夯实基础，动态实现城乡税制一体化

实现城乡税制一体化的总体思路应该是：一方面要意识到，由于财政、经济和社会的一系列制约条件短期内难以解决，实现城乡税制一体化需要一个长期的过程，必须通过逐步理顺和化解二元财政、经济和社会结构中的矛盾，逐渐和动态地实现城乡税制一体化；另一方面也要认识到，统一城乡税收制度则并不一定要等到城乡经济和社会一体化实现以后进行。农业税取消以后，完全可以在制度上将经过改革优化后的城市税收征收制度延伸到农村。税收制度的确立并不等于实际征收，因为可以确立一个较长的过渡时期，对农民和农业实行优惠减免。

① 苏明等："中国失业问题与财政政策研究"，财政部财政科学研究所《研究报告》，2005 年第 3 期。

（二）基本目标：城乡税制一体化的实现状态展望

理想化的城乡税制应该是将初级农产品纳入流转税体系、农民和农产品生产企业纳入所得税体系、完善城乡财产税体系，并且在此基础上对农产品、农民、涉农企业给予适当的税收优惠，“以税惠农”。

第一，农产品纳入流转税的征收范畴。从国际范围来看，大多数国家都没有单独对农产品征税，而是将农产品和工业产品共同纳入工商流转税的征收范畴，具体而言，就是对工、农产品统一征收增值税，这样不仅有助于公平税负，而且也保证了增值税征收链条的完整。随着城市化的不断发展，农业产业化必将打破我国目前一家一户分散的精耕细作的农业种植模式，规模化的农场、农产品种植企业将更加有利于增值税等工商税种的征收管理。

2004 年开始，国家有计划地在全国逐步取消农业税的征收，保留对烟叶征收农业特产税，如果将农产品纳入流转税的征收范畴，取消农业税后，应根据经济发展的要求和国家产业政策的需要，将原来针对某些经济作物征收的农业特产税纳入其他税种的征收范围。例如对于农业大省云南省的澜沧县主要作物为茶叶和橡胶等，2003 年澜沧县农业税收入 1742 万元，其中农林特产税 1200 万元，占当年各项税收收入的 84.6%。

此外，考虑到第一产业对于国家经济发展的重要性，对于第一产业的税收征管，不应当把从农业中征税作为增加财政收入的来源，农产品增值税税率应采取适度从低的原则，在实际操作中也应当尽可能给与农业税收优惠政策。例如西欧主要国家的农业税税率大都在 20%以内，同时还制定了减免税政策。

第二，待条件大体成熟时，将农民和农业种植企业纳入所得税征收范畴。2005 年 10 月 27 日，个人所得税改革方案经人大常委会“三读”，最终将个人所得税工薪费用扣除额定为每月 1600 元。如果将农民纳入个人所得税的征收范畴，应该以家庭为单位，考虑收入供养人口，实行夫妇联合申报，就目前我们国家的农民收入，相当长一段时期大多数农民将不会成为个人所得税的纳税人。但是随着城市化的不断发展，各种配套制度的不断完善，目前的农业人口将大量流向城市，农业的产业化发展将提高农民收入，农村区域的公共服务条件也在改进过程中，个人所得税的征收范围在长远趋势上看势必会延伸到农村，随着税收制度本身的不断完善，待条件大体成熟时，个人所得税在全国范围将实现税负公平。

内外资企业所得税统一已迫在眉睫，为进一步公平税负，统一后的公司所得税应该将目前免税的公司性的农场纳入征收范畴，为此应鼓励农场逐步建立规范的会计核算体系，统一费用标准，核算成本确定公司利润，以便公司所得税的征收。考虑到第一产业的特殊情况，对灾歉年应给予一定的税收优惠政策。

第三，实行统一的房地产税。合并在城镇、工矿区对内资企业开征的房产税、土地使用税和对“三资”企业开征的城市房地产税，在房地产的保有环节统一征收不动产税。需要指出的是，在农村，在社会保障体系没有覆盖农民的情况下，农业生产用地是维持农民生存的最后保障线，不应纳入征税范围。对于普通农民住宅，也应予以免税，只对住宅超过一定标准的才予以征税。免税的标准和征税的幅度由国家统一制定，幅度内具体税额的适用可由各省根据实际情况自定。对于农村非农业经营性用地，则应纳入征税范围。对于城镇居民拥有的房地产，则应纳入征税范围，并相应规定扣除标准。这样改革之后，就农民而言，其农业生产用地、基本住宅都不用缴纳房地产税，只对极少数超过国家规定标准的农村住宅（比如城市近郊区的高级住宅）适度征税。

（三）困难与解决：目前税制本身的制约与解决之道

第一，流转税方面。增值税从计税原理而言是对商品生产和流通中各环节新增价值或商品的附加值进行征税，所以称之谓“增值税”。

然而，由于新增加值或商品附加值在商品流通过程中是一个很难准确计算的数据，因此，在增值税的实际操作上采用间接计算办法，即：从事货物销售以及提供应税劳务的纳税人，要根据货物或应税劳务销售额，按照规定的税率计算税款，然后从中扣除上一道环节已纳增值税款，其余额即为纳税人应缴纳的增值税税款。由于增值税实行凭增值税专用发票抵扣税款的制度，因此要求增值税纳税人会计核算健全，并能够准确核算销项税额、进项税额和应纳税额。目前我国众多纳税人的会计核算水平参差不齐，加上某些经营规模小的纳税人因其销售货物或提供应税劳务的对象多是最终消费者而无须开据增值税专用发票。因此，《增值税暂行条例》将纳税人按其经营规模大小及会计核算健全与否划分为一般纳税人和小规模纳税人，相应采取不同的征收管理方法。一般纳税人按照销项、进项抵扣的方法计算缴纳增值税，而小规模纳税人销售货物或者应税劳务，按照销售额和《增值税暂行条例》规定的6%或4%的征收率计算应纳税额，不进行抵扣进项税额。

由于不对农民种植农作物征收增值税，为了保证增值税抵扣链条的完整，对于企业收购农产品，根据收购价格按照13%的税率倒推增值税进项税额进行抵扣。

我国农村实行家庭联产承包经营制，农业经营规模分散，如果将现行的城市工商税种简单地延伸到农村，会遇到很大困难：

首先，如果将分散的农户都纳入征收范畴，增值税的税额将不足以弥补税收征管成本。增值税的征收在流通环节，目前我国农业产业化程度不高，农民种植农产品70%是自给，市场化程度低于全国的整体水平，而且市场交易的农产品交易方式灵活，不容易管理。2004年我国农业税税收总额为232亿元，占当年全国税收总收入不足1%。而投入的人力物力在很多地方超过税收收入。如果投入大量的人力、物力去征收增值税，也将得不偿失。

其次，抛开税收征收管理成本不谈，目前家庭联产承包制下的一家一户远没有达到核算投入产出的财务体系。增值税的纳税人主要是生产经营较为集中且规模较大，具有较好的组织性和完整的财务管理制度的农业大户，包括国有农场、农业种植、养殖大户等，税源较少。

解决之道：虽然存在征收管理上的诸多不便，但是城乡税制的一体化不能等到条件成熟之后再行统一，税制改革的目的是为农村市场经济的发展创造公平的制度环境。从目前来讲，针对将农产品纳入流转税征收范畴，应该符合国家“多予、少取、放活”的原则，“抓大放小”，将少数一定规模以上的大宗农作物交易征收增值税，而对于相当多数农民的农产品种植给予免税，而且客观来讲，各个地方增值税的征收都设有一定的起征点，多数进行小宗农作物交易的农民都不会成为增值税的纳税人，这样税源集中，征收成本就不会很高。从长远来讲，理想化的农村增值税纳税人也将会是规模以上大宗农产品种植企业，现在抓大放小的原则与农业产业化的方向一致。

此外对于农村要加强税收宣传工作，使农民了解现行税法，避免农民对税法改革存在抵触情绪，做好解释工作。

第二，所得税方面。所得税包括对个人收入征收的个人所得税和对公司利润征收的公司所得税。目前我们国家的个人所得税半数以上来源于工薪阶层，征收管理上存在税收负担不公的问题，原因主要是税制设计的问题，工薪阶层采取的是代扣代缴，易于征收和管理，如果将目前的个人所得税制度简单延伸到农村，也存在税收征收管理问题，2003年农村居民纯收入为人均年2622.24元，考虑到2006年个人所得税工薪费用扣除额将提高到1600元，农村个人所得税税源有限，加之我国大多数农户经营规模很小，农户又没有记账的习惯，如果对农民开征所得税，存在计税所得难以确定，征管困难将远大于城市，税收成本会很高；目前农村所得税存在的问题是征收管理问题，尤其是原来的缴纳企业所得税的私营企业和个体企业改征个人所得税，城乡税制一体化之后是否就其所得征收个人所得税，如果征收就存在农民核算个人收入，税务部门加强征收管理的问题。

解决之道：对于农民个人所得税的征收，也应采取抓大放小的原则。主要针对原来缴纳企业所得税的个体、合伙企业业主，对其开始征收个人所得税，而对于主要依靠小规模的土地种植收入为主的农民免征个人所得税，这样税源较集中，税收的征收成本较小。

此外，要加强对税源的管理，对于地下的小作坊和小工厂，帮助他们进行工商登记，建立账簿，核算成本收益。

第三，财产税方面。在房地产的保有环节统一征收不动产税，目前存在的问题是农村土地为集体所有，农民自己的宅基地本身没有产权，只有使用权，那么合并后的不动产税在农村的纳税人根据现行的税法只能是集体，即村集体，而不是农民本人。

契税在农村的征管也是收入很少，农民之间像房产使用权这样的交易也是不规范的，其他小额的交易就更不规范了。尽管税额很少农村仍应保留契税的征收管理。

解决之道：村作为集体所有制的公有制组织形式，其功能与实行家庭联产承包责任制之前大不相同，对于农村土地产权在村集体和国家之间是否应该进一步理清，还有待进一步研究，因此解决的方案就有两套：如果土地制度改革，农村土地产权收归国家所有，村集体退化成民间组织，农民的住房拥有产权，土地拥有使用权，从而成为不动产税纳税人；如果土地仍然归村集体所有，那么我们认为应该修改税法使得农民本人成为房地产税的纳税人，而不应该是村集体，这样便于税收征收管理。无论怎样对于农民自己的居住房和小片种植用地应该免税，对于其他大规模农业用地和非农业经营用地应该依法纳税。

（四）策略与建议：实施“工业反哺农业，城市支持农村”战略，跳出税制以外实现城乡税制一体化

税制本身的问题固然是实现城乡税制一体化的重要障碍，但根本

的问题却在税制以外，改变城乡财政、经济和社会二元结构现状才是根本的推动力。坚持中央提出的实施“工业反哺农业，城市支持农村”战略，是实现城乡税制一体化的基本策略。

该策略要求，必须对原来处理城乡关系的一系列政策进行评估和调整。对符合新的战略的政策，要继续推行、继续实施；对与新的战略不相适应的政策，要审时度势、逐步调整和转变。据此，我们提出如下建议：

第一，逐步改变城乡财政二元结构，加快公共财政覆盖农村的进度。着力理顺城乡财政分配关系，使城乡居民能够享受到均等化的公共服务。要“以税惠农”，加快实行免费义务教育，改善农村医疗条件，完善农村社会保障体系，形成水利和道路等基础设施的资金保障机制，使公共财政的阳光真正普照到广大农村地区。

第二，逐步改变城乡经济二元结构，促进农业发展战略转型，实现农业的现代化、产业化和市场化。在实施工业反哺农业战略时必须促进农业发展战略的转型，促进农业由辅助型农业向现代农业转型，由自给型农业向市场化农业转型，由数量型农业向质量效益型农业转型。在农业发展战略转型的基础上推进农业经营的市场化、产业化和组织化，促进农业的综合生产能力和市场竞争能力的提高。

第三，逐步改变城乡社会二元结构，清除“工业反哺农业，城市支持农村”的制度障碍和体制障碍。要推动推动户籍制度的改革，通过户籍制度的改革促进劳动力的流动，调整产业结构，发展劳动密集型产业和非农产业，为城乡劳动力提供更多的就业机会，促进城乡劳动力的合理分工，增加农民收入，同时依法保护他们的合法权益；要进一步完善和改革土地制度，一方面要完善农村土地征收制度，避免低价强制征收征用农民耕地，另一方面，要进行农村土地制度的创新，促进农村土地制度由“福利保障模式”向“经济效率模式”转变，以市场化为背景，以效益为引导，把效率放在重要位置，完善土地使用制度，推动土地使用权流转和土地适度规模经营。

本文参考文献：

1. 韩俊：“统一城乡税制：解决‘三农’问题的重大举措”，《中国税务》，2004年第5期。

2. 贾康、白景明：“县乡财政解困与财政体制创新”，《经济研究》，2002年第2期。

3. 苏明：《中国农村发展与财政政策选择》，中国财政经济出版社2003年版。

4. 王朝才：“农业税制国际经验比较及我国未来改革思路研究”，《经济研究参考》，2004年第41期。

5. 黄佩华等：《中国：国家发展与地方财政》，中信出版社2003年版。

6. 金哲：“农村税费改革与城乡税制一体化”，《东北财经大学学报》，2005年第1期。

7. 李成威：“试论我国城乡税制一体化”，《税务研究》，2005年第6期。

8. 刘书明：“统一城乡税制与调整分配政策：减轻农民负担新论”，《经济研究》，2001年第2期。

9. 马国贤、陈东：“西方各国涉农税制的比较”，《税务研究》，2003年第7期。

10. 倪红日：“五年内取消农业税需要解决的问题及政策建议”，《税务研究》，2004年第6期。

11. 刘金山：“中国农业市场化的数量特征与逆市场行为分析”，《农业经济问题》，2002年第11期。

《城乡税制一体化研究》课题组

课题主持人：李成威

课题组成员：韩凤芹　刘微　韩玲慧　王宏利　胥玲

本报告执笔：李成威　胥玲

个人所得税对于不同生活负担人群缴纳差异的国际比较及其政策建议研究

内容提要

本报告以构建社会主义和谐社会的框架为指导，对于个人所得税制对不同生活负担人群缴纳差异进行理论分析、国际经验比较，并在此基础上提出了改革我国个人所得税制对于不同生活负担人群缴纳差异对待政策的建议。

引　言

胡锦涛总书记在 2005 年 2 月 19 日中共中央举办的省部级主要领导干部提高构建社会主义和谐社会能力专题研讨班的开班式上指出：

构建社会主义和谐社会，必须坚持以人为本，始终把最广大人民的根本利益作为党和国家工作的根本出发点和落脚点，在经济发展的基础上不断满足人民群众日益增长的物质文化需要，促进人的全面发展；必须注重社会公平，正确反映和兼顾不同方面群众的利益，正确处理人民内部矛盾和其他社会矛盾，妥善协调各方面的利益关系；必须正确处理改革发展稳定的关系，坚持把改革的力度、发展的速度和社会可以承受的程度统一起来，使改革发展稳定相互协调、相互促进，确保人民群众安居乐业，确保社会政治稳定和国家长治久安。

本报告拟以构建社会主义和谐社会的框架为指导，对于个人所得税制对不同生活负担人群缴纳差异进行了理论分析、国际经验比较，并在此基础上提出改革我国个人所得税制对于不同生活负担人群缴纳差异对待政策的建议。

一、个人所得税制度设计要更多地体现社会公平的职能

（一）税制本身是基于市场经济条件下的一种公共物品的提供

在市场经济条件下，市场机制本身应起到主要的资源配置作用。[①] 市场作为一种资源配置的手段，引入的竞争机制有利于资源的最优配置，从而实现了经济社会的效率，促进了经济社会的全面进步，这就是亚当·斯密所推崇的“那只看不见的手”。[②] 但是这只手并

① 按照五个统筹的要求，“更大程度地发挥市场在资源配置中的基础性的作用”，引自《中共中央关于完善社会主义市场经济体制若干问题的决定》（2003 年 10 月 14 日中国共产党第十六届中央委员会第三次全体会议通过）。

② 参见亚当·斯密著：《国民财富的性质和原因的研究》，商务印书馆 1981 年版。

不能做好所有的事情：在市场经济机制的条件下，市场并不能提供经济社会所需求的一切资源，也就是说市场存在失灵或者失败的地方。市场的失灵或者失败，将不会产生社会福利的最大化。那么，为了弥补市场失灵或者市场失败，政府将介入市场运行之中，运用相关政策工具，以提供公共物品为手段，用这只看得见的手来干预市场运行，从而使社会运行不要偏离或者不要过多的偏离福利最大化的轨道。公共物品是相对于私人物品而言的，公共物品是市场无法提供、不愿提供或者不合理提供（提供不充分或者提供过多的物品）的社会产品。因为市场基于理性人的假设条件，市场的经济行为主体是不会提供不能实现其利润或效用最大化的物品的。这些虽然并不能带来经济行为个体利润或者效用最大化的物品，却能够增进社会福利，改善社会资源的配置。那么这些物品或者服务的提供将由非市场因素的政府来提供。

政府所提供的公共物品一般而言是具有非竞争性和非排他性的。典型的公共物品是国防、义务教育等等。其实在政府所提供公共物品中，从广义上讲政府所提供的公共管理服务本身就是一种公共物品，这种公共管理的服务比如相关法规和政策的制定、秩序的维护、人民各项基本权利的保障等等。如果从这个层面意义上理解，政府所提供的“税制”的政策、法规和执行的服务也就是一种公共产品。而政府为市场所提供的“税制”这一公共物品应当更多地体现市场本身不能达到的目标，因为政府的主要责任在于纠正市场失灵和避免市场失败。如果政府过多地参与的是市场所能够进行或者能够做好的事情，那么就存在了职能的重复。在实际的操作上将会造成效率和福利的损失，这就意味着政府失灵或者政府失败。

在税制政策上，避免政府失灵或者政府失败，就需要把税制看成一种谋求政府促进社会运行不要偏离或者不要过多的偏离福利最大化的轨道的手段。市场更多强调效率，而政府的介入应当更多的强调公平的思想。公平可以说是一个经济社会所追求的主要期许，狭义上的公平仅指社会公平，主要考虑到社会层面的问题；广义的公平包括经济公平和社会公平。经济公平其本身就意味着经济效率，社会公平就是我们一般意义上所讲的公平。那么在市场谋求经济公平（经济效率）的前提下，我们的税收政策应当更多的考虑到社会公平；而且也应当把我们所确立的税收政策纳入到政府提供社会公平的公共物品当中去。

（二）谋求社会公平、体现收入分配功能是个人所得税的主要设计目标

个人所得税无论在国内还是在国外都是一个非常主要的税种。政府在市场中的职能主要有资源配置、收入分配和宏观调控三大职能。从这里延伸到税收理论上，我们认为谋求社会公平、体现收入分配功能是个人所得税的主要设计目标。税收的政策目标无非是为国家提供充足的财政收入或者是给予某种政策目标的市场干预设计。对于个人所得税而言，我们当然不排除其为国家带来了相当的财政收入的现状，尤其是在西方国家个人所得税已经稳居这些主要的市场经济国家主体税种甚至是第一大税种的关键地位。但是，即使是这样，我们认为个人所得税的职能目标，主要还是以谋求社会公平、体现收入分配为主，其增进政府财政收入的目标是次要的，或者我们说这样的一个职能是第二性的。我们不能把个人所得税看成一种以筹集政府财政收入的单一职能，因为这种认识的存在可能导致税制本身的设计的缺陷。其实在当代中国应当由以增值税为代表的流转税体系来主要承担筹集政府收入的职能。如果我们需要真的增加财政收入，根本不必在个人所得税上进行复杂的调整设计，而完全可以单单把增值税提高一两个百分点就能完全解决了问题。这样省时省力，而且避免了所得税征收的过多的税收成本（征管成本、奉行成本和偷、逃、避税成本等）。

所以我们认为，单从增加财政收入的视角上看待个人所得税的改

革是不妥当的，甚至说是目光短浅和严重错误的。因而在个人所得税的税制的设计和改革上，我们应当主要看到的是个人所得税的彰显社会公平、进行收入分配的职能。我们现行的个人所得税可以说在税制的设计上是不完善的，因为经过二十多年的实践我们发现现行的个人所得税存在严重的收入分配“逆向调节”的问题。因为统计表明近年个人所得税的主要收入（某些年份占到 80%左右）都是由工薪阶层来提供的。这样的征管结果是不能充分显示个人所得税作为以谋求社会公平、进行收入分配的职能的。所以我们必须在根本上改变目前的个人所得税的现状，从实质上把个人所得税提升到纠正社会公平偏差上来。

（三）建设具有我国特色的个人所得税体系更应当在制度设计中较多的体现社会公平的职能

建设有中国特色的个人所得税体系，也更应当在制度设计中较多的体现社会公平的职能。因为我们是人民民主的社会主义国家，社会主义的本质是人民共同富裕。社会主义的最高目标以及社会主义的理想的实现，都是要求我们更多的公平人们收入、增进社会福利与社会认同感。从这一方面讲，社会公平的职能也要在我国的个人所得税体系中更多的体现。

我们要建设和完善具有中国特色的社会主义市场经济，市场经济主要强调的是效率和竞争。但是对于效率的过分强调，将导致收益按照市场原则流向到拥有资源禀赋丰裕的经济行为主体的那里。在“马太效应”的促进下，效率将或多或少的导致这个经济社会的公平失衡，经济社会的不公平的扩大或者持续反过来又可能影响到效率的实现。因为社会的不公平的扩大或者这种不公平的持续将导致这些利益损失者的不满，这些矛盾的积聚将引发工作效率、经济运行效率、社会服务效率的下降，造成严重的社会问题甚至引发社会动荡、政府更迭的重大危机。在市场经济条件下，公平与效率的关系是相互影响的。尤其在经济起飞的阶段，公平与效率的作用是相互的。所以在我国市场经济的现阶段而言，我们也应在我国的税制体系的设计上要更多的考虑社会公平的职能。

而且，在新的历史时期中央做出了构建社会主义和谐社会的伟大战略抉择。构建社会主义和谐社会，其核心在于社会公平、社会正义和人文关怀。在我们的个人所得税的制度设计上，我们完全可以在社会公平、社会正义和人文关怀上有所突破，从建设社会主义和谐税收方面为我国创建社会主义和谐社会做出贡献。

二、国际上不同国家个人所得税对于不同生活负担人群差异的政策对待比较

国际上各主要国家针对于不同的生活负担的人群基本上在不同程度和不同的领域都给予了个人所得税上优惠和照顾。在国际税收比较研究中，没有考虑或者未规定家庭、抚（赡）养等对于不同生活负担人群差异的税收优惠是作为例外情况进行研究的。表一就是分为未规定个人宽免、不考虑家庭因素、非居民可扣除差异、以税收抵免形式给予个人宽免等相关内容进行了比较。

为了对我国个人所得税对于不同生活负担人群差异的优惠政策进行一些行之有效的政策建议，我们选择了部分样本国家进行了比较，比较按照西方主要发达的市场经济国家、西方高福利国家和发展中国家三大类进行，见表1。同时在比较的基础上，对涉及到税收公平的其他方面也进行了分析。

表 1　　例外情况及相关国家和地区名称

例外情况	国家和地区名称
未规定个人宽免	博茨瓦纳、保加利亚、喀麦隆、智利（只有雇员每月可扣除大约 5 美元）、哥伦比亚、刚果、芬兰、希腊（但有针对孩子的税收抵免项目）、印度（也可以将标准扣除视为个人宽免）、牙买加、墨西哥、莫桑比克、纳米比亚、挪威（没有基本宽免，但有针对儿童的专项宽免）、塞内加尔、坦桑尼亚、乌干达、越南、津巴布韦
不考虑家庭因素	玻利维亚、中国、匈牙利、科特迪瓦（但影响税率）、肯尼亚、马拉维、秘鲁、波兰、罗马尼亚、所罗门群岛、瑞典、特立尼达和多巴哥、土耳其、乌兹别克斯坦
非居民可扣除个人宽免	毛里求斯（非居民系本国公民的，可以扣除基本宽免）、荷兰、美国（非居民的个人宽免项目和数额远少于居民）
以税收抵免形式给予个人宽免	加拿大、意大利

资料来源：《经合组织成员国的税收政策》，中国财政经济出版社 1997 年版。

以下是我们选择的主要样本国家所进行的分析，它们关于针对不同生活负担人群差异的个人所得税的具体政策如下：

（一）西方主要发达的市场经济国家

1. 美国

个人宽免额是免除对纳税人满足最低生活水平的那部分生计费或生存费的税收。个人宽免的对象包括纳税人及其配偶、以及他所抚养的家庭成员或亲戚，符合条件的纳税人可获得固定数额的个人宽免。每人只取得一份个人宽免，根据纳税人所照料的家庭成员多少，确定个人宽免额的数额。纳税抵减是从纳税人的所得税额中直接扣除。以个人抵减中子女租税扣减为例，根据美国法律规定，纳税人每拥有一位合格子女，可享受600美元的租税抵减。

美国是一个拥有复杂个人所得税体系的国家。该国对于个人所得税的设计是相对而言比较成熟的。如表2所示：该国的个人所得税制度比较充分的考虑到了不同的家庭背景并由于这些背景的不同所造成的不同负担，税法给予了不同家庭负担群体的纳税人以更多的选择机会，在以市场经济为其立国宗旨的美国，公平的理念合理的融入到了税法之中。

表2　　1999年美国个人所得税税率表　　单位：美元

单身纳税人（如果应税所得超过）	但低于	税率
0	25750	15%
25750	62450	28%
62450	130250	31%
130250	283150	36%
283150	……	39.6%
已婚纳税人联合申报（如果应税所得超过）	但低于	税率
0	43050	15%
43450	104050	28%
104050	158550	31%
158550	283150	36%
283150	……	39.6%
个人以户主身份申报（如果应税所得超过）	但低于	税率
0	34550	15%
34550	89150	28%
89150	14400	31%
14400	283150	36%
283150	……	39.6%

资料来源：美国财政部报告资料，www.ustreas.gov。

2. 德国

德国从2000年开始进行个人所得税改革后，个人所得税比例每年都要调整。从2005年开始，德国的个人所得税起征点从6322欧元提升到 7664 欧元，最低税率由 25.9%降为 15%，最高税率从 53%降到 42%。同时，政府还根据家庭情况（如单身、已婚无子女、已婚有子女等）采取不同的个人所得税起征点。

德国是一个以社会民主主义作为其国民理念的国家。在所有主要的市场经济发达国家中，德国的社会理念是最为浓厚的。这种深厚的社会深深的影响到了德国的方方面面，所以在个人所得税的设计上德国人也充分体现了他们的公平观念。他们不仅区分不同的家庭负担而且积极的调整起征点等相关内容，使得税法在实践上体现公平的观念。

3. 日本

日本的个人所得税分为中央和地方的，日本作为东亚地区的发达的市场经济国家，国情、历史等与我国比较相似，也许有更多地借鉴意义。日本的个人所得税的扣除项目如表 3 所示，考虑到了配偶、抚养、赡养、残疾、鳏寡、学生等因素，划分得非常仔细，有很强的借鉴意义。

表 3　　日本对个人的所得扣除一览表

项目		个人所得税扣除（万日元）	个人住民税扣除（万日元）
基础扣除		38	33
配偶扣除	一般扣除对象的配偶	38	33
	老人扣除对象的配偶（70 岁以上）	48	38
配偶特别扣除		38 以下	33 以下
抚养扣除	抚养家庭成员	38	33
	特定抚养家庭成员（16—23 岁）	58	43
	抚养老人家庭成员（70 岁以上）	48	38
同居老父母等加算		+10	+7
同居特别残疾人加算		+35	+21
老人扣除		50	48
残疾人、寡妇、鳏夫、打工学生扣除		27	26
其中：特级残疾人		40	30

资料来源：《经合组织成员国的税收政策》，中国财政经济出版社 1997 年版。

4. 英国

英国是老牌的发达的市场经济国家，该国的税法规定按照年龄、夫妇、额外人口、残疾等因素分年划定宽免额。这样同时考虑到了在人群和时间上的差异，而进行了公平的安排。见表 4。

表 4　　1995—2000 年英国各年度的毛所得宽免　　单位：英镑

<table>
<tr><th colspan="2">宽免类别</th><th>1999—2000 年度</th><th>1998—1999 年度</th><th>1997—1998 年度</th><th>1996—1997 年度</th><th>1995—1996 年度</th></tr>
<tr><td rowspan="3">个人宽免</td><td>65 岁以下</td><td>4335</td><td>4195</td><td>4045</td><td>3765</td><td>3525</td></tr>
<tr><td>65—74 岁</td><td>5720</td><td>5410</td><td>5220</td><td>4910</td><td>4630</td></tr>
<tr><td>74 岁以上</td><td>5980</td><td>5600</td><td>5400</td><td>5090</td><td>4800</td></tr>
<tr><td rowspan="3">已婚夫妇宽免</td><td>66 岁以下</td><td>1970</td><td>1900</td><td>1830</td><td>1790</td><td>1720</td></tr>
<tr><td>65—74 岁</td><td>5125</td><td>4965</td><td>3185</td><td>3115</td><td>2995</td></tr>
<tr><td>74 岁以上</td><td>5195</td><td>5025</td><td>3225</td><td>3155</td><td>2705</td></tr>
<tr><td colspan="2">额外人口宽免</td><td>1970</td><td>1900</td><td>1830</td><td>1790</td><td>1720</td></tr>
<tr><td colspan="2">寡妇丧居宽免</td><td>1970</td><td>1900</td><td>1830</td><td>1790</td><td>1720</td></tr>
<tr><td colspan="2">盲人宽免</td><td>1380</td><td>1330</td><td>1280</td><td>1250</td><td>1200</td></tr>
</table>

资料来源：世界银行数据库 Word Bank Database，www.worldbank.org.cn。

（二）西方高福利国家

在西方市场经济国家中，还有一类以高福利为特征的国家，我们称之为高福利国家。研究这些国家的税法我们发现，这一类的国家大都也存在着相当完善的个人所得税对于不同生活负担人群进行不同税收待遇的安排：

瑞典的税法关于不同人群负担差异的个人所得税的规定有如下内容："子女扣除。有未满 16 岁子女的夫妇，夫妇双方均有工作所得的，对其工资所得低的一方承认扣除其工资所得的 25%（最高为 2000 克朗）的子女扣除，对有未满 16 岁同居子女的独身者也承认同样的扣除。因有长期病人、事故、老人等。使纳税能力降低的，承认每抚养子女 1 人最高 6000 克朗的追加扣除。”

荷兰立法当局在其税法中有如下规定：“例外支出。27 岁以下子女的抚养费支出；800 荷兰盾以上的支援亲戚支出；某些情况下照顾子女的费用等。”

奥地利税法规定个人所得税的扣除项目有 11 类。其中第三和第四项是：“3. 只有一方挣钱的已婚夫妇扣除 500 先令。4. 第一个孩子扣除 4200 先令，第二个孩子扣除 6300 先令，以后的每一个孩子扣除 8400 先令。”同时税法还规定：“除子女扣除额外，所有纳税人还可享受每个子女每个月 1400 先令的免税补贴，直至 9 岁为止；对年龄在 10—19 岁之间的子女，纳税人可得到每个子女每个月 1650 先令的免税补贴；对于年龄在 19—27 岁之间的子女，在某些情况下，纳税人可得到每个子女每月 1950 先令的免税补贴。”

（三）发展中国家

在广大的发展中国家中，虽然税政体制各种各样，但是绝大多数的国家也都考虑到了不同生活差异人群的负担从而进行了不同的税制设计：

印度尼西亚的现行税法规定：“每个纳税人每年免税额为 172.8 万印尼盾，配偶的免税额为 86.4 万印尼盾，每个被抚养人的免税额为 86.4 万印尼盾。但享受此待遇的被抚养人不超过 3 个。”

韩国个人所得税的应税所得额是从毛所得中扣除个人和其他基本法定扣除项目后的余额，具体扣除项目为（1996 年起）：“1. 基本扣除，扣除金额 1000000 韩元。2. 配偶扣除为 1000000 韩元。3. 抚养（赡养）人扣除金额为每人 1000000 韩元。4. 残疾人扣除金额为每人 500000 韩元。5. 65 岁以上老人扣除金额为每人 500000 韩元。6. 家庭主妇扣除金额为 500000 韩元。7. 工作主妇扣除金额为 500000 韩元。”

新加坡个人所得税的应税所得为应税收入减去免税所得和可扣

除项目后的余额。新加坡个人所得税的扣除项目较多且主要体现在抚育和教育未婚子女的费用扣除方面。具体表现在：①生计扣除。包括纳税人个人扣除、勤劳所得扣除、配偶扣除、抚养子女扣除、人寿保险和公积金扣除等。此外，为鼓励抚养多个子女的纳税人，给以其勤劳所得5%—15%的特别扣除。②新加坡居民个人纳税可享受一定的减税待遇：1994年12月31日结束的纳税年度每人可以一次性地享受全年应纳税额10%的减税待遇，1995年减税额改为最高5600新加坡元。

泰国个人所得税立法关于这一领域的规定为：①个人扣除。对纳税人扣除3万泰铢；对纳税人配偶扣除3万泰铢；对子女每人扣除1.5万泰铢；对在泰国上学的子女每人额外扣除2000泰铢。②人寿保险扣除：对在泰国开业的保险公司开出期限10年以上的人寿保险单的保险费，最多可扣除1万泰铢。

（四）国际间的比较

如前文所示，对于不同生活负担人群无论发达的市场经济国家、高福利国家还是发展中国家都在不同程度上给以了税收优惠待遇，这些因素包括婚否、抚养人个数、赡养人个数、残疾、学生、年龄、丧偶等等。同时由于物价水平的变化，各国税法对于宽免额每年都还进行了不同程度上的调整，以确保在时间上公民纳税的公平。1999年各国基本宽免额如表5所示。从表中可见，不同国家的基本宽免与人均GDP的比率相差很大。高收入国家这一比率明显较低，从样本国家的情况看，最高未超过30%，这说明高收入国家的人均收入水平高，纳税人的负担能力强。中等收入国家这一比率多在30%以上。低收入国家这一比率更高，多在50%以上。这一比率实际上可以反映出一国纳税人口占总人口的比率。比率越高说明纳税人口占总人口的比率越小。这说明低收入国家的个人所得税普遍未成为普及型税种。

表5　　部分国家1999年度基本宽免额的比较　　单位：美元

国家名称	基本宽免额	人均 GDP	基本宽免/人均 GDP（%）
瑞士①	7559	36346	20.8
美国	2750	33888	8.1
日本	3336	34375	9.7
英国	7015	24514	28.6
澳大利亚	3302	20773	15.9
巴西	980	3024（1998年）	32.4
罗马尼亚②	408	1515	26.9
阿根廷	4800	7734	62.6
中国③	1160	782	148.3
印度④	590	421	140.1
印度尼西亚	381	673	56.6
埃及	735	1320	55.7
加纳	367	368（1997年）	99.7
肯尼亚	141	355	39.7

注：①这里使用的是单身纳税人适用的基本宽免额。

②罗马尼亚按月计税，这里将其换算为年宽免额。

③中国按月计税。这里使用对国内个人适用的基本扣除额：每月800元人民币，并将其换算为年度额。

④印度税法没有规定专门的个人宽免，但规定了统一的标准扣除，这里用标准扣除额进行比较。

资料来源：世界银行数据库 Word Bank Database，www.worldbank.org.cn。

另外，为了更好地体现公平的原则，避免某些纳税人在一个年度内收入不平均造成的纳税人负担畸轻畸重的问题，绝大多数国家采取了按年度申报的制度。目前除了中国、罗马尼亚、柬埔寨、老挝等少数按月申报的国家外，其余国家都要求纳税人按年申报。其中，大多数国家使用日历年度，只有下列国家使用纳税年度：澳大利亚（6月30日止）、博茨瓦纳、喀麦隆、危地马拉、印度（3月31日止）、伊朗（3月20日止）、马拉维（5月31日止）、毛里求斯（6月30日止或任何12个月）、纳米比亚（2月末止）、新西兰（3月31日止）、玻多黎各（或者使用日历年度）、南非（2月末止）、斯里兰卡（3月31日止）、英国（4月5日）、赞比亚（3月31日）。部分国家申报和纳税期限的比较如表6所示。

表6　部分国家的申报和纳税期限

截止日期	国家名称
3月31日	爱沙尼亚、波兰、哥斯达黎加（自营个人3月底之前申报）、哈萨克斯坦、摩洛哥、捷克、卢森堡、斯洛伐克、斯洛文尼亚、泰国、秘鲁
4月30日	巴巴多斯、巴西（4月的最后一个工作日之前）、俄罗斯、圭亚那、加拿大、萨尔瓦多、塞浦路斯、墨西哥、特立尼达和多巴哥
4月1日	格鲁吉亚、拉脱维亚、新喀里多尼亚、乌兹别克斯坦
3月15日	法国、日本、南斯拉夫
3月1日	奥地利、刚果、乌克兰
4月15日	美国、新加坡、菲律宾、保加利亚（5月15日以前纳税）
其他	阿根廷（4月20日至4月24日申报）、澳大利亚（年度终了后7个月内）、阿塞拜疆（2月1日前）、喀麦隆（8月31日前）、德国（5月31日前）、哥伦比亚（5月或6月申报）、古巴（年度终了后60天内）、科特迪瓦（1月31日前）、韩国（5月31日前）、马其顿（1月31日前）、葡萄牙（1月1日—3月15日或3月16日—4月30日）、新西兰（2月7日前）、匈牙利（2月20日前）、巴布亚新几内亚（2月28日前）

资料来源：世界银行数据库 Word Bank Database，www.worldbank.org.cn。

三、个人所得税对于不同生活负担人群差异的理论分析

（一）在以效率为主导的市场经济体系中，我们必须提供谋求社会稳定的平衡器机制

现代经济学理论认为，市场与政府作为两种资源的配置方式，各有其利弊的存在。市场是基于竞争条件下的以谋求个体利润最大化或者效用最大化为目标的，这一配置的手段在当代经济社会起到了主要的作用。政府作为市场的补充，在市场做不到或者做不好的地方来弥补市场角色的缺失。一个经济社会的发展、进步，是必须基于这个经济社会合理正常的秩序之中的。单一为谋求效率为导向或者主要崇尚效率和竞争的经济社会发展是不稳定的，这不稳定反过来又会影响到效率的实现。历史上早期自由资本主义时期就是这样一个情形，追求效率的目标最终为社会不公平的困局所累。所以在以效率为主导市场经济体系中，我们必须提供谋求社会稳定的平衡器机制。公平的要求，在经济社会里不仅基于社会道义和人文上的原因，单就谋求社会效率和社会发展进步而言，也是必须的。以公平为主要内容的社会稳定的平衡器机制，将会为市场经济创造一个良好的运行环境，从而更有利于市场效率的实现。

同时从另一个方面来讲，经济效率的实现，必将带来社会财富的丰裕、经济社会的发展与进步。而这种发展与进步反过来又会为社会公平提供更多的物质保障和实践要求。也就是说经济效率的改进将会进一步促进社会公平。于是，这个经济社会将走上一个效率与公平相互促进的轨道上来。这种相互有利的促进，将会带来整个经济社会的

福利。反过来，处理不好公平与效率的关系，将会使得这个经济社会走向效率与公平相互损伤的尴尬境地，走向一个永远也走不通的死胡同。所以在市场经济条件下，以效率为主导市场经济体系中提供谋求社会稳定的平衡器机制是极为必要的。

（二）在构建社会主义和谐社会中，各个不同社会群体的和谐是整个社会主义和谐社会的主要标志和归宿

在目前这一历史阶段，我国经济已经经历过最为困难的时期。我们已经基本有效的解决了温饱问题，并初步实现了小康，虽然这个小康是低水平的、不平衡的。我国在这一时期里提出用科学的发展观来构建社会主义和谐社会，正是基于我国经济社会的时代特征所提出来的。

如前文所述在构建社会主义和谐社会的核心在于增进社会公平、确保社会正义和彰显人文关怀。而彰显对于弱势群体的人文关怀是社会进步的一个重要的内容。社会是一个历史的范畴，有其产生、发展和消亡的过程。社会的发展在一个以公平的为尺度衡量的坐标中所呈现的是一种倒U字曲线，这个曲线最先由库兹涅茨（Kuznets）在经济发展和社会贫富差距的研究中所提出来的，所以这条曲线也叫做库兹涅茨曲线。其实推广言之，倒U字曲线意味着在一个经济社会发展的过程中，其不公平程度是从较低的区位起步，逐步上扬，最终在一个时期达到波峰的最大点，此时社会的不公平水平最高。过了这个极点以后，社会的不公平程度将会逐步回落，向公平的社会历年逐渐靠拢。我们认为，这一历史发展的过程，即使不是规律也是一种经验的结论：社会的发展向它的公平理念回归。其实从整个历史发展的层面分析，公平是人类社会所追求的目标，而效率和竞争在这个层面上无非是人类所谋求公平改善的一种手段。经济社会从趋势上将逐步回归到公平的轨道上来。

同时，这种对于弱势群体的关怀不仅是社会道德和良知层面上

的，更应当由该国国家权力的全力介入。因为虽然经济社会从趋势上将逐步回归到公平的轨道上来，但是这种回归确实更需要一种外在力量的推动，那么由此而及，政府应当在合理的时间上推动这种回归。在对于此的作用上，政府完全可以动用税收手段来调节人们的再分配进而为社会向公平方向的进步作用一个推力。

我们进一步发现，谋求社会公平和公正是市场机制完善的重要表现。虽然，市场经济机制主要在于强调效率，以及实现效率的手段：竞争。但是，正如上文所述，效率的实现，必当以整个经济社会秩序的良好为条件。整个社会的稳定是市场经济机制有效运行的前提条件。如果前提条件出现了问题，市场机制再怎么运行、再怎么改善也得不到一个他所预期的结果。所以从完善市场机制的角度来讲，我们必须把公平的环境在整个社会中建立起来。纵观世界主要的市场经济国家，无一例外的都存在着完善的社会公平的保证机制。

（三）发展中国家和转轨国家更应当在其政策制定和执行中体现维护弱势群体利益的这样一个主要的社会公平职能

发展中国家和转轨国家正处于发展的特殊阶段，体制上还很不完善。面临的问题和困难也会很多。但是，在这样一个发展的阶段，由于社会对于发展的关注，公平的问题将会被放到了次要的地位。同时在现实当中，我们不难发现广大的发展中国家和转轨国家都面临着严重的社会问题，而这些社会问题又大部分集中于贫富差距或者和不公平有关。在一个代表多数国民利益的政府行为中，广大的发展中国家和转轨国家更应当在其政策制定和执行中体现维护弱势群体利益的这样一个主要的社会公平职能。因为这不仅关系到社会的稳定、国家的发展，同时也关系到这些发展中国家和转型国家政权的稳定。

我国是世界上最大的发展中国家，同时也进行着和深化着体制的转轨和改革。所以对于面临人均国民收入突破 1000 美元大关的中国来讲，究竟是继续走国民经济和社会进步持续、快速、稳定的发展，还是走向政局动荡、贫富差距悬殊的“拉美化”，是一个极为严峻的课题。中国经济与社会已经走到了一个拐点上，在这个拐点上何去何从，宏观决策层面需要一个较好的统筹。

我们认为，中国也理所当然的在其政策制定和执行中体现维护弱势群体利益的这样一个主要的社会公平职能。这是所有发展中国家和转轨国家都需要注意的问题。具体到税制政策上，在个人所得税的制定和执行上就必须更多地体现和维护弱势群体的利益。

（四）对不同生活负担人群区别对待的制度设计更利于减轻政府行为对于市场机制的影响

政府的行为除了国有企业等之外都是一种非市场的行为，或者这种行为具有对市场的干预性。政府行为的干预是存在纠正市场失灵的必要性，但是过多的干预将会对市场带来不必要的伤害。这个度是一个非常难以把握的问题。但是我们认为，既然我们承认市场的主要地位，那么如果市场能够做好或者基本能够做好的地方，我们就应当避免政府的介入。其实政府对于不同生活负担人群的帮助可以从政府收入和政府支出上进行。也就是对于弱势人群的少取与多予，这也就具体到两个方面：社会保障支出与税收政策优惠。

我们认为，税收优惠政策相对于社会保障而言具有社会保障不可比拟的优势：首先，社会保障（目前主要）是市一级的统筹，而税收是国家层面的。从宏观的统筹上来讲，我国的税收优惠政策是全国性的，更有利于执行和落实。其次，税收上的优惠似乎更可以作用于公平原则。因为少征税和征了税之后的对特殊家庭的保障支出是不一样的，后者要对市场机制造成更大的伤害。因为欠发达地区和人群将不用负担这个税种，那么相当于中央政府财政对于这些人群的转移支付，第一，这种转移支付未通过政府而是直接由这一群体用于消费，减少了政府对市场的不必要的干预；第二，这些中央政府的利益划出直接到了那些需要者的手里，政策目标得到了实现，不像其他的财政转移支付存在被挪用、截流的糟糕情况。所以我们认为对于不同生活负担人群的差异上，税收政策优惠较之于社会保障而言更具有优势。

（五）其他几个技术性问题

1. 关于征管问题，以及避免偷漏税

对于个人所得税的征管问题，我们认为：一方面我们的确需要加强个人所得税的征管，使得个人所得税足额、准时入库，做到应收尽收。加强征管，树立法理、法统与法治的根本理念，是一个市场经济社会应有的游戏规则。这个游戏规则缺失，将造成市场经济机制的普遍失灵。另一方面，我们必须优化我们现行税制的有关规定、相关条例立法过严的问题。“立法过严”将很有可能造成“违法普遍”。而“违法普遍”又会造成“法不责众”的后果。这对于我们的税制建设和法治建设而言是一种侵害。所以我们必须避免这一问题。因而我们的税法设计就要做到合情、合理，才能避免上述的情况再进一步恶化。

2. 关于税制的复杂化将有可能干扰政策的有效落实

还有人认为，进行不同生活负担人群差异处理会使得税制愈发复杂，而复杂的法律将严重影响到政策的有效落实。繁琐的美国税法使得真正能够掌握这部税法的人少而又少，人们税表的填写要么存在诸多错误或者必须在专业人员（注册会计师等）的指导下完成填写。其实，过于简单和过于复杂的税制都不利于维护和执行。我国目前的税制属于过于简单的类型，所以我们税制改革在于完善这部个人所得税法。因而不存在所谓过于繁琐的问题。而且规范的税法设计也有利于我国中介机构的发展和注册会计师行业的发展，从而为我国第三产业的发展创造了空间。

3. 关于此项政策将导致家庭的不稳定以及与离婚率正相关的问题

的确，目前国外的一些研究表明不同的生活负担人群的税收照顾和离婚率存在正相关的关系，因而有些人认为此项政策的出台将会导致家庭的不稳定。但是事实上，基于有限理性人假设的纳税人很难因为相对优惠的税制的理由成为离婚等家庭不稳定的主要因素。因为纳税人不可能为了享受更多的税收优惠而采取和伴侣离婚的手段，如此行为无异于丢掉西瓜去捡芝麻。所以理性的经济人是不会这样从事的。同时国外的研究主要在于利用计量经济的方法进行经验的分析，而后发现政策的执行与离婚率存在相关关系。但是这只是一种相关关系，并不一定是一种因果关系。即使是一种因果关系，政策的执行与离婚率的增加的因果程度有多高，是很难具体量化的。而且离婚率的上升是和很多因素有联系的，完全归罪于这项税收优惠政策，是不可取的。

4. 关于计划生育问题

计划生育是一项基本国策，这一条红线我们未曾逾越。也就是说本文所提倡的税收优惠政策将不对我国的计划生育政策产生负面的影响。我国的国情要求必须实行计划生育政策，亦即一对夫妻只生一个孩子。国家将对违反政策的超生行为予以严厉的制裁。但是，人口出生的本身亦即人权的产生。所以对于所有在一国主权之内出生的人而言，他的国家待他应与其他人而无异。这一基本的法理要求和计划生育的国策没有本质的冲突。计划生育的落实应当主要在于事前的控制，而并不在于事后的惩罚。所以即使这个孩子的出生是非法的，但这不是他的过错，他的出生也需要合理的抚养、最为基本的各种权利的维护。况且，我国家庭中的二胎、三胎主要都是根据国家政策合法出生的。所以基于这样的原则，我们严格执行的计划生育政策和税收优惠是不相违背的。

5. 加大征管成本的问题

还有人提出税收优惠政策的出台，将带来税收成本的增加。其中包括纳税人因为税法的规定而需要向之靠拢所付出的成本，但主要还是税务机关的征管成本的增加。因为税法更多的规定将会增加这部分税法执行的人员。但是笔者认为这个问题不是问题。因为我们可以通过加强税务、民政、社会保障部门的协调与联系来解决。况且目前这些部门存在较多的冗员，我们可以通过使用他们来维护、解释、执行这部分新修订的税法，这样可以充分利用这些部门里过剩的冗员，从而提高了政府效率。因而所增加的征管成本是非常微小的。

6. 改革后对于财政收入的影响分析

根据本案进行税制的改革的确会减少我国的财政收入。但是这种减少是有限度的。而且每年超增的财政收入足以弥补这部分的支出。所以从我国财政的承担力上来讲，这项改革是可行的。

四、对我国不同生活负担人群个人所得税宽免差异的政策建议

（一）实行以年度为周期的个人所得税制度，实现从分类向综合的有效转变，要求个人申报与源泉扣缴、税收检查相结合，以个人申报为主

这一内容的改革是扭转我国目前个人所得税“逆向调节”的最主要的方法，同时也是个人所得税对于不同生活负担人群差异的优惠政策的前提。如前文所述，纵观世界主要国家都是采取以年度为周期的个人所得税制度。以年度为周期减少了纳税人的奉行成本也减少了税务当局的征管成本。同时以年度为周期有利于均匀分布纳税人的收入，避免畸轻畸重的税收负担。

另外我们必须实现个人所得税从分类向综合的转变。只有变为综合课征，并加强征管，才能使得应该纳税的人群真正主要负担起缴纳个人所得税的义务。分类所得税的征管源泉扣缴最容易执行，但是也最容易使得工薪所得成为主要的税收来源，压抑了勤劳所得的积极

性，也使得税制偏离了正常的轨道。所以我们必须实现个人所得税的综合课征。同时辅以要求个人申报与源泉扣缴、税收检查相结合，以个人申报为主的政策，就比较容易从根本上制约这一棘手的问题。

目前我国的情况对于按年度征收和综合课征个人所得税来讲已经基本不存在困难。一方面我国已经实现个人存款实名制，另一方面个人身份证管理也更加规范，再者相当一部分适用个人所得税的纳税人的收入也主要使用了工资卡或者银行间划拨的形式。这些制度的完善将更有利于个人所得税综合课征和年度课征。同时按年度课征可以减少综合课征可能增加的成本和负担。所以我们认为目前已具备一定的实现年度课征与综合课征的条件，决策部门应把握好时机，优化我国的个人所得税制，确保个人纳税领域的公平环境。

（二）对于不同数目的抚养、赡养人口给以一定比例的扣除

我国现行个人所得税的一个重要的缺陷是没有考虑到纳税人的家庭抚养（赡养）人口或人均收入状况，人均收入高低不同的家庭缴纳相同的税，甚至人均收入低的家庭缴纳的税收超过人均收入高的家庭。这种情况最佳的解决途径是在综合课征制下实行以家庭为基本计税单位。对于不同数目的抚养、赡养人口，给以规范性的扣除。另外我们可以从涉及到计划生育政策方面考虑，对于逐步增加抚养数目规定一个逐步递减的宽免额。

至于具体数目设计，可以参考全国水平人均生活费用进行匡算。因为现行的个人所得税基本宽免额为1600元，我们建议对于家庭需要抚养的子女给予第一人600元、第二人500元的扣除，第三人及其以上个数每人每月400元的扣除。同时给予每个家庭每位直接赡养老人每月600元的扣除。

（三）对于特殊群体给以高于一般扣除标准的扣除

这一部分人群主要包括鳏、寡、孤、独、老以及残疾人群，因为

他们所需要的生活费用远远要高于普通人群，所以对于这一部分人群要进行个人收入更多的宽免，才能达到使之相应的生活水平和普通人群相应的生活水平相等。

具体而言，我们认为根据目前的我国公民实际生活水平，对于离异、丧偶家庭，该纳税人的适用的基本宽免额标准可以提高 200 元，也就是 1800 元每月（但是无子女抚养责任、无老人赡养责任的不能享受此项优惠），同时其每位赡养、扶养人的扣除也可以在同一档次增加 100 元的宽免额，以期使用这种形式对于单亲家庭给予税收优惠照顾。对于 60 岁（女 55 岁）以上纳税人给予增加 25% 的基本宽免额，这样这一人群的基本宽免额可以达到 2000 元，从而借以照顾老年人较高的生活费用支出和应对我国老龄化加快的趋势。同时对于各类不同程度的残疾人群，在给以社会保障的同时，可以考虑其个人收入免征个人所得税，因为该人群的收入来之不易而且生活负担一般都比较重。对于学生期间勤工助学的各类收入，免征个人所得税。因为学生的个人所得是属于勤工俭学性质的，这是我国实行教育产业化以后需要积极应对的对策之一；学生的收入免征个人所得税可以使学生更多的接触社会，同样这样的税制设计也符合国际惯例。

（四）为纳税人提供可选择的申报表格

我国税法应当为不同的纳税人设计不同的申报表格。因为不同的纳税人群具有不同生活负担能力。所以针对单身未婚、已婚、以及抚养（赡养）人数分为单身申报、夫妻合报、夫妻分报、其他表格等几大类的表格，允许纳税人根据自己的实际情况实用不同的表格进行申报。各种表格的设计要符合适用对象的特点，从而有效便于个人所得税纳税对象的申报，也方便于税务行政部门的在纳税申报后的纳税检查。因为对于不同表格的提供有利于纳税人节约时间和精力，也利于税务部门提高征收的效率。所以建议实行综合的个人所得税制度后设计不同样式的表格来规范纳税申报。

同时表格的设计也不宜过多，大约以四到五种为宜。每个表格使用不同底色的纸张印刷，从而便于税务行政部门的分类和管理。表格的设计要尽量简单明了，充分体现我国税收要求，不要过分繁琐从而不利于填写、核对和检查使用。

（五）实行扣除（宽免）标准指数化，要求每年的扣除（宽免）额进行全国范围的重新估算

我国关于个人所得税的扣除标准，一经规定下来都是数年或者十来年不变的。但是我国的经济却一直在高速的发展着。物价水平也随着经济的发展而水涨船高，所以实际上我国的个人所得税税收负担是在逐步增加的。所以我们建议我国根据国外的经验，采取编制扣除标准指数化的方法，每年根据物价水平、通货膨胀贴水或者人民生活指数为主要的依据，根据上升的幅度比例来调整整体个人所得税的扣除体系，从而保证税法的立法原意的贯彻。

在具体操作上，我们可以主要根据物价指数和通货膨胀贴水来测算。目前我国的国家统计局在每年的统计年鉴中都已经提供这方面的数据，① 所以实施起来具有较强的可操作性。对于公式的设计，以及每年具体水平的调整，应由财政部的税政部门来具体负责。

五、结　语

目前我国关于个人所得税改革的探讨，似乎更多地关注于一个统一的免征额问题。其实这个问题是一个浅层次的问题。因为，是1500元的扣除还是2000元的扣除，对于同收入而不同生活负担人群

① 《中国统计年鉴2005》，中国统计出版社2005年版。

的纳税宽免并没有起到真正的均衡调节作用。个人所得税的主要职能在于调节个人收入分配方面的不公平，这一职能如何更为有效地体现，才是整体个人所得税改革的核心之所在。

虽然进行进一步的个人所得税的改革，将更多的触及深层次的矛盾，可谓困难重重。但是改革的红利将远远大于改革的成本，所以我们也必须将改革进行到底的。税制的完善，将有利于和谐社会的构建，也将进一步促进我国的市场化进程，从而成为我国经济社会稳定、持续、快速发展的有力的支持力量。

本文参考文献：

1.《南风窗》，2005年10月下。

2.财政部税收制度国际比较课题组编著：《印度税制》，中国财政经济出版社2000年版。

3.夏琛舸著：《所得税的历史分析和比较研究》，东北财经大学出版社2003年版。

4.蔡秀云著：《个人所得税制国际比较研究》，中国财政经济出版社2002年版。

5.［美］哈维·S.罗森著：《财政学》（第六版），中国人民大学出版社2003年版。

6.陈共著：《财政学》（第四版），中国人民大学出版社2004年版。

7.杨全社等著：《地方财政学》，南开大学出版社2005年版。

8.顾红编著：《日本税收制度》，经济科学出版社2003年版。

9.财政部税收制度国际比较课题组编著：《法国税制》，中国财政经济出版社出版2002年版。

课题组成员：张东明　刘宇辉　崔林　王玉鉴

本报告执笔人：刘宇辉

我国内外资企业所得税合并问题的研究

内容提要

●所得税改革对税收收入的影响，如果在不考虑税收优惠政策调整而仅考虑税率下调的情况下，约在963.85亿元至1830.16亿元之间；在考虑税收优惠政策调整的情况下，所得税改革对税收收入的影响要小一些，大约在283.97亿元至1349.05亿元之间，具体要看税收优惠调整的力度有多大。

●所得税改革有利于降低内资企业税负和促进内外资企业公平竞争。如果仅考虑税率下调这一因素，内资企业每年税负降低额幅度在千亿元左右；如果考虑现行所得税优惠政策清理和减少的话，每年降低额幅度则为几百亿元。

●外资企业税负将略有增加。

●考虑到税收优惠并非吸引外资的首要因素、

资本输出国能否实行税收饶让和改革后我国所得税税率仍低于大多数国家等情况；两税合并后，对外资企业可能仍有个过渡期，在过渡期内，外资企业享受的优惠政策与目前差别不大；对 FDI 的影响不大。

● 由于产业政策导向加强，外资若进入我国鼓励发展的产业，将享受到力度更大的税收优惠政策，两税合并有利于提高利用外资水平。

我国内外资企业实行不同的所得税制度，即两税并存。这种两税并存的局面开始于 20 世纪 80 年代初期，正式形成于 1994 年税制改革后。从改革开放近 30 年的实践来看，在改革开放初期对外国投资者制定单独的企业所得税制度，对于我国吸引外资、引进先进技术、增加就业、推动我国国民经济迅速发展确实发挥了很大的作用。随着改革开放的推进和我国经济的市场化与国际化程度的不断提高，两税并存的弊端日益显现，直接导致了内外资企业所得税税收负担的不统一，违背了市场经济所内含的公平竞争原则，也有损于经济效率的提高。时至今日，应该说，两税合并的基本思路已达成共识，即统一纳税人认定标准、统一税率、统一税基、统一税收优惠政策，为所有企业创造一个稳定、公平和透明的税收环境。本报告主要研究两税合并对税收收入、内外资企业税负及吸引外资的影响。

一、两税合并对税收收入的影响

企业所得税改革对税收收入的影响主要包括两部分：一是税率下调造成的收入减少，二是税收优惠政策的清理规范导致的收入增加。

（一）税率下调对税收收入的影响

企业所得税改革的具体方案还没有公布，虽然现行33%的税率肯定会降低，但降低到什么程度并没有准确的信息。一般预期，新的所得税税率将在25%—28%之间，因此，我们将分别测算在税率为25%、26%、27%和28%的情况下，对全国税收收入的影响程度。

测算所得税改革对税收收入的影响，需要两方面的数据：一是利润总额，二是所得税收入额。由于全国利润总额数据难以获得，我们暂且根据《中国税收季度报告》有关数据进行推算。

具体测算如下：

(1) 根据2002年至2005年《中国税收季度报告》中“重点税源企业税负情况”的有关数据，计算重点税源企业（包括内外资企业）实际缴纳所得税税额占全部企业（包括内外资企业）实际缴纳所得税总额的比重。然后，根据这一比重及重点税源企业的利润额推算出所有企业的利润总额（见表1）。

表1　　全部企业利润总额推算表　　单位：亿元

年份	重点税源企业所得税税额	全部企业所得税总额	重点税源企业占全部企业所得税税额的比重	重点税源企业利润额	全部企业利润总额
	1	2	3 = 1/2	4	5 = 4/3
2002	1109.44	2588.60	0.4286	8804.55	20543.21

续表

年份	重点税源企业所得税税额	全部企业所得税总额	重点税源企业占全部企业所得税税额的比重	重点税源企业利润额	全部企业利润总额
	1	2	3 = 1/2	4	5 = 4/3
2003	1657.16	3047.60	0.5438	13836.01	25445.11
2004	2358.26	4074.60	0.5788	14690.53	25382.29
2005	3304.56	5792.19	0.5705	14222.89	24929.70

注：(1) 重点税源企业所得税税额和重点税源企业利润额数据来源于《中国税收季度报告》(2002—2005)。

(2) 全部企业所得税总额来源于 http：//www.chinatax.gov.cn/data.jsp，包括企业所得税及外商投资企业和外国企业所得税之和。

(3) 全部企业利润总额 = 重点税源企业利润额/重点税源企业占全部企业所得税税额的比重。

(4) 由于2005年只有前三个季度的数据，所以，2005年重点税源企业利润额是以前三度季度平均数作为第四季度的利润，然后再相加。这对测算结果会有些影响。

(2) 根据2002年至2005年的全部企业利润总额，利用线性回归分析测算出2006年至2010年的利润总额（见表2)。回归方程为 Y = 1300.7X + 20801，式中 Y 为全部企业利润总额，X 为年份。

(3) 根据2002年至2005年全部企业所得税总额及利润总额计算各年的所得税实际负担率，2002年至2005年的所得税实际负担率分别为12.60%、11.98%、16.05%和23.23%（见表3)，平均税负为15.97%。从中我们发现，所得税实际负担率从2002年的12.60%提高到2005年的23.23%，三年提高10.63个百分点。我们认为，其主要原因在于：一是加强税收征管；二是一些享受税收优惠政策的企业优惠期满所至。

表2　　2006—2010年全部企业利润总额测算表　　单位：亿元

年份	全部企业利润总额
2006	27304.50
2007	28605.20
2008	29905.90
2009	31206.60
2010	32507.30

表 3　　2002—2005 年全部企业所得税实际负担率　　单位：亿元

年份	全部企业所得税总额	利润总额	实际所得税税负（%）
	1	2	3 = 1/2 × 100%
2002	2588.6	20543.21	12.60
2003	3047.6	25445.11	11.98
2004	4074.6	25382.29	16.05
2005	5792.19	24929.70	23.23

注：全部企业所得税总额来源 http：//www.chinatax.gov.cn/data.jsp，包括企业所得税及外商投资企业和外国企业所得税之和。

（4）测算 2006 年至 2010 年全部企业应交所得税税额。2005 年全部企业的所得税实际负担率为 23.23%，占名义税率 33%的比例为 70.39%。由于新的所得税的预期税率可能在 25%—28%之间，假定对企业的各项现行政策不变（即税收优惠政策不进行调整），征管水平维持现状，因而实际负担率与名义税率的比例亦不变，则改革后全部企业所得税的实际税收负担率分别为 17.60%、18.30%、19.00%和 19.70%。采用上述测算的 2006 年至 2010 年全部企业利润总额，测算出 2006 年至 2010 年不同名义税率下的企业应交所得税总额（见表 4）。

表 4　　2006—2010 年全部企业应交所得税总额　　单位：亿元

年份	利润总额	税率为 25%	税率为 26%	税率为 27%	税率为 28%	税率为 33%
	1	2 = 1 × 0.176	3 = 1 × 0.183	4 = 1 × 0.19	5 = 1 × 0.197	6 = 1 × 0.2323
2006	27304.50	4805.59	4996.72	5187.86	5378.99	6342.84
2007	28605.20	5034.52	5234.75	5434.99	5635.22	6644.99
2008	29905.90	5263.44	5472.78	5682.12	5891.46	6947.14
2009	31206.60	5492.36	5710.81	5929.25	6147.70	7249.29
2010	32507.30	5721.28	5948.84	6176.39	6403.94	7551.45

注：应交所得税 = 利润总额 × 不同名义税率下的实际负担率。

（5）两税合并对全国税收收入的影响测算。在表4的基础上，再分别测算和比较适用25%、26%、27%、28%不同名义税率时应交所得税与适用33%名义税率时应交所得税的差额，该差额即为对全国税收收入的影响额（具体见表5）。

表5　两税合并对全国税收收入的影响　单位：亿元

年份	税率为25%	税率为26%	税率为27%	税率为28%
	1	2	3	4
2006	1537.24	1346.11	1154.98	963.85
2007	1610.47	1410.24	1210.00	1009.76
2008	1683.70	1474.36	1265.02	1055.68
2009	1756.93	1538.49	1320.04	1101.59
2010	1830.16	1602.61	1375.06	1147.51
合计	8418.51	7371.80	6325.10	5278.39

注：表中第1栏等于表4中第6栏减第2栏；表中第2栏等于表4中第6栏减第3栏；表中第3栏等于表4中第6栏减第4栏；表中第4栏等于表4中第6栏减第5栏。

从表5中可以看出，企业所得税改革后，税率下调对税收收入的影响程度，如果新所得税的税率定为25%，2006—2010年税收收入每年将减少1537.24亿—1830.16亿元；如果新所得税的税率定为28%，则2006—2010年税收收入每年将减少收入963.85亿—1147.51亿元。

（二）税收优惠政策调整对税收收入的影响

由于重点税源企业所得税实际负担率从2002年的12.60%提高到2005年的23.23%，也就是说实际征收率由38.18%提高到70.39%。相对我国现有的技术水平和征管水平，这一征收率已是较高了。统计资料表明，美国联邦税务局征收率在80%多，英国国家税务局增值税的征收率是85%左右。[①] 因此，可以认为，通过加强征管来增加税

① www.cnw.com.cn。

收收入虽然有些空间（比如提高对外资企业转让定价的防范水平等），但空间不是太大。[①] 如果这一判断能基本成立的话，那么，两税合并后，按不同名义税率（见表6）与其相应的实际负担率所计算的应交所得税差额，我们大体可以认为这一差额就是税收优惠额（见表7）。[②]

表 6　　按不同名义税率计算的应交所得税额　　单位：亿元

年份	利润总额	应交所得税额				
		税率为 25%	税率为 26%	税率为 27%	税率为 28%	税率为 33%
	1	2 = 1 × 0.25	3 = 1 × 0.26	4 = 1 × 0.27	5 = 1 × 0.28	6 = 1 × 0.33
2006	27304.50	6826.13	7099.17	7372.22	7645.26	9010.49
2007	28605.20	7151.30	7437.35	7723.40	8009.46	9439.72
2008	29905.90	7476.48	7775.53	8074.59	8373.65	9868.95
2009	31206.60	7801.65	8113.72	8425.78	8737.85	10298.18
2010	32507.30	8126.83	8451.90	8776.97	9102.04	10727.41

表 7　　不同税率下的名义与实际负担率的差额　　单位：亿元

年份	税率为 25%	税率为 26%	税率为 27%	税率为 28%
	1	2	3	4
2006	2020.53	2102.45	2184.36	2266.27
2007	2116.78	2202.60	2288.42	2374.23
2008	2213.04	2302.75	2392.47	2482.19
2009	2309.29	2402.91	2496.53	2590.15
2010	2405.54	2503.06	2600.58	2698.11

注：表中第 1 栏等于表 6 中第 2 栏减表 4 中第 2 栏；表中第 2 栏等于表 6 中第 3 栏减表 4 中第 3 栏；表中第 3 栏等于表 6 中第 4 栏减表 4 中第 4 栏；表中第 4 栏等于表 6 中第 5 栏减表 4 中第 5 栏。

---

① 在测算所得税改革对内外资企业税收负担影响时，同样也根据这一判断。

② 这个差额实际是由两种原因造成：一是由于税收优惠；二是因偷漏税。由于 2005 年的所得税征收率较高，我们选择测算企业利润总额的样本是重点税源企业，这些企业偷漏税的情况相对较少，同时，也考虑便于我们测算，因而将两者差额大体确定为税收优惠额。

两税合并后，现行税收优惠政策必须进行清理规范。如果现行所得税优惠政策清理和减少20%的话，在名义税率为25%的情况下，2006年至2010年每年税收收入将相应增加404.11亿元至481.11亿元；在名义税率为28%的情况下，2006年至2010年每年税收收入将相应增加453.25亿元至539.62亿元（见表8）。

表8　　不同税率下的名义与实际负担率的差额

（考虑现行税收优惠政策减少20%）　　单位：亿元

年份	税率为25%		税率为26%		税率为27%		税率为28%	
	优惠政策调整前	优惠政策调整后	优惠政策调整前	优惠政策调整后	优惠政策调整前	优惠政策调整后	优惠政策调整前	优惠政策调整后
	1	2 = 1 × 0.2	3	4 = 3 × 0.2	5	6 = 5 × 0.2	7	8 = 7 × 0.2
2006	2020.53	404.11	2102.45	420.49	2184.36	436.87	2266.27	453.25
2007	2116.78	423.36	2202.60	440.52	2288.42	457.68	2374.23	474.85
2008	2213.04	442.61	2302.75	460.55	2392.47	478.49	2482.19	496.44
2009	2309.29	461.86	2402.91	480.58	2496.53	499.31	2590.15	518.03
2010	2405.54	481.11	2503.06	500.61	2600.58	520.12	2698.11	539.62

注：表中的第2、4、6、8栏为因优惠政策调整而增加的税收收入。

如果现行所得税优惠政策清理和减少30%的话，在名义税率为25%的情况下，2006年至2010年每年税收收入将相应增加606.16亿元至721.66亿元；在名义税率为28%的情况下，2006年至2010年每年税收收入将相应增加679.88亿元至809.43亿元（见表9）。

表9　　不同税率下的名义与实际负担率的差额

（考虑现行税收优惠政策减少30%）　　单位：亿元

年份	税率为25%		税率为26%		税率为27%		税率为28%	
	优惠政策调整前	优惠政策调整后	优惠政策调整前	优惠政策调整后	优惠政策调整前	优惠政策调整后	优惠政策调整前	优惠政策调整后
	1	2 = 1 × 0.3	3	4 = 3 × 0.3	5	6 = 5 × 0.3	7	8 = 7 × 0.3
2006	2020.53	606.16	2102.45	630.74	2184.36	655.31	2266.27	679.88

续表

年份	税率为25%		税率为26%		税率为27%		税率为28%	
	优惠政策调整前	优惠政策调整后	优惠政策调整前	优惠政策调整后	优惠政策调整前	优惠政策调整后	优惠政策调整前	优惠政策调整后
	1	2 = 1 × 0.3	3	4 = 3 × 0.3	5	6 = 5 × 0.3	7	8 = 7 × 0.3
2007	2116.78	635.03	2202.60	660.78	2288.42	686.53	2374.23	712.27
2008	2213.04	663.91	2302.75	690.83	2392.47	717.74	2482.19	744.66
2009	2309.29	692.79	2402.91	720.87	2496.53	748.96	2590.15	777.05
2010	2405.54	721.66	2503.06	750.92	2600.58	780.17	2698.11	809.43

注：表中的第2、4、6、8栏为因优惠政策调整而增加的税收收入。

二、两税合并对内资企业所得税税负的影响

（一）税率下调对内资企业所得税税负的影响

测算所得税改革对内资企业所得税税负的影响，同样需要两方面的数据：一是利润总额，二是所得税收入额。由于内资企业利润总额数据难以获得，我们只能根据《中国税收季度报告》有关数据进行近似推算。

1. 内资企业的利润总额的推算

根据2002年至2005年《中国税收季度报告》中“重点税源内资企业税负情况”的有关数据，计算重点税源中内资企业实际缴纳所得税税额占全部内资企业实际缴纳所得税总额的比重。根据这一比重及重点税源中内资企业的利润额推算出所有内资企业的利润总额（见表10）。

表 10　　内资企业利润总额计算表　　单位：亿元

年份	重点税源内资企业所得税税额	全部内资企业所得税总额	重点税源内资企业占全部内资企业所得税税额的比重（%）	重点税源内资企业利润额	全部内资企业利润总额
	1	2	3 = 1/2	4	5 = 4/3
2002	915.62	1972.60	46.42	7197.37	15504.89
2003	1355.85	2342.20	57.89	10931.74	18883.64
2004	1986.29	3141.70	63.22	11724.50	18545.56
2005	2785.02	4363.14	63.83	10645.74	16678.27

注：(1) 重点税源内资企业所得税税额和重点税源内资企业利润额数据来源《中国税收季度报告》(2002—2005)。

(2) 全部内资企业所得税总额来源 http：//www.chinatax.gov.cn/data.jsp。2005 年内资企业所得税数据来源于《中国税务报》(2006 年 1 月 21 日)。

(3) 全部内资企业利润总额 = 重点税源内资企业利润额/重点税源内资企业占全部内资企业所得税税额的比重。

(4) 由于 2005 年只有前三个季度的数据，所以，2005 年重点税源企业利润额是以前三个季度平均数作为第四季度的利润，然后再相加。这对测算结果会有些影响。

2．2006 年至 2010 年内资企业利润总额测算

根据 2002 年至 2005 年的内资企业利润总额，利用线性回归分析测算出 2006 年至 2010 年的内资企业利润总额（见表 11）。回归方程为：Y = 318.22X + 16608。式中 Y 为内资企业利润总额，X 为年份。

表 11　　2006—2010 年内资企业利润总额测算表　　单位：亿元

年　　份	内资企业利润总额
2006	18199.10
2007	18517.32
2008	18835.54
2009	19153.76
2010	19471.98

3．2006年至2010年内资企业应交所得税税额

从表10中，我们可以算出2005年内资企业所得税的实际负担率为26.16%，占名义税率33%的比例为79.27%。新的所得税的预期税率可能在25%—28%之间，假定对内资企业的各项现行政策不变(即税收优惠政策不进行调整)，征管水平维持现状，因而实际负担率与名义税率的比例亦不变，则改革后内资企业所得税的实际税收负担率分别为19.82%、20.61%、21.40%和22.19%。采用上述测算的2006年至2010年内资企业利润总额，测算出2006年至2010年不同名义税率下的内资企业应交所得税总额（见表12）。

表12　　2006—2010年内资企业应交所得税总额　　单位：亿元

年份	内资企业利润总额	内资企业应交所得税税额				
		税率为25%	税率为26%	税率为27%	税率为28%	税率为33%
	1	2 = 1 × 0.1982	3 = 1 × 0.2061	4 = 1 × 0.214	5 = 1 × 0.2219	6 = 1 × 0.2616
2006	18199.1	3607.06	3750.83	3894.61	4038.38	4760.88
2007	18517.32	3670.13	3816.42	3962.71	4108.99	4844.13
2008	18835.54	3733.20	3882.00	4030.81	4179.61	4927.38
2009	19153.76	3796.28	3947.59	4098.90	4250.22	5010.62
2010	19471.98	3859.35	4013.18	4167.00	4320.83	5093.87

注：应交所得税 = 利润总额 × 不同名义税率下的实际负担率。

4．两税合并对内资企业所得税税负的影响

在表12的基础上，再分别测算和比较适用25%、26%、27%、28%不同名义税率时应交所得税与适用33%名义税率时应交所得税的差额，该差额即为对内资企业应交企业所得税税负的影响。

从表13中，可以看出企业所得税改革对内资企业税负的影响程

度，如果新所得税的税率定为25%，2006—2010年内资企业每年减轻税负1153.82亿—1234.52亿元；如果新所得税的税率定为28%，则2006—2010年内资企业每年减轻税负722.50亿—773.04亿元。

表13　两税合并对内资企业所得税的影响　单位：亿元

年份	税率为25%	税率为26%	税率为27%	税率为28%
	1	2	3	4
2006	1153.82	1010.05	866.28	722.50
2007	1174.00	1027.71	881.42	735.14
2008	1194.17	1045.37	896.57	747.77
2009	1214.35	1063.03	911.72	760.40
2010	1234.52	1080.69	926.87	773.04
合计	5970.87	5226.86	4482.86	3738.85

注：表中第1栏等于表12中第6栏减第2栏；表中第2栏等于表12中第6栏减第3栏；表中第3栏等于表12中第6栏减第4栏；表中第4栏等于表12中第6栏减第5栏。

（二）税收优惠政策调整对内资企业税负的影响

根据前文的判断，两税合并后，按不同名义税率（表14）与其相应的实际负担率所计算的应交所得税差额（表15），我们大体可以认为这一差额就是税收优惠额。

在表15的基础上，如果现行所得税优惠政策清理和减少20%的话，在名义税率为25%的情况下，2006年至2010年内资企业每年将少减轻税负188.54亿元至201.73亿元；在名义税率为28%的情况下，2006年至2010年内资企业每年将少减轻税负211.47亿元至226.26亿元（见表16）。如果现行所得税优惠政策清理和减少30%的话，在名义税率为25%的情况下，2006年至2010年内资企业每年将少减轻税负282.81亿元至302.60亿元；在名义税率为28%的情况下，2006年至2010年内资企业每年将少减轻税负317.21亿元至339.40亿元（见表17）。

表 14　按不同名义税率测算的应交内资企业所得税　单位：亿元

年份	内资企业利润总额	内资企业应交所得税税额			
		税率为 25%	税率为 26%	税率为 27%	税率为 28%
	1	2 = 1 × 0.25	3 = 1 × 0.26	4 = 1 × 0.27	5 = 1 × 0.28
2006	18199.1	4549.78	4731.77	4913.76	5095.75
2007	18517.32	4629.33	4814.50	4999.68	5184.85
2008	18835.54	4708.89	4897.24	5085.60	5273.95
2009	19153.76	4788.44	4979.98	5171.52	5363.05
2010	19471.98	4868.00	5062.71	5257.43	5452.15

表 15　不同税率下的名义与实际负担率的差额　单位：亿元

年份	税率为 25%	税率为 26%	税率为 27%	税率为 28%
	1	2	3	4
2006	942.71	980.93	1019.15	1057.37
2007	959.20	998.08	1036.97	1075.86
2008	975.68	1015.24	1054.79	1094.34
2009	992.16	1032.39	1072.61	1112.83
2010	1008.65	1049.54	1090.43	1131.32

注：表中第 1 栏等于表 14 中第 2 栏减表 12 中第 2 栏；表中第 2 栏等于表 14 中第 3 栏减表 12 中第 3 栏；表中第 3 栏等于表 14 中第 4 栏减表 12 中第 4 栏；表中第 4 栏等于表 14 中第 5 栏减表 12 中第 5 栏。

表 16　不同税率下的名义与实际负担率的差额
（考虑现行税收优惠政策减少 20%）　单位：亿元

年份	税率为 25%		税率为 26%		税率为 27%		税率为 28%	
	优惠政策调整前	优惠政策调整后	优惠政策调整前	优惠政策调整后	优惠政策调整前	优惠政策调整后	优惠政策调整前	优惠政策调整后
	1	2 = 1 × 0.2	3	4 = 3 × 0.2	5	6 = 5 × 0.2	7	8 = 7 × 0.2
2006	942.71	188.54	980.93	196.19	1019.15	203.83	1057.37	211.47
2007	959.20	191.84	998.08	199.62	1036.97	207.39	1075.86	215.17
2008	975.68	195.14	1015.24	203.05	1054.79	210.96	1094.34	218.87
2009	992.16	198.43	1032.39	206.48	1072.61	214.52	1112.83	222.57
2010	1008.65	201.73	1049.54	209.91	1090.43	218.09	1131.32	226.26

注：表中第 2、4、6、8 栏为因优惠政策调整而少减轻的税负额。

表17　　不同税率下的名义与实际负担率的差额

（考虑现行税收优惠政策减少30%）　　单位：亿元

年份	税率为25%		税率为26%		税率为27%		税率为28%	
	优惠政策调整前	优惠政策调整后	优惠政策调整前	优惠政策调整后	优惠政策调整前	优惠政策调整后	优惠政策调整前	优惠政策调整后
	1	2 = 1 × 0.3	3	4 = 3 × 0.3	5	6 = 5 × 0.3	7	8 = 7 × 0.3
2006	942.71	282.81	980.93	294.28	1019.15	305.75	1057.37	317.21
2007	959.20	287.76	998.08	299.42	1036.97	311.09	1075.86	322.76
2008	975.68	292.70	1015.24	304.57	1054.79	316.44	1094.34	328.30
2009	992.16	297.65	1032.39	309.72	1072.61	321.78	1112.83	333.85
2010	1008.65	302.60	1049.54	314.86	1090.43	327.13	1131.32	339.40

注：表中第2、4、6、8栏为因优惠政策调整而少减轻的税负额。

三、对外资企业税负的影响

（一）税率下调对外资企业税负的影响

测算所得税改革对外资企业所得税税负的影响，也需要两方面的数据：一是利润总额，二是所得税收入额。由于外资企业利润总额数据难以获得，我们只能根据《中国税收季度报告》有关数据进行近似推算。

1. 外资企业的利润总额的测算

根据2002年至2005年《中国税收季度报告》中“重点税源外资企业税负情况”的有关数据，计算重点税源中外资企业实际缴纳所得税税额占全部外资企业实际缴纳所得税总额的比重。根据这一比重及重点税源中外资企业的利润额推算出所有外资企业的利润总额（见

表 18)。

表 18　　外资企业利润总额测算表　　单位：亿元

年份	重点税源外资企业所得税税额	全部外资企业所得税总额	重点税源外资企业占全部外资企业所得税税额的比重（%）	重点税源外资企业利润额	全部外资企业利润总额
	1	2	3 = 1/2	4	5 = 4/3
2002	193.82	616.00	31.46	1607.18	5108.65
2003	301.31	705.40	42.71	2904.27	6799.98
2004	398.97	932.50	42.78	2966.03	6933.22
2005	519.54	1147.69	45.27	3577.16	7901.83

注：(1) 重点税源外资企业所得税税额和重点税源外资企业利润额数据来源《中国税收季度报告》(2002—2005)。

(2) 全部外资企业所得税总额来源 http：//www.chinatax.gov.cn/data.jsp。2005 年外资企业所得税总额来自国家税务总局计统司。

(3) 全部外资企业利润总额 = 重点税源外资企业利润额/重点税源外资企业占全部外资企业所得税税额的比重。

(4) 由于 2005 年只有前三个季度的数据，所以，2005 年重点税源企业利润额是以前三度季度平均数作为第四季度的利润，然后再相加。这对测算结果会有些影响。

2．2006 年至 2010 年外资企业利润总额测算

根据 2002 年至 2005 年的外资企业利润总额，利用线性回归分析测算出 2006 年至 2010 年的外资企业利润总额（见表 19)。回归方程为：$Y = 851.28X + 4557.7$。式中 Y 为外资企业利润总额，X 为年份。

表 19　　2006—2010 年外资企业利润总额测算表　　单位：亿元

年　份	外资企业利润总额
2006	8814.10
2007	9665.38
2008	10516.66
2009	11367.94
2010	12219.22

3．2006 年至 2010 年外资企业应交所得税税额

根据表 18 的数据计算得出 2005 年的外资企业实际所得税负担率 14.52%，占名义税率 33%的比例为 44%。新的所得税的预期税率可能在 25%—28%之间，假定对外资企业的各项现行税收优惠政策不进行调整，征管水平维持现状，因而实际负担率与名义税率的比例亦不变，则改革后外资企业所得税的实际税收负担率分别为 11%、11.44%、11.88%和 12.32%。利用表 19 中外资企业利润总额，测算出 2006 年至 2010 年不同名义税率下的外资企业应交所得税总额（见表 20）。

表 20　　2006—2010 年外资企业应交所得税总额　　单位：亿元

年份	外资企业利润总额	应交所得税额				
		税率为 25%	税率为 26%	税率为 27%	税率为 28%	税率为 33%
	1	2 = 1 × 0.11	3 = 1 × 0.1144	4 = 1 × 0.1188	5 = 1 × 0.1232	6 = 1 × 0.1452
2006	8814.10	969.55	1008.33	1047.12	1085.90	1279.81
2007	9665.38	1063.19	1105.72	1148.25	1190.77	1403.41
2008	10516.66	1156.83	1203.11	1249.38	1295.65	1527.02
2009	11367.94	1250.47	1300.49	1350.51	1400.53	1650.62
2010	12219.22	1344.11	1397.88	1451.64	1505.41	1774.23

注：外资企业应交所得税 = 利润总额 × 不同名义税率下的实际负担率。

4．两税合并对外资企业所得税的影响测算

在表 20 的基础上，再分别测算和比较适用 25%、26%、27%、28%不同名义税率时应交所得税与适用 33%名义税率时应交所得税的差额，该差额即为对外资企业应交企业所得税税负的影响。

从表 21 中，可以看出，如果不考虑税收优惠的清理，仅从税率下调而言，企业所得税改革也会导致外资企业税负的减轻，如果新所得税的税率定为 25%，2006—2010 年外资企业每年减轻税负 310.26 亿—430.12 亿元；如果新所得税的税率定为 28%，则 2006—2010 年

外资企业每年减轻税负 193.91 亿—268.82 亿元。

表 21　　两税合并对外资企业所得税税负的影响　　单位：亿元

年份	税率为 25%	税率为 26%	税率为 27%	税率为 28%
	1	2	3	4
2006	310.26	271.47	232.69	193.91
2007	340.22	297.69	255.17	212.64
2008	370.19	323.91	277.64	231.37
2009	400.15	350.13	300.11	250.09
2010	430.12	376.35	322.59	268.82
合计	1850.93	1619.57	1388.20	1156.83

注：表中第 1 栏等于表 20 中第 6 栏减第 2 栏；表中第 2 栏等于表 20 中第 6 栏减第 3 栏；表中第 3 栏等于表 20 中第 6 栏减第 4 栏；表中第 4 栏等于表 20 中第 6 栏减第 5 栏。

（二）税收优惠政策调整对外资企业税负的影响

根据前文的判断，两税合并后，按不同名义税率（表 22）与其相应的实际负担率所计算的应交所得税差额（表 23），大体可以认为是税收优惠所造成的。

表 22　　按不同名义税率测算的应交外资企业所得税　　单位：亿元

年份	外资企业利润总额	应交所得税额			
		税率为 25%	税率为 26%	税率为 27%	税率为 28%
	1	2 = 1 × 0.25	3 = 1 × 0.26	4 = 1 × 0.27	5 = 1 × 0.28
2006	8814.10	2203.53	2291.67	2379.81	2467.95
2007	9665.38	2416.35	2513.00	2609.65	2706.31
2008	10516.66	2629.17	2734.33	2839.50	2944.66
2009	11367.94	2841.99	2955.66	3069.34	3183.02
2010	12219.22	3054.81	3177.00	3299.19	3421.38

表23　　不同税率下的名义与实际负担率的差额（外资）　　单位：亿元

年　份	税率为25%	税率为26%	税率为27%	税率为28%
	1	2	3	4
2006	1233.97	1283.33	1332.69	1382.05
2007	1353.15	1407.28	1461.41	1515.53
2008	1472.33	1531.23	1590.12	1649.01
2009	1591.51	1655.17	1718.83	1782.49
2010	1710.69	1779.12	1847.55	1915.97

注：表中第1栏等于表22中第2栏减表20中第2栏；表中第2栏等于表22中第3栏减表20中第3栏；表中第3栏等于表22中第4栏减表20中第4栏；表中第4栏等于表22中第5栏减表20中第5栏。

在表23的基础上，如果考虑现行所得税优惠政策清理和减少20%，在名义税率为25%的情况下，2006年至2010年外资企业每年将少减轻税负246.79亿元至342.14亿元；在名义税率为28%的情况下，2006年至2010年外资企业的税负是增加的，每年税负增加幅度在82.5亿元至114.37亿元之间（见表24）。如果将现行所得税优惠政策清理和减少30%的话，在名义税率为25%的情况下，2006年至2010年外资企业每年将增加税负在60.93亿元至83.09亿元；在名义税率为28%的情况下，2006年至2010年外资企业每年将增加税负在220.71亿元至305.97亿元（见表25）。

表24　　不同税率下的名义与实际负担率的差额（外资）

（考虑现行税收优惠政策减少20%）　　单位：亿元

年　份	税率为25%		税率为26%		税率为27%		税率为28%	
	优惠政策调整前	优惠政策调整后	优惠政策调整前	优惠政策调整后	优惠政策调整前	优惠政策调整后	优惠政策调整前	优惠政策调整后
	1	2 = 1 × 0.2	3	4 = 3 × 0.2	5	6 = 5 × 0.2	7	8 = 7 × 0.2
2006	1233.97	246.79	1283.33	256.67	1332.69	266.54	1382.05	276.41
2007	1353.15	270.63	1407.28	281.46	1461.41	292.28	1515.53	303.11
2008	1472.33	294.47	1531.23	306.25	1590.12	318.02	1649.01	329.80

续表

年份	税率为25%		税率为26%		税率为27%		税率为28%	
	优惠政策调整前	优惠政策调整后	优惠政策调整前	优惠政策调整后	优惠政策调整前	优惠政策调整后	优惠政策调整前	优惠政策调整后
	1	2 = 1 × 0.2	3	4 = 3 × 0.2	5	6 = 5 × 0.2	7	8 = 7 × 0.2
2009	1591.51	318.30	1655.17	331.03	1718.83	343.77	1782.49	356.50
2010	1710.69	342.14	1779.12	355.82	1847.55	369.51	1915.97	383.19

注：表中第2、4、6、8栏为因优惠政策调整而少减轻的税负额。

表25　　不同税率下的名义与实际负担率的差额（外资）

（考虑现行税收优惠政策减少30%）　　单位：亿元

年份	税率为25%		税率为26%		税率为27%		税率为28%	
	优惠政策调整前	优惠政策调整后	优惠政策调整前	优惠政策调整后	优惠政策调整前	优惠政策调整后	优惠政策调整前	优惠政策调整后
	1	2 = 1 × 0.3	3	4 = 3 × 0.3	5	6 = 5 × 0.3	7	8 = 7 × 0.3
2006	1233.97	370.19	1283.33	385.00	1332.69	399.81	1382.05	414.62
2007	1353.15	405.95	1407.28	422.18	1461.41	438.42	1515.53	454.66
2008	1472.33	441.70	1531.23	459.37	1590.12	477.04	1649.01	494.70
2009	1591.51	477.45	1655.17	496.55	1718.83	515.65	1782.49	534.75
2010	1710.69	513.21	1779.12	533.74	1847.55	554.27	1915.97	574.79

注：表中第2、4、6、8栏为因优惠政策调整而少减轻的税负额。

四、两税合并对利用外资的影响①

应该说，多数人对“两税合并”给予积极的肯定，并希望能尽快

① 参见孙钢等：“税收优惠政策的调整将有利于提高外资利用水平”，《研究报告》，2005年第2期。

实施，但也有人认为对外资优惠政策的调整会影响吸引外资。我们认为，经过近30年的改革开放，我国社会经济形势发生了巨大的变化，利用外资的政策也适时进行调整。从最初的注重外资引进规模，转变为“既要扩大利用外资规模，更要提高利用外资水平，更好地发挥外资的作用”。[①] 同时，也具备条件实现这一转变，改革开放至今，我国累计合同利用外资金额达12638.22亿美元，累计实际利用外资金额达6224.05亿美元（见表26）。

当然，税收优惠政策是各国在面对经济全球化形势下，为吸引其他国家（地区）经济资源，增强本国经济实力而采取的重要策略之一，我国当然也不能例外。但“两税合并”并不是要取消对外资的税收优惠政策，而是根据社会经济形势的变化，针对现行税收优惠的“普惠性”、政策目标不明确的特点以及优惠方式等问题，在“两税合并”的同时，对其进行必要的调整，以合理的“特惠制”取代目前紊乱的“普惠制”，变“直接减免”的优惠方式为国际普遍使用的“间接”优惠方式，减少引进外资的盲目性，提高外资利用水平，使税收优惠政策更加规范与透明，这不仅是必要的，也是履行“入世”承诺的必要举动。

表26　　我国利用外资情况　　单位：亿美元

年　份	项目个数	合同外资金额	实际使用外资金额
1979—1982	920	49.58	17.69
1983	638	19.17	9.16
1984	2166	28.75	14.19
1985	3073	63.33	19.56
1986	1498	33.30	22.44
1987	2233	37.09	23.14

① 《中共中央关于完善社会主义市场经济体制若干问题的决定》。

续表

年　份	项目个数	合同外资金额	实际使用外资金额
1988	5945	52.97	31.94
1989	5779	56.00	33.93
1990	7273	65.96	34.87
1991	12978	119.77	43.66
1992	48746	581.24	110.08
1993	83437	1114.36	275.15
1994	47594	826.80	337.67
1995	37011	912.82	375.21
1996	24556	732.76	417.26
1997	21001	510.03	452.57
1998	19799	521.02	454.63
1999	16918	412.23	403.19
2000	22347	623.80	407.15
2001	26140	691.95	468.78
2002	34171	827.68	527.43
2003	41081	1150.70	535.05
2004	43664	1534.79	606.30
2005	39679	1672.12	603.00
合计		12638.22	6224.05

注：资料来源，1979年至2000年来自《中国对外经济贸易年鉴》（1980—2001），2001年至2005年来自http：//www.mofcom.gov.cn/aarticle/tongjiziliao/v/200601/20060101329042.html。2005年数据来自2006年3月5日第十届全国人民代表大会第四次会议上温家宝总理所作的《政府工作报告》。

总体上，我们认为，“两法合并”及优惠政策的调整并不会影响我国外资利用水平，理由如下：

首先，税收优惠并非吸引外资的首要因素。影响FDI（Foreign Direct Investment，外国直接投资）的因素主要包括市场潜力因素、政局和法律因素、要素禀赋等比较优势因素、一国区域内部的集群因素以及成本和激励因素。其中前两个因素为决定外资是否投资的两个基本条件。而税收优惠政策对FDI的作用呈不断弱化的趋势。世界银行经济学家威勒和莫迪进行的研究也表明，跨国公司在实现一体化扩张的过程中，最关心的因素为基础设施、现有外资状况、工业化程度和市场容量等，而不是税收优惠政策。我国现正处于经济发展的快速时期加之庞大的消费群体，使得我国市场潜力很大。同时，我国目前政局稳定，法制较为健全，投资环境大为改善。尤其是随着越来越多的大公司总部的迁入，我国的产业集群优势日益显现，国外资本和产品大量涌入，外国投资者的关注点已从享受优惠政策转到占有中国市场上来。此时对税收优惠政策进行调整，总体而言不会改变外资进入中国的决策，但会对优化外资结构产生积极效果，从而提高我国外资的利用水平。

其次，外资能否切实享受到政策优惠取决于国家间的税收协定。外资是否能够切实享受到税收优惠带来的好处不但取决于税收优惠给予国的税收优惠政策，而且还取决于资本输入、输出国之间的税收协定，即资本输出国能否实行税收饶让。目前与我国签订税收协定的80多个国家中，大都未实行税收饶让，这就意味着，跨国投资者并未从我国给予的税收优惠政策中获得经济利益，而是间接地转至资本输出国。从这个角度上来说，调整税收优惠政策基本上不会影响外国投资者向我国投资的决策。

第三，新所得税税制对外资仍具有吸引力。尽管新所得税法尚未出台，但有几点是明确的：一是名义税率从33%降至25%—28%，此税率仍低于OECD国家目前的平均税率，也低于中国周边的一些国家和地区的平均税率。二是对外资企业的税收优惠政策的调整是逐步进行的，在过渡期内，外资企业享受的优惠政策与目前差别不大，从而对外资的应用利益影响甚微。三是外资若进入我国鼓励发展的产业，将享受到力度更大的税收优惠政策。

第四，流转税平稳并轨的启示。1994 年，我国对流转税进行内外税制的并轨，取消对外资企业征收的工商统一税，改征与内资企业同样的增值税、消费税，并规定了 5 年的过渡期。外资企业因流转税并轨而使得税负增加远大于因企业所得税税收优惠政策调整，但实践证明，流转税的并轨非常平稳，并未影响外资进入我国的基本态势。因此，我们有理由相信，两税合并及优惠政策的调整同样不会对外资总量的进入产生重大影响。

五、小　　结

从上述分析我们可以得出以下几点结论：

(1) 所得税改革对税收收入的影响。如果在不考虑税收优惠政策调整而仅考虑税率下调的情况下，约在 963.85 亿元至 1830.16 亿元；在考虑税收优惠政策调整的情况下，所得税改革对税收收入的影响要小一些，具体要看税收优惠调整的力度有多大，如果现行所得税优惠政策清理和减少 20% 至 30%，在名义税率为 25% 的情况下，税收收入每年减少的幅度在 931.08 亿元至 1349.05 亿元之间；在名义税率为 28% 的情况下，税收收入每年减少的幅度在 283.97 亿元至 607.89 亿元之间。

(2) 所得税改革有利于降低内资企业税负和促进内外资企业公平竞争。从降低内资企业税负来看，如果仅考虑税率下调这一因素，对内资企业来说，每年降低额幅度在 722.50 亿元至 1234.52 亿元之间；如果考虑现行所得税优惠政策清理和减少的话，每年降低额幅度在 405.29 亿元至 1032.79 亿元之间。

（3）考虑税收优惠政策的清理和减少，如果现行所得税优惠政策减少20%，在名义税率为27%时，外资企业税负略有增加，大体增加33.85亿元至46.92亿元之间；在名义税率为28%的情况下，2006年至2010年外资企业每年税负增加幅度在82.5亿元至114.37亿元之间。如果将现行所得税优惠政策减少30%的话，在名义税率为25%的情况下，2006年至2010年外资企业每年将增加税负在60.93亿元至83.09亿元；在名义税率为28%的情况下，2006年至2010年外资企业每年将增加税负在220.71亿元至305.97亿元。

（4）对FDI的影响，考虑到税收优惠并非吸引外资的首要因素、资本输出国能否实行税收饶让和改革后我国所得税税率仍低于大多数国家等情况；两税合并后，对外资企业可能仍有个过渡期，在过渡期内，外资企业享受的优惠政策与目前差别不大。

（5）由于产业政策导向加强，外资若进入我国鼓励发展的产业，将享受到力度更大的税收优惠政策，两税合并后有利于提高利用外资水平。

总之，考虑到所得税改革对税收收入、内外资企业税负及利用外资的影响。我们认为，应抓住近些年税收收入增势强劲的机会，按照党的十六届三中全会通过的《中共中央关于完善社会主义市场经济体制若干问题的决定》的要求，尽快推出“两法合并”改革。

课 题 指 导：刘尚希
课题主持人：孙钢、张学诞
课 题 成 员：孙钢、张学诞、邢丽、胥玲、梁季
课 题 执 笔：张学诞

房地产税收要进行区别征税的重大制度改革

内容提要

针对房地产市场和现行房地产税收存在的问题，提出要适应社会主义市场经济发展的要求，长期策略与短期策略并举，调整房地产税收政策，进行区别对待的重大税制改革，全面规划，分步到位，充分发挥税收应有的各项作用。其重大税政举措是：在房地产流转环节，开征超级豪宅、别墅消费税，抑制过奢性消费；区别售房类型、持有期间长短征税，进行有针对性调节；调减出租房税负，活跃房屋租赁市场；促进建立公屋廉租制，完善住房保障体系；正税清费，减轻购房负担。在房地产保有环节，开征统一的不动产税，主要包括扩大征税范围，把调节对象真正落实到个人财产占有关系；分类设计税率，进行有区别的税收调节；改按评估市场价格计税，分享房地产增值收益。同时还可考虑开征不动产闲置税，打击囤积投机，抑制非理性投资和资源浪费，促进提高土地、房屋利用效率。

在工业化、城市化、市场化、国际化的大潮中，随着住房制度的改革，房地产市场的建立和发展，我国房地产税制不适应经济改革、发展现实的问题，日益凸现，必须针对现时房地产市场存在的矛盾问题，在税收上采取果断措施，短期策略与长期战略并举，调整政策，进行区别征税的重大制度改革，逐步建立统一、公平、规范、效率、透明的房地产税收系列。既调节不同群体收入分配，实现社会公平；培育县市级地方税主体税种，保证财政收入，同时，在这个基础上，又调节房地产市场的供需关系，推进节能省地房产建设，提高房地产资源利用效率，促进房地产市场健康发展，便利住房保障制度建立、完善。本文拟就上述问题进行一些探讨。

一、房地产市场矛盾突出，必须加强税收调节

1998年以来，我国房地产市场有很大发展，为社会提供了大量商品房，在一定程度上满足了人们需要，也带动了相关产业的发展，推动了整个国民经济的繁荣。但是，其间的矛盾问题也很突出，其主要表现：

一是房地产投资规模偏大，耗能占地多。近年来我国房地产开发投资规模，都以年均20%以上的高速增长。据建设部资料，2004年仅注册登记的开发商完成的投资额就达13158亿元，比上年增长28.1%。这还不包括其他建筑公司项目，集体、个人建设及革新改造、基建用房和农村建房的数额。① 又据国家统计局公布的数据，在国家2005年5月采取措施控制投资规模后，2005年1—8月房地产完成的投资，仍比去年同期增长23.9%，占同期国内各业固定资产投资完成额的24.2%，仅次于在国民经济发展中居主导地位的制造业所占27.5%的比重。两个产业的固定资产投资，差不多是处于平起平坐的地位。② 规模庞大的房地产建筑，要消耗大量的能源和钢材、水泥，据有关部门数据，建筑物运行及其施工生产环节消耗的能源，已达社会总能源消耗的46.7%，一些大城市建筑内空调能耗占到高峰电力能耗的60%左右。③ 特别是过于庞大的房地产开发，更要占用大片农用耕地，1991—2000年，年均征用土地831平方公里，2001年是1812平方公里，2002年以后是年均2000多平方公里。④ 影响到我国耕地面积，从1996年10月的19.51亿亩，减为2004年10月的1.14亿亩。⑤

二是商品房价格上涨过快，开发商利润过大。近年来商品房的价格，都是快速上涨的。2004年商品房均价比2003年上涨14.4%。其中，商品住房上涨15.2%。⑥ 而同期居民消费价格总水平上涨3.9%，两者相比，其上涨速度，前者比后者分别高达3.69倍和3.9倍。在高房价下，房地产开发商也获取了超额的暴利。一般保守计算，在商

---

① 《中国经济时报》，2005年9月16日。

② 《中国经济时报》，2005年9月28日。

③ 《中国经济时报》，2005年9月23日。

④ 《中国建设报》，2001年6月17日。

⑤ 《中国税务报》，2005年6月24日。

⑥ 《中国经济时报》，2005年5月25日。

品房价格中，商品房的利润是15%，超过发达国家房地产商的7%利润水平一倍多。而据有的调查资料，其平均销售利润率更高达30%，开发商的自有资金，通常不到全部资金的20%，55%以上是银行贷款，其余为预售货款和定金，以此计算，其资金利润率更高达150%。① 2002—2004年，房地产业连年蝉联十大暴利行业之首。据中央统战部、全国工商联、中国民营企业研究会联合调查，私营房地产商税后净利润高于居第二位的电力、煤气业一倍多，高于各行业平均水平5倍。② 有人计算，北京市平均不到两天，就产生一个房地产亿万富翁，可是房地产业却有惊人的偷逃税。北京市在2003—2005年上半年对1103户房地产企业进行纳税检查，发现涉税违法户725家，占检查户总数的66%，追补税款10.05亿元，课处滞纳金和罚款7708亿元。最近上海、广州等市税务部门公布的材料，房地产企业欠税占全部企业欠税总额的8成以上。③

三是房屋供应结构不合理，不适应社会需求。房地产开发商提供房屋的结构性矛盾问题，近年进一步凸现。在新增房面积大幅度增加的情况下，中小户型、中低价位的普通住房和经济适用房，2004年却出现负增长。其中全国经济适用房开发投资占房地产投资总额的比重，已从2003年的6.1%，下降为2004年的4.6%，2005年第一季度进一步下降到2.6%，④ 在整个房地产投资建设中，是处于很小的配角地位。据国家统计局发言人发布的数据，每套面积80平米以下的住房，已不到新建房总额的12%。⑤ 即使是开发商营建的经济适用房，由于单套面积越大，设计成本、建筑成本、销售成本越可节约，受利益驱动，开发商往往是不顾国家规划的制约，多建大户型房，北京市

① 《中国经济时报》，2005年9月6日。

② 《中国税务报》，2005年3月2日。

③ 《中国经济时报》，2005年9月16日、20日。

④ 《人民日报》，2005年5月13日；《中国经济时报》，2005年5月25日。

⑤ 《中国经济时报》，2005年4月21日。

现在的经济适用房，许多实际就是单套面积超过140平米，甚至是高达三、四百平米的非普通住房。特别是近年来，占地面积特大、消耗能源特多，极为奢侈浪费的超级豪华住宅、别墅，更是大量涌现。

四是房地产体系不够健全，市场秩序也比较混乱。现在房地产市场，主要就是新增商品房的一级市场，而存量二手房的二级市场和房屋租赁市场则尚未有较多发展，土地交易市场更不够健全。同时，在房地产开发、交易、中介服务和服务管理的各个环节，还都存在违法、违规行为。或不按国家主管部门批准规划的住房类型、面积、价位进行开发建设；或囤积和炒买炒卖土地，非法转让不符合法律规定条件的房地产开发项目用地；或投机炒作，哄抬房价，牟取非法暴利；或迎合某些领导旨意，大拆大建，搞形象工程，既浪费国家资源，又造成住房被迫需求；或利用信息不对称，虚假宣传，人为造成市场紧张，误导市场预期；或购房合同欺诈，期房质量“缺斤少两”。这些都损害了群众利益，影响到整个房地产市场体系的健康发展。

2005年5月，国务院办公厅转发建设部、财政部、国家税务总局等七部委《关于做好稳定住房价格的意见》后，在刹住部分城市住房价格上涨过快问题上，已取得一定成效，但房地产市场矛盾问题的根本解决，还须短期与长期战略并举，既要有过渡性政策措施，更要有长期性的制度建设。房地产在我国是一个特殊行业，与政府各部门有千丝万缕关系，土地、建设、信贷、财政、税收、工商等有关管理部门，要协调配合，加强宏观调控，综合治理，促进健全房地产市场机制。

在这里，税收作为国家宏观调控的一个重要经济杠杆，是能够发挥其重大作用的：一是调节不同收入阶层对房地产资源的占有关系，抑制富人过多占有房地产资源，特别是优秀资源；促进建立和完善住房保障体系，帮助中低收入者、最低收入者都有房子居住，实现社会公平。二是调节住房类型格局，抑制奢侈房消费，鼓励理性消费，推进土地、能源和有关资源节约。三是促进现有存量住房市场化流动，优化配置，提高房地产资源利用效率。四是促进形成房地产一级市场、二级市场、租赁市场、中介市场之间的合理结构关系，完善房地产市场体系。五是调节房地产开发商和其他经营者之间的利益分配关系，抑制投机倒卖，稳定房价，提供公平竞争环境。六是保证财政收入，让国家有更多机会获得土地增值收益，培育不动产税成为县市一级地方税的主体税种，使优化经济环境与充裕财源相互带动推进。我们必须通过调整房地产税收政策，进行税收制度重大改革，强化其宏观调控力度，充分发挥税收的以上应有作用，以利于保证房地产收益合理分配，推动房地产资源有效利用，促进房地产市场持续健康发展。

二、流转环节的税收区别对待调节

房地产有开发、流转、取得与持有各环节，我国与世界各国一样，建立了房地产税收的复合税制调节系列，对各环节主体的利益分别进行调节。为推动房地产资源有效利用，促进房地产市场健康发展，税政的调整，税制的改革，在流转环节（含开发、取得），需要采取以下有鼓励、有限制的区别对待征税重大举措：

（一）开征超豪宅、别墅消费税，抑制过奢性消费

我国现有一个相当规模的富豪阶层，多要为其亿万资财寻找奢侈享受出路。超级豪宅、别墅作为主流奢侈品，正是富豪最眩目的财富象征，也便利了房地产开发商打出品牌，获取暴利。近年超级豪宅、别墅兴建、大幅上升，其所占住房总套数的比重，已从 2003 年的 2.3%，上升为 2004 年的 3.6%。[①] 其豪华奢侈气派，以上海市紫园别

① 《中国经济时报》，2005 年 9 月 21 日。

墅为例，投资20亿元，项目总占地面积4000亩，最大的一户占地超过20亩。别墅拥有13座岛屿，每户豪宅完全独立，家家都有游泳池、游船码头、保龄球道等。售价最高的，每栋1.3亿元，最低的也要1400万元。购房后还要巨额的养房费用，以1000平米套房粗略计算，每月最少需要开支五六万元，包括其中的电、水、气的奢侈浪费耗损，实是惊人。① 超级豪宅、别墅是比小汽车及贵重首饰及珠宝玉石更为高级的奢侈品，特别是还大量占用宝贵的土地资源，消耗稀缺的能源。抑制此种过度性的奢侈消费，节省土地、能源，不能只是行政和舆论上的告诫，而应采取有效的经济手段。可以把超级豪宅、别墅增列为现行消费税的一个税目，开征超级豪宅、别墅消费税，分别超级豪宅、别墅的规格、价位，实行分级超额累进税率制，譬如把税率定为20%至40%。在销售环节一次性征收。开征这种特别消费税，并不会导致其他类型住房价格上涨，因它是有针对性的特别征税，不是普遍提高各类住房税收负担。此项征税，只会加大超级豪宅、别墅的销售成本，导致提高它们的销售价格。根据市场供需情况，或是转嫁由购买者的富豪负担，或是不能提高价格，转嫁税负，而由房地产开发商削减自身利润，自行消化。这种征税的收入分配，正是通过影响供需双方关系，可以起到抑制兴建超级豪宅、别墅的作用。

（二）区别售房类型持有期间长短征税，进行有针对性调节

2005年5月国务院办公厅转发的七部委文件，用建筑容积率、单套面积、实际成交价格三个因素，明确了享受优惠政策的普通住房标准，规定自2005年6月1日起，对个人购买住房不足2年转手交易的，销售时按其取得的销售收入全额照章征收营业税；购买期间超过两年，其属普通住房的，免征营业税，其属非普通住房的，则应按购销差价征收5%的营业税，以及连同附加征收城市维护建设税和教育

① 《北京晚报》，2005年5月23日。

费附加。这加大了对投机性和投资性购房的调控力度，也有利于鼓励中小户型、中低价位的普通住房兴建，相应限制了非普通住房建设。此类奖限政策，虽是针对当前部分房价上涨的应急措施，但应长期坚持。此外，契税也要区别普通住房与非普通住房，采用高低不同税率。个人所得税则要看购买期间，是否超过5年，是否惟一生活用房，是否在出售前后一年期限内换购新房及其价差，来确定不同的征免税办法。至于土地增值税，当时开征这个税种时，大肆炒、卖房地产的情况，现在有所变化，又与营业税、所得税有一定重叠，计算征收中困难也多，国际上征收这个税种的，仅剩下韩国和意大利，其他国家都已停征。现在发达国家的二手房买卖的市场交易，已占到房地产市场交易总量的85%，而我国的情况正好相反，为活跃住房的商品流通，提高房地产资源利用效率，优化资源配置，从长期着眼，也可考虑停征土地增值税。

（三）调减出租房税负，活跃房屋租赁市场

按照现行税法规定，个人出租住房，要征收七税一费，即营业税（租金收入的5%）、城市维护建设税（营业税额的7%、5%）、教育费附加（营业税额的3%）、房产税（租金收入的12%）或城市房地产税（租金收入的18%）、城镇土地使用税（城市每平米0.3—10元）、个人所得税（租赁所得额的20%）、印花税（租赁合同金额的千分之一），税种多，税负重，各税分别计算，征收缴纳手续也很繁杂。一些住房多余户往往认为，租金收入扣除税金后所剩不多，而麻烦不少。对暂时闲置的房屋不愿出租，或干脆暗中交易，偷逃税款。据北京市最近调查，全市纳税的房东不到应纳税总数的20%。① 现在有的地区为便利征收，对个人住房租赁，规定一个5%的综合税率，各税统一计算缴纳，这种做法可取，但与全国统一税法不甚符合，为

① 《中国税务报》，2005年6月2日。

盘活闲置住房，活跃租赁市场，提高住房使用效率，似应大幅度减轻出租房税负，明确个人出租住房，可以只征个人所得税，普通住房税率减为租金收入的5%，非普通住房税率减为租金收入的10%。房产税（不动产税）另分别普通住房与非普通住房确定征免，租赁合同按章粘贴印花税票，其余各税均不征收。

（四）促进建立公屋廉租制，完善住房保障体系

现行住房规划是，高收入者购买商品房，中低收入者购买经济适用房，最低收入者由政府或单位提供廉租房，通过实物分配、租金减免和发放资金补贴等方式，使最低收入人群得到实惠。以北京市为例，从2001年以来，已有一万多户低保家庭享受到了这种优惠。但由于廉租房管理部门资金少，租价低的房源缺，许多能够享受廉租房补贴的家庭，经常找不到住房，而政府又无适当财力新建廉租房。同时，此项制度覆盖面窄，按规定不包括买不起经济适用房的一些低收入人群，庞大的农民工人群也未能覆盖。经济适用房建设用地是行政划拨，政府扶助，开发商营建销售，保本微利。由于不交纳巨额的土地出让金等原因，价格较低，而规定的销售对象广泛（如北京市规定为年收入0.5万—6万元的家庭），管理机制欠缺，购房人资格审查不严，往往是开发销售商代劳审查，市场秩序较乱。开发商受利益驱动，多营建大户型，售价相应较高，便利了有资金实力者。据《2005年第2季中国房地产市场报告》，对北京、西安、太原三城市的抽样调查，认为当前经济适用房主要满足了中等偏上收入家庭的需要，中等偏下收入和低收入家庭所占比例不高；购房的很大部分是用作投资，自用率平均只为70.295%，其中北京市更只为51.34%；继续完全依靠划拨土地，在市场低价售房，政府在执行能力和执行成本方面，都面临一些难题。[①] 看来以行政划拨土地的暗补方式，要求开发

① 《中国经济时报》，2005年7月7日。

商以保本微利（3%以内的利润）的低价格在同一的住房交易市场，向人们销售同样的住房商品，难免出现一些问题；期望除最低收入者以外的所有家庭，都能够有自己私有的住房，即使是在较长期限内也不够现实。现在经济发达国家的住房自有率，一般不过50%多，40%以上的居民住房都是租赁的。我国当前解决中低收入者的住房问题，最主要的是帮助所有家庭都有房子住，改善住房条件，而不是都要拥有属于自己的私有房。要帮助所有家庭都有房子住，必须有政府的积极干预，大力帮助，否则是不可能的。我们似可考虑，停止经济适用房制，借鉴中国香港地区公屋制的成功经验，由政府设立专门的公屋廉租管理机构，把它作为一项重大社会保障措施，责成地方政府无偿划拨足够的建公房用地，多拨财政资金，营建大批中小户型，中低价位的现实需要公房；同时，收购城市同类旧房，用以就近出租给最低收入者和中等偏下收入者，根据住房质量和租赁者的收入水平，收取有差别的租金，或实行公开的不同减免补贴。要明确租赁者入住的资格条件，严格审查，完善租赁的准入与退出机制。在这里，通过税收的减免和其他优惠措施，可以有力地推进建立公屋廉租制，从而完善我国的住房保障体系。

（五）正税清费，减轻购房负担

现行涉及房地产的税种，连同开发、流转、取得和持有环节在内，共是12个，外加教育费附加一项，而行政事业性收费项目，多的地区高达数百项，平均是税种的六七倍，基本集中在房地产的开发、流转、取得环节。其金额在住房销售价格中所占比重，据有关部门计算是15%，比税收所占10%的比重，超出50%。其中许多是属于不合理的收费，它挤占税收，抬高了住房价格，影响了财政资金统筹安排，也导致产生腐败，必须按照公共财政体制要求的收入分配框架，大力整顿，摆正“税为主、费为辅”的收入分配关系和格局。必须坚决取消一切非法和不合理的收费，把属于土地、房屋价格的收费，并入房地产价格，把属于税收性质的收费，改为征税，按有偿受益原则，只保留必要的规费、使用费性质的收费项目，严格审批收费金额，实行财政预算管理。

三、持有环节的税收区别对待调节

我国现行房地产税收存在3个主要矛盾问题，第一个问题是税制不统一。内外两套税制，内资企业和华籍居民是适用房产税和城镇土地使用税，还有耕地占用税、土地增值税；外资企业和外籍人士是适用城市房地产税和土地使用费，课征制度不同，税负轻重不一，总的是外轻于内，也有外重于内的，如出租房屋，外资企业和外籍人士的房产税率是租金收入的18%，而内资企业和华籍居民的房产税率是租金收入的12%。前者有违公平税负原则，后者有违国民待遇原则，不适应统一市场的构建，市场经济体制的培育发展。此外，城乡税制也不统一，现行房地产税不适用于农村。第二个问题是房地产税基本法规制度过于陈旧。几个税种的条例都是上世纪80年代，甚至是50年代制定的，时隔数十年，其内容不适应国民经济已有重大发展变化的现实，不适应原计划经济体制已转变为社会主义市场经济体制，并要不断完善的现实。第三个问题是房地产税收重流转，轻持有。着重对营业性房屋、个人出租住房征房产税，重营业交易税收调节；不对个人非营业性住房征房产税，轻房产持有关系税收调节。现行房产税有些类似按营业行为征收的营业税，而不太像调节财富占有关系的财产税。这不适应当前人们已购有较多较高价位住宅，需要进行有区别的财产占有关系的税收再分配调节，缓和社会矛盾的现实要求；不适应需要通过税收调节房地产供需关系及其结构，促进房地产市场持续健康发展的现实要求。房地产税制必须进行根本性改革，而其重点是在房地产持有环节，其设想是：

（一）简并税种，开征统一的不动产税

这就是把房产税、城市房地产税、城镇土地使用税和土地使用费四种税费，以及属于税收性质的其他有关收费，合并为全国统一适用的不动产税。对内外资企事业单位、个人和城市、乡村都统一适用。所以拟名为不动产税，而不称为房地产税，是因为它的含义准确，既包括房屋，又包括土地，也包括难于算作房屋的其他众多的地上建筑物，并便于同国际上的称谓衔接。契税是对取得房地产环节征收的一个特别税种，自古有之，人们长期习惯把它视为享有产权的象征和凭证，国际上也有类似税种，可仍单独征收，不予合并。不动产税的税制主要设想是：

1. 扩大征收范围，选定征免税界限

要转变房地产税收重流转轻持有的现状，就必须适应市场经济发展的要求，扩大不动产税的征收范围，取消那些不适应现实情况的减免税和优惠。一是取消现行个人所有非营业性住房免税的规定。住房制度由福利分房改为市场化购房后，广大群众都拥有自有的住房，取消此项免税政策后，征税范围将大为扩充，重流转轻持有的征税现状，将大可改观。但考虑到实行初期，面对千家万户，征税工作涉及面太大，一般群众骤然直接增加许多税负，也有承受能力的制约，因而可以对自有普通住房暂时仍予免税，而把征税范围只扩大到非普通住房，特别是超级豪宅、别墅。加大占用此类住宅的成本，既调节其所有者的财产占有关系，又限制此类住宅的消费需求、投资需求，进而可以优化房屋的供给结构。二是取消对事业单位有关免税规定，把非公益性事业单位和社会团体用房列入征税范围。这因为这些单位在市场化改制后，已有市场化的主要资金来源，理应按市场化规则，担负纳税义务。三是把乡村的房屋、土地纳入统一税制征收范围，但为便利农民休养生息，扶持发展农业，在一个较长时期内，应只限于对

工商营业用房地产和高标准的住房，征收不动产税，其余均予免税。

2. 区别不动产类型、用途分别制订税率

现行城镇土地使用税分地区按单位面积设计固定税额的办法，国家不能及时分享土地增值的利益，很不合理，应当改变。借鉴国际通行做法，对工业用不动产、商业用不动产、单位和个人住房、无建筑物土地，可分订不同的幅度税率，由省级政府根据当地情况自行决定本地区的适用税率。为加强税收调节个人占有财富关系的分配力度，也可借鉴有的国家做法，对个人住房按类型、价格采用三四级超额累进税率制。

3. 以评估市场价格为计税依据

现行房产税是以原房价余值（原房价值一次性减除20%—30%的余额）为计税依据；出租的房屋则以房产租金收入为计税依据。其不合理处有二：一是各时期的房价水平高低不一，在同一年度，都按原价即历史成本价余值计算税额，很不公平；特别是城市房价，是随着经济的发展繁荣而相应上涨的，坐落商业繁华地段，价格上涨幅度更大，都按历史成本价余值计征，国家不能分享土地增值收益，还要承担一般物价上涨、币值下落的损失，以至大量税收白白流失。二是出租房屋是按租金收入计算纳税，租金收入是现实的市场价格计算出来的税额，往往要比按原价余值计算的高出数倍以至十多倍，购房时间越早，原价越低，税额差距越大，限制了租赁市场发展。

4. 下放管理权限，培育县市级地方税主体税种

适应建立和完善分税制财政体制的要求，作为地方税的不动产税，应当下放部分立法权，中央只制订不动产税的基本法，对税法要素作政策原则性规定，在国家统一的大政方针下，由省级人大或政府制定实施细则，明确具体的征收范围，选定适用税率，批准减免税优惠或加征税款，确定计征方法，以利于地方因地制宜相机处理问题，繁荣地区经济，增裕税收，逐步把不动产税培育成为县市级地方税的主体税种。

（二）开征不动产闲置税

现在土地、房屋资源闲置浪费现象严重，存在大量已征未用和购而不用的情况，有的地方政府还征用大片土地，等待招商引资时高价出让。国土资源部透露，2004 年初掌握在开发商手中购而未开发的土地，全国至少有 70 万亩。[①] 商品房同样大量闲置，据有关资料，截至 2004 年 9 月，全国商品房空置面积达 9798 万平米（其中商品住房空置面积 5736 万平米），闲置率达 19%。北京市闲置一年以上的商品房，2004 年比 2003 年下降 23%，但仍达 800 万平米，为商品房销售总数的 1/3，远远超过国际警戒线。[②] 存量房屋也多闲置，长期少人住，甚或无人住。最近国家对超过出让合同约定开发日期一定期限的，虽出台了征收土地使用费的规定，但这是未遵守合同的违约金收费，不属于对闲置浪费，土地资源本身的强制性征税，此种收费应由税收取代。为制止一些人坐享房地产自然增值带来的利益，打击囤积投机，抑制那种非理性投资，制止资源浪费，提高土地、房屋利用效率，优化稀有资源配置，需要采取税收强制手段，开征不动产闲置税。或在不动产税基本法中，区别不同情况，增列对闲置不动产加成、加倍征收不动产税的具体规定。

四、抓紧创造条件，逐步实施

改革房地产税收制度，特别是建立适应社会主义市场经济要求的新型不动产税，是一项十分复杂艰巨的任务，牵涉到亿万群众，涉及

① 《人民日报》，2004 年 5 月 16 日。

② 《北京晚报》，2005 年 3 月 7 日。

各方面利益的调整，必须做好有关基础准备工作，搞好各项配套改革措施，才能顺利实施。关于基础准备工作，一是要建立和健全房地产登记制度，只有全面掌握房地产各方面的情况，才能找到、找准课税目标。当前多部门登记、分级登记、分块登记的分散管理办法，需要改变，建立由房屋和国土资源管理部门统一的房地产登记制度，信息由有关部门提供和共享。登记内容也要改变以产权为主的现状，把它扩充到有关房地产价格及其评估和变动的方面，房地产产权的取得及其流转变动和消失方面，税收的计算缴纳方面。既要有以产权人为户头的登记序列，又要有以房地产为户头的登记序列。二是建立和完善以房地产市场价格为依据的价格评估制度。这是不动产以评估市场价格为计税依据的必备条件。要建立一套适应市场经济发展要求的房地产评估机构，既有政府的，也有民间中介组织的，评估各有侧重，分工协作。要实行房地产评估人员资格认证制度，加速培育，逐步形成一支富有理论知识和实践经验，精通业务的房地产评估师队伍。要逐步摸索和确立一套适应我国情况的以市场价格为依据的房地产价格评估办法。三是税务部门要抓紧培养一批既懂税收和财经政策法规，又熟练掌握不动产税计征技术业务的专业税务干部。同时，还要做好同房屋、土地管理、房地产市场管理和财政、银行、工商等各部门的协调配合工作。

鉴于房地产税收制度改革的艰巨性、复杂性，做好基础准备工作，也需要时日，应当全面规划，循序渐进，分步到位。可以先选择几项容易办到的项目，由国务院发文通知实行，可以先在几个城市试点，摸索积累经验，逐步推开，待时机成熟，再正式立法，全国实行。

王诚尧

论间接税出口退税是否构成补贴的判断标准与我国的风险防范对策①

内容提要

中国与欧盟、美国的纺织品争端警示我们，规则的冲突不等于政治上的对抗，政治上的友好不能代替规则的较量，但是规则的协调有利于国际政治的和谐。充分利用国内和国际两个市场、两个资源，是每个WTO成员国的权利，也是贸易冲突的渊源和根据。如果说目前中国与美国和欧盟等纠纷的类型集中在特保措施和反倾销方面，而随着中国市场经济地位的确立，纠纷的案由可能转向补贴和反补贴。

本文的观点是：第一，间接税的出口退税在规定的条件下不属于WTO中的补贴政策，

① 本文写作的前提是假定相关国家承认了中国的市场经济地位或者中国已经取得了市场经济地位。

属于贸易政策中遭遇反补贴风险最小的贸易促进措施。第二，间接税出口退税政策的使用也有一个“度”的限制。这个“度”表现在静态和动态两个方面：静态方面，就是退税金额不能超过实征金额；在动态方面，则表现为不能对进口国造成产业严重影响，否则将成非违反之诉，遭遇境外的反补贴风险。第三，建议利用包括间接税出口退税的贸易政策时，注意量和质的掌握。一方面，就非违反之诉建立预警机制；另一方面，应该调整我国出口贸易的价值取向，将传统的出口创汇目标转移到出口产品结构的优化调整和培育高附加值产品的贸易竞争力。

间接税出口退税，系指一个国家为增强出口货物的竞争力，将出口货物在国内生产和流通过程中所缴纳的间接税予以免征或退还，使出口货物以不含税价格进入国际市场的一种政策制度。根据 WTO 中《补贴与反补贴协定》（以下简称 SCM 协定）注释 58 的解释，“间接税”是指对销售税、消费税、营业税、增值税、特许税、印花税、转让税、存货税、设备税、边境税以及除直接税和进口费用外的所有税收。中国的间接税出口退税主要是增值税出口退税。但是对包括增值税出口退税在内的间接税出口退税，到底是不是补贴，如何利用其法律空间，掌握政策边界等一系列问题的思考，对提高我国产业竞争力，防范产业风险，维护产业安全应该说具有重要的意义，但一直缺乏研究，本文拟从如下几个方面作些探讨，供相关部门参考。

一、间接税出口退税的法理依据与基本原则

（一）间接税退税的法理基础

间接税的出口退税[①]的法理依据是税收国民待遇原则与税收管辖权原则。根据间接税的属地原则，各国的消费者只负担本国的纳税，没有义务承担别国税收，而对货物出口征税就等于一国政府向他国消费者征税。因此，那些出口商品的国家将已征税的部分退还给出口商品的所有者，进口商品再按国内同类商品征收相同的税收是国家税收管辖权的体现。根据国民待遇原则，一国国内税（间接税）制要求进口商品与出口商品的税负相同，进口国往往会依照消费地原则对进口商品征收间接税，在这种情况下，实行出口退税是一种避免重复征税的有效措施，又可使进口产品承担同国内产品同等的税负，使国内产品与进口产品公平竞争。

（二）间接税征缴原则

第一，属地管理原则，又称领土原则，系一国对其领土（领域）范围内发生的经济行为，有权按照本国的税收法律实行管辖，这种以地域概念来确定管辖权行使范围的原则称为属地管理原则。一个主权国家，享有完全的税收自主权，包括课税权和减免税权。对出口的货物，在不损害他国利益下，有权决定对该项出口货物退还或免征在国内缴纳的税款，既系本国主权之具体，又是避免重复征税，尊重他国

① 为了论述方便，本文的出口退税概念，包括国内生产流通环节免、减或者税收递延以及先征后返而在出口环节予以退税两种情形。

对入境产品和消费该产品的居民征收税负的税收管辖权的体现，而且也得到了国际社会的认同。

第二，实退不能超过实征金额的原则，即对出口商退税的金额最多不能超过对该货物实际所征的间接税的总额。也就说多征少退，会影响出口货物在国际市场上的竞争力，不利于货物出口，但征少退多，出口退税会禁止性的补贴，遭致国外报复，不利于货物出口。

第三，宏观调控原则。一国在制定出口货物退（免）税政策时，既要符合出口货物退（免）税的国际惯例，又要通过税收的职能作用，实现出口退税政策所追求的宏观经济效益。

二、出口退税是否构成补贴的原则界限与“度”的掌握

（一）出口退税是否构成补贴的原则界限

GATT明确规定，只要实退额不超过实征额，间接税出口退税不构成补贴。

GATT附件9《注释和补充规定》中明确指出，免征某项出口产品的关税，免征相同产品供内销必需缴纳的国内税或退还与所缴纳数量相同的关税或国内税，不能视为一种补贴，即出口退税在国内已征或应征的增值税、消费税以及关税等间接税的范围之内，是合法的，不可视为补贴。

GATT协定第6条第4款规定：一成员国产品出口到另一个成员国，不得因其免纳相同产品在原产国或输出国用于消费时所须缴纳的税捐或因这种税捐已经退税，即对它征收反倾销或反补贴税。由此可见，对出口货物退税是国际上公认的准则，它的宗旨是通过间接税的

免征或返还，消除产品因各国税收不同而带来的价格差异，使各国产品均可以以成本加利润而不含税收因素组成价格在国际市场上公平竞争。

WTO 明确出口退税在规定的条件下不构成禁止性补贴。SCM 协定注释 1 规定：对一出口产品免征其同类产品供国内消费时所负担的关税或国内税，或免除此类关税或国内税的数额不超过所征收的数额。即要求对于间接税的减免必须在一定范围内进行，只要其数额不超过对销售供国内消费的同类产品的间接税征收数额，就不构成补贴。

SCM 协定的附件 1“出口补贴示例清单”中列举了 12 种被禁止使用的出口补贴。其中第（g）项①、第（h）项② 和第 I 项与出口退税有关。在符合协定规定的条件下不构成禁止性补贴。

（二）“度”的标准与有效掌握

上述规定中的“超过”（excess）一词，表明对间接税的豁免，须有一个“度”，超过这个“度”就构成禁止性补贴，而在这个“度”的范围内，间接税的减免或出口退税就不构成补贴。对这个“度”的理解，应该有动态和静态两个方面，任何一个方面超过规定的度就有可能产生反补贴的风险。③ 就静态的度而言，又有如下层次：

1. 退税额超过实征额，就构成禁止性补贴，不超过就不构成补贴

---

① 该项规定：“对出口产品生产和分配的间接税的豁免或退税，超过对供国内消费的同类产品的生产和分配所征收的间接税。”

② 该项规定：“对用于出口产品生产的商品或服务的前期累计间接税的豁免，退税或缓征，超过对供国内消费的同类产品生产中使用的商品或服务前期累计间接税的豁免、退税或缓征。然而，假若前期累计间接税是对在出口产品生产中所消耗的投入（扣除正常损耗）征收的，则前期累计直接税对出口产品可能在即使供国内消费的同类产品未得到这种豁免、退税或缓征时仍可予以豁免。退税或缓征。此项目应按附件 2 中关于生产过程中的投入消耗准则加以解释。”

③ 在这里先研究静态的“度”，动态的度留在本文非违反之诉中进行研究。

根据上述第（g）项是关于间接税减免的规定，对出口产品生产和销售的间接税的豁免或退税，超过对供国内消费的同类产品的生产和销售所征收的间接税，就构成禁止性补贴；不超过就不构成禁止性补贴。

当然1979年的东京回合《反补贴守则》的《出口补贴示例清单》中也规定，对于出口产品生产和销售的间接税的免除和退还超过对用于国内消费的同类产品的生产和销售所征收的间接税，才构成出口补贴。GATT 1994以及SCM协定固然秉承了这些规则。但由于上述《反补贴守则》并非所有的成员国都承认，一般不做无条件援引。然而WTO中的SCM协定也规定退税额不超过实征额就不构成禁止性补贴，表明国际社会已经把出口退税和出口补贴做了严格区分，同时认为只有当出口退税的金额超过该产品实际所含间接税金额时，才构成出口补贴。

2. 前阶段累计间接税实退额是否超过实征额，超过就构成，不超过不构成

这里首先有几个概念要明确一下："前阶段间接税"①，是指对直接或者间接用于制造产品的货物或者服务所征收的间接税；"累积间接税"②，指在一个生产阶段应征税的货物或者服务用于下一个生产阶段的情况下，在缺乏后续计税机制时征收的多级税。

根据上述第（h）项规定，对用于出口产品生产的商品或服务的前期累积间接税的豁免，退税或缓征，超过对供国内消费的同类产品生产中使用的商品或服务前期累计间接税的豁免、退税或缓征。然而，假若前期累积间接税是对在出口产品生产中所消耗的投入（扣除正常损耗）征收的，即使供国内消费的同类产品未得到这种豁免、退税或缓征时，对出口产品前期累积间接税，仍可予以豁免、退税或缓

① SCM协定注释58第4项。

② SCM协定注释58第5项。

征。但是量的掌握，应按附件 2 中《关于生产过程中的投入物[①] 消耗准则》加以解释。

当然，这里有一个前提，如前阶段累积间接税是对生产出口产品过程中消耗的投入物征收的，则即使当同类产品销售供国内消费时前阶段累积间接税不予免除、减免或递延，对出口产品征收的前阶段累积间接税也可予免除、减免或递延。只要这些物品或者服务是出口产品生产直接或者间接的消耗投入物，则不构成禁止性补贴。因此涉及到对两个问题的判断：第一个问题是所征或者所免累积间接税的产品，是否是出口产品生产直接或者间接的消耗投入物以及该投入物的消耗量。对待这一问题的确认一般应该经过如下程序：①首先确定出口成员政府是否已建立和实施用以确认生产出口产品过程中消耗的投入物种类和数量的制度和程序。若确定已建立且已实施，调查部门则对其进行审查，以确定是否合理、是否对预期的目的有效以及是否依据出口国普遍接受的商业做法。调查机关，也可以依据 SCM 协定第 12 条第 6 款的规定，进行实际检查，以核实信息或使自己确信上述制度和程序正在得到有效的实施。②如不存在上述制度或程序，或者此种制度和程序不合理，或者此种制度和程序虽已设立并被视为合理，但被视为未实施或虽实施但无效，则出口成员需要根据所涉及的实际投入物进一步审查，以确定是否发生超额支付。如果调查机关认为有必要，可以根据前款的规定进一步审查。③若投入物是有形的产品，用于生产过程且实际呈现在出口产品中，则调查机关应该将此类投入物视为物理结合的投入物。投入物在最终产品中存在的形态不必为进入生产过程时的形态。第二个问题是在确定生产出口产品过程中消耗的特定投入物的数量时应该考虑到扣除正常损耗。且此种损耗应被视为在生产出口产品的过程中消耗的。所谓“损耗”（waste），即指

---

① SCM 协定注释 61 规定，生产过程中消耗的投入物为生产过程中使用的物理结合的投入物、能源、燃料和油以及在用以获得出口产品的过程中所消耗的催化剂。

在生产过程中不发挥独立作用、不在生产出口产品过程中消耗（由于效率低等原因）且不能被同一制造商回收、使用或销售的特定投入物的一部分。对损耗扣除是否正常的审查，尚须酌情考虑生产工艺、出口国产业的一般经验以及其他技术因素进行判断。调查主管机关应该记住的一个关键性的问题是，如损耗的数量旨在包括在税收或者关税的退还或者减免中，则出口成员的主管机关是否已经合理计算此种数量。

因此，根据以上判断，若一项累积间接税扣减超过实际征收的累积间接税额，则构成补贴，否则就不构成补贴。

根据 SCM 协定注释 60 的规定，该项“不适用于增值税和代替增值税的边境税调节，对增值税的超额减免问题全部涵盖在第（g）项规定中，也就说增值税的销项税减进项税的过程中，以及增值税的退税或者免抵退的过程中已经全部解决，不需要通过累积间接税的过程中进行处理。

如：我国对生产型企业采取的“免抵退”政策其中，“免”，是指对生产企业出口自产货物免征本企业销售环节增值税；“抵”，是指生产企业出口自产货物所耗用的原材料、零部件、燃料、动力等所含应予退还的进项税额，顶抵内销货物的应纳税额；“退”，是指生产企业出口的自产货物占本企业当期全部货物销售额的 50% 以上的，在一个季度内应顶抵的进项税额大于应纳税额时，对未抵完的部分予以退税。对流通型企业采用采取含税购进，出口退税的先征后返的方式。这两种方式揭示上述规定之所以不包括增值税，是因为其本身进项税与销项税之间的关系，已经具有上述累积间接税退税的功能。

3. 对进口税费的退还或者减免不超过进口时实际征收的税费水平

根据第（i）项规定，对进口费用① 的减免或退还，是否超过对

① 根据 SCM 协定注释 58 第 2 项，进口费用是指关税和本注释其他部分没有列举的对进口产品征收其他财务费用。

生产出口产品过程中消耗的进口投入物所收取的进口费用（扣除正常损耗）。一般认为，对那些未在制造商所在国内市场销售，而是为出口作进一步加工处理的进口货物的进口费用，制造商不应承担。因此，各国往往对出口产品生产过程中消耗的进口投入物所收取的进口费用予以退还，以保证出口产品得以公平地在国际市场上竞争。① 这种传统的退税计划本身并不必然构成出口补贴。如果是未被征收进口费用的进口投入物消耗于出口产品的生产过程中，就不存在费用的退还问题。但如果退税计划导致对进口费用的减免或退还超过对出口产品生产过程中消耗的进口投入物所收取的进口费用，则可以构成补贴。因此，只有在进口投入物上的过度退税应当被视为“补贴”。

4. 替代退税政策与进口替代

根据第（i）项关于使用国产投入物的“替代退税制度”（substitution drawback systems）规定，如果进口和相应的出口业务发生在不超过 2 年的合理期限内，公司可以在出口产品生产中使用与进口投入物有相同质量和特点的国产投入物，② 替代进口投入物，则可以对该国产投入物，按照不超过上述进口投入物所征进口费用限额，给予税收减免，以便该公司从中收益。

作为按照 SCM 协定进行反补贴税调查的一部分，在审查任何替代退税制度时调查机关调查的依据和内容是：出口国家是否具备证明相关的国产投入物与被替代的进口投入物在数量、质量和特点方面是否均相同的核实制度和程序。如有制度和程序则对其进行审查，审查的重点和内容与上述消耗投入物的审查相同。如果没有上述制度或程序或者审查下来存在问题，则可能存在补贴。在这种情况下，需要出

① SCM 协定注释 58 规定，“进口费用”是指关税和该注释其他部分（关于直接税和间接税的列举）未列举的对进口产品征收的其他财务税收。”

② 根据 SCM 协定附件 3 第 1 条的规定，“对于在生产另一产品过程中消耗的投入物所征收的进口费用，如该产品的出口中包含与被替代的进口投入物相同质量和特点的国产投入物，则退税制度可允许对进口费用予以退还。”

口成员依据所涉及的实际交易进一步审查，以便确定是否发生超额支付。

对存在允许出口商选择特定的进口货物要求退税的替代退税规定本身，不应该视为补贴。但是对退税方案下任何退还的款项支付的利息在实付或者应付的利息限度内，则被视为是存在进口费用的过量退税，构成禁止性补贴。

发展中国家在开放的初期往往针对消费品货物采取保护措施，对消费品实施进口替代措施，要求尽量使用国产消费品，而对许多资本货物以及中间投入物的需求则主要依赖进口。但随着进口替代政策延伸至中间产品产业和资本设备产业，出口商可能需更多地采用国产的、成本相对较低的投入物。如果对于国内中间产品产业和资本设备产业的投资适当，这些产业在大多数情况下将经过一段时间的发展，将变得更具有竞争力。但是在此过程中，国内使用这些进口替代投入物的生产商付出的代价高于国际市场价格水平，这实际上使本国产品在国际市场上处于一种竞争劣势。如果对出口商给予替代退税，对出口商支付国产投入物价格与同等进口投入物相关价格之间的差额，进行补偿，将有利于在鼓励本国产业发展的同时，恢复本国出口商在国际上的公平竞争地位。

三、间接税在国内环节的减免和增值税转型中向反补贴风险

(一) 间接税国内环节的减免是否构成补贴

根据 SCM 协定的附件 1 的第（g）、（h）、（i）项规定，若对不出口产品给予间接税的减免退是否构成补贴？有无法律风险？SCM 协定

没明确规定。但是，补贴与反补贴是就出口产品而言，若产品没有出口，也就不存在反补贴，也就没有讨论的意义。问题的关键是，如果产品在国内环节获得了间接税的减免，但出口到其他国家后是否因为国内环节的间接税的减免而遭遇境外反补贴的风险。我认为答案同样是上述附件1中第（g）、（h）、（i）项的规定。只要减免或者退还的金额没有超过供国内消费的同一或者同类产品的实际征收额，只要满足"度"的静态标准，就不构成补贴，不存在境外反补贴的风险。但是它却受产品国民待遇原则的约束，也就是说在给予供国内消费的国产品这种间接税减免待遇的同时，应该给予进口产品同样的待遇，否则就违背GATT中国民待遇原则而遭遇法律风险。

（二）增值税的转型与补贴

增值税转型，就是将生产型增值税转为消费型增值税。增值税的计税依据为商品生产流通各环节中的增值额，即新创造的价值额，是商品或劳务的销售额扣除法定外购项目金额之后的余额。

根据外购固定资产是否扣除以及扣除的方式的不同，增值税分为生产型增值税、收入型增值税和消费型增值税。生产型增值税是指在计算增值额时，不允许将外购固定资产的价款（包括年度折旧）从商品和劳务的销售额中抵扣，而按照增值予以征税的增值税类型，而消费型增值税是指允许纳税人在计算增值税额时，从商品和劳务销售额中扣除当期购进的固定资产总额。我国目前实行生产型增值税税制下，企业所购买的固定资产所包含的增值税税金，不允许税前扣除；而如果实行消费型增值税，则意味着这部分税金可以在税前抵扣。

若作为整个国家的税收政策，实施整体转型，则不构成补贴。但如是部分地区先试点，则存在地区性的专向性，若对进口国的产业造成产业影响，则可能构成可诉补贴。但如将转型的产业和领域限于不可诉补贴允许的范围，作为不可速补贴，则可能化解法律风险。

2003年10月底，中央出台《实施东北地区等老工业基地振兴战略的若干意见》，再次重申“在东北优先推行从生产型增值税向消费型增值税的改革”。[①] 由于该转型试点方案仅限于特定地区——东北地区，根据SCM协定第2条的规定，该增值税转型方案具有“专向性”，若对其他成员国造成不利影响，则可能构成可诉性补贴。

四、间接税出口退税政策中动态的“度”的标准——“非违反之诉”

GATT和WTO允许在不违反规则的情况下，基于所受的产业影响，对不违反规则的行为提起争端解决，这种类型的争端被称为非违反之诉。这一制度是为了保证成员国从协定中应当获得的利益，不受到谈判协定时没有预见到而没有作出相应规定的措施的影响。

从GATT第23条第1款（b）项的内容看，非违反之诉必须具备三个要素：（1）WTO成员使用了某项措施；（2）根据有关协议应得某项利益；（3）利益的丧失或减损是由于该措施的使用。[②]

在SCM协定中事实上也包含某些非违反之诉的内容。该协定第9条第1款规定，“在执行第8条第2款所述及的补贴计划过程中，尽管该项计划事实上符合该款所规定之标准，但若某成员方有理由认为该项补贴计划对其国内产业造成严重的不利影响，诸如造成难以补救的损害，则该成员方可以要求与授予或保持该项补贴的成员方进行磋

① 所谓增值税转型，就是将中国现行的生产型增值税转为消费型增值税。生产型增值税，指对购进固定资产价款，不允许作任何扣除，其折旧作为增值额的一部分，其税基，即计算应纳税额的基数，相当于国民生产总值，故称为生产型增值税。消费型增值税。指对当期购进用于生产应税产品的固定资产价款，允许从当期增值额中一次全部扣除，这等于只对消费品价值征税，故称为消费型增值税。

② 日本胶卷案：Japan - Measures Affecting Consumer Photographic Film and Paper，WT/DS44/R，31 March 1998，第10.41段。

商。”第8条第2款是关于不可诉补贴方面，则规定对于一成员国实施的补贴计划，虽然属于不可诉补贴，但是如果该措施对另一成员国的国内产业造成严重的不利影响，诸如造成难以补救的损害，则受到严重的不利影响的一方可以要求与授予或保持该项补贴的成员方进行磋商。

因此，对于间接税出口退税，即便符合SCM协定的附件清单一的第（g)、(h)、(i）项的规定，没有超过上述规定的静态的“度”的标准，但是在现行中央与地方分级财政体制下，各级政府给予退税的政策往往彼此之间缺乏协调和同一，地方政府有可能在各自共享税的盘子里面，在间接税的出口退税方面纷纷给予税收优惠政策，即使各自或者共同所给予的退税幅度没有超过实际征收的限额，但如果这一政策执行的结果，使得其他成员国在GATT 1994协定项下的直接或间接可享受的利益正在丧失或受到损害，或者使该协定规定的目标的实现受到阻碍，则根据GATT第23条第1款（b）项规定的三个要素看，符合非违反之诉的构成要件，相关的成员国可以提起非违反之诉。因此，国家宏观层面上的动态掌握，建立和运用相关的预警机制，是我国继续利用间接税出口退税政策的充分必要条件。

五、中国的出口退税政策是否构成补贴的衡量与相关建议

资料显示，今年前8个月，中国进出口顺差达602.2亿美元，按照这一进度推算全年贸易顺差将接近1000亿美元，超过我国历史上最好年份1998年的1倍多。不断增加的贸易顺差主要来自欧美，美国是中国贸易顺差的最大来源地。其中1—8月，对美欧贸易顺差分别增长50.7%和124.7%。顺差增加固然有利于拉动经济增长、增加

外汇储备，但也势必引发更多的贸易摩擦，成为美欧对人民币升值继续施压的重要筹码。因此检修中国的间接税出口退税政策，也就成为防范风险的重要措施。综上所述，我认为：

（一）间接税出口退税在一定条件下，不构成补贴，中国出口退税政策符合 WSCM 协定的规定，不构成补贴

中国间接税的出口退税政策主要是指增值税的出口退税，主要由对生产型企业采取的“免抵退”政策和流通企业的先征后返两部分组成。判断是否构成补贴的关键就是实退额是否大于实征额，一般又可以从如下两个方面进行判断：

1. 从退税税种、税率与征税税种和税率的关系进行比较，实退税种和金额小于实征税种和税率，中国现行出口退税政策没有构成补贴

表现在：第一，出口货物退税范围较窄。目前，我国出口货物退税仅限于增值税和消费税，未涵盖所有的间接税。而《关税和贸易总协定》第六条所指消费时缴纳的捐税，是指货物的间接税，还应包括销售税、执照税、营业税、印花税和特许经营税等。第二，出口货物尚未实现彻底的退税。根据 WTO 规则，出口货物退税额只要不超过已征或应征的间接税就不构成出口补贴，而我国由于长期过于考虑财政负担因素及大量减免税存在，退税仍维持在 15%左右，尚未能实行彻底退税。名义征税率与退税率不一致，这是中国出口退税的特点。

2. 实缴金额与实退金额中退税基数与超基数负担来看，一般不构成补贴

自 2003 年至 2005 年期间，增值税作为共享税，中央和地方政府按照 70:30 分享，而基数退税 100%由中央政府承担，超基数的退税却与地方政府分别按照 75:25① 和 92.5:7.5② 负担。也就说中央政府

① 2003 年《关于改革现行出口退税机制的决定》。

② 2005 年《关于完善中央与地方出口退税负担机制的通知》。

实际退税的金额可能超过其实际征收的金额，即使是这样，由于是共享税，地方政府相互之间及其与中央政府之间少征多退的问题，并没有改变企业实缴数额，只是政府之间的隐性转移支付问题。只要地方政府不在其分享的间接税中另外给予间接税的减免退，就不构成补贴，否则构成补贴。

（二）建议

为了将中国产品的出口和竞争优势维护在一个有序和可持续发展的范围内，减少甚至避免贸易冲突，优化国际贸易环境，为利用国内国外两个市场、两种资源，实现共赢和互补，维护中国的产业安全提供有效的法律支持和制度保障，结合上面对间接税出口退税是否构成补贴的界限的阐述，我建议：

1. 间接税出口退税，是在规定的条件下不构成补贴，且遭遇反补贴风险的可能性最小的贸易政策

间接税出口退税是在一定的条件下遭遇反补贴风险最小的在贸易促进政策，应该学会在掌握上述政策边界和法律空间，充分有效利用该政策促进产品的出口，提高产品在国际市场上的竞争优势。

2. 调整产品出口的价值取向，进一步优化与调整中国出口退税政策结构

应该根据国家的产业政策和产业结构优化调整的要求，合理分配间接税出口退税的政策资源，将它从传统的出口创汇目标转移到转变经济增长方式，提高自主创新能力，提高和优化国家产业结构上来；提高技术密集型产品的出口，培育高附加值产品出口的贸易比较优势和贸易竞争优势；根据上述原则，进一步优化和调整出口退税的政策结构，对不同种类的出口商品实行有差别的出口退税率，对那些劳动密集型、低附加值产品的出口降低甚至取消出口退税。

3. 对间接税出口退税是否形成非违反之诉建立预警机制

应根据中国出口政策的价值导向，对那些关键性的、战略性产业

或者产品的出口所实施的间接税退税政策以及进口国的市场供求状况进行跟踪，建立预警机制，对那些市场供求趋于饱和，有可能供过于求甚至影响到进口国产业的产品出口，减少甚至停止出口退税。

段爱群

关于我国宏观税负水平的分析认识

内容提要

我国现行税收政策存在着较大的缺位和不足：宏观税赋水平偏低，不同产业和行业宏观税赋水平参差不齐，不同经济类型宏观税赋水平悬殊过大，不同地区宏观税赋水平略欠公平，不同群体宏观税赋水平差距较大，所以宏观税赋水平有待加快调整完善改革。

党的十六届三中全会制定的科学发展观及其“五个统筹”是我国发展与改革和稳定的长期战略方针，是我国经济发展与社会进步的行动纲领，也是我国建设全面小康社会的指导思想，因此，科学发展观及其“五个统筹”具有统领各项工作的地位。税收政策作为政府财政政策的重要组成部分，担当着实现国家进行筹集政府收入、调控经济结构、调节收入分配、监督经济运行等重要职能作用。建国以来，我国税收政策在国家现代化建设中和建立社会主义市场经济体制中发挥了很大作用，但是，在我国跨入 21 世纪建设全面小康社会的新时期，在贯彻落实科学发展观及其“五个统筹”的新阶段，从部门工作服务于国家宏观意志，具体政策服从于社会实践需要的角度出发分析，我们认为现行税收政策存在着较大的缺位和不足，特别是宏观税负水平有待调整完善改革。

一、宏观税负总水平偏低，影响政府职能的充分发挥

税收政策对于宏观经济管理、社会消费行为、GNP增长的波动都有直接关系，政府利用开征、减免或者停征某种税种，提高或者降低有关税目的税率与起征点，以及税前扣除与事后退税等限制或鼓励手段，调节投资规模、消费基金和对外贸易的增长，以抑制社会总需求膨胀刺激有效需求，同时抑制或刺激总供给的变化，并对经济结构产生协调作用。税收作为经济运行的“内在稳定器”与价格变量调控相配合，可以达到生产与消费总量与消费结构的均衡；适量、合理的税收可以协调社会资源的最优配置，并可达到各生产部门劳动者利益的动态均衡，收到社会公平的调控效应。我国宏观税负长期处于低水平徘徊，减弱了国家筹集收入的力度，影响政府对经济发展和社会进步的投入和宏观调控。表现有三：

（一）我国税收收入上个世纪下半叶缓慢增长，21世纪开始大幅度快速增长

我国税收收入在经济发展、企业利润增加和税务征管工作等因素综合作用下，1950—1980年的30年间税收收入年均增长为61亿元，从改革开放后到20世纪末的20年间税收收入年均增长为522亿元，在跨入21世纪到2004年的五年间呈现大幅度快速增长的态势，比上年增长数额越来越大，如2000年为2350亿元，2001年为2500亿元，

2002年为1831亿元，2003年为3465亿元，2004年为5256亿元。全国税收总规模达到25718亿元。展望未来，我国税收收入还有很大的增长空间，一是税收增长是经济增长的反映，我国经济增长在2020年前的重要战略机遇期保持7%—8%左右的速度，为税收增长打下了基础。二是目前我国税收收入实际征收率只达到潜在税收能力的70%—80%，国内有的专家认为1998年只达到50%—60%，世界银行和国际货币基金组织部分专家认为中国整体征收率在70%左右，还有的认为在80%左右。税收上的跑、冒、滴、漏等空间很大，如果将实际征收率提高20个或30个百分点，我国税收收入即可增加1万亿元或1.5万亿元。

（二）目前税收收入对政府财政收入支持力度还不充足，致使国家还需要利用大量的财政赤字和发行债务

其情况，一是以税收收入占当年财政收入的比重（%）多数年份徘徊在93左右，如1992—2003年分别为94.66、97.84、96.43、93.29（1996年无数据）、95.80、93.80、90.13、93.92、93.30、93.29、92.18。十多年来从未满足政府财政收入100%的需要。二是税收收入占财政支出比重（%）更低一个档次，始终徘徊在80左右，如1991—2003年，分别为88.30、88.10、91.70、88.50、88.50、87.0、89.20、85.80、81.0、79.19、80.94、79.97、81.20。数据显示，还有20%左右的财政支出要政府依靠财政赤字或者发行债务解决，2000—2003年财政赤字和发行债务额（亿元）分别为2491.27和4180.1、2516.54和4604.0、3149.51和5679.0、2934.7和6153.53。

（三）税收收入占GDP比重（%）是国际上衡量宏观税负水平的通用标准

按国际通例：GDP人均260美元时的低收入国家，最佳税负水平

为13%左右，人均750美元时，最佳税负水平为20%左右，人均10000美元时的高收入国家，最佳税负水平为30%左右。按上述标准衡量，我国人均GDP已达1090美元以上，税负水平理应在20%以上为最佳，但是实际上我国宏观税负水平几十年来徘徊在10%—17%之间浮动，处于低位逐年有点上升而后又逐年下降再逐年回升的运行中，如1990—2003年分别为13.83、12.38、12.29、10.96、10.33、10.18、13.02、11.06、11.67、14.17、15.67、16.77、17.07。从国际比较中得知，我国宏观税负水平是低水平的，据《世界竞争力年鉴》48个主要国家和地区的数据。2000年各国税收收入占当年GDP比重（%）最低的是中国香港为9.94、最高的是瑞典为52.94，平均为35左右，其中：发达国家的日本为27.02，美国为28.22、澳大利亚为31.82、加拿大为36.35、英国为37.27、德国为37.99、意大利为42.26、法国45.60；发展中国家一般为20%—26%左右，哥伦比亚为11.57、菲律宾为13.93、泰国为14.98、中国为15.01、印度尼西亚为16.51、印度为16.79、阿根廷为20.99、马来西亚为22.31、韩国为26.20、俄罗斯为26.70。

二、不同产业和行业宏观税负水平参差不齐

由于产业与行业情况不同，国家税收政策在一定时期分别采取鼓励政策、限制政策或者中性政策是理所当然的。但是，也存在着产业行业之间不合理问题。

从1996—2000年我国三次产业比重（%）与宏观税负比重（%）发展趋势观察，第一产业占GDP比重从20.4逐年下降为15.6，而其宏观税负水平从2.67近年又上升为3.51；第二产业占GDP比重从49.5近年又上升为50.9，而其宏观税负水平从13.47近年又上升为

18.09；第三产业占GDP比重从30.1近年上升为33.2，而其宏观税负水平从12.3逐年上升为15.34。总的趋势是GDP比重只有第一产业是下降的，第二、三产业则均是上升的，而其宏观税负水平三次产业则均是上升的趋势，不过上升速度呈现第一、三产业较慢，第二产业较快的特点，第二产业负担着全国税收收入的56%左右。

以2002年为例，当年宏观税负总水平为16.77%，我国第一产业份额占GDP比重为15.3%，而税负份额占比重为4.1%，其宏观税负水平只有4.48%，从数据显示不难看出国家对第一产业的鼓励与照顾。我国第二产业占GDP份额比重为50.4%，其税负份额占比重为55.8%，其宏观税负水平达到18.6%，从中看出第二产业是我国经济和税收的半壁江山，尤其是工业其税负水平达到19.93%，超额负重运行。第三产业占GDP比重为34.3%，其税负份额比重占38.4%，其宏观税负水平占18.76%，对于这个在贯彻科学发展观和建设全面小康社会关系重大的未来需要加快发展的产业，税收并未充分体现明显地鼓励与支持。

全部国有和规模以上非国有工业企业税金及附加占工业增加值比重（%）2000—2003年分别为5.64、5.48、5.34、4.88；按2003年分析：建筑业税金及附加占增加值的比重为16.3%；国家铁路税金占运输总收入的比重为3.25%；限额以上批发贸易业税金及附加占商品销售收入额的比重为0.116%，零售业税金及附加占商品销售收入额的比重为0.28%；限额以上餐饮业税金及附加占营业收入的比重为4.68%；国际旅行社税金占全部营业收入的比重为1.34%。再分析一下具体行业的2002年宏观税负水平（%），建筑业为8.76，地质勘查业与水利生产、供应管理业为17.8，交通运输业为10.3，仓储邮电通信业为7.5，批发和零售贸易业、餐饮业为23.9，金融保险业为16.5，社会服务业为12.1等。有的高于总税负水平是可以理解的如餐饮业，有的就不好理解，如地质勘查与水利业宏观税负竟达到17.8。酒税流失严重，每年生产几千万吨，征管不力，浪费粮食跑了税收，还刺激酒业盲目发展，民间有“要当县长先办酒厂”之说，湖南、广东、四川三省酒厂有1.8万余家。

三、不同经济类型宏观税负水平悬殊过大，基本上是内资重于外资，国有重于民营

同行业不同企业，片面的税收优惠政策与市场经济的公开公正公平原则相悖，人为的造成税负畸轻畸重。我国1994年外资企业所得税负担率为10%，比内资企业负担率低23个百分点，其流转税负担率为4%，比内资企业低3个百分点，1994年后外资企业负担率比内资企业低5个百分点，而且外资企业在工资成本、城市维护建设费、投资方向税、进口设备关税等方面还享有诸多优惠政策，这种政策促使社会上产生大量“假合资”、“假外资”，据联合国贸发会议估计，在我国外商直接投资中有20%是内资出境后再流入的资本。1997年为128.8亿美元，占当年M1增量的16.8%。据2003年统计，我国内资与外资、国有与非国有企业税金及附加占增加值比重情况如下，如工业企业总体上为4.88%，其中国有及国有控股企业为8.44%，集体企业为2.77%，股份有限公司为4.79%，外商投资企业为2.36%，港澳台投资企业为1.229%；建筑业总体上为16.3%，其中内资为16.25%，国有企业为17.82%，集体企业为15.36%，外商投资企业为20.91%，港澳台投资企业为17.36%；限额以上批发贸易业总体上为0.116%，其中内资为0.117%，国有企业为0.148%，集体企业为0.087%，有限责任公司为0.096%，股份有限公司为0.117%，私营企业为0.090%，外商投资企业为0.122%，港澳台投资企业为0.043%；限额以上零售业总体上税金及附加占商品销售收入比重为0.28%，其中内资为0.30%，国有企业为0.36%，集体企业为

0.35%，有限责任公司为0.25%，私营企业为0.23%，港澳台投资企业为0.27%；餐饮业总体上税金占营业收入为4.68%，其中：内资为4.98%，国有企业为4.3%，集体企业为4.86%，有限责任公司为4.81%，股份有限公司为4.48%，私营企业为5.3%，外商投资企业为3.9%，港澳台投资企业为4.24%。

我国企业所得税税率规定内资企业为33%，外资企业为15%，低于发达国家，如比利时为39%、意大利为36%、法国为33.33%、奥地利为34%、西班牙、荷兰为35%、美国为15%—39%累进征收、高于发展中国家，如巴西为15%，马来西亚为28%、韩国为27%、泰国为30%等，也高于英国、日本、澳大利亚的30%和新加坡的24.5%。

国有经济国家税收占比重高达50%以上，如1994—1999年分别占全国税收总额的比重（%）为79、65、61、56、54、50。由于税收政策的扭曲和改革的滞后，国有企业倒没有享受“国民待遇”，而非国有与外资企业长期享受“超国民待遇”。这样发展下去，很不利于我国以公有制为主体和以国有经济为主导的社会主义市场经济基本制度的建设与巩固。

四、不同地区宏观税负水平不够公平

从三大地区观察。以2002年为例，全国各地区生产总值（GDP）为105172.3亿元，税收收入为16996.5亿元，全国宏观税负水平为16.16%。其中：东部地区11个省区平均为17.2%，中部地区8个省区平均为8.89%，西部地区12个省区平均为11.46%，从经济发展快与税收相应增加的规律分析，东部地区宏观税负水平高于全国和其他地区是必然的，如发达地区的三市二省宏观税负水平就比较高，北京为42.49%，上海为34.40%，天津为24.08%，广东为21.55%，云南主要由于烟税因素为20.12%。但是，作为贫困的西部地区高于中部地区是值得思考的。

从一部分省区对比观察。以贵州这个有名的贫困山区省份与有名的江南鱼米之乡的江苏省相比，2002年贵州省宏观税负水平为14.15%，而江苏省则为12.58%；大西北的陕西为11.81%、新疆为12.43%、宁夏为11.99%。而沿海的福建省只有11.81%，山东省只有8.64%，大平原的河北省只有7.62%，河南省只有7.25%。均存在一定程度的不合理因素与不够公平之处。

五、不同群体宏观税负水平差距大，低收入群体重于中等收入群体，中等收入群体重于高收入群体，工薪阶层重于富裕阶层

我国个人所得税征收比例开始仅占GDP 0.5%，2003年达到1%，还比不上一个非洲国家，印度与印尼这个比例也为1%强，泰国和墨西哥为2%，匈牙利等东欧国家高于3%；据世界银行统计，所得税占GDP的比重低收入国家为3%，中等收入国家为5%—6%，高收入国家为11.5%，预计2004年我国仅为1.17%左右，与国际上应有的个人所得税水平相差悬殊。我国个人所得税管住了工薪阶层，但是，对新崛起的高收入阶层即人们所说的“大款”们征收力度太软太弱。据统计，我国个人所得税2003年为1211亿元，其80%以上来自于工薪阶层，可是，我国已经有两、三亿富裕人口，其个人所得税税源达到1000多亿元。另外占总人口8.7%的富裕阶层拥有12万亿元银行储蓄存款总额的60%以上。交纳个人所得税不到税收总额的10%。除了征管因素外还

有税率等设计问题，如起征点800元太低，应提高到1500元以上，从而对低收入群体从根本上免征个人所得税，又如最高边际税率为45%太高，如日本1999年从50%降为37%，韩国1996年从50%降为40%，2002年又降为36%，美国为38.6%，巴西为25%，印度、马来西亚均为30%，泰国为37%。再如多数国家采取个人收入综合年终计算的办法，我国采取分项计算办法，也是税款流失的重要因素。还有我国税制结构过于简单，对于有纳税能力的群体应建立全面多环节税收征管体系，就收入形成，收入运动，收入转化等过程，都有税收跟踪稽查征收；如所得税，消费税，社保税，财产税，赠与税，遗产税产等。

本文参考文献：

1. 国家统计局编著：《2004年中国统计年鉴》，中国统计出版社2004年版。

2. 中国税务年鉴编辑委员会编著：《2002年中国税务年鉴》，中国税务出版社2002年版。

3. 中国税务年鉴编辑委员会编著：《2003年中国税务年鉴》，中国税务出版社2003年版。

4. 刘家义著：《宏观调控与财政政策》，人民出版社2001年版。

5. 刘广洋著：《税收宏观调控理论与政策》，中国财政经济出版社2002年版。

余天心　王石生

社会保障与公共政策研究

养老保险：积累制下的模拟测算与出路选择

内容提要

本文对积累制下养老金替代率进行了模拟测算，结合我国具体情况分析了实行积累制面临的四大矛盾，并对我国实行积累制社会保险模式做了基本分析判断，认为现行条件下积累制一则难以积累充裕的资金满足养老保险需要，二则已有资金也难达预期积累目标，所以目前中国强调积累制尚不可行。加强预算控制是社会保障难以回避的问题，促进有效实体经济发展、提高经济运行质量是解决社会保障问题的核心。我们不宜过于强调积累制，即使采用混合型制度，也应采取以现收现付制为主、个人账户积累为辅的部分积累制，在此基础上建立社保预算、强化约束，并促进实体经济发展和经济质量提高，实现养老保险可持续发展。

随着人口老龄化的来临，现收现付制受到前所未有的挑战，西方社会保障用积累制（基金制）取代现收现付制的私有化改革争论也一度高涨。对于中国现收现付制下转轨欠账尚未解决、当前缺口呈扩大之势及未来老龄化冲击的情况下，不少的机构和学者主张中国应该通过积累制化解问题。积累制在应对老龄化方面确实有其优点，但是有条件的，且也有内在的制度缺陷，如缺乏互济功能、管理及监管成本高等。1997年中国确定了社会统筹与个人账户相结合的保险模式，2001年在东北三省进行做实个人账户试点，开始了向部分积累制转轨的实验阶段。本文仅就设定经济条件下积累制运行进行模拟测算，并结合我国老龄化“未富先老”的背景，对我国积累制及其运行条件做些初步分析与判断。

一、积累制下养老保险的模拟测算

雇员在工作期间把一部分劳动收入交给一个基金，退休后，该基金再以投资所得的回报向他（她）兑现当初的养老金承诺，就是积累制（也称基金制）。关于积累制，重要的一个指标，就是养老金替代率，我们这里定义为当期养老金占当期在职职工工资的比率。养老保险要可持续发展，就需要养老金替代率达到一定水平。假定不考虑通货膨胀因素的情况下，如果不提高缴费率，养老金替代率取决于资本市场的投资报酬率 r 和实际工资增长率 λ。下面用 RR_t 表示替代率，用 τ 表示缴费率，采用模型并结合我国实际情况进行如下测算。具体分两种情况：一是投资报酬率 r 与实际工资增长率 λ 相等情况下的测算；二是两者不等情况下的测算。

（一）市场的投资收益率与工资增长率相等情况下的测算

1. 基金积累、发放及养老金替代率的模拟模型

市场的投资收益率等于工资增长率的情况下，即 $\lambda = r$，这样，工资增长率和资本市场的投资报酬率我们都用 r 表示，设职工就业第一年工资收入为 W，缴费率为 τ，就业年限即缴费年限为 m。则基金的积累与发放过程简单测算如下：

假定缴费时间在每年年末，通过计算可得，各年的缴费在就业期末的终值（本息额）均为 $\tau W(1+r)^{m-1}$，则该职工在退休时个人账户养老金储存额为：

$$M_0 = \tau W(1+r)^{m-1} \times m \qquad (1.1)$$

按年养老金发放标准发放养老金时，个人账户养老金支出的计算如下：设养老金发放标准是退休第一年为 P，为了保持不变的替代率，则要求以后每年的养老金发放随着职工实际工资的增长而增长，即，要维持不变的替代率水平，则从第二年起的养老金发放分别应为 $P(1+\lambda)$、$P(1+\lambda)^2$、……；设职工退休后平均余命为 e 年，个人账户基金的投资报酬率为 r，养老金发放在年初进行，则有各年的养老金在平均余命 e 的每年年初余额为：

第 i 年初发放养老金后的基金余额为：$M_i = (M_0 - iP)(1+r)^{i-1}$

根据社会保障可持续发展的设计，第 e 年初发放养老金后的基金余额为零，现在我们把前面计算的（1.1）式代入 $M_e = 0$，整理结果为：

$$eP = \tau W\ (1+r)^{m-1} \times m$$

$$P = \frac{\tau W\ (1+r)^{m-1} m}{e} \tag{1.2}$$

由（1.2）可得，退休后替代率 RR_t[①] $= \frac{P}{W_t} = \frac{P}{W\ (1+r)^{m-1}} = \frac{\tau \cdot m}{e}$ （1.3）

2. 根据中国的特定现实情况分不同的缴费率进行测算

我国的基本情况设定为，缴费年限一般为 35 年，我国工人退休后的余寿约为 15 年，即 m = 35，e = 15。

缴费率情况Ⅰ：τ = 10%（参考世界上积累制国家，如智利，缴费率为 10%）。在不考虑通货膨胀因素的情况下，我国的工人退休后养老金替代率约为 23.3%，而且随着人口预期寿命的延长，要完全依靠积累制实现养老，那么替代率还会进一步下降。

缴费率情况Ⅱ：统账结合，个人账户缴费率 τ = 11%，加社会统筹目标替代率 20%的统筹缴费。按照我国 1997 年设计的社会统筹与个人账户相结合的方案，社会统筹的目标替代率为 20%，个人账户积累（缴费）率为 11%。我们这里只考察个人账户的替代率情况（统筹替代率默认为 20%），在不考虑通货膨胀因素的情况下，我国的工人退休后养老金替代率约为 25.7%。这样，加上默认的社会统筹的 20%的替代率，也只有 45.7%，比目标替代率低 13.2 个百分点。考虑到现实中，投资报酬率低于劳动生产率，即使低于目标替代率的替代率，也难以达到。

（二）工资增长率与市场利率不相等情况下的测算

1. 基金积累、发放及养老金替代率的模拟模型

工资增长率与市场利率不同情况下，设职工就业第一年工资收入为

① 由于 r = λ，退休后的第 n 年的养老金替代率为 $\frac{P\ (1+r)^n}{W_t\ (1+\lambda)^n} = \frac{P}{W_t}$，可以看出以后各年的替代率是相等的。

W，职工工资年增长率为λ，缴费率为τ，资本市场的投资报酬率为r，就业年限即缴费年限为m。基金积累与发放的情况简单测算如下：

假定缴费时间在每年年末，则有各年的缴费在就业期末的终值为：

第i年末缴费到就业期m年末的本息额：

$\tau W(1+\lambda)^{i-1}(1+r)^{m-i}$

则该职工在第m年末退休时个人账户养老金储存额为：

$$M_0=\tau W(1+r)^{m-1}+\tau W(1+\lambda)(1+r)^{m-2}+\cdots+\tau W(1+\lambda)^{m-1}(1+r)^0$$

$$=\tau\cdot W\cdot\frac{(1+r)^m-(1+\lambda)^m}{r-\lambda} \tag{2.1}$$

按年养老金发放标准发放养老金时，个人账户养老金支出的计算如下：设养老金发放标准是退休第一年为P，为了保持不变的替代率，则要求以后每年的养老金发放随着职工实际工资的增长而增长，即，要维持不变的替代率水平，则从第二年起的养老金发放分别应为$P(1+\lambda)$、$P(1+\lambda)^2$、……；设职工退休后平均余命为e年，个人账户基金的投资报酬率为r，养老金发放在年初进行，则

第e年初发放养老金后的基金余额为：

$$M_e=M_0(1+r)^{e-1}-P\left[(1+r)^{e-1}+(1+\lambda)(1+r)^{e-2}+\cdots+(1+\lambda)^{e-2}(1+r)+(1+\lambda)^{e-1}\right]$$

根据设计，e年以后，基金积累余额正好为零，即$M_e=0$

现在我们把前面计算的式子代入$M_e=0$这一等式中，整理结果为：

$$M_e=\tau\cdot W\frac{(1+r)^m-(1+\lambda)^m}{r-\lambda}(1+r)^{e-1}-P\frac{(1+r)^e-(1+\lambda)^e}{r-\lambda}=0$$

$$P=\tau\cdot W\cdot\frac{(1+r)^m-(1+\lambda)^m}{(1+r)^e-(1+\lambda)^e}(1+r)^{e-1} \tag{2.2}$$

由(2.1)、(2.2)式可以进一步整理得到这种情况下的替代率

$$\frac{P}{W(1+\lambda)^{m-1}}$$

$$=\tau\cdot\frac{[(1+r)^{m}-(1+\lambda)^{m}]\cdot(1+r)^{e-1}}{[(1+r)^{e}-(1+\lambda)^{e}]\cdot(1+\lambda)^{m-1}}$$

$$=\tau\cdot\frac{\left(\frac{1+r}{1+\lambda}\right)^{m}-1}{1-\left(\frac{1+\lambda}{1+r}\right)^{e}}\cdot\frac{1+\lambda}{1+r} \tag{2.3}$$

可以看出，(2.3) 中，m、e、τ 可视为常数，所以，替代率 ($RR_t=\frac{P}{W(1+\lambda)^{m-1}}$) 将随着 r 和 λ 的不同取值而结果不同，所以说，投资报酬率 r 和工资增长率 λ 的取值对养老金替代率有重要的决定关系。

2. 根据中国的特定现实情况分不同缴费率进行测算

我国的基本情况设定同上，即 m = 35，e = 15。设定工资增长率为 9%（不考虑通货膨胀因素，根据《中国统计年鉴》2004 数据计算可得，1994 年至 2003 年，我国 GDP 增长率为 9.63%，工资增长率为 11.95%，考虑到长期内的变化，我们这里取值为 9%），资本市场的投资回报率设定为 4%。[①] 根据不同的给定缴费率 τ 情况进行测算。

缴费情况Ⅰ：τ = 10%。代入具体数值 r = 4%、λ = 9% 进行测算，养老金替代率为 8%。进一步分析，养老金替代率随投资报酬率 r 和工资增长率 λ 的变动趋势，分 A、B 两种情况，根据 (2.3) 式，借助于计算机，测算的结果如表 1 所示。

表 1　完全积累制（缴费率为 10%）的情况下养老金替代率随投资报酬率 r 和工资增长率 λ 的变动情况

A：投资报酬率 r 为 4%，工资增长率从 10% 到 0 之间变动										
λ（%）	10	9	8	7	6	5	4	3	2	1
RR（%）	7	8	10	12	15	19	23.3*	30	38	49

① 根据天相投资分析系统的测算数据，我国资本市场最早的三支开放式基金，从 2001 年 9 月成立到 2004 年 8 月累计回报率为 13.14%，折算成年回报率只有 4.2%。

续表

B：工资增长率λ固定为9%，投资报酬率从10%到1%之间变动										
r（%）	10	9	8	7	6	5	4	3	2	1
RR（5）	29	23.3*	19	15	12	10	8	7	7	7

*：此数是根据（1.2）式计算，（2.3）式对此情况无效。

缴费率情况Ⅱ：统账结合，个人账户缴费率τ=11%，加社会统筹目标替代率20%的统筹缴费。根据我国1997年统账结合的设计方案，社会统筹目标替代率为20%，个人账户积累比率为11%，个人账户的养老金替代率用RR_{pc}表示，整体养老金替代率用RR_{tc}表示，代入具体数值r=4%、λ=9%进行测算，养老金替代率为8%。进一步分析，养老金替代率随投资报酬率r和工资增长率λ的变动趋势，分A、B两种情况，根据（2.3）式，借助于计算机，测算的结果如表2所示。

表2　统筹与个人账户（缴费率11%）相结合情况下养老金替代率随投资报酬率r和工资增长率λ变动情况

A：投资报酬率r为4%，工资增长率从10%到0之间变动										
λ（%）	10	9	8	7	6	5	4	3	2	1
RR_{pc}（%）	8	9	11	13	16	20	25.7*	32	42	54
RR_{tc}（%）	28	29	31	33	36	40	45.7	52	62	74
B：工资增长率λ固定为9%，投资报酬率从10%到1%之间变动										
r（%）	10	9	8	7	6	5	4	3	2	1
RR_{pc}（%）	32	25.7*	21	17	14	11	9	8	8	8
RR_{tc}（%）	52	45.7	41	37	34	31	29	28	28	28

*：此数是根据（1.2）式计算，（2.3）式对此情况无效。

缴费率情况Ⅲ：按照试点的实际缴费率测算。根据我国试点的地区的情况，辽宁实际做实个人账户的比率为8%，吉林和黑龙江实际做实的比例为5%（要求8%，3%为欠账），即$\tau=8\%$和5%，结合情况Ⅱ的计算方法，得到各自的替代率。缴费率为8%时，个人账户替代率只有6%，综合替代率为26%；缴费率为5%时，个人账户替代率只有3%，综合替代率23%。都远低于改革设计的目标替代率。

（三）市场利率（投资回报率）是积累制的重要条件

模拟公式及我国实际数据测算分析表明，市场利率（投资回报率）是积累制运行的一个重要条件。

1. 积累制对投资报酬率有比较高的要求

理论分析表明，市场利率（或投资回报率）水平的高低，或者说其与萨缪尔森的“生物汇报率”（人口增长率+实际工资增长率）的对比关系，是积累制运行要考虑的重要条件。从帕累托改进的角度看，在市场利率小于萨缪尔森的“生物汇报率”时，现收现付制要优于积累制；只有市场利率大于萨缪尔森的“生物汇报率”时，再附加相应的其他条件，积累制条件下才可能实现帕累托改进。

进一步而言，在我国制度内养老保险的缴费人口相对趋于稳定的情况下，生物回报率主要体现为工资（或经济）增长率，这样就简化为市场利率与工资增长率的对比关系。我国实际工资（或经济）增长率近10%，而投资回报率只有4%的水平，这种情况下对于实行基金积累制是一个严重的制约。

2. 其他条件不变，投资回报率与养老金的替代率呈正相关关系

其他条件不变的情况下，实际的测算分析也表明（如表1、表2），养老金替代率与市场资金回报率存在一种正相关关系，市场资金回报率高，养老金替代率也高；市场资金回报率低，养老金替代率也低。实行积累制，要保持一定的养老金替代率，必须要有一个特定水平以上的市场投资回报率。

二、我国实行积累制面临的矛盾

根据模拟测算，在中国目前特殊国情下，实行积累制面临着如下矛盾：

（一）现实国情对养老金替代率的高要求与资本市场报酬率低的矛盾，即资金缺口矛盾

1. 低收入水平（经济发展水平）要求高的养老金替代率

养老金水平取决于养老金替代率与当期工资。当期工资水平较低，必然要求养老金替代率要高，才能保障离退休人员的基本生活需要，因此，我国当前73.7%（财政部社保司，2004）的高养老金替代率就不足为奇了。2003年，我国城市居民的恩格尔系数为37%（2004中国统计年鉴），按照测算不足30%的养老金替代率，退休职工养老金连吃饭都不能保障，满足生活需要就更谈不上了。鉴于我国是在“未富先老”的背景下进入老龄化社会的，经济发展水平偏低决定了工资水平偏低，满足退休职工的基本生活需要，就必须保持一个高水平的替代率。

2. 我国资本市场报酬率低与基金增值的矛盾，难以保证有效的替代率

现实国情要求一段时间内有一个比较高的养老金替代率，而上文分析表明积累制下其与资本市场回报率呈正相关关系，因此，积累制下要保持一个较高的替代率，要求基金的投资回报率比较高。投资报酬率低，必然导致养老金替代率低。根据前面统账结合的测算表明，基金的投资报酬率等于工资（经济）增长率时，我国养老金替代率为23.3%；只有前者大于后者时，养老金替代率才会高于23.3%。要保

证现实中 73.7%的替代率，实际工资（经济）增长率 9%，基金的投资报酬率需要达到 14%才可以，而实际的资本市场回报率只有 4.2%。[①] 所以，资本市场欠发达，投资回报率低，基金增值和有效的养老金替代率就难以保证。

（二）社会保障资金投资安全性对政府的依赖与降低政府社会保障责任的市场化改革目标的矛盾，即资金积累有效性的矛盾

理论上，投资可以是高风险的私人市场，也可以是政府的“金边”债券或直接由政府担保或运作。但是社会保障资金作为老百姓的“养命钱”，对资金的安全性有比较高的要求，加上我国资本市场欠发达，高风险的私人市场投资就受到限制，这样必然的结果就是，社会保障资金要保证安全性，要么购买政府的国债，要么政府担保或直接投资运营。这两者对于解决政府责任以及实现社会保障未来的可持续发展来说都是无益的。首先政府直接担保或投资运营，与政府的责任直接相关，政府从后代人向当代人分配资源的冲动难以得到有效控制，难以实现社会保障的可持续发展；其次，购买政府国债，这种看似私人市场操作的投资，实际上仍然难以避免政府的影响，因为，这种情况下，社会保障资金积累的只是一张债券，或是一张“纸”，而与资源对应的资金仍然在政府手中分配，政府的消费行为仍然难以得到有效制约，社会保障资金能否兑现，又不得不取决于未来政府的支付能力，自然也就受制于未来经济增长情况，所以，现在的积累也就失去应有的意义了。从这个意义上说，没有私人市场投资有效支撑的社会保障资金的积累，只不过是使当前政府的社会保障责任对未来政府而言由不确定变为确定，并没有直接增加未来可用的社会保障资源。

---

① 根据天相投资分析系统的测算数据，我国资本市场最早的三支开放式基金，从 2001 年 9 月成立到 2004 年 8 月累计回报率为 13.14%，折算成年回报率只有 4.2%。

（三）提高个人账户积累率与满足当前养老需要的矛盾，即解决转轨成本的矛盾

个人账户积累率偏低，为什么不提高个人账户的缴费率呢？当前消费与未来积累的矛盾问题。诚然，提高个人账户的缴费率可以提高个人账户的替代率水平，但同时满足当前社会保障的资金一个也不能减少，由于可用社会经济资源有一个总量约束，结果必然是，要么增加当代人的总体负担，要么养老金发放会进一步拖欠。而从现实经济的可行性分析，我国进一步提高养老金的缴费率空间是十分有限的，因此，很可能会加大对转轨成本的拖欠，这样，即使积累制自身能够达到满意的水平，恐怕总体上社会保障的要求也依然难以满足。

（四）积累制的自身缺陷也制约着其效率的提高

积累制是靠个人账户积累养老，分散风险，对于老龄化而言优于现收现付制，且有利于提高储蓄促进增长；但是却大大弱化了社会保险的互济功能，① 也有高昂的管理和监管费用问题。“世界银行在很多国家倡导养老金私有化和积累式养老保险，将此作为应对老龄危机的手段。然而，事实证明，这种做法是无效的，并导致了许多问题。……包括私营养老金的高额管理费用，约为一个工人终生缴费的25%；政府在养老金监管方面的高支出和一些昂贵的担保金；既要满足目前的津贴支付，又要为新的预筹金计划积累资金，导致过渡成本高昂；由于投资金融市场的不稳定，缴纳了相同保费的工人，最后能够领取的私营年金数额有可能十分不同”②。

总之，保障居民的基本生活需要是政府的重要职能。积累制下我

① 积累制对于有充分的账户积累者是有保障的，但对没有或积累不足的人却难以保障，社会保障的互济功能难以实现，这是积累制必须面对的矛盾。当然可以考虑财政补贴，但当账户积累低而过于依赖一般财政补贴时，实施基金制本身的意义就值得怀疑了。

② 国际劳工局报告：《社会保障：新共识》，中国劳动和社会保障出版社，第20—21页。

国的养老金替代率偏低难以完成保障功能的直接后果，就是要求政府通过其他渠道补助退休职工，或者干脆不以积累制为主。所以说，就我国现实情况看，由于积累制所能达到的养老金替代率偏低，过于强调积累制来应对我国的老龄化挑战，不适合我国国情。

三、对我国社会保障做实个人账户的基本判断

（一）我国目前的社会保险模式不宜过分强调或依赖积累制

一方面，按照现行的条件，积累制难以充分地承担起社会保障责任；另一方面，试点中的积累管理模式也没有真正规避政府的支付责任，所以，社会保障问题尚不能过多地寄希望于通过引入积累制来解决。

1.现行条件下积累制难以承担起必要的社会保障责任

通过上述测算比较，一方面我国欠发达的资本市场难以保障必要的基金投资报酬率，从而在我国收入水平比较低的情况下难以保证必要的养老金替代率，完全积累制在中国现实国情下难以完全起到保障作用；另一方面，完全积累制自身还存在诸如互济功能弱、管理监管成本高等缺陷，以及转轨成本问题，所以单凭积累制难以解决中国的社会保险的可持续发展问题。根据模拟测算，完全积累制下的养老金替代率达到20%就很不容易了；即使是统账结合也不到40%，而现实中的试点地区，由于实际个人账户的缴费率还低，所能达到的替代率就更低了。① 所以，

① 由于我国目前的发展阶段尚不够发达，工资水平偏低，这就决定了养老金的替代率不能低。而现实资本市场报酬率偏低又决定了我国目前情况下，难以通过积累制来实现较高的养老金替代率。根据我国试点地区的测算情况，像辽宁8%的个人账户积累率，最终的养老金替代率只有26%，而吉林和黑龙江的个人账户积累率只有5%，养老金替代率只有23%，都远远低于目标替代率58.5%的水平。

现有的试点模式下，即使按照现在的要求做实了个人账户，也难以满足未来的需要。在社会保险的筹资模式选择上，中国不应该过多地强调积累制的作用。并非一个“做实”就可以解决当前的社会保障问题，强化社会保障预算约束，降低支出成本，实现“低水平、广覆盖”的社会保障仍具有重要的现实意义。

2. 现行模式下积累制也不利于规避政府社会保障支付风险

从积累制的实现模式看，目前采用的形式也不符合我国化解财政风险的要求。积累制的实现有两种模式，一是规定受益制（defined benefit）和规定缴费制（defined contribution），简称 DB 和 DC。一般而言，在 DC 模式下，只需要为参加者设立个人账户，如实地记录其缴费及应得的投资收益，最后按照事先约定的方式将参加者在其个人账户上的积累及其回报发还本人，只有缴费规定，没有收益标准保证，因此投资风险由参加者自己承担；但是，在 DB 模式下，比如基金托管人事先做出一个承诺，即将来不管基金投资的回报怎样，都会按事先设定的回报率向参加者支付养老金，这样托管人承担全部风险，而基金参加者则不承担任何风险。在我国目前的情况下，个人账户的实现模式，更可能是规定收益制的模式，参加者不承担风险，风险不得不由托管人或是政府来承担，这样，即使采用积累制的模式，也不能有彻底解决政府的社会保障支付责任。

（二）加强预算控制难以回避

投资渠道受现实金融市场欠发达的影响，私人资本市场的投资（积累）受到制约，与现收现付制一样，积累制依然需要加强政府的预算约束；历史欠账和转轨成本是一个不可回避的问题，须通过建立社会保障预算、加强管理来加大力度逐步解决。

1. 有效积累需要加强政府预算约束

积累制不仅面临积累额不足的问题，而且有限的积累额也面临如何达到预期积累目标的问题。建立个人账户的重要原因是基于依靠政府难以形成有效的积累以应对未来老龄化的挑战，需要加强政府投资预算约束。因为政府积累的社会保障基金，实际上积累的是一张纸(债券)，真正的支付能力取决于未来政府的支付能力。如何提高未来政府的支付能力，很重要的一点就是约束现在政府的预算，保证有效的投资和经济增长。（美国）新近研究表明，信托基金被（过多地）用于非投资项目上，信托基金并没有随经济和税基的规模同比例增长，也就是说，现在的社会保障模式对已有资金的积累，也难以达到预期效果（GAGADEESH GOKHALE，2005），从而使积累的实质仅仅是使当前的社会养老保障“债务”对于未来政府而言由不明确变为明确，仅此而已，并没有对现任政府形成强有力的约束。这实际上就是对“政府积累”的不信任，才成为以私有化为到向的个人账户的建立，这种情况下要保证个人账户积累的有效性，就需要调控政府投资并引导私人投资来促进经济增长与发展，从而需要加强预算约束。

2. 历史欠账和转轨成本是一个不可回避的问题，须通过建立社会保障预算、加强管理来加大力度逐步解决，加强预算控制成为难以回避的问题

个人账户积累，是将原社会保障税（或费）拿出一块来用于积累，但同时政府还要保证没有积累或积累不足的社会保障对象的应有权益，从而需要政府开拓融资渠道，筹集完成这项职能的资金，这就形成对政府预算的一个强有力的制约（当然，债务融资的渠道除外，因为这样的方式还是将负担转嫁给了后人)。

由于我国特殊的历史背景下建立的社会保险体制，采用的现收现付的模式，先期退休者是在没有积累的情况下进入社会保险体制并受益，这其中的支付成本就作为历史欠账的形式顺延下来。理论上可以在以后经济发展的情况下予以归还，但是现实中老龄化问题的来临，已对社会保险的可持续发展形成严峻的挑战。在这样的背景下，现行的现收现付制社会保障仅就老龄化带来的压力就难以解决，更谈不上逐步消化历史欠账了。

通过积累制来解决中国的老龄化问题，面临着两个方面的重要挑战：一是历史欠账和转轨成本，这是我国向积累制转轨过程中必须解决的问题；二是由于我国经济发展尚处于比较低的阶段，较低的工资水平使得养老金替代率水平难以有效降低，而相对于经济快速增长而言的过低的资本市场盈利率又严重制约着积累制条件下养老金替代率的提高，两者的矛盾使得我国现阶段以积累制为主的社会保障模式难以充分解决我国的社会保障问题。

可见，中国的社会保障问题，无论何种制度下，历史欠账的解决是一个难以绕过的问题，必须通过切实有效的措施加以控制和解决；但是我国现实情况的低工资水平、低投资回报率决定了积累制解决上述问题的有限性。未来老龄化条件下，无论放在现收现付制还是积累制中解决，加强养老保险的预算约束和控制也是一个回避不了的问题。

（三）有效率的实体经济，进而完善的资本市场，是社会保障有效积累和可持续发展的条件，促进有效率的实体经济的发展与繁荣、提高整个经济的质量是政府国债投资乃至整个投资的重要责任

社会保障资金问题不仅涉及缺口问题，也有如何有效积累问题。关于资金缺口问题，前面分析表明，在未来老龄化的压力下，将面临严峻的挑战。社会保障除资金缺口问题之外，还有一个资金积累的问题。资金积累的实质，就是在社会保障面临支付困难时，能够动用积累资金支付。如前所述，现行的积累，由于受到社会保障资金安全性的要求，须主要投资到国债上，实际上仍由政府安排使用，进而（过多地）被消费而没有用于非投资项目上，并未有效地促进经济和税基增长，信托基金也就得不到应有的增长，可见，目前的预算政策和程序并不能有效地积累资金。在这种情况下，积累的不过是一张债券而已，真正资金的使用还是被政府动用了，当期资金的积累，就转化为未来政府的债务（充其量不过是把不明确的债务明确化了），真正的

支付能力还要取决于未来政府的支付能力。

所以说，无论是私人市场投资需要有效率的实体经济做支撑，进而需要完善的资本市场；还是政府投资创造条件繁荣实体经济从而实现经济增长，都离不开有效率的实体经济，失此则失其根本。所以，政府的国债投资，乃至整个投资，其重要的职责就应该是促进有效的实体经济的发展。

（四）养老保险理念和定位需要进一步明确，是解决和讨论社会保障可持续发展的重要前提

现收现付制和积累制下我国的养老保障实现可持续发展都面临严峻挑战。如果在强化预算约束控制、拓展筹资渠道的情况下仍然不能得到有效地解决，那我们就需要反思我们的养老保险理念和定位了。我国养老保险是一种福利与保险混合的模式，理念及其政府在其中的职责定位不够明确，使养老保险在实际运行中的边界难以明晰，一方面在突出参加者缴费的权利与受益的对应关系，另一方面，在改革成本的承担上，如国有企业失业人员、农村失地农民等的进入，又不强调二者的对应关系，具有浓重的福利色彩，从而使我们评价、讨论养老保险乃至评定社会保险的工作都会大大受到限制，成绩与责任难以明确化，不利于社会保障管理的加强与改善。反思诸类问题，我们应该进一步明确养老保险的理念与政府的定位，在此基础（或平台）上进一步讨论养老保险预算和可持续发展问题，如果不可持续，该如何改就如何改，如实无可行方案（或制度安排）选择，也要得出一个基本的结论或判断，以避免在一个“无解”问题上探索出路而做的无谓浪费与牺牲。

综上所述，在我国目前的情况下，社会保险模式采取积累制的模式是不可行的，同时考虑到现收现付制的缺点，应该考虑一个“二者合一的、能够向工人提供一种防止双重风险的措施”，“最佳养老金制度可能是一种混合型制度，……，国家提供最低津贴，私营基金作补充”（国际劳工局报告：《社会保障：新共识》，中国劳动和社会保障出版社，P20—21）。综上分析与判断，我们不宜过于强调积累制，即使采用混合型制度，也应采取以现收现付制为主、个人账户积累为辅的部分积累制的混合型制度。在此基础上建立社会保障预算，明确责任，强化约束，降低成本，并促进实体经济的发展和质量的提高，努力实现养老保险的可持续发展。

本文参考文献：

1. 国际劳工局报告：《社会保障：新共识》，中国劳动社会保障出版社 2004 年版。

2 王鉴岗：《社会养老保险平衡测算》，经济管理出版社 1999 年版。

3. 李绍光：“养老金：现收现付制和基金制的比较”，《经济研究》，1998 年第 1 期。

赵福昌

建立农民工统筹储蓄社会保险制度

——面对“十一五”规划的一项建议

内容提要

党的十六届三中全会《关于完善社会主义市场经济体制若干问题的决定》，对完善我国社会保障制度提出了全面的要求，这一要求的指导思想是“加快建设与经济发展水平相适应的社会保障体系。”中国社会保障体系建设的基本思路是：统一相关的社会保障制度，统筹推进，完善体系建设与完善管理体制相结合，使中国社会保障体制尽快向体系完整、制度健全、水平适当、统放有度的方向推进。按照这一设想，我们将建立的是一个覆盖城乡、惠及全社会的社会保障制度。但在我国目前的国情下，建立和完善社会保障体系将是一项非常复杂和长期的任务。当前，农民工的社会保障问题非常突出，这一问题的解决对于进一步完善城市社保体系，进而解决最广大的农村地区的社保问题，具有重要的桥梁作用。鉴于此，本文认为，在“十一五”规划中，农民工的社会保障问题应当得到重视，并为此提出了建立农民工统筹储蓄社会保险制度的建议。

一、农民工的社会保障问题应当得到重视

1. 今天的青年农民工 30 年以后大部分将是城镇老人，现在就应当考虑这些人的保障问题。随着我国经济的快速发展，将有越来越多的农村剩余劳动力进入城镇，城镇人口的比率将大幅度提高。据统计，1978 年时城镇人口占总人口的比例是 18%，到 2004 年城镇人口已经达到 42%，26 年间年平均增加接近 1%。如果按照这个速率计算，再有 30 年，城市化率将接近或者达到 75%。所以说现在的农民工大部分将脱离土地，成为城镇老年人口。根据有关统计，目前我国有 1.2 亿—1.5 亿农民工，以后数量会不断增加，现在就应当为这些人的养老等保障做长远安排。

2. 农民工的社会保障问题的解决是建立和完善我国社会保障体系的关键环节。第一，农民工是我国城市化进程中的一种暂时现象，农民工社会身份和政治身份的变化是迟早的事情，他们被社会保障制度拒之门外，将对我国的城镇社保体系的进一步完善产生非常消极的影响，不包括农民工的城镇社保体系是一个不完善的社保体系。第二，我国目前正在建立农村的社保体系，并试图建立城乡一体化的社

会保障制度，农民工作为城镇人口和农村人口的“过渡人群”，其社会保障问题的解决具有示范效应，可以为我国全面、完整的社保体系的建立积累经验。

3. 目前，我国对农民工社会保障的政策不统一，使得农民工的相关权益无法得到保障，这将带来诸多的社会问题，影响到社会的稳定和经济的可持续发展。我国目前只有个别地方（大连等）将本市藉农村户口的农民工的养老保障和医疗保障纳入城市保障体系，比例很小。部分地区（北京等）将部分农民工的医疗保障纳入当地的保障制度内。部分中央单位将农民工交纳到个人账户中的养老保险在他本人离开单位时退还本人。大部分地区或者没有交纳，或者交纳以后进入统筹基金的大账，农民工不论一直工作下去或者离开，都没有权益。这是不公平的和不负责任的。

二、农民工工资统筹储蓄保险制度的基本设想

在任何单位工作的城市户口的临时工，都要求交纳养老、医疗、失业保险，统称为“三险”，比照城市户口的合同工“三险”的征收方式，考虑到农民工的流动性等因素，可以将这三险合一，统称为“农民工统筹储蓄社会保险制度”。从农民工工资总额中提取保险金，但是管理形式却不同，农民工的保险金要进个人储蓄账户。具体的设想如下：

1. 保险金由用人单位和农民工共同负担，用人单位负责缴纳。农民工进入城市或城镇工作，任何雇佣单位在支付其工资的同时，必须依法交纳“雇员养老保险”、“雇员医疗保险”和“失业保险”。

2. 与城镇合同工交纳的费率相同。农民工交纳“三险”的费率与城镇合同工所交纳的“三险”统筹金费率相同，在工资内扣除。目

前城镇合同工“三险”交纳的费率状况如下：

基本养老保险：单位将工资的20%上缴统筹基金；然后，统筹基金返还3个百分点到个人账户，再加上个人交入自己强制储蓄账户工资8%的部分，共有11%在账户中。

医疗保险：单位交纳9%到统筹基金，返还其中的30%到个人账户，加上个人交纳的2%，个人账户共有4.7%。

失业保险是2%，交由失业保险统筹基金管理。

农民合同工的征收率和自己交纳率应与城镇户口合同工完全相同，保证了立法和法律执行的统一性。但是农民工是流动的，不属于某一个城市，他们交纳后形成的权益应当重新考虑，进行特别政策安排处理。基本的原则是：农民工要对当地政府有所贡献，即将一小部分留在当地政府统筹基金内；又要保护农民工的个人权益，将其中的大部分储存到农民工的个人账户。

3. 大部分记入农民合同工个人账户。农民合同工与城镇户口合同工交纳的费率相同，但是主要部分要进入个人账户，设想如下：

在雇佣单位交纳基本养老保险工资20%中，3个百分点归统筹基金（作为对当地社会的贡献），17个百分点划到农民工的个人账户（因为农民工不享受未来当地退休劳保）。

医疗保险的交纳费率与城市户口的人相同，个人账户的分配比率也相同。农民工享受当地基本医保。

失业保险也一样征收，完全归入地方。

这样，我们就看到了一个农民工保费交纳和分配的总体状况：雇佣单位交纳工资总额的31%（其中养老20%，医疗9%，失业2%）到三个统筹基金后，其中的工资的19.7%（养老17%，医疗2.7%）返还给农民工个人账户，当地政府得到工资总额11.3%。另外按照现有统筹基金管理规定，个人还要在账户储入工资的10%（养老8%，医疗2%），这样，农民工个人账户得到返还的部分和自己储入的部分，共有工资的29.7%（见表1和表2），这部分是农民工离开城市以后可以带走的权益。

此外，留下来当时可以享用的权益还有医疗保险和失业保险。

表1　　北京市合同工“三险”交纳状况

基本养老		基本医疗		失业保险
单位交纳20%，其中3个百分点入个人账户	个人交纳8%	单位交纳9%，其中30%入个人账户	个人交纳2%左右	单位交纳2%
总交纳28%		总交纳11%		总交纳2%
入统筹基金账户17%	入个人账户11%	入统筹基金账户6.3%	入个人基金账户4.7%。	全部入统筹账户

注：城市合同工的有关规定见北京市“三险”有关规定。

表2　　农民工统筹储蓄保险个人账户的设想

基本养老		基本医疗		失业保险
单位交纳20%，其中3个百分点入统筹账户	个人交纳8%	单位交纳9%，其中30%入个人账户	个人交纳2%	单位交纳2%
总交纳28%		总交纳11%		总交纳2%
入统筹基金账户3%	入个人账户25%	入统筹基金账户6.3%	入个人账户4.7%	全部入统筹账户

雇佣单位“三险”征缴该农民工雇员工资总额的31%，

其中：当地政府“三险”基金可以得到该雇员工资总额的11.3%

农民工本人可以得到单位交纳后返还到他账户工资总额的19.7%。

加上个人向账户中储蓄工资总额10%。

农民工的权益：个人账户共有29.7%，还应当享受当地基本医疗保险。

4. 农民工雇员的统筹储蓄安排。全国农民借助身份证统一编码，每个人在银行有“强制统筹储蓄保险账号”，不论在哪里被雇佣，强制统筹储蓄保险金被自动地划入这个账号之下。

被授权的商业银行在国家监督和管理下，接受这个强制储蓄资金管理的业务，保障这个资金的安全。

5. 统筹储蓄安排的特点——强制、优惠、保值、养老性储蓄。国家立法强制执行，雇主与雇员都有义务；有关机构也有义务。由于这是一笔长期储蓄，应当得到较高的利息回报（印度尼西亚的雇员准备基金（EPF）的回报高于储蓄利息）。国家对这个储蓄不仅不征收任何税收，而且在通货膨胀的时候，还要给予保值处理。

农民工在这个工资的30%左右强制储蓄之外，有条件的人还可以额外交纳一些钱补充强制储蓄，每年总储蓄应当有一个限额，比如不超过1万元。

依照有关立法，任何有资质的银行必须接受这个委托。立法也要明确规定：这部分储蓄是优先保全储蓄资产，就是说，它平时受到银监委和国家社会保障部门的监管，银行破产清算时优先保护这部分储蓄。

6. 储蓄的处置权。社保强制储蓄金是农民工自己的财产，每年增加，直到年老，积累一笔养老的财产，在达到退休年龄时可以使用。在退休年龄以前（除非要用它来购买城市住宅和治疗癌症类疾病），这个账号的资金不能使用。

农民工年老以后养老等使用也以他的这个储蓄数量为限。

在未到退休年龄时，储蓄金也可以被用于购买城镇住房。因为有房屋居住是养老生活中一部分，老年人如果孤寡可以将住房折抵给养老院，自己得到养老。如果有子女，继承房屋者应当负担养老的责任。

养老储蓄金以及有关由此形成的住房等可以被继承。

7. 未进城镇工作的农民也有这个权利。一般农民没有到城镇打工，也可以自愿交纳这个储蓄金。立法规定：农民土地被征用的补偿金必须有一部分交纳到这里。

子女为父母等直系亲属、以及亲属之间填补储蓄的行为应当受到鼓励（新加坡的强制储蓄制度就是如此）。

可以不连续交纳。比如外出打工交纳，回家务农可以不交纳，以后再打工，再交纳。某一天做生意有了一笔较高的收入，自愿补齐以前未交纳的限额也行。

三、该方案应当具有的优点

1. 积少成多，滴水成塘。有了这个制度，就可以在不知不觉中逐渐积累起一笔农民保命的养老金。

2. 给农民一个平等的地位、一个信心和方向。为了鼓励这种行为，在个人建立储蓄的初期，国家甚至可以提供“开户金”——比如像退伍军人可以得到1000元最低压底账户资金一样。其他鼓励措施如免税、贴息、保值等也应当有立法规定，这样农民的储蓄积极性会更高。农民如果有了一定的储蓄，感到国家关心，有一种社会平等的体验，精神面貌就会大大改变，生活信心也会提高。他们正向努力的力量也会增加，有恒产就有恒心，暂时的挫折不会改变他们的生活方向。如果大部分人有一定的储蓄，农村赌博和进城后犯罪的驱动力就会减少。

3. 国家财政负担小，容易实施。国家不需要太多的资金投入。立法之后，国家要求相关部门监督商业银行执行这个法律，保全这部分资产，在一定条件下支付这部分财产，不需要建立很大的机构。

4. 可持续——解决现收现付带来的未来支付的困难。我国人口快速老龄化，10年以后，将出现越来越少的人工作养越来越多退休人的局面，现收现付制将难以为继。如果在现收现付制下让农民也加入目前城镇统筹模式，这一天将变得很遥远，甚至没有可能。我们应当尽早用积累制化解现收现付制不能持续的矛盾，农民工强制储蓄制度符合这种要求，现在就应当开始，涓流汇集，终成大洋。此外，这种制度安排也符合潮流，这种强制储蓄的形式也是各国改革的方向——加大个人账户储蓄。部分国家的社会保障正在转型，甚至转向强制储蓄加老年最低生存保障的模式。

5. 后来居上，保障的人数多——将成为我国养老保障的主体形式。该种社会保障涵盖面宽，立法以后，近1亿的农民工可以进入。如果按照月工资1000元计，30%的储蓄，将有300元，一年有3000多元，1亿农民工将有3000多亿的储蓄。

因为是优惠储蓄，会吸引部分在农村的富裕农民加入，如果有20%农民有条件和愿意加入，总参加的人数可以达到2亿。

如果如文章下一部分所说的那样，将土地物权转让与个人养老储蓄账户结合起来，将有更多的人进入这个体系。

如果我国在30年内使农业人口减少到总人口的20%—25%左右，到2035年将有6亿左右退休与未退休的人在这个体系内获得保障，从人数上说肯定它就成为我国那时社会养老保障的主体形式。

6. 三种形式，一个体系——形成保障制度内不同形式之间的竞争。目前我们已经有城镇企业职工养老制度，我们将要建立行政事业单位职工养老制度，再有农民强制储蓄养老制度，我们的养老体系就会成为一个“费基和费率”相同的“三种形式共存”的、全覆盖的保障体系。

如果我们强制储蓄的方法得当，鼓励措施得力，可能会引导部分城镇居民也加入这个强制个人储蓄养老。这样，无形中就形成了不同保障形式之间互补和竞争的局面，这是一个良性发展局面。也可以逐渐由此去解决城乡公民的差别待遇问题。

农民储蓄账户与城镇户口合同工交纳的是同样的保险和费率，如果一个农民工在交纳30年后，愿意将这个储蓄交到统筹基金，领取养老保险，也是可以的，这样实现了两者的互换。

7. 农民土地被征用以及长期转让等补偿金，主要部分应当进入强制储蓄账户。这样就打通渠道——实现从土地养老走向社会综合养老平稳地过渡。

目前农民靠小块土地和家庭养老，必须逐渐过渡到综合养老。在生产上，小块土地既没有规模效益，也束缚了农民；在养老上，小块土地及其子女也难以保障，需要向社会养综合老过渡。强制储蓄的方法提供了过渡的制度安排。

立法应当规定，征地单位应在支付征地款的同时，主动支付法定的农民养老金，并存入这一账户；在土地被征用者得到征用款的时候，将其中的一部分征用款强制储蓄到这个账户；这样就将土地养老的权益转换为社会养老的资金。30 年内将有 5 亿农村人口走向城镇，他们在土地上的权益就可以逐渐地转为养老的权益。

农民的强制储蓄、出让土地使用权收入、其他收入、不动产、子女养老和国家最低生活救济下的养老，以及商业保险养老等，构成未来农民的综合社会养老安排。

8. 强制储蓄还可以与国家独生子女养老补助金政策结合起来。

四、该方案可能产生的负面影响

1. 企业成本上升。目前大部分企业没有为农民工交纳“三险”，将来实施新政策以后，统一地、强制地征缴 31% 工资的强制储蓄，会使所有使用农民工的企业不得不增加工资成本，使企业的成本上升，特别是出口企业，竞争优势可能降低。

2. 短期物价会有所上涨。由于统一地提高了企业的生产成本，就有可能导致物价上涨。

3. 农民工现金工资收入可能降低。农民工受这个利益刺激会更积极出来打工，就业竞争使工资降低。雇主会将强制储蓄的部分视同工资，减少实际支付现金工资的数量。

4. 部分省市的社会统筹收入可能减少。因为这些省市现在向一些企业征收的社会统筹基金的工资基数中，包括农民工的工资，也就是说，农民工在一些地方实际上缴纳了社保统筹，但没有享受任何权益，现在单独征收，归到农民工的名下，地方统筹将减少收入。

5. 可能造成宏观经济的短期波动。一般地讲，农民的边际消费倾向高于城镇居民，他们的收入很快就花出去。强制储蓄会降低农民工现金收入，影响他们短期的购买力；购买力下降与上述的成本上升及价格上升会同时发生，宏观经济会有波动。

6. 可能造成雇主违法案件的增加。如不如实交纳储蓄保险金、违反最低工资限制等。

7. 严重通货膨胀时会增加财政负担。因为这部分储蓄是基本生存储蓄，因此需要在通货膨胀时需要保值，这会成为那个时期的财政负担。

8. 农民急需现金与强制长期储蓄之间有矛盾，可能会产生抵触情绪。农民出来打工急需现金支付孩子上学等费用，强制储蓄交纳费用高达25%，会减少农民的现金收入，农民未必满意这个做法。

五、需要配合的条件

1. 立法保证。应当就农民强制社会保障储蓄作专门的立法，立法内容涉及征收、管理、使用等方面。立法内容应对雇佣者、劳动者、国家有关执法机构等都有强制约束力。

2. 把缴纳农民工的社会保障储蓄作为审计的内容之一。以立法为前提，强制储蓄基金要作为政府审计和社会审计的内容，机关、企业、事业会计制度也要有相应的设计。

3. 用公诉制度保护农民工的储蓄权益。由于目前劳动力供应过剩，农民雇员不敢向雇佣单位提出上三险的要求，也不敢提出诉讼。应当将违反交纳“三险”作为公诉的内容。任何企业如果有雇佣，不论是城市户口合同工还是农村户口的合同工，没有交纳“三险”，属于违法行为，要受到公诉。

4. 严格实施法定最低工资制。

5. 配套措施。其他旨在保障农民工就业选择，保证农民工就业权益，使农民工享受与于城镇居民同等待遇，保证农民工政治权利的政策措施应配套实施。

吕旺实

过度市场化与高度分权化：中国医疗卫生改革的双重误区

内容提要

健康权是最基本的公民权利，是社会起点公平的重要保障，也是经济和社会可持续发展的保障，对健康投入是国家和政府不可推卸的职责。市场经济体制改革和财政分权改革以来，我国经济财政状况不断向好，卫生费用增长很快，然而卫生绩效①却不容乐观。中国医疗卫生体系从改革前被国际组织推崇的典范“沦落”为当前的反面案例②，结果令人深思。本文认为，卫生领域的过度市场化和高度分权化是问题的主要根源。因此，建议确立公共卫生和基本医疗支出的政府主

① 在世界卫生组织等国际组织的评价中，卫生绩效主要由人均预期寿命、孕产妇死亡率、婴幼儿死亡率 child mortality（新生儿死亡率 infant mortality、5 岁以下儿童死亡率 under－five mortality）等指标来综合反应。

② World Bank，1990，1997；Killingsworth，2002.

导地位，特别要强化中央财政的支出责任，建立不同层级政府间规范的责任分担与资金筹集机制。通过有效的体制构建以及合理的管理制度安排，以相对低廉的费用，提供成本效果好的医疗卫生服务，提高投入绩效，满足广大人民群众基本医疗需求，实现全民健康保障。

一、近年来中国医疗卫生呈现出高度市场化和分权化特征

（一）医疗改革与发展过程中的过度市场化

随着我国经济实力的不断增强，卫生总费用也持续增长，2003年卫生总费用达6623.3亿元，占当年GDP比重由改革开放初期的3%左右上升到2003年的5.65%（见表1）。从结构变化来看，改革开放以来，居民个人卫生支出比重上升很快，从1980年占卫生总费用的1/5一直攀升到目前的3/5左右。居民人均医疗费占其消费支出比重也呈上升趋势，成为仅次于食品、住房的第三大开支。同一期，政府的卫生支出却从36.2%下降到17.2%，平均每年降低约1个百分点(见图1)。从这种结构变化里，可以清晰的看出，我国医疗卫生事业呈现出高度市场化的特征。

表 1　　我国卫生总费用及其构成

	1980	1990	1995	2000	2001	2002	2003
卫生总费用（亿元）	143.2	747.4	2155.1	4586.6	5025.9	5684.6	6623.3
政府预算卫生支出	51.9	187.3	387.3	709.5	800.6	864.5	1137.8
社会卫生支出	61.0	293.1	767.8	1171.9	1211.4	1503.6	1808.4
个人卫生支出	30.3	267.0	1000.0	2705.2	3013.9	3316.5	3677.0
卫生总费用构成（%）	100.0	100.0	100.0	100.0	100.0	100.0	100.0
政府预算卫生支出	36.2	25.1	18.0	15.5	15.9	15.2	17.2
社会卫生支出	42.6	39.2	35.6	25.5	24.1	26.5	27.3
个人卫生支出	21.2	35.7	46.4	59.0	60.0	58.3	55.5
卫生总费用占 GDP%	3.17	4.03	3.69	5.13	5.16	5.42	5.65
人均卫生总费用（元）	14.51	65.4	177.9	361.9	393.8	442.6	512.5

注：(1) 卫生总费用为测算数；(2) 本表按当年价格计算。

资料来源：卫生部网站 http：//www.moh.gov.cn/news/sub _ index.aspx？ tp _ class = C3。

在欧美发达国家，医疗卫生费用平均约占 GDP 的 10%，其中的 80%—90%由政府负担。即使是美国那样市场经济高度发达、医疗卫生服务高度市场化的国家，政府卫生支出也占到整个社会医疗卫生支出的 45.6%（2003 年）。与我国经济发展水平相近国家相比，泰国政府卫生投入占全部卫生费用的 56.3%（2000 年），墨西哥占 33%（2002 年），都大大高于我国的水平。

具体到对医疗机构的投入，政府支出也基本上是在逐年减少。20 世纪七八十年代，政府投入占医院收入的比重平均在 30%以上，2000 年这一比重下降到 7.7%。2003 年抗击非典，政府投入大幅增加，也仅占 8.4%。由于政府投入水平过低，医院运行主要靠向患者收费，从机制上出现了市场化的导向。群众医疗交费，不仅要负担医药成本，还要负担医务人员的工资、补贴，一些医院靠贷款和其他方式融资购买高级医疗设备、修建病房大楼，相当一部分也要靠患者负担的

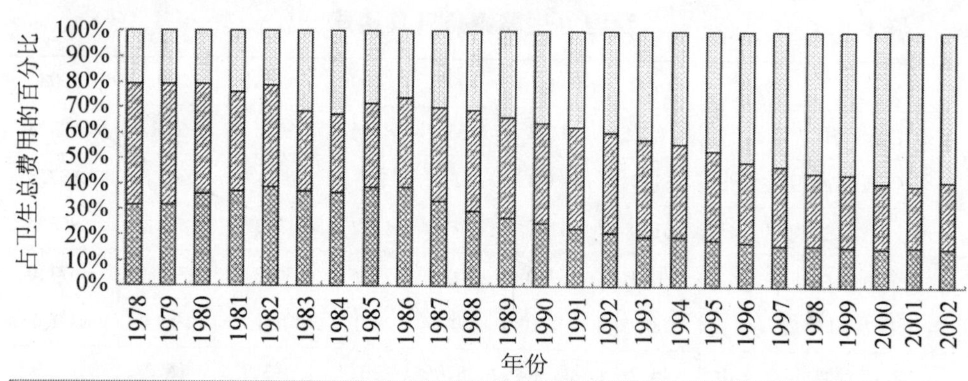

图 1　中国卫生总费用筹资构成

医疗费用来偿还。

财政卫生事业费增长长期滞后于财政支出、GDP 增长。虽然中央提出“中央和地方政府对卫生事业的投入，要随着经济的发展逐年增加，增加幅度不低于财政支出的增长幅度”①，但实际并没有做到，财政卫生支出不仅长期低于财政总支出的增长，也低于 GDP 的增长，财政卫生支出占财政总支出的比重持续下降。1991 年至 2004 年，财政卫生事业费支出相对于财政支出的弹性系数只有 0.69（见表 2）。

表 2　　财政卫生事业费增长滞后于财政支出、GDP 增长

	当年 GDP（亿元）	财政支出（亿元）	财政卫生事业费（亿元）	卫生事业费/财政支出
1991 年	21618	3386	86.4	2.55%
2000 年	89468	15887	272.2	1.71%
2004 年	136515	28361	501.1	1.77%
2004 年比 1991 年增长的倍数	6.31	8.38	5.80	

资料来源：根据《中国统计年鉴》、卫生部《2005 年中国卫生统计提要》和财政部社保司《全国卫生经费支出情况表 2005》相关数据整理。

① 《中共中央、国务院关于卫生改革与发展的决定》，中发［1997］3 号文件。

（二）体制变革中的分权化

从20世纪80年代以来，我国财政体制从传统高度集中的“统收统支”向分级分税财政体制演变，各级政府间的支出责任重新划分，中央政府将更多的支出职责交给了地方政府。与此相随，卫生领域也进行了大规模的分权改革，财政事权的下移也涉及到了卫生领域。在过去10年中，从支出结构上看，中央政府卫生支出仅占卫生预算总支出的5%，中央本级卫生支出约为2%，其他均来自地方政府支出，而在地方政府层次，县、乡镇又共支出了预算的55%—60%（见表3、图2）。这表明我国地方政府（特别是基层政府）是卫生公共支出的主体。这与世界上大多数市场经济国家通常由中央政府和省级政府为主负担教育和医疗卫生支出的制度安排相反。

表3　　中央和地方财政卫生经费支出　　单位：亿元

	合计	1998年	1999年	2000年	2001年	2002年	2003年	2004年
全国	4164.45	413.53	445.32	489.71	569.09	627.02	772.20	847.58
中央支出	269.13	17.82	17.79	24.29	48.05	24.02	59.66	77.50
中央本级	92.11	8.00	7.03	7.49	11.98	13.15	22.07	22.39
补助地方	177.02	9.82	10.76	16.80	36.07	10.87	37.59	55.11
地方支出	3895.32	395.71	427.53	465.42	521.04	603.00	712.54	770.08

注：(1) 中央支出包括中央本级支出及补助地方支出，地方支出为地方自有财力安排支出，由全国支出扣除中央支出后得出。(2) 财政卫生经费支出主要包括：卫生事业费、中医事业费、药品监督管理事业费、公费医疗经费。

资料来源：财政部社会保障司《全国卫生经费支出情况表》2005。

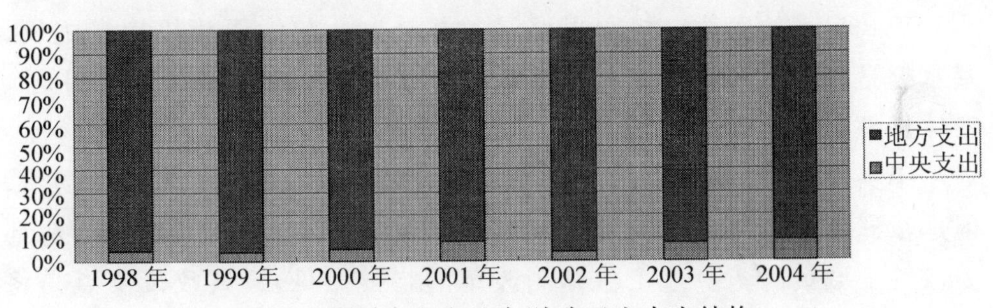

图2　我国中央和地方财政卫生支出结构

二、市场化与分权化的双重推进

（一）卫生市场化改革的演进

医疗卫生市场化改革的起溯点一般为1985年，标志性的文件是1985年国务院批转的《卫生部关于卫生工作改革若干政策问题的报告》，其中提出“必须进行改革，放宽政策，简政放权，多方集资，开阔发展卫生事业的路子，把卫生工作搞好”。

此后，1988年卫生部、财政部、人事部等五部委发布了《关于扩大医疗卫生服务有关问题的意见》，进一步提出了市场化的具体措施。如“积极推行医疗机构各种形式的承包责任制”和“允许有条件的单位和医疗卫生人员从事有偿业余服务，有条件的项目也可进行有偿超额劳动”；在公共卫生方面，允许“卫生防疫、妇幼保健、药品检验等单位根据国家有关规定，对各项卫生检验、监测和咨询工作实行有偿服务的收入”，甚至“医疗卫生事业单位实行‘以副补主’，组织多余人员举办直接为医疗卫生工作服务的第三产业或小型工副业”；而在财政经费保障方面，则是“国家对医疗卫生事业单位的经费补助，除大修理、大型设备购置及离退休人员经费外，实行定额包干”。

正式启动的医改，核心思路是放权让利，扩大医疗机构自主权，基本上是复制了国企改革的模式。在市场化医改过程中，点名手术、特殊护理、特需病房等新事物，像雨后春笋般在医疗系统涌现。

中央有关部门虽然没有主张医疗卫生服务全面商业化、市场化，但是强调分类改革。2000年，国务院办公厅批转国家体改办等八部委《关于城镇医药卫生工作体制改革的指导意见》，其政策要点是将医疗卫生服务机构分为两类，一类放开，定位为营利性机构，医疗服务价格放开，按照企业模式进行组织和管理；另一类为非营利机构，追求公益目标。同时提出“扩大公立医疗机构的运营自主权，实行公立医疗机构的自主管理，建立健全内部激励机制与约束机制”。在国家明确将医疗机构分为营利性与非营利性之后，一些“热钱”进入医疗服务市场。许多规模较大的民营营利性医院，也正是在这时建立起来的，较大规模的“市场化”改革从此开始。

在上述政策导向下，公立医疗机构乃至公共卫生机构在内的所有医疗服务机构，也逐渐成为实行独立经济核算、具有独立经营意识的利益主体。在医疗卫生服务机构的微观组织和管理方面，普遍转向企业化的管理模式。各种医疗服务机构之间逐步走向全面竞争，医疗服务的价格形成机制也主要依靠市场来决定。除鼓励竞争、放开价格，以及在公立医疗卫生机构进一步引入企业管理模式外，不少地方还套用国有企业改革的做法，通过股份制改造、整体出售、授权经营等多种方式将公立医疗卫生机构民营化。

这种倾向套用了一个简单的泛市场化逻辑：通过医疗卫生服务机构的市场化竞争，提高机构自身的运行效率并降低服务价格；政府转而采取补贴需方或购买服务的方式来提供公共卫生服务和基本医疗保障，财务负担可以因此而大大减轻。这种思路貌似有理，但实际结果却大相径庭。一个实证是江苏省宿迁市从1999年开始的市场化改革，将医疗机构全部推向市场，① 实行私有化，在这场效仿“美国模式”的改革中，政府的负担确实是减轻了，但医疗费用随之迅速上涨，老百姓看病难、看病贵的问题变得更为突出。

（二）财政分权化对卫生市场化的倒逼

卫生市场化一方面来自于政府的市场化改革指导思想，另一个重

---

① 1999—2004年，宿迁除2家公立医院外，其他133家公立医院均被拍卖，医疗事业基本实现政府资本完全退出。

要原因是财政体制变革中财政分权改革对卫生市场化的倒逼。在财政分权改革中，上级政府把卫生筹资的责任转给下级政府，下级政府在财力拮据、且缺少有效措施消除卫生机构冗员的情况下，又把筹资的主要任务推给了卫生机构，实质上是把难题交给了原本就失灵的市场。地方财政卸包袱的冲动，是医改市场化的重要促动因素。

在计划经济时期，由于实行"统收统支"高度集中的财政管理体制，中央政府事实上承担着全部的卫生筹资责任。为了调动地方的积极性，国务院决定从1980年起，对各省、市财政试行"划分收支，分级包干"的办法。[①] 在具体执行过程中，发展为多种形式的包干，例如收入递增包干、总额分成加增长分成、上解额递增包干、定额补助等。财政包干的好处是鼓励地方加快发展生产、增收节支，避免中央政府管得过细，干预过多。但是经济增长的"剩余索取权"长期归地方，必然削弱中央政府的财力（丁宁宁，2005）。1987年国营企业全面承包后则迅速显现，中央政府不得不重新开始集中财力，在1994年实施了分税制改革。

在财政分级包干的大格局下，中国卫生事业费主要来自地方财政预算，中央调剂的比重很小。随着地方经济发展差距的和地方财政能力差距的扩大，地方之间的政府卫生支出差距也在不断扩大。政府卫生支出比重下降带有明显的"累退性"，经济越穷的省份，政府卫生支出下降越快。城乡差距的问题就更严重了。

包干的思维不仅限于财政体制，而且也自己沿袭、渗透到对医疗卫生服务机构的财务管理上。在传统体制下，医疗卫生机构和文化、教育、科研机构同属于事业单位，所有的开支都来自政府预算。从1980年开始的财政"分灶吃饭"改革，对各级政府行政机关和科教文卫事业单位全面实行了"预算包干、节余留用"的办法。但实际执行中，行政机关是"包而不死"，真正"包死"预算的是科教文卫等

① 国发［1979］176号文。

事业单位的经费。在经济和价格指数都迅速增长的80年代，多年不变的预算包干结果，必然是科教文卫机构得到的政府事业费比重越来越小。政府试图借助市场的作用解决卫生筹资和医疗成本控制问题。这种取向从1985年的卫生改革方案中便可略见端倪，①这份政策文件既没有试图设计一种机制促进政府增加卫生投入，也没有找到控制成本的办法，而是赋予卫生机构以收费来弥补资金缺口的政策。

1994年的分税制改革是一次体制大调整，政策文件进一步明确了卫生事权上的属地分级负责原则，如1997年的《中共中央、国务院关于卫生改革与发展的决定》明确提出“卫生工作实行分级负责、分级管理，……各级地方政府对本地区卫生工作全面负责，将其作为领导干部任期目标责任制和政绩考核的重要内容”。②然而1994年的体制改革在提高了中央财政收入比重的同时，却又相应削弱了地方财力。特别是作为卫生支出主体的县乡财政（55%—60%的政府卫生支出来自县乡两级），在分税制改革中，由于上级政府纷纷层层集中财力，财政状况日愈维艰，甚至只能维持基本的运转，卫生事权与财权高度不对称。在这种情况下，县乡政府对一些公立卫生机构，要不经费补助日益减少，要么直接将其变卖，强行推向市场。

政府卫生事业费减少的一个严重后果是公立医疗卫生机构失去了稳定的经费来源。90年代以后，在中国大部分地区，政府拨付给公立医院的事业费，不仅不够支付医务人员的基本工资，甚至不够支付水电费，公共卫生机构的情况也类似。两次国家卫生服务调查的结果显示，政府资金投入占卫生防疫站收入的比重逐年下降，1997年与

---

① 参见1985年4月25日《国务院批转卫生部关于卫生工作改革若干政策问题的报告的通知》。这份政策文件认为，卫生事业发展缓慢的主要原因一是公共卫生事业经费和投资严重不足，医疗收费标准过低，医疗机构亏损严重；二是政策限制过严，没有把民间投资的积极性调动起来。为此，文件在提出鼓励集体或个人兴办医疗机构的同时，允许医疗机构提高收费标准，且“计划免疫注射和妇幼保健服务要适当收取劳务费，卫生防疫、卫生监督监测、卫生检验、体检、药品审批和药品检验等都要收取一定的劳务费和成本费。”

② 中发［1997］3号第37条。

1994 年相比，城市卫生防疫站的该比重由 46.2% 下降到 38.8%，农村卫生防疫站的该比重从 40.2% 下降到 34.8%。[①] 因此，绝大多数的公立医疗卫生机构，不得不通过各种创收活动来维持自己的运转。为鼓励创收，医疗卫生机构的内部分配制度也进行了相应的调整。普遍的做法是将创收收入与小集体甚至个人收入挂钩。随着经济利益诱导作用的不断强化，创收则逐步演变为医疗机构及医务人员的主动行为，其结果是整个医疗服务体系全面走上了商业化、市场化的道路。医疗服务体系的总体布局和结构，以及公共卫生服务的重点和技术路线选择等等，都因此而逐步偏离了社会公益方向。

三、市场化、分权化改革下我国卫生事业的总体绩效

改革开放以前，尽管中国经济的底子很薄弱，人民物质生活水平很低，但在公共卫生领域，中国曾经被视为一个非常成功的典范。刚解放时，中国的健康指标属于世界上最低水平的国别组。到 20 世纪 70 年代末，中国已成为拥有最全面医疗保障体系的国家之一，80%—85% 的人口享有基本医疗保健。人均寿命从旧中国的不到 40 岁提高至 70 年代末的近 70 岁，婴儿死亡率从 195‰降到 41‰。直到 80 年代，每逢国际组织对各国进行排序，按人均 GDP，中国的排名虽然不高，但按健康水平，排名则高得多，赢得广泛的赞誉。[②]

---

① 资料来源：卫生部第二次国家卫生服务调查分析报告，卫生部网站（www.moh.gov.cn）。

② 新中国成立以来推行的“以预防为主”的卫生战略曾被世界银行赞誉为“成功的卫生革命”。见世界银行：《中国：卫生模式转变中的长远问题与对策》，中国财政经济出版社 1994 年版。

20世纪80年代中期以来进行的市场化、分权化取向的卫生改革，也取得了一定的积极成效。例如在供给方面，医疗服务机构的数量、医生数量以及床位数量都比计划经济时期有了明显的增长，技术装备水平全面改善，医务人员的业务素质迅速提高，能够开展的诊疗项目不断增加，许多临床服务和技术都达到国际先进水平。此外，医疗服务机构及有关人员的积极性、微观运转效率有了普遍提高。部分社会成员特别是富裕群体的医疗服务需求也得到了更大程度的满足。但是在宏观层次上，居民综合健康指标却没有明显的改善，在某些领域特别是公共卫生领域，一些卫生健康指标甚至恶化。

在2000年世界卫生组织对191个成员国的卫生总体绩效评估排序中，中国仅列144位，比埃及（第63位）、印度尼西亚（92位）、伊拉克（103位）、印度（112位）、巴基斯坦（122位）、苏丹（134位）、海地（138位）还要低，而这些国家的人均GDP都没有中国高，这个结果令人深思。已经有研究（Shaikh I. Hossain）[①] 发现20世纪80年代以来，我国卫生资源利用的效率下降了，卫生投入的健康收益不如以前高。有学者甚至指出，近10多年来，中国的医疗体系已在低水平上患上了"美国病"（贡森，2005），即卫生费用大幅攀升，医疗卫生服务公平性差，卫生资源利用效率低下，人们的健康指标停滞不前甚至恶化。

（一）群众"看病难，看病贵"矛盾日益突出

在长期的改革过程中，政府试图借助市场的作用解决卫生筹资和医疗成本控制问题，然而缺少公共支持的市场化非但不能解决卫生筹资和服务成本控制的难题，既造成资源配置和使用效率低下，又导致资源分配更大程度的不平等（朱玲，2003）。2003年第三次国家卫生

---

① Shaikh I. Hossain. August 1997. Tackling Health Transition in China. World Bank Policy Research Working Paper Series No. 1813.

服务调查主要结果显示：我国医疗服务费用增速已超过人均收入的增长，医药卫生开销成为家庭食物、教育支出后的第三大消费，更为重要的是，将近五成（48.9%）的居民生了病不去医院看病。在去看病的患者中，经医生诊断该住院治疗却未住院的也达了 29.6%，突出反映了群众“看病难、看病贵”基本状况。统计表明，近 8 年（1996—2003 年）来，医院人均门诊和住院费用平均每年分别增长 13%和 11%，大大高于人均收入增长幅度，人民群众经济负担沉重，这其中有合理的因素，更多要归因于体制、机制以及医药购销和医疗服务市场化过程中带来的各种不合理因素。

（二）公共卫生体系出现薄弱偏废

市场化和分权化改革的一个直接后果是公共卫生和疾病防疫体系偏废薄弱。由于财政资金困难（尤其是地方基层）和补偿机制的不健全，许多公共卫生和防疫机构“剑走偏锋”，从计划免疫、疾病监控等公共卫生服务工作转向提供有偿性的医疗服务，甚至对不少计划免疫内的项目也实行收费。这就直接导致享受公共卫生和防疫服务面的缩小，对全社会健康状况带来危害。在抗击非典初期，不少地方的卫生防疫体系几乎不知所措，特别是广大农村的卫生防疫网网底疏漏，机构不全，设施落后，技术低下，对疫病监控、预警、流行病调查等关键岗位，只安排几个人应付上报的报表，使得控制疫情的应急能力急剧下降。这种状况难以有效控制重大疾病的流行。改革开放前已被控制的部分传染病、地方病开始死灰复燃，传染病患病人数仍居高位。据调查统计，1995 年后结核病又有回升迹象，目前全国结核病患者人数约 450 万，仅次于印度，列世界第二位，其中传染性肺结核病人约 200 万，乙型肝炎病毒携带者估计占全世界三分之一。

（三）卫生筹资和卫生服务享有公平性的恶化

由于财政分权和卫生事业分权的双重推进，经济发展的不平衡直接转化为卫生享有上的差距。由于分权到地方（县或以下），各个地方将根据本地的需要和支付能力对医疗卫生投资，不同经济状况地区的卫生投入差异很大，最终导致健康状况差距拉大。财政分权改革以来，公共支出责任的下移潜在地恶化了基本卫生服务的可及性，加剧了卫生资源配置的不公平状况，2000 年中国卫生筹资的公平性在 WHO 的 191 个会员国中排名 188 位，排位倒数第四，仅稍好于巴西、缅甸和塞拉利昂。就卫生筹资体制的公平性而言，中国卫生体制成为了世界上最糟糕的体制之一。到目前为止，我国卫生领域的分权改革带来的成果并不显著（Smoke，2001）①。世界银行 1997 年的一份报告指出财政分权对中国卫生保健产生了不良的影响，尤其破坏了贫困地区医疗卫生系统的生存能力。卫生资源配置的公平性差，具体体现在以下方面。

1. 卫生筹资方式不合理，导致城乡二元差距不断拉大

市场化的取向不可避免的导致卫生总费用在城乡之间分布严重失衡。目前占全国 2/3 人口的农村居民只拥有不到 1/4 的卫生总费用，而占人口 1/3 的城镇居民享有 3/4 以上的卫生总费用。更让人不安的是这种发展趋势，据测算，1993 年农村卫生费用占全国卫生总费用 34.9%，1998 年为 24.9%，而 2000 年仅为 22.5%，七年里下降了十多个百分点，平均每年以近两个百分点递减。在政府投入方面，1998 年政府卫生投入为 587.2 亿元，其中用于农村卫生费用只有 92.5 亿元，仅占政府投入的 15.9%。当年，城镇人口平均每人享受相当于 130 元的政府医疗卫生服务，乡村人口平均每人享受相当于 10.7 元的政府医疗卫生服务，前者是后者的 13 倍。政府对待自己的公民差异如此之大，这在世界其他国家是极为罕见的（王绍光，2003）。另据世界银行 1993 年的数据，城镇公费医疗和城镇职工医疗保险只覆盖

① Paul Smoke，2001，Fiscal Decentralization in Developing Countries：A Review of Current Concepts and Practice. United Nations Research Institute for Social Development.

15%的人群，但却占用了2/3的卫生公共费用和36%的全部卫生费用。

2. 医疗保障的可及性降低

从城乡社会医疗保障的程度来看，保障人口只占少数且覆盖的人口范围不断缩小。据三次全国卫生服务调查的资料，城市医疗保障（含城镇职工基本医疗保险、公费医疗和劳保医疗制度）覆盖的城镇人口从1993年的70.9%下降到1998年的49.8%，2003年进一步下降到43.0%，[①] 而且城镇医保的目标人群只包括就业人员及符合条件的退休人员，将绝大部分少年儿童、城镇非就业人口、非公有制部门的从业人员，以及以农民工为代表的流动人员排斥在外；农村医疗保障（即农村合作医疗制度）的覆盖率从1993年的5.8%下降到1998年的4.7%和2003年的3.1%。一些地区农村因病致贫、因病返贫的居民占贫困人口的三分之二。受保障者主要是城乡两部门的强势群体，由于参加医保保费缴付门槛，低收入者的参保率很低。

（四）卫生资源的布局与结构不合理，短缺与浪费现象并存

在分权化的管理体制下，医疗卫生机构按部门、按地方、按行业的行政隶属关系来设置和管理，医疗机构除分别隶属于卫生行政管理机关的各个部门外，有的还分属于党政军系统的其他部门及企、事业单位。同一地区既有地方医疗机构，又有军队、武警的医疗机构；既有中央管理的医疗机构，也有地方各级政府管理的医疗机构；既有不同政府部门所属医疗机构，还有不同行业和企业隶属的医疗机构。这种分割的体制导致全行业管理和监督的困难，卫生资源盲目、重复配置，不少地方卫生服务供给与需求失衡。

---

① 另一项统计口径是（国务院体改办信息中心，2002）：1994年，原公费医疗和劳动保险医疗制度覆盖人口占当时全国总人口的19.3%。20世纪90年代中期以后，实行了新的城镇社会统筹医疗基金与个人医疗账户相结合的医疗保险制度。到2001年9月，新城镇职工基本医疗保险制度覆盖人口占当时全国总人口的4.5%。

由于上述体制上的原因，卫生资源配置和布局在地区之间、城乡之间和所有制之间都很不平衡。卫生资源约80%集中在城市，其中2/3又集中在大医院，大城市一些高精尖医疗设备的占有率已经达到或超过发达国家的水平，明显过剩。以伽马刀为例，瑞典是发明伽马刀的国家，全国只有一台，而中国仅报到卫生部的就有三四十台。另外，如CT设备的拥有率，中国的一些城市也超过欧美主要大都市的水平，据估计，中国16%的CT扫描没有必要。① 在有些地区，大型医疗设备超过了实际需求，相当一部分设备开机时间不足，造成卫生资源的浪费。而医疗机构为了收回投资成本和追求高收益，放宽大型检查的临床使用指征，乱检查、重复检查的现象时有发生，加重了患者和医保基金的负担。与此同时，市县以下公共卫生机构特别是农村卫生医疗机构却缺乏一些基本的医疗设备。许多乡村卫生机构特别是贫困地区的乡村卫生机构条件极差，设备简陋老化，基本和必要的医疗条件匮乏。

（五）由于财政补偿机制不健全，导致“以药补医”等扭曲性行为

在市场化改革进程中，财政补贴占医疗机构收入的比重也越来越小，多年来平均仅为8%，不足人员工资30%。在工资、管理费用、各种医用价格上涨情况下，大多数医疗服务收费不能补偿医疗服务中的成本消耗。在财政补偿不到位的情况下，政府实行“不能给钱就给政策”，即允许医院对药品按进价加价15%销售。致使一些医疗机构采用不规范的手段诱导不合理的医疗消费，出现“以药养医”②，医生开“大处方”、开大检查单、重复检查等扭曲行为，造成医疗资源

---

① 世界银行：《中国的农村卫生工作：多重挑战》，2004年。

② 西方国家药费占总医疗消费的10%到20%。而中国的这个数字是50%左右。2004年，门诊病人医疗费中，药费占52.5%，检查治疗费占29.7%；住院病人医疗费用中，药费占43.7%，检查治疗费（含手术费）占36.6%。

的严重浪费，加重患者的负担。[①] 按照国际标准估算，由于“大处方”，中国卫生总费用的12%—37%被浪费掉了。杜乐勋教授用计量经济学模型分析了医疗费用的影响因素，认为政府对医院的补助水平(用医院业务收入占医院总收入的比重来衡量）越低，则医院就会更多地通过更多的医疗服务、药品和检查获取收入，加剧医疗服务上涨。模拟结果表明，业务收入占医院总收入每增加1%，卫生总费用增加将0.23%。

四、卫生职责承担的国际比较

从世界各国的经验看，在医疗卫生方面政府的做法基本上有两种：一是全民医疗服务，二是全民健康保险。前者是政府通过税收和财政向所有公民提供医疗服务，后者是通过在工作的人和他们的雇主缴纳保险费，再加上政府财政的托底，来保障全体公民的基本医疗卫生服务。当然，还有美国是个特例：通过私人保险公司来做医疗保险，政府则对老人和穷人实施医疗救助（对老人和穷人分别设立了Medicare和Medicaid项目，均由一般税收筹资覆盖)。全民健康保险和全民医疗服务的差异是在体制结构中前者多了一个“第三方”，第三方的存在有利有弊，但其基本精神是一致的，即全民纳入。无论是哪种模式，政府都是卫生投入的主体。大多数国家卫生投入政府支出所占比重都在70%以上（见图3)，即使是市场化模式显著的美国，政府卫生投入的比重也一直维持在40%以上，2003年达45.6%。

---

① 例如2004年，国家审计署抽查北京地区10家三级甲等医院的医疗收费项目，发现违规向患者多收费用1189.96万元。其中，医疗检查自立名目、自立标准、重复检查等乱收费858.02万元；药品未按规定降价、无依据收费等乱收费331.94万元。

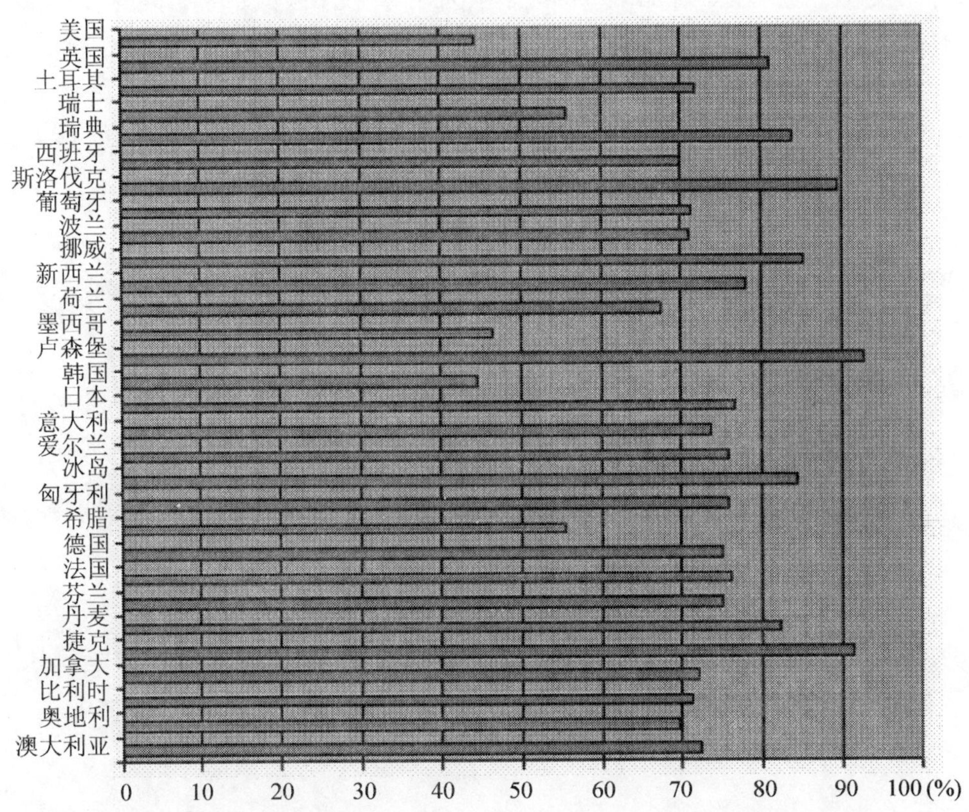

图 3　OECD 国家卫生总费用中的政府支出所占比重（2000 年）

在政府支出内部，各级政府间卫生投入如何分担是一个复杂的政治、经济问题。一般来说，这主要取决于国家的政治体制、财政体制、行政管理成本等诸多因素。

从国际比较来看，不同层级政府在卫生领域事权划分主要取决于该国的卫生体制模式和财政体制模式。一般来说，财政单一制国家卫生公共支出职责更多的集中在中央层级（例如英国、法国、奥地利、比利时、卢森堡等，如在英国的“国家卫生保健服务体系 NHS”中，卫生支出全部都来自于中央政府）；财政联邦制国家卫生公共支出职责大多集中在地方层级。

英国、法国、新加坡、泰国等国于事权和财权高度集中的国家，卫生支出的责任几乎全部由中央政府承担，而丹麦、加拿大、澳大利亚、西班牙等国属于财权集中而事权相对分散的国家，卫生医疗事务主要由地方政府承担，但支出则由中央（或联邦）政府通过转移支付对地方给予大量的补贴。

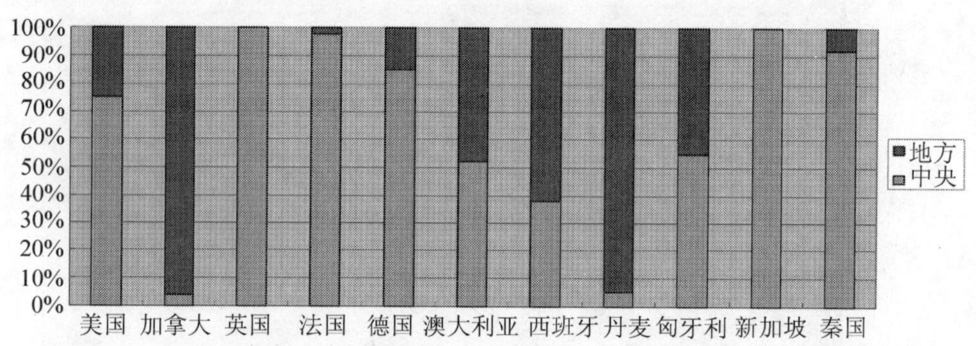

图 4　主要西方国家中央和地方政府卫生支出比重

资料来源：根据国际货币基金组织《2001 年政府财政统计年鉴》相关资料整理。

五、建立政府与市场、政府层级间规范的卫生事权承担机制

（一）恢复公共卫生和基本医疗领域的政府主导地位

首先，在公共卫生领域，存在着显著的外溢效应，具有效用的非竞争性、受益的非排他性和效用的不可分割性，公共卫生是一种纯公共产品，也是一种社会必需品。政府必须承担起供方的全部职责，向社会所有成员免费提供这一公共产品。

其次，在基本医疗领域，尽管具有准公共产品属性，但完全市场化也是行不通的。市场机制的在于通过消费者和供给者之间的平等博弈、利益表达，达成均衡价格。但在医疗卫生这个特殊的领域，供给者（医院）因为掌握着“专业知识”以及由于这种专业地位造成的特殊权力，使消费者在信息和权利上处于绝对劣势。通常来说，疾病的发生具有不确定性，患病之后又必须及时求医，病人的康复和康复程度也是不确定的。医生对治疗的知识远远超过患者对疾病的了解，因此可以引导病人对医疗服务和药品的消费。在这种情况下，供给的增加并不必然导致医疗价格的降低，而有可能是医生过剩、医疗服务和药品过度使用。其结果医疗费用快速上涨，不仅仅是浪费医药资源，而且还可能危害患者的健康甚至生命。所以，在医疗卫生领域中并不是有了一个“好的市场”就能解决问题。要保障人人享有基本医疗卫生服务，只能由国家承担起这个责任。

再次，健康权是最基本的公民权利，从社会公平、公正、正义的角度出发，居民对基本健康的享受不应完全建立在其支付能力的基础上，向贫困人群、弱势群体提供健康服务是体现政府和社会人文关怀的重要方面。

（二）增加财政卫生投入，建立卫生基本服务包，实现全民基本医疗保障

目前，中国已经发展到了人均 GDP 达到 1000 美元以上的水平，人们的消费需求面临转型，对健康、保健、教育、环境卫生等方面的需求逐渐加大，建立一个覆盖全民的基本医疗保障体系是我国建设全面小康社会和实现经济和社会协调发展的内在要求。我国医疗卫生事业的目标要走向全民健康保障，目前只面向部分人的选择性医疗保障不仅违背了公平性，而且成本其实很高（全国人大常委委员郑功成，2005)。加强对低收入人群健康的公共投资不仅是出于公平的考虑，也是最具有效率的。这是因为低收入阶层增加收入的更大比例将会用于改进饮食、获取洁净饮水、居所卫生消毒等，他们有着改善健康的最强烈的需求，增加对他们的卫生投入对于整个社会健康水平的提升无疑是效果最为显著的。

实现全民基本医疗保障，制定和实施旨在投资于人民健康的基本政策，使有限的卫生资源得到充分利用，改善公共卫生和基本医疗服务在欠发达地区和低收入人群之间的可及性，缩小因贫富不均形成的健康差距。实现全民医疗保障一个有效的途径是建立一个覆盖全社会的卫生基本服务包。

1. 明确卫生基本服务包的内容

卫生基本服务包可划分为公共卫生服务包（the essential public health package）和基本医疗服务包（the essential clinical package）。根据世界银行的《世界发展报告—投资于健康》（1993），在世界范围内，政府可实施的效益成本比高（high cost - effectiveness）的卫生公共干预领域包括：幼儿疾病免疫、学生卫生服务、家庭计划生育、削减烟草和酒精消费计划、环境卫生、健康教育、艾滋病预防；而最有效的医疗服务包则包括：母婴保健、计划生育、肺结核化疗、性传播疾病控制、对幼儿期疾病病例的管理例如痢疾、急性呼吸道感染、麻疹、疟疾和营养不良等病例管理等待，所以这些都应列入卫生基本服务包覆盖范围。公共卫生和基本医疗服务包之和构成了基本卫生服务包，它所涵盖的内容在不同的国家可能有所差异，取决于各国疾病情况和卫生系统的状况。在我国现阶段经济和技术条件下，基本服务包要先解决公共卫生服务和最基本的常见病与多发病诊疗，以后随经济和财政能力的逐步提高再逐步扩大保障内容。在这个过程中，有必要将一些效益成本比低的卫生或治疗项目，如心脏手术、由肥胖引致的肝癌、肺癌、胃癌的治疗，HIV 药物治疗，早产儿的精细护理等排除在基本服务包之外。

世界银行估算，如果卫生基本服务包能有效覆盖到 80% 的人口，那么对低收入国家来说，至少能减少 15% 左右的疾病和疾病负担，对于发展中国家来说，减少程度将达到32%。

基于基本健康平等获取的原则，所有的居民都应普遍而平等获得基本服务①，这一基本权利必须写进法律，国家应从经济上和组织上确保对这一法定承诺予以支持。基本服务的资金来源主要是公共财政，即公民纳税或向公民强制性征收的社会保险金。

2. 基本卫生服务包提供要坚持“低水平、广覆盖、高效率”的方针

根据世界银行《1993年世界发展报告：投资于健康》的统计，1990年全世界卫生总支出1.7万亿美元，其中发达国家卫生总支出占世界卫生总支出的87%，中国医疗卫生总支出只占全世界卫生总开支比重的0.76%，如果按照实际购买力平价计算，占世界卫生总支出比重的3%。这反映了我国卫生国情的一个基本矛盾，即我们要用世界大约3%的卫生资源，去解决世界上22%人口的健康问题。这就决定了中国的卫生发展特点和发达国家不同（发达国家占了世界87%的卫生支出资源，是“高卫生水平、高投入、高消费”的模式，2003年美国的人均卫生费用为5635美元，OECD国家平均人均卫生费用3800美元，均大大超过我国当前1090美元的人均GDP，这种模式很难照搬）。必须找到一种与中国国情相适应的卫生发展模式，即“低卫生水平、低投入、适度消费、公平服务”的模式，选择效益成本比较高的卫生干预重点和项目，组成卫生基本服务包，为所有的人提供最基本的、均等化的公共服务。

3. 对卫生基本服务包实行预算全额保障，改进预算安排方式

在确定卫生基本服务包内容的基础上，财政要对其实行全额预算保障，确保每位公民都有机会获得最基本的医疗卫生服务。卫生基本服务包的经费保障，要改变目前按机构和人员编制进行预算安排的方

---

① 科尔奈：《转轨中的福利、选择和一致性——东欧国家卫生部门改革》，中信出版社2003年版，第41页和第150—154页。

式，应按项目编制预算，向绩效预算拨款转变。对于计划免疫、妇幼保健、卫生监督、健康教育等常规性项目可按服务对象数量来编制预算；对于传染病等突发性项目可建立专项准备基金予以支持，如医疗救助基金和公共卫生风险防范准备金。

医疗改革中的一大难题是如何控制费用和需求，换言之，是如何使需求约束硬化和预算约束硬化。因此，卫生基本服务包的提供要改变以往对服务提供方的不按绩效补贴的方式，改变财政简单养机构或和人员的方法，制定财政补贴需求方的可操作性政策。卫生部门应该建立医疗卫生服务可及性和可得性的评价指标体系，根据指标体系确定卫生资源的配置。财政在预算安排上，对卫生机构的补助特别是要从“养人办事”向“办事养人”转变，降低提供公共卫生和医疗服务的成本，最大程度提高资金效率。

（三）在正确处理政府与市场的合理分工的基础上，划分医疗卫生服务的层次和范围，实行不同的保障方式

为了合理的分配医疗资源，有必要将医疗卫生服务分为公共卫生、基本医疗服务和非基本医疗服务三个层次（见表4）。

表4　　　　医疗卫生服务的提供方式

<table>
<tr><th rowspan="2">属性分类</th><th colspan="2">产品属性</th><th rowspan="2">提供或保障方式</th></tr>
<tr><th>供给面</th><th>需求面</th></tr>
<tr><td>1</td><td rowspan="2">私人产品</td><td>非基本需求</td><td>营利性医疗机构提供，居民独立购买，按市场原则交换</td></tr>
<tr><td>2</td><td rowspan="3">基本需求：
（基本医疗、公共卫生）</td><td>非营利医疗机构提供，居民自行购买，政府向弱势人群提供补贴，按市场原则交换，政府给予税收等优惠</td></tr>
<tr><td>3</td><td>准公共产品</td><td>非营利医疗卫生机构提供，居民自行购买，政府向供给者和弱势人群提供补贴，按市场原则交换</td></tr>
<tr><td>4</td><td>纯公共产品</td><td>非营利医疗卫生机构提供，政府购买，向居民分配；或政府直接承办这类机构，向居民进行分配</td></tr>
</table>

公共卫生方面，包括计划免疫、传染病控制、职业卫生、环境卫生和健康教育等在内的公共卫生服务属于典型的公共产品，应由政府向全体社会成员免费提供。

在基本医疗方面，要以政府投入为主，针对绝大部分的常见病、多发病，为全民提供所需药品和诊疗手段的基本医疗服务包，以满足全体公民的基本健康需要。具体实施方式可以是，政府确定可以保障公众基本健康的药品和诊疗项目目录，政府统一组织、采购并以尽可能低的统一价格提供给所有疾病患者。其间所发生的大部分成本由政府财政承担。为控制浪费，个人需少量付费。对于一些特殊困难群体，自付部分可予以减免。

对于基本医疗服务包以外的医疗卫生需求，政府不提供统一的保障，由居民自己承担经济责任。为了降低个人和家庭的风险，鼓励发展商业医疗保险，推动社会成员之间的“互保”。政府提供税收减免等优惠政策，鼓励企业在自愿和自主的基础上，为职工购买补充形式的商业医疗保险，也鼓励有条件的农村集体参加多种形式的商业医疗保险。

对不同层次医疗服务的界限划定，尤其是基本医疗服务包范围（包括药品和诊疗项目）的确定，可以依据医疗服务领域对各种常见病、多发病的诊疗经验，并结合政府的保障能力来确定。制度建设初期，基本服务包的范围可控制得小一些，随着经济增长和政府投入能力的提高，逐步扩充服务包涵盖的内容。参见图5。

（四）规范政府间卫生事权分担体制与机制

政府间卫生事权的合理分担需要以公共财政体制完善为基础，建立不同层级政府间规范的卫生责任分担与筹资机制。

从理论上分析，卫生事权划分应主要根据卫生公共产品效用外溢范围的大小来确定其由哪一级政府来负责提供和筹资，如全国性的传染病、健康教育应由中央政府来负担；具有区域性间效益外溢的卫生

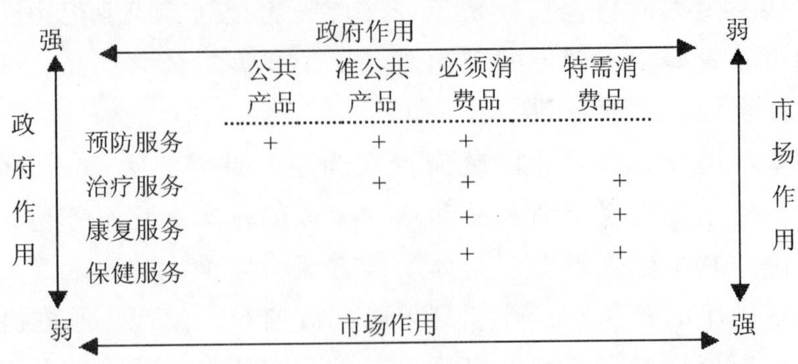

图5 医疗卫生服务的产品属性及政府与市场在卫生服务中作用

服务和产品要通过规范的转移支付来解决。同时，现实中卫生事权划分又受各级政府间财力安排、地方政府的强弱状况、区域管理成本等诸多因素的影响。

卫生医疗服务是实行中央集权制还是分权制，理论界尚存争议，各国实践也存在较大差异。我国人口众多、各地经济社会条件差异大，加上长期以来实行“统一领导、分级管理”的行政管理体制，卫生事业不大可能由中央大包大揽，关键是如何合理划分各级政府之间的事权。明确中央和地方政府之间在医疗卫生领域的支出责任，必须以统筹考虑总体事权划分以及相应的财政收入体制调整为前提，这是一项复杂而又敏感的工作，长期来看，需要在行政管理体制和财政体制改革中统筹研究解决。在近期，则需要适当调整中央和省级政府的收入和卫生支出比例，调整中央财政支出结构，增加医疗卫生支出。在当前财政收入占GDP比重和中央财政收入占全国财政收入比重得到大幅提高的前提下，各级财政特别是中央和省级财政承担更多的卫生支出责任是可行的。

为实现医疗卫生事业特别是公共卫生及基本医疗事业的均衡发展，需要根据卫生产品和服务效用外溢边界，并着眼于社会整体公平的考虑，合理划分政府间的卫生事权。一个建设性的考虑是：中央政府的主要职责应包括：①对于卫生基本服务包，如计划免疫、传染病控制等大部分应由中央予以承担，筹资以中央财政为主，尤其是公共卫生提供、组织与管理，这是基于这类卫生服务跨区域效用外溢和公平性的考虑；②卫生基本政策的研究制定，卫生医疗的宏观管理，全国性公共卫生事件的处理；③计划生育经费、环境卫生、健康教育以及支持重大的基础性医学科研活动；④重大卫生项目、卫生计划、设施的基本建设费用等；⑤农村地区、落后地区的卫生经费补助。

而在基本医疗方面，可由中央和地方政府共同承担。对提供基本医疗服务的机构进行全额预算保障，可以考虑由中央政府承担医务人员工资、基本药品和诊疗手段的采购费用，而诸如医疗设施的基本建设等费用，则主要由地方政府来承担。基本医疗按项目效用外溢程度的不同和控制费用的需要，某些可以适当少量收费，但必须严格实行收支两条线管理。

省级政府承担主要卫生职责和财政职责包括：①地方病预防、公众营养服务，尤其是危害严重的地方性疾病和传染病，如麻风、克山病、甲状腺疾病、南方水网地区多发的各类寄生虫疾病等，省一级政府要承担主要财政职责，中央政府给予支持、指导、监督；②针对常见病、多发病的疾病预防和控制，并实行省以下垂直管理，适当扩大疾病预防与控制机构的行政授权，独立收集、披露公共卫生信息，处理相关事务；③省级政府还需要创造条件，组织并提高医疗保险的统筹层次，促使目前县（市）级统筹尽快上升到省级统筹，扩大医疗保险的覆盖面。

县级政府的卫生事权主要包括负责管理和协调好本地区的卫生事宜，组织实施区域内的卫生规划、卫生监督；落实中央和省级资金支持的卫生专项支出计划；支出责任方面主要应承担本地区范围内的疾病控制、社区卫生服务、初级卫生保健的职责，负责乡镇卫生院的日常经费保障；结合当地实际情况，对常见病和多发病提供基本的诊疗保障；对经济贫困群体进行医疗救助。

地区间财政能力差异的问题，应通过强化一般性（财力性）转移支付来逐级解决，同时进一步规范专项转移支付（主要是对需方的补助和对重大传染病、地方病预防控制的补助）。中央政府必须通过有效手段保障全体公民都享有公共卫生和最基本的医疗服务，明确对贫困地区和贫困人口的财政补助标准。近年来中央财政转移支付力度有所加大，安排了卫生专项资金，也出台了中央补助地方卫生事业费的管理办法，今后需要继续加大这方面的补助力度，改进补助办法。根据按保障目标测算的人均费用标准和各地（县）的人口数量，核定各地（县）的基本医疗服务总费用，通过设置专门预算科目列入中央财政的年度预算，用于补贴落后地区的医疗卫生费用；专项资金要通过国库单一账户及时直接拨付给基层执行机构。同时，要不断改进卫生经费的财政补助方式，建立以产出和成果为目标导向的财政卫生投入体制，明确按工作绩效进行补助的政策，提高资金效率。

本文参考文献：

1. Emily Yee. The Effects of Fiscal Decentralization on Health Care in China. http：//www.econ.ilstu.edu/UAUJE.

2. Fuchs, Victor R., The future of health economics, Journal of Health Economics (Vol：19, Issue：2) pp. 141 - 157.

3. Hossain, Shaikh I., 1996, Tackling Health Transition in China, World Bank Working Paper. http：//www.worldbank.org/html/dec/Publications/Workpapers/WPS1800series/wps1813/wps1813.pdf.

4. Kenneth J. Arrow, Uncertainty and the Welfare Economics of Medical Care, American Economic Review, Vol. 53, No. 5 (Dec., 1963), pp. 941 - 973.

5. Jin, Hehui, Yingyi Qian, and Barry R. Weingast, "Regional Decentralization

and Fiscal Incentives: Federalism, Chinese Style," Stanford University (1999) 6.

6. WHO. World Health Report 2002 - Reducing Risks, Promoting Healthy Life. 世界卫生组织官方网站。

7. World Bank. World development report 1993: investing in health. Oxford University Press.

8. World Bank, Financing Health Care: Issues and Options for China, (Washington DC: World Bank, 1997).

9. 世界卫生组织：《宏观经济与卫生》，人民卫生出版社 2002 年版。

10. 世界卫生组织宏观经济与卫生委员会报告：《宏观经济与卫生投资卫生领域——促进经济发展》，人民卫生出版社 2001 年版。

11. 世界银行中蒙局环境、人力资源和城市发展业务处：《中国：卫生模式转变中的长远问题与对策》，中国财政经济出版社 1994 年版。

12. 胡鞍钢："中国卫生改革的战略选择：投资于人民健康"，《卫生经济研究》，2000 年第 10 期。

13. 王绍光："中国公共卫生的危机与转机"，《比较》，2003 年第 7 期。

14. 杜乐勋："公共财政职能转变对卫生发展的机遇和挑战"，《卫生经济研究》，2001 年第 5 期。

15. 余功斌、何锦国、邸东辉："改革与投入并重，完善卫生医疗体制"，载《2004 财税改革纵论——财税改革论文及调研报告文集》，经济科学出版社 2004 年版。

16. 李琦："改善预算方法解决公共卫生投入的不足"，《卫生软科学》，2004 年第 18 卷第 3 期。

17. 海闻等："农村卫生服务体系探讨"（福特基金会资助项目），北京大学中国经济研究中心报告讨论稿，http: //www.cahp.org.cn/view.asp? id = 209。

18. 海闻等："再谈卫生保健市场中市场与政府的作用"，北京大学中国经济研究中心课题讨论稿，2003 年 6 月 10 日。

19. 石光："市场失灵、政府失灵、志愿失灵与卫生改革"，《中国卫生经济》，2002 年第 7 期。

20. 雅诺什·科尔奈、翁笙和：《转轨中的福利、选择和一致性——东欧国家卫生部门改革》（Welfare, Choice and Solidarity in Transition），中信出版社 2003

年版。

21. 刘远立、饶克勤、胡善联：“论建立中国农村健康保障制度之必要性和相关的政策问题”，中国农村基本保障问题国际研讨会（研究报告），2001 年 7 月。

刘军民

城市综合防灾减灾及其公共政策选择

内容提要

我国城市综合防灾减灾作为城市管理的战略重点定位，有其基本的理论依据与现实依据。当前，我国城市防灾减灾管理正快速跨入“大灾害、大危机、大安全”综合管理的新阶段。经过多年努力，我国城市综合防灾减灾管理体制、机制、法制建设取得了明显成效和突破性重大进展，但也还存在一些急待解决的问题。大力推进城市综合防灾减灾管理创新的重点在于完善法制、健全应急管理体系、增强资金保障机制、完善社会参与机制等诸多方面。

任何社会经济条件下的任何城市都不可能完全避免灾害的发生。特别是近年来我国和国外的现实显示，引发世界某个城市或地区突发性灾害和事故的不可控制或难以控制的因素在增多，重大灾害事故所造成的危害性、破坏性和损失程度非常突出。国内外城市和地区遭受突发性特大灾害的频发趋势及惨痛教训，客观上迫切要求我国政府要加快推进城市综合防灾减灾事业。

一、大力推进城市综合防灾减灾建设与管理具有重大意义

（一）大力推进城市综合防灾减灾是构建社会主义和谐社会的内在要求

2004 年 9 月，党的十六届四中全会《关于加强党的执政能力建设的决定》，将构建社会主义和谐社会确立为国家经济社会发展的重大战略，号召全党要不断提高构建和谐社会的能力。2005 年 10 月，党的十六届四中全会《关于制定国民经济和社会发展第十一个五年规划的建议》显示出我国政府将更加注重社会整体发展。这对承担着构建和谐社会重任以及满足社会公共需要的公共财政加快优化、高效地配置公共资源提出了新的更高要求。

改革开放以来，我国的城市规模、城市发展水平、城市人口数量，城市的开放程度、城市资源与环境状况都在发生着前所未有的改变，城市作为我国经济结构体系中的组成部分，作为国家经济、政治、科技、文化和社会发展的重要基地，日益成为人口、资源、财富积聚的汇合地。与此同时，城市也越来越成为人口、资源、环境、公共安全、社会稳定的矛盾积聚的汇合地。各种自然灾害、人为灾害亦或自然与人为混合型灾害的发生不但会造成直接的人民生命财产的损失，而且可能造成经济生活、社会生活秩序的混乱，这使得灾害成为社会不和谐的重要矛盾源。正因此，不断增强城市综合防灾减灾的能

力，提高城市防灾减灾的水平，最大限度地保障人民生命财产安全、保障社会的安全秩序稳定也就必然成为构建和谐社会的基础，成为构建和谐社会这一重大战略的题中应有之义。

（二）大力推进城市综合防灾减灾是实现城市可持续发展战略的必然选择

可持续发展，作为国家发展的新理念和新战略，正在成为全球共识。减灾与安全问题也在国际范围内越来越成为可持续发展追求的基本目标之一。我国早在1992年制定了可持续发展国家纲要，即《21世纪议程》。2003年7月，我国政府颁布了《中国21世纪初可持续发展行动纲要》，对新世纪我国可持续发展战略做出总体部署和规划，2004年3月，我党又提出“以人为本，全面、协调、可持续的科学发展观”，使我国可持续发展的理论、战略、规划和政策越来越完整和清晰。在此，防灾减灾被纳入到《可持续发展行动纲要》中，明确提出要“建立健全灾害监测预报、应急救助体系，全面提高防灾减灾能力。”

可持续发展战略能否得到切实的贯彻实施，能否取得显著成效，城市政府的作为与表现是关键。实事求是、因地制宜地确定不同地区、不同经济发展水平下城市自身的可持续发展战略，必须要统筹规划，突出重点，集中人力、物力和财力，选择重点领域和重点区域，分步进行。近二十年来，城市灾害的多样性、频繁发生及其造成的各种损失和破坏的严重化趋势，已经对城市经济社会发展构成重大威胁，城市对灾害的预测、防御、救助及灾后恢复的综合能力，直接决定了城市可持续发展的基础和能力。正因此，城市政府实施可持续发展战略，必然要将城市防灾减灾纳入战略重点，根据不同城市的灾害特点和减灾需要及减灾能力，予以全面规划，加快发展。

（三）大力推进城市综合防灾减灾是我国城市公共安全管理的核心

从国际视角看，近几年来国外多个大城市遭受严重的恐怖袭击、大面积停电等重大灾害和灾难事故。由于世界上因全球气候变暖引发的巨大灾害性事件也越来越多（包括今年美国所遭受的飓风），给人类社会带来的危害、破坏越来越大，国际上已经有人预言气候变暖可能引发的灾害，将成为人类社会继战争威胁、核威胁之后的最大威胁。一些国家已经将防灾减灾提升到国家安全战略的高度，正在投入巨资予以重点研究和部署。国际公共安全战略的新动向给我们以重要启示。

城市公共安全，是一个国家整体公共安全的重要组成部分，是实现国家长治久安的基本条件，保障城市公共安全是城市政府的重大社会管理与公共服务职责，是公共财政保障的重点领域。目前，从总体看，我国的公共安全形势不容乐观，城市所遭受的重大自然灾害和重大事故灾难、公共卫生事件和社会安全事件时有发生，影响着城市安全和社会稳定。我国二十多年改革开放和经济发展在带来经济繁荣、社会进步的同时，城市电力、交通、通讯等生命系统也越来越发达、越来越网络化、现代化。城市综合功能的不断提高致使灾害事故对城市的破坏力加大，导致现代化城市变得越来越脆弱，某一个环节出了问题，很可能引发一系列的次生灾害和衍生灾害。城市遭受各种灾害的风险可能性大大增加，城市灾害可能带来的严重后果，对政府管理现代城市提出了新的要求。城市政府应高度重视减灾管理在城市公共安全战略中的核心地位，大力提高城市政府的综合防灾减灾管理能力和管理水平。国家保密局、民政部正式宣布的自2005年8月起，对全国及省、自治区、直辖市因自然灾害导致死亡人员的总数不再作为国家秘密事项的重要决定，作为推进政府政务公开的重要举措，无疑将更充分的保障人民群众的知情权以及参与国家和社会事务管理，这要求各级政府更应关注和加快推进防灾减灾事业。

（四）大力推进城市综合防灾减灾是城市灾害发展新特点与新趋势的客观要求

城市灾害是指对城市系统中的生命财产和社会物质财富造成重

大危害的自然事件和社会事件。城市灾害主要有三大特点：一是突发性。由于自然因素、人为因素或自然与人为混合因素造成的城市灾害种类繁多，灾害的预测、预警、防御方面手段、能力的不足，加之人们认识上的限制，直接引致灾害爆发的极端复杂，致使灾害的发生常常是在人们没有查觉和防备的情况下突然降临。二是连发性。这主要是由于初始灾害的发生导致其后一系列次生灾害，形成祸不单行的灾害链。如台风带来强风和暴雨，造成洪涝灾害，导致房屋倒塌、交通瘫痪、各种生命线系统损坏、引发传染病流行，形成典型的灾害链。三是危害性。城市是社会的政治中心、经济中心、文化教育中心，资源、财富和人口集中的地方，灾害的发生一旦不能得到有效防范，往往造成很大的人员和财产损失，影响经济发展和社会稳定。加之灾害本身具有的突发性和连发性特点，往往使这种损失成倍扩大。

此外，随着我国经济的快速发展，城市建设的快速发展，灾害的发生呈现出新的特点：一是新的致灾因素不断出现，灾害种类增多。如高层和超高层建筑、地下空间开发利用、天然气的生产和利用、流行性传染病、雷击对智能化建筑和设施的危害等。二是非自然因素导致的灾害发生次数、在灾害损失中所占的比例不断上升。如企业生产经营中的重大事故，城市火灾、爆炸、交通事故次数及造成的群死群伤等损失进一步上升。三是灾害影响范围广，处置难度大。这与城市综合功能的不断提高密切相关。

从城市各种灾害事故和现状特征及发展趋势分析，其灾害事故在产生根源、表现形式、危害对象及灾害损失程度等方面同自然、技术与社会经济系统形成复杂的交织关系，使得任何单一的、局限于某一领域的行政与技术管理手段都无法应付。可以说，城市实施综合防灾减灾管理是城市灾害现状特征、发展趋势和城市减灾工作发展的内在要求，是城市发展到一定规模和阶段的客观要求，是城市减灾工作发展的必然选择。

二、我国城市综合防灾减灾管理现状和存在的主要问题

（一）我国城市综合防灾减灾管理现状

我国城市防灾减灾管理正进入到新的阶段。

从国外城市减灾管理的实践看，半个世纪以来大体经历了三个阶段：

第一阶段，20世纪60年代以前，减灾理念强调灾时和灾后的救灾、应急救援，实施以单项灾种部门应急管理为主的减灾管理体制，相应的制定若干单项灾种的法律法规。

第二阶段，20世纪60年代到90年代，减灾理念转向灾害的一体化管理，从单项灾种应急管理体制转向多灾种的"综合防灾减灾管理体制"。

第三阶段，20世纪90年代以来，由于全球气候变暖以及国际政治环境发生重大变化，全球重大自然灾害频发，国际恐怖主义活动猖獗，许多发达国家逐渐把"综合防灾减灾管理体制"上升到"危机综合管理体制"，形成"防灾减灾——危机管理——国家安全保障"三位一体的大灾害、大危机、大安全系统，在此，"危机管理"既承担一般自然灾害和人为灾害等危机事件的综合应急管理，又承担危及国家安全的重大自然灾害事件或重大恐怖活动的综合应急管理。

目前，我国的城市防灾减灾管理正处于第一阶段向第三阶段的过渡时期。2003年我国非典危机之后，国家对突发公共事件的危机管理加大了研究力度，特别是在突发公共事件应急预案体系建设方面取

得很大进展，突发公共事件应急预案体系包括自然灾害、事故灾难、公共卫生事件和社会安全事件四大类。这一过渡呈现出明显的跃进性特征，极大地缩短了我国与发达国家在包括城市综合防灾减灾管理公共事件应急管理方面的差距。

近年来我国城市防灾减灾管理工作取得了一系列重大进展：

1. 综合减灾能力得到明显提高

党和政府高度重视灾害管理工作。近年来，国家加大了减灾投入力度，中央各部门直接用于灾害管理的资金投入每年都超过50亿元，大力加强减灾工程和基础设施建设，大力推进减灾规划、法律法规、应急预案体系等减灾非工程建设，取得显著成效，自然灾害因灾死亡人数呈下降趋势。突发性灾害中成千上万人的事件大为减少，近5年来年均因灾死亡人数，比前5年下降12.1%。上世纪90年代，灾害损失与GDP之比在3%至6%之间。进入21世纪，这个比例降低到3%以下。近5年来年均自然灾害经济损失与GDP之比，比前5年下降15.5%。

2. 防灾减灾法律法规体系初步形成

近5年来，我国共计颁布829部防灾减灾法律法规。其中，中央颁布57部，部门颁布297部，地方（省级政府）颁布475部。年均颁布165.8部，比前5年年均158.8部多7部，比改革开发初期（1980—1984年）年均44.4部多121部。国家防灾减灾法律法规体系建设呈现出加快之势，规范化、制度化、法制化建设大大推动了减灾事业的发展。

3. 全国应急预案框架体系初步建立

2005年4月17日，《国家突发公共事件总体应急预案》正式颁布实施。预案将突发公共事件分为自然灾害、事故灾难、公共卫生事件、社会安全事件等四类；按照各类突发公共事件的严重程度、可控性和影响范围等因素分为四级，即特别重大（Ⅰ)、重大（Ⅱ)、较大（Ⅲ）和一般（Ⅳ)。各省（区、市）级总体应急预案编制已完成。应急预案框架体系的三个层次，分属条条和块块两个系统，第一个系统是国务院及各部委制定国家突发公共事件总体应急预案、专项预案和部门预案，相对较为完整、规范；第二个系统为地方政府各部门制定的地方突发公共事件总体应急预案、专项预案和部门预案。地方性的应急预案体系正在抓紧建设之中。

4. 防灾减灾规划制定和颁布实施取得成效

1998年6月19日，国务院正式颁布了《国务院关于批转〈中华人民共和国减灾规划（1998—2010年）〉的通知》（国发［1998］13号），成为指导我国未来十多年减灾工作的重要文件。10多个省（自治区、直辖市）出台了地方综合性减灾总体规划，另有25个省（自治区、直辖市）颁布8类单灾种专项减灾规划，4个省编制了防洪规划，9个省编制抗震减灾规划，7个省编制生态环境建设规划。

5. 防灾减灾管理的综合性明显增强

这不但体现在减灾法制和规划方面，还突出体现在灾害应急管理体系方面。

城市资源整合型的应急管理体制初步建立，并形成不同模式。南宁等城市建立起整合政府和社会所有应急资源的应急联动中心，实行政府牵头、政府投资、集中管理；大连、成都、广州则建立起公安部门为主导的应急联动中心，在公安部门牵头下，政府相关应急部门联动办公，联合行动；北京和上海分别于2005年4月、9月，成立了突发公共事件应急管理委员会，实行党政共管，是市应急管理工作的最高领导机构，下设办事机构——市应急管理办公室，加挂应急指挥中心牌子。市政府各有关部门是市应急委的工作机构，从而形成统一指挥、分级负责、协调有序、运转高效的应急联动体系。

包括应急救援物资制度、灾民救助制度、应急资金保障制度等在内的应急保障制度的建立和完善也取得积极进展。安徽、湖南、重庆等许多省市已将建设城市灾害应急避难场所纳入《突发公共事件总体应急预案》。应急避难场所建设在北京等少数城市已经推开。

建立起国家级的综合减灾协调联络机构。2005 年 2 月，成立国家减灾委员会，重点为综合减轻自然灾害工作。国家减灾委员会是国务院领导下的部际议事协调机构，负责制定国家减灾规划、方针政策和行动计划，组织协调开展全国重大减灾活动，指导地方减灾工作。

6. 防灾减灾国际交流与合作进一步深入和扩大

利用已有平台，开展政府多边与双边的交流与合作。工程减灾方面，在重大减灾工程建设中引进资金和先进技术，通过多种合作方式建立各种类型的减灾示范区或示范工程。非工程减灾方面，积极推动在政府减灾能力建设，信息交换，宣传、教育和人员培训，科学研究和技术开发及国际人道主义援助等方面的国际合作。

但从总体上说，我国城市防灾减灾管理还很不完善，各地发展很不平衡。

（二）我国城市综合防灾减灾管理存在的主要问题

1. 综合减灾的法律法规体系不健全

长期以来，我国减灾法规是以部门性法规、减灾行政法规和规章为主体，既缺乏综合性的基本法，如《减灾基本法》和《灾害救助法》，也缺乏针对地方实际的地方性减灾法规，法律体系很不完善。政府各部门、中央和地方制定的防灾减灾方面的法律在管理体制、管理方式方面存在着局部不协调，一定程度上降低了减灾的综合效率与规模优势。

2. 城市综合减灾应急体系不完善

十多年来，国外政府加大了减灾管理的集中、统一与协调。早在1991 年，日本就成立了东京都防灾中心，该中心起着全市防灾行动指挥部的作用，针对随时可能发生的地震等灾害，采取有效的应急行动。20 年前，美国政府根据一系列的自然灾害及各种突发事件，设立了总统直接领导的“联邦紧急事物管理局（FEMA）”，加强国家灾害和突发事件管理。同时，各大城市建立“911”系统，应对突发事件；还设有“311”系统处理非突发事件。2001 年“911”事件后，美国政府于 2002 年成立了“国土安全部”，把 FEMA、移民局、中情局及许多相关部门聚集在此部下，力求解决上述国家重大国土安全问题。我国对城市综合减灾管理，国家层面迄今只有局部综合的减灾管理机构，如国家防汛抗旱指挥部，部级综合减灾决策指挥机构还是缺位状态。绝大多数城市中还没有一个完备的综合减灾管理体制，没有建立起覆盖城市各减灾管理部门的系统性联动机制，一些城市还没有建立起统一常设的权威的应急处置决策、指挥协调机构和技术平台，致使灾害发生后政出多门，部门之间缺乏协调配合，城市综合安全保障力量较弱。

3. 资金保障机制不健全，制约综合防灾减灾事业的发展

造成我国城市减灾管理能力较低，水平不高的一个重要因素是资金瓶颈制约。财政性资金为主渠道，广泛吸引社会资金参与的有效机制还很不完善。资金短缺造成减灾重点工程建设和城市防灾减灾基础设施建设不足或标准偏低，防护系统薄弱。资金短缺影响到减灾科研的深入开展，造成灾害监测、预报、预防科技手段薄弱，造成抢险救灾专业队伍布局、人员数量及物资储备与专业设备不足，实力不强。

4. 资源整合程度低，浪费严重

由于城市灾害管理涉及众多部门，在目前以单灾种管理为主的城市减灾分散管理模式下，必然导致防灾技术、设备、物资和力量处于相互分隔的状态，科学技术重复研发，信息技术平台重复建设，紧急救援力量非综合化分散组建。部门间减灾资源共享程度低，无法实现减灾资源的优化配置与系统整合，致使防灾减灾资源的总量不足与结构不合理以及重复建设、资源浪费并存。

5. 鼓励社会参与的政策措施不完善，不能适应形势发展的要求

立法不健全，全民安全意识淡薄，社会心理防御能力明显不足，保险意识不强，各种民间的非政府组织、社会救援机构、慈善捐助机构、自愿者服务机制建设工作十分薄弱。

三、加快构建我国城市综合防灾减灾管理体系的公共政策选择

(一) 进一步完善城市防灾减灾法律法规体系

依法行政是现代政府执政能力的重要体现，是政府管理行为的基本准则，也是做好城市防灾减灾工作的基本依据。完善我国防灾减灾法律法规体系包括三个层次内容：

第一层次，国家法规条例。我国针对单灾种或某几种灾害方面防灾减灾的基本法律较为全面，如中华人民共和国《气象法》、《防洪法》、《防震减灾法》、《环境保护法》、《安全生产法》、《公益事业捐赠法》等法律法规，《中华人民共和国防汛条例》、《破坏性地震应急条例》、《突发公共卫生事件应急条例》等条例。但还缺少更为综合性的、用以规范中央政府和地方政府，地方各级政府、组织、社会团体和个人在减灾工作中责任和义务的根本大法——《减灾基本法》，缺少促进灾害救助的综合性法律——《灾害救助法》。

世界上很多国家都有《灾害基本法》，并以此作为建立其他减灾法规的基础和指导减灾活动的纲领。美国高度重视减灾法规建设，在灾害基本法方面，美国国会 1958 年制定了《灾害救济法》，该法于 1966、1969 年和 1970 年 3 次进行修改，加强联邦政府的减灾职责，促进联邦政府的减灾工作。根据这一法律，联邦政府在减灾方面的主要职责是加强联邦救灾计划，督促各地方政府制定灾害计划，全面协调制定减灾、预防、紧急管理，重建和恢复计划等工作。根据这一法律，总统一旦宣布出现大灾害或紧急或意外事故，就必须运用联邦资源。

日本是世界上较早制定灾害救助法和管理基本法的国家。政府首相亲自领导中央防灾委员会，各政府大臣担任委员会委员，每年的防灾预算拨款占国民收入的5%左右。日本最重要的法律是1947年制定的《灾害救助法》和1961年11月制定的《灾害对策基本法》。这两部法律是日本减灾体系的基础，对日本规范救灾工作起了至关重要的作用。

在我国，应组织有关部门抓紧研究制定《减灾基本法》和《灾害救助法》。《减灾基本法》主要规定灾害管理的基本原则与基本方针、基本内容、管理体制、管理组织等内容。《灾害救助法》则针对灾区开展救灾工作的减灾救助予以规范，其中应明确根据分级负担的原则规定中央、地方、社会团体和个人在减灾救灾工作中的责任和义务，确定减灾资金的来源，根据灾情的严重程度，按照不同的比例来确定各级政府应承担的减灾救灾费用。

第二层次，国务院行政部门法规、条例。主要针对某一种或几种灾害的专项的法规条例。如国家地震局颁布的《地震行政执法规定》、《地震行政复议规定》、《地震行政法制监督规定》、《地震行政规章制定程序规定》、《建设工程抗震设防要求管理规定》、《地震安全性评价资质管理办法》等法规。单项防灾减灾法规条例构成了我国现有减灾法律体系的主体。单项防灾减灾法规条例存在的主要不足主要表现在两个方面，一方面还存在某些法律空白，另一方面是一些法律之间存在局部的不协调。这也将成为今后健全法律方面需要重点改进和加强的工作。

第三层次，地方法规、行政规章。一类是与国家法律相配套的地方法规条例，如各省（区、市）《实施〈中华人民共和国防震减灾法〉管理办法》，各省（区、市）《防汛条例》等等，另一类是依据国家有关法律法规，充分考虑地方可能的致灾因素、灾害分布特点，地方经济实力、组织管理能力，实际需要与可能制定的减灾法律法规。如《上海市民防条例》、正在研究审议中的《北京市减灾条例》等。地方性减灾法规条例体系不健全、不完善，这一方面是由于受到国家有关法规条例和地方政策法规的不健全的制约和影响，另一方面，随着国家和地方政治、经济、社会各方面发展、改革，需要对已有的法律进行修订和完善，需要制定新的法律和规章。当前各地应抓紧组织力量，开展调查研究，借鉴国外先进经验，研究制定《灾民救助条例》、《救灾资金管理办法》等地方性法规或行政规章，以便进一步明确各级政府部门对灾害管理应负的法律责任，科学定位不同政府部门灾害响应和实施管理分工与合作职责、任务。

（二）加快建立健全城市防灾减灾应急管理体系

城市应急管理体系主要由应急管理体制、应急预案体系、应急联动机制、应急处置体系四部分组成，其建立健全是一项长期而艰巨的任务，为此应着重解决以下主要问题：

● 预防为主，平战结合。注重防灾减灾管理从灾中处置和灾后救助为主向灾前预防为主转变；注重常态管理与应急管理紧密结合，相互促进。

● 分级管理，部门联动。注重从部门为主的单灾种管理体制向部门联动、分级管理、条块结合、以块为主的综合应急管理体制转变。

● 资源整合，信息共享。打破部门分割式管理，实现经济资源、信息资源、人力资源的有机整合；创新应急管理技术系统，联通已经建成的信息化网络，构建信息共享、适应发展的应急指挥平台。

应急决策指挥机构是建立和完善应急管理体制的重点。国家层面，国务院设立突发公共事件应急委员会并组建应急委员会办公室是非常必要的，应急委员会可考虑建立党政统一领导体制，国家应急办公室的主要职责应包括：

● 研究制定应对危及国家安全的突发公共事件重大决策；

● 组织指挥协调中央和地方、国家机关和地方政府危及国家安全的突发公共事件处置工作；

● 指导中央和国家机关各部委应对危及国家安全的突发公共事件工作；

● 省（市、自治区）级政府无力独自应对重大突发事件和灾害时，启动国家应急机制。

加快完善各类应急预案，健全应急预案体系，是当前应急管理工作的迫切任务，是有效提高减灾效率和效益的关键环节。2005 年 1 月 26 日，国务院通过了《国家突发公共事件总体应急预案》，并于 4 月 17 日正式颁布实施。各地区在这之前已经公布实施的预案需依据国家新颁布预案以予以修订。已有预案在实践中也暴露出一些缺陷，需要加紧予以修订。即使相对成熟的预案，今后随着机构、人员的调整，随着法律、制度的完善，随着其他外部环境的变化，也需要进行进一步的补充和完善。今年 8 月上旬，台风“麦莎”从南到北袭击了我国东部十余座城市。相关城市均按照已有应急预案展开各项应急工作，取得了显著的成效，很大程度上降低了灾害造成的损失。在经历过“麦莎”台风的实战考验后，预案也暴露出不少问题，如上海认识到以前没有制订在应急情况下实施人员撤离的预案。今后，进一步完善应急预案体系的重点包括总体应急预案、专项应急预案、部门分预案、社区和重点企事业单位应急预案。

（三）增强以财政性资金为主渠道的规范有序、透明公正、及时有效的资金保障机制

必须明确界定在城市综合防灾减灾管理方面中央与地方政府、地方各级政府的事权与财权，其基本理论依据：一是公共产品受益范围属全国还是某一地方或区域，二是公共产品是否具有外部溢出性。其主要客观依据是突发灾害事故的严重性、可控性、所需动用的资源规模和结构。一般可将灾害事故划分为国家级灾害事故管理、省级灾害事故管理、地方灾害事故管理三种类型。在合理划分各级政府事权与

财权的基础上，对灾害事故管理实行分级管理，分级负责，条块结合，属地为主方式。

城市防灾减灾的资金来源可依据不同标准划分。依据资金来源的性质，可划分为财政性资金和非财政性资金；依据资金来源的主体，可分为中央政府、地方政府、企业、社会团体、个人、国外政府、组织和个人捐助。政府财政性资金又可具体划分为财政预算、财政转移支付、政府性基金、政府债券等。非财政性资金又可分为企业和非政府部门的后备基金、证券化融资（股票、企业债券、证券投资基金等)、银行和信托投资公司等金融机构信贷资金、保险公司的保险资金、社会捐助、国际援助等等。

为促进城市防灾减灾事业的稳步发展，迫切需要建立以财政性资金为主渠道的、规范有序、透明公正、及时有效的资金保障机制，对此应着重采取如下对策：

1. 发挥城市财政主体作用，建立城市防灾减灾预算

明确中央政府与地方政府以及地方各级政府在减灾中的责任和各级政府的职责范围。必须在逐步转变政府职能的过程中，强化各级政府的社会管理和公共服务职能，扩大财政在公共建设方面的投入。

要把防灾减灾工作纳入城市国民经济和社会发展规划，把防灾减灾经费列入年度财政预算。对于承担着防灾减灾职责的各级政府部门，应当建立起相关领域的常年平均灾害的评估体系，根据本地区国民经济和社会发展程度，依据科学确定的防灾减灾资金的需要与可能，将防灾减灾资金纳入政府预算，规范、有效地使用。各级财政部门在年度预算中按照本级支出额的1%—3%安排预备费，预备费优先用于包括突发重大灾害在内的突发公共事件处置工作。

平战结合的应急管理体系的建立，对原有预备费形式的财政资金保障机制提出新的需求。北京市应急指挥中心应急指挥平台从2004年9月开始建设至2005年4月投入运行，共投入政府专项资金1800多万元，通过“整合”，利用、盘活了过去已经建成的信息化等资产

达几十亿元。2005年9月，北京市人民政府正式颁布了《北京市突发公共事件总体应急预案（2005年修订）》，确定了应急管理体系资金保障机制，涉及“市政府和区县以上政府财政部门应在一般支出预算中增设突发公共事件应急专项准备资金，并根据城市公共安全管理的需求，逐步提高资金提取比例；发生突发公共事件后，根据实际情况调整部门预算结构，削减部门支出预算，集中财力应对突发公共事件；经市应急委批准后启动应急专项资金，必要时动用公共财政应急储备资金”等方面内容。平战结合，将减灾责任部门的常态管理与灾害事故状态下的应急管理结合起来，相应的资金管理将是统一的，而非原有体制下的分割式管理。尽快建立起城市应急管理体系规范化、制度化、科学化的资金保障机制，建立起规范、透明的财政监督管理制度，是当前城市综合防灾减灾管理的迫切任务。

2. 优化城市财政支出结构，逐步增加防灾减灾支出在财政支出中的比重

财政资金的使用要逐步转移到满足社会公共需要上来，突出财政公共性特征，做到“有所为、有所不为”，解决财政“越位”、“缺位”和“错位”问题。与政府职能逐步转变为提供公共产品、公共服务相适应，政府财政支出结构也必然需要做出相应调整，通过优化财政支出结构，逐步减少财政支出中用于经济建设的部分，增加用于财政增强宏观调控能力、促进社会稳定和城市经济社会各项事业全面发展的支出。

经费不足始终是制约我国防灾减灾事业的瓶颈。以气象为例，气象在防灾减灾体系中占有突出地位，近些年国家加大了对气象领域的科研、技术设备等方面经费投入，但仍然不能适应实际需要。气象专家（廖晓农）认为，北京对今年8月初的台风预报不准与目前北京市的观测、研究手段不足有很大关系。我国气象预报在世界上的位置尽管排在发展中国家的前列，但进行的气象研究还是比较基础的，发达国家在进行的大气环流影响因素模型研究需要投入大量的资金，而我

国目前气象研究上的投入还很有限。客观现实迫切要求增强政府综合防灾减灾管理职能，提高防灾减灾公共服务能力。正因此，城市政府应进一步调整财政支出结构，加大防灾减灾财政投入力度，支持减灾的科学基础研究和实用技术研发，提高应急装备和技术水平，加快应急管理信息平台建设。加快减灾基础设施建设。

3. 加快建立城市财政应急保障机制

城市财政应急保障机制的建立健全，是提高城市综合防灾减灾能力的基础。灾害的突发性、危害性等特点客观上要求城市财政要有很强的应急反应能力。公共财政应急机制，在2003年抗击“非典”过程中已经进行了有益的尝试，各级财政一系列的资金保障、政策保障和措施保障实施的及时和有效，已成为抗击“非典”胜利的宝贵经验。在此基础上，公共财政的应急反应机制应着重于四个方面：紧急预算拨款程序、灾害监测和评估机制、灾害风险预警机制、灾后评估机制。

4. 健全包括社会救助在内的社会保障体系

我国城乡一体化的社会救助体系还存在许多不完善的方面。国家民政部门对发生重大自然灾害的农村地区承担应急救助责任，有着较为完善的社会救助体系，但对日益突出的城市突发特大灾害的应急救助基本呈缺位状态。建立健全包括社会救助在内的社会保障体系是一项长期任务，既要考虑社会需要，又要与国家和地方经济社会发展水平相适应。近期应加快开展城市突发特大自然灾害源分布及状况、特大自然灾害发生特点和发展趋势研究，尽快建立起城市特大自然灾害应急救助管理制度和运行机制，维护灾民生命安全，保障城市社会稳定与秩序，从而为城市经济与社会发展构建更为完整、更为有效的安全保障网。

5. 加强对财政性资金的监督管理

加强对防灾减灾资金筹集和运用全过程、全领域的监督管理，继续完善部门预算制度、政府采购制度、国库集中支付制度的改革，促进三项改革的良性互动机制的形成，充分发挥三项制度在加强财政性资金监管方面的内在制约作用。加强对应急专项资金进行全过程监控，确保财政资金拨付的合法、及时、安全和高效。应积极发挥各级人大、政协、审计、司法、财税等监督部门的职能作用，积极发挥企业、大众媒体、社会组织、人民群众的监督作用。逐步建立起对政府重大专项投资项目财政预算资金的绩效评价机制，将绩效评价结果作为预算安排的重要依据。

（四）完善社会资金参与机制，充分发挥社会资源的积极作用

预防、控制、减轻灾害的发生和所造成的人员、财产等损失，不但是政府的责任，同样也是社会的责任、个人的责任，在我国的减灾实践中，社会和个人都在发挥着重要的作用。动员和组织好社会资金投入到防灾减灾公共事业中，既是必要的，也是可能的。

完善社会资金参与机制，充分调动政府、企业、社会组织和个人方面的积极性，发挥社会资金的辅助作用，需要充分重视发挥市场机制的作用，也需要政府进一步完善有关的政策措施。

1. 进一步完善城市基础设施投融资体制

城市中防洪堤坝、通讯、交通、电力、供水、供气、排水等城市基础设施和市政工程设施是城市防灾减灾建设中必不可少的部分。我国城市防灾减灾能力较弱，制约因素之一是城市防灾减灾基础设施总量不足，结构不尽合理，一些基础设施质量不高。需要加大重点领域的投入，增加有效供给，增强减灾能力。政府财政应着重于供给纯公共产品和准公共产品，纯公共产品政府应承担全部供给责任，准公共产品由于兼具公共性和私人性双重特征，可以而且应当在政府承担责任的同时充分发挥市场机制的作用。政府供给并非一定要政府投资直接生产，完全可以采取市场生产政府购买等多样化的供给方式。正因此，对于城市防灾减灾类基础设施投资应区别对待，积极探索国有资金的投入方式和投入领域，既使国家投入资金发挥最大效益，又充分

调动社会资源投入城市基础设施领域。

国外及近年来中国的财经理论与实践已经证明，规范、有效的制度环境、政策环境，能够有效地吸引民营资本、外资等社会资本进入城市基础设施建设领域。2004年7月，国务院出台了《关于投资体制改革的决定》，成为大力促进城市基础设施投融资体制改革的新纲领。2005年2月，国务院颁布了《关于鼓励支持和引导个体私营等非公有制经济发展的若干意见》，明确指出要进一步解放思想，深化改革，消除影响非公有制经济发展的体制性障碍，确立平等的市场主体地位，具体提出放宽非公有制经济市场准入、加大对非公有制经济的财税金融支持、完善对非公有制经济的社会服务等六大方面政策措施。经过多年的改革和建设，我国的城市基础设施建设取得了辉煌成绩，但正如前所述，还不能适应城市防灾减灾的实际需要，需进一步深化投融资体制改革，落实《关于鼓励支持和引导个体私营等非公有制经济发展的若干意见》，促进城市防灾减灾基础设施建设：

● 改革城市投资管理制度，确立企业投资主体地位。按照“谁投资、谁决策、谁收益、谁承担风险”的原则，落实企业投资自主权。国家鼓励各类社会投资，允许社会资本进入法律法规未禁止进入的行业和领域。

● 完善政府投资体制，提高政府投资的社会效益和效率。要提高政府投资决策的科学化、民主化水平，建立城市减灾防灾投资决策评估系统，建立政府投资责任追究制度。对非经营性政府投资项目加快推行“代建制”。

● 加强和改善城市基础设施投资的宏观调控，促进总量平衡和结构优化、质量提高。要通过城市减灾规划和政策引导、信息发布和规范市场准入，引导社会投资进入。综合运用经济的、法律的和必要的行政手段，对城市减灾基础设施投资经营进行间接调控。

● 加强和改进投资的监督管理。加强投资立法，严格执法监督，依法规范各类投资主体的行为。建立和完善对各类企业投资、政府投资，以及对投资中介服务机构的监管体系。

2. 大力加强安全生产和建筑工程防灾减灾管理

要大力加强安全产品生产规划、法制建设与监管，制定和完善减灾产品生产的政策法规和技术标准体系；加强对减灾产品生产的监管手段与监管能力，建立健全减灾产品监督管理体系；对高危生产企业的防灾安全投入做出强制性要求和规定，加强监管。

大力加强城市建筑工程建设项目的防灾减灾管理，不论投资主体是谁，都要按照国家法律法规的要求，把防灾减灾纳入工程设计。重大建筑工程必须按照法律规章实施严格的行政管理和建设场地、建筑工程项目安全性评价。

3. 进一步推动保险业改革和发展，充分发挥保险对灾害损失的补偿作用、减轻灾害损失作用和社会稳定器的作用

及时有效的损失融资能力，是减灾能力的重要体现，它不仅仅意味着对灾害造成的损失进行一定的补偿，更重要的是它对减少灾害的次生危害和间接影响具有重大意义。与其他国家相比，我国的灾害损失融资手段极为缺乏，特别是保险手段的使用非常有限，灾害损失与保险损失严重不匹配。为鼓励保险公司发展灾害保险，扩大保险险种、覆盖范围与规模，应着重推进以下工作：第一，创新多层次的风险分担机制。抓紧研究设立关系全国公共安全的巨灾保险基金，国家财政给予必要的政策和资金支持；合理划分风险分担比例；鼓励发展补充保险。第二，充分重视再保险在保险公司分散风险、扩大承保能力、稳定经营成果方面的积极作用，加快再保险市场的培育和规范发展。继续引进国外实力雄厚、管理先进的再保险公司；积极促进国内再保险公司做大做强和国际化发展。第三，增强公众的保险减灾意识，引导公众参与灾害保险，提高自我保护的能力和水平。鼓励自然灾害多发地区的公民、法人单位和其他组织购买财产和人身意外伤害保险。

4. 完善救灾捐赠法律、制度与政策，推进救灾捐赠的社会化、

规范化

许多国家的民间慈善机构在组织社会财力、物力用于灾害救助方面发挥了积极作用，成为社会救助的重要力量。与发达国家相比，我国社会慈善事业处于较低发展水平。现有的慈善公益组织数量少，只有约100个，以国家垄断性机构为主体，规模小，掌握的资金总额不到GDP的0.1%，慈善组织动员社会资源的能力较弱。应借鉴国外经验，完善促进我国慈善事业发展的政策措施，鼓励更多民间机构从事慈善事业。建立健全慈善公益组织资格认证和管理评估制度，对取得信用资格认证的管理规范、运行较好、有较高社会公信度的慈善机构，应享有社会捐赠的优惠政策。参照国际惯例，利用税收杠杆，对慈善公益捐赠减免税收。

推进救灾捐赠的社会化、规范化管理和服务，健全监督制度。合理设计城市捐赠接收网点的数量与布局，加强对捐赠接收网点分布状况、捐赠需求的社会宣传，使社会公众易于知晓自愿捐赠的各种信息和渠道，更方便、更愿意参与到慈善活动当中。

抗灾救灾经费和物资的管理必须按规定专款专用，专物专用，重点使用。要加强民政、财政、审计等部门对抗灾救灾经费及物资的管理和监督，防止截留、克扣、私分、挤占、滥用、挪用、贪污等违法违纪行为的发生。

（五）增强公众防灾减灾意识与素质培养，提高公众应急能力

我国已开始注意到，安全文化教育在最大限度地降低国民遭受各种灾害时的人员伤亡具有重大意义，实践中也在开始加强这方面的宣传普及工作。但这方面的工作总体上还很薄弱，处于起步阶段。因无知造成的人为灾害发生和灾害所带来的人员财产损失的成倍放大，在我国仍然是很严重的问题。日本在全民的防灾安全教育方面非常有特色，在正规部门和非正规部门、社区中都高度重视并使防灾自救的教育经常化，国民从小受到如何防灾避险，逃生自救互救的教育和规范

训练，并且每年都有一两次实战演练。这使得日本国民有着鲜明的防灾意识和很强的应急反应能力，在遭受突发性地震、火灾等灾害时一般比其他国家的国民表现更为沉着，相比较而言所遭受的损失也最小。为全面推动我国安全文化教育工作跨入新阶段，国家有关部门应做出统一规划，进行总体部署，有步骤、有重点地予以实施。在规划出台以前，也应积极、深入地展开多种形式的防灾减灾安全文化教育。

1. 制定国家“安全文化教育规划纲要”

尽快组织有关部门研究制定国家“安全文化教育规划纲要”，将防灾减灾作为安全文化教育的重要组成部分，作为整体国民教育内容体系当中的一项重要工程来统一规划、全面实施。“安全文化教育规划纲要”应包括安全文化教育现状和发展趋势预测、指导思想与目标、基本内容和重点、基本形式与措施等主要方面。该规划纲要将作为国家法规的基本组成部分，从法律层面促进防灾减灾工作。

2. 积极开展防灾减灾宣传教育活动，增强公众安全防范能力

充分利用电视、广播、书刊、宣传手册、报纸、网络等宣传媒体，利用好现有的科技场馆和科普宣传栏，并创造条件建立新的防灾减灾教育基地，在各个层面上向公众广泛普及防御灾害的知识和技能。大中小学应根据学生年龄特点，有计划、有重点、生动形象地开展多种形式的安全教育和防灾教育；社区是开展防灾减灾知识、法律宣传和对社区居民进行技能培训的重要基地，需要高度重视，有计划地组织实施；各生产经营企业必须要把安全生产与加强灾害预防和应急能力培训结合起来，把应急能力的培训作为岗位培训的重要内容；各类灾害防治主管部门、专业防灾减灾研究机构、应急机构以及各种媒体有责任有组织、有计划地面向公众广泛开展应急宣传教育和培训活动，让公众掌握不同灾害情况下的预防、避险、自救、互救、逃生等基本知识和技能，增强自我保护能力和责任意识。

3. 加紧组建各种专业救灾队伍，提高快速反应和紧急救援能力

专业救灾队伍需要有必要的资金、物资和设备保障。对专业救灾人员要进行严格的政治素质和业务素质培训。定期或不定期地举办应对各类灾害突发情况下的演习和训练。演练应结合应急体系，从实战出发，并在演练后及时进行总结评估，从而达到真正提高紧急救援整体反应能力和救援人员个人的目的技能。专业救灾队伍应统一归城市防灾减灾中心机构领导和指挥，其优势在于节省救灾经费、资源和人力，更重要的是可以大大增强复杂情况下的救灾协调和快速反应能力，提高救灾效率，降低灾害损失。

4. 构建协调整合社会各界应急响应人力资源的机制

充分发挥我党我军政治动员和组织动员的优势，在城市防灾指挥中心，如城市防汛抗旱指挥部的统一领导与有关部门的密切配合下，组织政府部门、军队、武警、机关团体、企事业单位、公益团体和志愿者队伍、广大市民等积极行动起来，团结协作，共渡时艰。

5. 建立健全灾情信息发布制度，建立公众沟通机制

及时公开、透明、准确地向公众发布灾情信息，防止流言在社会上散布，保持社会的秩序和稳定。

本文参考文献：

1. 连玉明主编：《中国城市年度报告 2005》，中国时代经济出版社 2005 年版。

2. 金磊主编：《中国城市减灾与可持续发展战略》，广西科学技术出版社 2000 年版。

3. 高建国：“灾害和灾害管理”，http：//www.weather.org.cn。

成丽英

社会保障新理念：从以收入为本到以资产为本

内容提要

按照传统社会保障理念，坚持以收入为本，通过不同群体及代际之间的收入转移，为社会成员建立起较为完善的社会保障网络，取得了历史性进步，也积累了诸多问题。社会保障事业必须坚持与时俱进，而其关键则在于充分利用政府与市场两个系统，塑造受保障对象的自我发展及自我保障能力。以资产为本，即是在这一思想指导下产生与发展起来的新的理念。这一新理念在美国、中国台湾及香港的实践，对我国社会保障制度改革具有一定的借鉴意义。

一、以收入为本：传统理念的成效与问题

第二次世界大战之后，发达国家及许多发展中国家普遍推行社会保障制度。所谓社会保障是指国家通过企业主和职工投保、国家资助等办法，对生活水平达不到最低标准者实行救助，使一时或永远失去劳动能力的人得以维持基本生活，社会保险、社会补贴与社会救助共同构成了完整的社会保障体系。

传统社会保障的制度设计坚持以收入为本，通过收入转移，把在业劳动者的一部分收入付给失业、年老、贫穷、伤残等劳动者，以避免大批失业而引起的社会剧烈震荡，同时把大笔消费基金集中掌握在政府手中，用以控制劳动者的消费规模与调控经济运行，是人类社会在20世纪取得的一项历史性进步。

然而，以收入为本的社会保障并非十全十美，已积累起诸多问题，集中体现在以下四方面：

首先，政府的社会保障支出规模有限，劳动者领取社会保障基金有种种限制规定，而且领到的金额往往不能满足最低生活需要，甚至还有很多人根本领不到最低生活保障费。

其次，以收入为本的社会保障其出发点在于为受保障对象“输血”，缺乏“造血”或自我发展功能。在社会保障水平较高时，容易导致部分社会成员懒惰或主动失业行为的产生；在社会保障水平过低时，容易形成代代贫穷的现象，而在贫穷人口聚居区还容易形成“贫穷文化”，导致犯罪行为的产生。

第三，政府将社会保障基金集中到自己手中，为实现社会保障基金的保值增值，需要建立完整的管理体系，一方面要付出相当大的管理成本，另一方面在资金运作中面临诸多风险，一旦出现亏损，即成

为政府的财政负担。

第四，以收入为本的社会保障具有收入累进功效，即收入越高的个人，其所享受的社会保障程度越高。从社会及经济政策角度讲，收入越低的个人，其所享受的政策优惠面越窄。比如，单就国债利息免税这一政策而言，它具有拉大贫富差距的功效，因为穷人没有钱来购买国债，因此无法享受这一政策。

二、以资产为本：新理念的背景与提出

国家干预与经济自由不仅是宏观经济领域的永恒话题，也是社会保障理论长期争论的焦点。自 20 世纪 70 年代中期以来，高福利日益成为欧美发达国家沉重的财政负担，不少国家开始拿社会福利“开刀”。比如，以原福利国家英国为例，它在保留国民年金的基础上，利用“解约”方式从推进政府管理的职业年金开始转向推动雇主年金（最新养老金法，2004）；又如，澳大利亚现已制定了养老保险中长期发展规划，预计在 15 年后将目前 70% 的老人依赖政府提供的国民年金生活的局面降低到 30%。这意味着政府在社会保障领域适度退出，也意味着市场及个人将承担更多的责任、发挥更多的作用。

在社会保障问题上，如何界定政府责任与市场作用，引发了许多经济学家对传统福利经济学、福利国家理论以及经济自由主义的反思，促生了新的理念与改革主张。为公民基本生活提供安全保障，是国家合理存在和政府执政的前提条件，因此应坚持政府继续承担直接担保责任；但政府能力是有限的，因此政府还要学会利用市场更好地履行管理职能；同时，也要强化个人的自我保障责任。总之，只有在政府、市场、个人三方力量密切协作下，才能实现社会保障的可持续发展。

在这种思潮的影响下，美国华盛顿大学迈克尔·史乐山教授于

1991年在《资产与穷人》一书中首次创立以资产为本的社会保障理念。以资产为本是指通过为低收入者积累资产并用于投资促进其自身发展及社会经济发展。所谓资产包括有形资产、金融资产、社会资产以及自然资源等，有关投资主要是教育、房屋以及发展小企业。以资产为本，着眼于未来，有自我发展功效，可使受保障对象更积极地参加社会活动，有助于改善其后代的福利。

从理论上讲，收入不平等在程度与意义上都不同于资产不平等。据统计，美国白人与非白人的收入比例约为1.5∶1，而净资产比例（总资产减去负债）约为10∶1。因此，“资产贫困”比“收入贫困”更为严重。此外，政府的社会保障政策大多通过税收制度运作，即通过税收优惠向受保障对象转移财政资金，比如对购买房屋、教育储蓄、退休金实行优惠政策，但由于穷人拥有的资产极少，所以所能享受到的优惠也极少，这些政策所能发挥的作用也很小。在美国，每年的税式支出中超过3000亿美元用于各项资产优惠（房屋、投资、退休金等），其中超过90%流入年收入超过50000美元的家庭中。

基于以上认识，迈克尔·史乐山教授提出了一项关于个人发展账户的建议。他提出在美国建立全民性的储蓄账户，从出生之日算起，为穷人提供配额储蓄（根据实际情况设定一个上限），通过多渠道筹集配额资金，同时对受保障低收入者提供相关的金融教育，将储蓄账户中的资金最终用于投资住房、教育、企业资本化或其他发展性目的，以从根本上改善受保障对象的收入及资产状况。这项提议在1997年首次得到试点，目前已有40多个州采取了某种类型的个人发展账户政策。

三、资产建设：美国、台湾、香港的经验

对以资产为本理念在社会保障工作中的具体应用，即为资产建

设，具体是指通过多种途径（比如政府、市场及个人）积累资产并用于投资以促进个人、经济及社会的发展。

在迈克尔·史乐山教授的倡导下，1997 年“美国之梦”示范工程成为第一个个人发展账户试点项目，也是美国第一个资产建设项目。它由十一家私人基金会资助，由 CFED（美国的一个非盈利组织）统一管理。这一试点项目，以有工作的穷人为保障对象，为每个参与者设定特定消费目标（如购买房屋、开办小型企业、接受中等以上教育等），并根据参与者的收入水平获取该试点项目的管理机构提供的一定金额的配款，在规定时限内在规定金融机构存储规定数额的资金，同时还要为参与者提供相关的金融普及教育、资产管理教育。2003 年，“美国之梦”示范工程结束时，经过前后对照，这一项目不仅改变了参与者的消费行为，增强了有效运用现有资源的能力，而且还使参与者获得了经济上的安全感，对未来更有信心，学会了更好地为自己及家人做教育规划。实践表明，如果有正确的鼓励机制和支持，哪怕是最穷的人也会储蓄、积累资产、购买房子、开展生意并接受更高的教育。

2000 年 7 月，台北市推行了为期三年的“台北市家庭发展账户”试验方案，是以资产为本的社会保障理念的又一次具体实践。方案中，以列入政府统计的低收入户并且至少就业三个月的个人为对象，在指定银行按参与者的意愿选择适合自己收入水平的金额进行定期储蓄（具体分为 NT＄2000、NT＄3000、NT＄4000 等 3 个额度），同时获取来自宝来集团和白陈惜慈善基金会的 1:1 的配款，还要求参与者必须定期参加理财教育课程，3 年后才可以按照自己的意愿（具体包括首度购房、高等教育、小本创业等三个目的）将储蓄资金进行投资使用。2003 年 7 月，“家庭发展账户”试点结束时，参与者不仅积累了一定规模的资金，而且学到了相对实用的理财知识，思想观念也随之发生了很大的变化，不少以首度购房为目的而参加这一项目的成员 3 年后选择了将储蓄存款用于高等教育，以进一步发展个人能力。仅此一点，就具有非同寻常的意义。

2001年，香港圣雅各布福群会以社区为中心开始推行“社区经济互助计划”，将以资产为本的社会保障理念从物质性或经济性的资产拓展到精神性及社会性的资产，是资产建设的又一具体例证。项目推行过程中，在试点社区内建立了以劳动时间为交换单位的时分卷，一个小时的劳动相当于60时分的收入，项目参与者以劳动时间为基础交换服务或物品。为使社区内的商品或劳务交换活动得以顺利进行，参与者可在定期出版的社区报刊上刊登广告，列明自己可以提供的服务，同时还可参加社区举办的文化活动及二手物品交换活动。目前，该项目仍在进行中。据跟踪研究表明，参与者获益非浅，不仅改善了其物质条件与经济状况，而且使个人心灵上更富有、人际关系得到很大改善，增强了社区成员之间的相互信任度，促进了互助互惠、循环再用的社区文化价值观念的建立。

四、中国的选择：实践探索与理念创新

我国政府一直高度重视社会保障事业，并取得了长足发展。然而，基于中国特殊国情，我国的社会保障工作尚面临着严峻的挑战，尤其是农村的社会保障事业更是困难重重。在农民收入水平低、财政资金匮乏等多重制约下，理念创新可为我国社会保障事业注入新的活力。

1998年，新疆呼图壁县的农村养老保险工作逆势而动，以保险证质押借款项目为突破口，探索出一条行之有效的破解农村养老保险工作困局的新路子。保险证质押借款是指参加农村养老保险制度的农民，经办机构允许其用自己持有的或借用他人的养老保险证作为抵押物，依据一定的程序和规定到有关部门办理借款手续，所借款项仅限

用于农户发展生产、子女教育、基本医疗等农村生产生活中急需解决的重大事项。通过这一举措，不仅吸引了更多的农民参加养老保险，而且实现了养老保险基金的保值增值，同时也缓解了参保农户生产生活中诸多燃眉之急，促进了农民增收，缓解了农户贫困，增进了干群关系的和谐程度。

新疆呼图壁县的农保工作之所以能有效取得成功，一个很重要的原因就是引入了以资产为本的社会保障新理念，即政府有组织地引导和帮助农民进行资产积累与投资，而非简单地直接增加其收入与消费。对参保农户来讲，养老保险金就是他所持有的资产，而且可以质押后借款用于农村生产生活的重大事项，把长远保障与当前需要有机结合起来，对低收入家庭的心理促进、意识提升及行为方式的改变都产生了巨大而积极的作用。

社会保障的底线是对最低收入家庭的保障，以收入为本的社会保障政策只能解决一时之需，而且不利于塑造促进受保障对象自我发展的“造血”机制。更重要的是，以收入为本的社会保障过分强调政府的作用，相对忽视了低收入者自身所具有的潜能，而且没有相应的政策在挖掘低收入者潜能方面发挥效力。中国传统文化向来强调自力更生、自食其力，以资产为本的社会保障理念符合我国传统文化导向，强调发挥低收入者自身所拥有的资源、能力和技术优势，树立信心，而不是聚焦于其自身的不足，也不是打击其信心或促使其懒惰。以资产为本的社会保障理念，强调充分发挥政府、市场与个人的合力，符合我国的实际情况，具有很大的应用空间。

当然，它还是一个新事物，即便在国外也仅处于理论研究与试点探索阶段，而且大多由中介组织或社会团体管理实施，政府参与力度与资金投入规模都不大，但已引起发达国家政府的密切关注。克林顿曾于1999年在他的国情咨文演讲中提出全民储蓄账户的建议，以使美国每一个低收入和中等收入家庭为退休、第一房产、医疗急救或大学教育而储蓄，并提议政府给他们的存款以配款补贴，一美元配一美元。然而，可惜的是，这项提议没有在政治上被采纳。英国首相布莱尔在2003年4月宣布他将实施儿童信托基金，即从2005年4月开始，每一个新生儿童将获得一个账户，所有儿童将得到至少250英镑的开户存款，家庭收入处于底层的儿童将获得500英镑，但额外的政府存款尚未明确规定。因此，从总体上说，以资产为本的社会保障理念，还有待于进一步发展与完善，但它所能产生的效力必将为未来的历史所证明。

本文参考文献：

1. 迈克尔·史乐山：《美国的资产建设：政策创新与科学研究》，美国华盛顿大学社会发展中心。

2. 郑丽珍：《“台北市家庭发展账户”方案发展与储蓄成效》，台湾大学社会工作学系。

3. 黄洪：《以资产为本的角度推进社区经济发展：香港的经验与实践》，香港中文大学社会工作学系。

4. 杨燕绥：《个人账户与养老保障》，清华大学就业与社会保障中心。

5. 张时飞：《引入资产建设要素，破解农保工作困局》，中国社会科学院社会政策研究中心。

6. 英国财政部：《儿童信托基金的细节》，http：//www.hm－treasury.gov.uk，2003年。

马洪范

当前“看病难、看病贵”的症结及综合治理之策

内容提要

“看病难、看病贵”是当前群众深感切肤之痛的重大民生问题。本文从医疗卫生资源配置结构、“三医”（医疗、医保、医药）体制、机制与制度等方面着手，旨在对“看病难、看病贵”这一“疑难症”进行较为全方位的“诊断”，并在此基础上简要提出综合治理的“药方”。

从“医改基本失败”论到天价医疗案，医疗卫生改革已成为当前社会广泛关注的焦点问题，而医疗卫生事业矛盾的核心在于群众“看病难、看病贵”。“看病难、看病贵”的一个直观体现就是医疗费用的快速增长远远超过了国民经济和居民收入水平的增长。根据 2003 年第三次国家卫生服务调查结果，我国医疗服务费用增速超过人均收入的增长，医药卫生开销成为家庭食物、教育支出后的第三大消费。从 1990 年到 2004 年，全国综合医院的门诊费用上涨了大约 11 倍、住院

费用上涨了约9倍，而同期城乡民众的收入仅上涨了约6倍和4倍多。更为重要的是，将近五成（48.9%）的居民应就诊未就诊，近三成（29.6%）的居民应住院而未住院，这集中反映了群众"看病难、看病贵"基本状况，成为当前医疗卫生事业发展的突出矛盾。医疗费用的超常快速增长，导致普通民众看病贵，看病贵又导致了医疗服务对于低收入者的可及性变弱，导致看病难。"看病难、看病贵"问题形成的原因是多方面的，本文认为，根源主要有以下几个方面。

一、医疗保险覆盖面（率）偏低，没有形成有效的第三方购买约束力

（一）症结表现

一是医疗保险覆盖面偏低。在城市，以就业为基础的医疗保险制度使得很多"非正规"就业职工（在私营企业、集体企业等就职的职工），特别是进城务工的农民大多无法参加医疗保险，城市下岗职工、失业人员、低保人员也没有医疗保障，目前参加基本医疗保险的城镇职工仅1.3亿人，另外享受公费医疗的（主要为行政事业单位职工）约5000万人，加起来不到2亿人。在农村，2005年年底，新型农村合作医疗覆盖的农民数为1.8亿。也就是说，当前我国有近80%的农民和45%的城市居民没有医疗保险，完全靠自费医疗。在许多人没有医保的情况下，他们只能作为单个病人与医疗机构"抗衡"。由于疾病治疗和康复服务其价格弹性接近于零，同时医患双方之间信息不对称，医方利用其在医药知识上的优势可以主导医疗服务的质和量，因此，作为单个病人，实际上没有足够的力量来制衡医疗服务提供行为，这是看病贵的重要根源。

二是缺乏真正意义上的医疗服务第三方购买约束力。医保机构作为第三方购买者并没有切实、到位地履行其应有职责，在大多数情况下，这些医保机构并没有运用其强大的购买力来代表病人向医疗服务机构购买服务，并对医疗服务的品质和价格实施有效的监控，而是仍然由病人在接受医疗服务时先付款，然后再向医保机构申请报销。医保机构则通过设定自付率、起付线、封顶线、可报销药品目录等各种手段，对病人的就医行为施加严格的控制，但是对服务提供者的行为却没有进行有效约束。这样一来，所谓第三方购买者变成原本购买者的管家。在这样的制度安排下，也就无法有效制约服务提供者过度提供服务的种种败德行为。另外，过高的自付比率，也使得医疗保险实际上部分丧失了保障功能。不仅如此，在农村，新型合作医疗对于报销设置的种种限制还让农村居民对于参保后能否获得“好处”疑虑重重，从而进一步影响了参保积极性。

（二）相关治理思路

扩大医疗保险的覆盖面，将目前城镇职工基本医疗保险扩大到城镇居民基本医疗保险，首先，要将符合参保条件且有缴费能力者尽快全部纳入医疗保险，做到应保尽保。其次，要采取措施将非正规就业人员（如个体从业人员）、学生、职工家属、破产改制企业职工等群体纳入医疗保险，使医疗保险覆盖范围从职工扩展到全部城市居民，同时向低保对象及其他困难群体提供医疗救助；再次，积极探索将城镇农民工纳入基本医疗保险。在农村，国家决心在 2008 年实现新型农村合作医疗全覆盖，这是一个积极的姿态。但这项制度就目前看来还存在不少风险，[①] 在加大财政补助的同时要积极推进制度的完善，重要的一条是防止逆向选择问题，有必要在适当的时机将目前自愿性

① 见刘军民：“新型农村合作医疗存在的制度缺陷和面临的风险”，《财政研究》，2006 年第 2 期。

参保过渡到强制性。

从远景来看，则需要实现城乡一体化的全民医保。普遍覆盖的医疗保障体系是解决民众"看病难、看病贵"问题的治本之道。全面建设小康社会客观上要求统筹城乡经济社会发展，逐步消除城乡居民制度上的不平等，使每个社会成员都能够得到基本相同的医疗保障待遇。当然，最终实现这一目标要以经济和社会发展水平达到一定阶段为前提，但有必要将其明确为改革的方向。现阶段，在逐步提高农民健康保障水平，缩小城乡健康保障水平差距的同时，本着循序渐进的原则，可以选择部分发达地区进行城乡一体化医疗保障制度试点，为在全国范围内实现城乡医疗保障制度的一体化积累必要的经验。

同时，在医疗保险的制度设计上，还需要考虑取消城市和农村医疗保险制度中的医疗储蓄账户这一需方费用分担机制，代之以有限的、更加简化的供方费用分担费机制，即根据诊断，就单一病种，为每个病人向供方付给预先商定的费用，而不是任由供方任意提供化验和诊疗服务并向保险机构收取费用。

二、医疗卫生资源的配置结构严重不合理，配置效率低

（一）症结表现

我国卫生资源总体不足，我国人口占世界总人口的22%，而卫生总费用仅占世界卫生总费用的2%。卫生资源不足，特别是优质卫生资源严重不足。但更为严重的是，卫生资源配置与布局在地区之间、城乡之间和所有制之间都很不均衡。长期以来，卫生投入不是往公共设施、往基层、往农村投，而是投向了大城市、大医院、高尖端设备上，导致我国

80%的医疗卫生资源集中在城市，其中又有 2/3 集中在大医院。大城市一些高精尖医疗设备的占有率已经达到或超过发达国家的水平，明显过剩。医疗机构为了收回投资成本和运行费用以及追求高收益，放宽大型检查的临床使用指征，乱检查、重复检查的现象时有发生，加重了患者和医保基金的负担，导致“看病贵”。与此同时，市县以下公共卫生机构特别是农村卫生医疗机构却缺乏一些基本的医疗设备。许多乡镇特别是贫困地区的乡村卫生机构条件极差，设备简陋老化，基本和必要的医疗条件严重匮乏，导致群众“看病难”。

总体来说，目前我国卫生资源的布局和结构不合理。在城乡配置上，卫生资源过多地集中在城市；农村卫生基础薄弱，基层卫生机构服务能力低下，贫困地区缺医少药。在区域布局上，一些地区特别是大中城市卫生医疗机构重叠严重，职能交叉，自成体系，难以形成区域内资源的合力优势，而中西部很多地区则缺乏最基本的医疗条件。在内部结构上，存在着重医疗、轻预防的问题，在城市大医院资源集中，规模不断膨胀的同时，一些符合大众利益、具有更大社会效益的预防保健工作，却因资源短缺而无法正常开展。

此外，看病难的一个症结还在于目前医疗卫生服务体系的三级转诊机制缺失，我们过去有比较好的三级卫生服务网络，但是随着市场经济体制的改革，现在这一套网络都被打破了，基本上病人想到哪去看病就到哪去。这样任何病人就自然都倾向于去好医院、大医院、“三甲”医院看病。大医院的功能其实应该是收治危重病人和疑难病人，但目前却收治了大量常见病、多发病患者，既造成看病难、看病贵，又造成卫生资源低效利用。

（二）相关治理思路

目前医疗卫生事业的发展与布局状况不能满足广大群众多层次、多样化的医疗需求。根据我国的经济发展水平和群众承受能力，现阶段医疗卫生服务体系发展应该坚持低水平、广覆盖的道路，在此基础上，再发展一些高水平的大型综合性医院和专科医院，以适应不同人群、不同患者的实际需要。具体要点应该包括：

一是加强区域卫生规划，优化资源配置，完善分类管理，加强政府的宏观调控和行业监管，有效解决卫生事业资源配置不合理、不协调问题。这就要求调整医疗服务发展结构，优先发展城市社区卫生和农村基层卫生事业。

二是大力发展社区卫生医疗，构建以社区卫生服务为基础的新型城市医疗卫生服务体系。健全社区卫生服务网络，完善服务功能。增加政府投入，改革运行机制，实行政府主导和社会参与相结合，健全国家初级卫生服务体系。确保社区卫生医疗机构能提供质优价廉的服务。

三是以乡镇卫生院建设为重点，提高农村卫生机构服务能力，在农村建立三级医疗网络，把贴近群众、能够为群众提供质优价廉医疗服务的基层卫生机构建设好，解决农村群众的基本医疗需求。

最后，还应该建立所谓的社区首诊制度和转诊制度，还可以考虑在某些地区（如北京、上海等）取消大医院的普通门诊，而只接受社区医院或二级医院转诊的疑难病或专科病人，避免优质卫生资源的低效利用。

三、医疗服务机构运行机制不合理、不规范，医疗补偿机制不健全，导致“以药补医”等扭曲性行为

（一）症结表现

在市场化改革进程中，财政补贴占医疗机构收入的比重也越来越小，多年来平均仅为 8%，不足人员工资 30%。在工资、管理费用、各种医用价格普遍上涨情况下，大多数医疗服务收费不能补偿医疗服

务中的成本消耗。在财政补偿不到位的情况下，政府采取“不能给钱就给政策”，即允许医院对药品按进价加价销售。多年来，我国在实行医疗服务低收费政策的同时，允许医疗机构销售药品时加成15%—20%作为补偿。在计划经济时，由于药品品种少，价格由政府控制，这个机制对弥补医院收入发挥了重要作用。但在市场经济条件下，药品品种越来越多，价格差距越来越大，同类药品价格可能相差十几倍，这种“以药养医”① 机制的弊端日益显现。

在这种药品加成的机制下，一些医疗机构采用不规范的手段恶意诱导不合理的医疗消费，出现医生开“大处方”、重复检查等扭曲性激励行为，造成医疗资源的严重浪费，加重患者的负担。按照国际标准估算，由于“大处方”泛滥，中国卫生总费用的12%—37%被浪费掉了。

另外，在目前的医疗竞争中，医院之间竞争方式主要以先进医疗设备、诊疗手段等设施竞争为主，即医武竞争（medical arms race）而非价格竞争（李玲，2006）。医院在扭曲的、不规范的市场竞争中，也就倾向于大力引进大型和先进的医疗设备，盲目发展高端服务，扩张特需服务，而所有这些高昂的设备采购和运行费用都将从患者的诊疗费中予以补偿，从而使医疗成本不断上升。

（二）相关治理思路

加大财政投入力度，改革财政补偿机制。财政对医疗服务机构的补助从目前“养人办事”向“办事养人”转变，即根据卫生医疗机构提供服务的数量、质量及相关成本，采取购买服务的方式核定财政补助。促进医院转变运行机制，形成有效的资源配置、监督管理机制，维护医院的公益性质。

---

① 西方国家药费占总医疗消费的10%—20%。而中国的这个数字是50%左右。2004年，门诊病人医疗费中，药费占52.5%，检查治疗费占29.7%；住院病人医疗费用中，药费占43.7%，检查治疗费（含手术费）占36.6%。

同时，加强医疗机构运行机制的财务监管。改革现行的公立医疗机构财务会计制度，加强对医疗机构收支行为和结余额度的控制和监管，提高卫生医疗机构经营管理的透明度，维护公立医疗机构的公益性。

此外，还应调整医疗服务收费价格，适当提高门诊挂号费和手术等项目的收费标准，医务人员的劳动价值应该得到尊重，而不是变相从药价和检查费中来进行补偿。

四、药品和医疗器械生产流通秩序混乱，药品虚高定价

（一）症结表现

我国药品和医用器材生产流通企业数量多、规模小，监管难度大。至2004年底，全国有3731家药品生产企业通过了GMP认证，另有1340家企业未通过认证，共计有5000多家。药品批发企业有12000家，零售企业12万多家。由于企业数量多、规模小，难以实施有效监管。药品作为商品，按一般市场经济规律，在供大于求的情况下，价格应该下降。但我国的药品却出现价格上升，越贵越好卖的反常情况，主要原因是药品定价和流通秩序混乱，一些企业违规操作。①

① 2004年，国家审计署对卫生部和北京市所属10家大型医院的药品和高值医用消耗材料的价格进行了审计，也抽查了一些企业，发现不少生产企业虚报成本，造成政府定价虚高。在抽查的5家药厂46种药品中，有34种药品成本申报不实，平均虚报1倍多。某企业生产的一种注射用针剂，实际制造成本每瓶32.07元，申报却达到266.50元，虚报7倍多。有些医疗器材几经转手，层层加价，其中以进口器材最为严重。抽查的6类35种进口高值器材，卖给医院的价格平均为报关价的3.34倍。某规格的球囊报关价每个496.2元，一级代理商批发给二级代理商的价格达到3600元，二级代理商卖给医院时达到7000元，加价13倍多。一些不法药商通过给医生回扣、提成，扩大虚高价格的药品、器材销售。

在药品定价环节，部分药品生产企业在向物价部门申报出厂价时虚报生产成本，把庞大的促销队伍的不合理开支、回扣、提成以及药品的广告费、宣传费等悉数也打入药品成本，给自己和批发商留出更大的“让利空间”。部分药品的实际出厂价并不高，但由于政府物价部门的定价、核价的不科学、不合理，公布的药品零售价高出出厂价数十倍。物价部门一方面难以掌握和控制药品生产过程，对药品缺乏有效的监控机制；另一方面，一些地方为了本地区的财税利益，也倾向于将药品价格定得高一些。此外，医保目录之外的药品通常由企业自主定价，一些药品生产企业通过“改头换面”，规避政府药品招标降价，谋取“新药”的高额利润。不少药品生产企业采取更换药品包装、改变剂型、改变规格、由单一制剂改为复方制剂等手段生产所谓的“新药”，这些实际上都是变相提价。

在药品流通领域，流通环节多，流通秩序乱，层层加价。一般医药产品销售进入医院要经过多个环节：生产企业——买断总经销的大型批发企业——各大片区或者省级代理（一级代理）——地市级代理（二级代理）——医药批发公司销售商——医院——患者。各个流通环节都想尽各种办法来获取最大利润，一个环节一层利，导致药价虚高。根据有关调查，一般药品包括材料、人工及制造在内的成本价只占其零售价的10%—25%，但是消费者实际所支付的药品价格通常是成本的4—10倍。流通环节为了促销，利用不合理的利润空间给予“回扣”，进一步诱使医疗机构增加药品的临床使用量（用量越大，所得回扣也就越多）。在这种利益机制下，我国医院的不合理用药情况相当严重，不合理用药占全部用药者的12%—32%，特别是抗生素的滥用非常严重。国外医院抗生素的使用率为20%，而我国抗生素的使用率则超过了40%。国家食品药品监督管理局2004年初对北京、武汉、重庆、广州的26家医院的调查，结果发现合理用药比例竟然只有5.4%，而治疗肺部等感染的主要药物——抗生素使用合理的比例不到50%。[①]

针对药品价格过高的问题，国家发改委也十几次地下令降低药价，降价所涉品种多达万余，力度不可谓不大。但是每降一次，药价却进一步升高。原因在于每降一次，被降价的药就主动退出市场，或代用了其他的新药名，从而获得较高的价格。有的同类药品竟达数百甚至上千个产品，替代药品泛滥。目前的机制似乎是在不断地促使药价上升，而不是在控制成本。

（二）相关治理思路

解决药价虚高的问题，根本的办法还是改革"以药补医"的机制，探索彻底的医药分开之路，完善医疗机构经济补偿机制和药品价格管理机制，引导医生根据患者病情合理用药，从源头上抑制医药费用过快增长，减轻群众医药费用负担。具体的办法包括：一是分阶段逐步取消药品加价机制，切断科室与药房之间的经济联系，完善医疗机构经济补偿机制；二是完善药品集中采购招标办法，杜绝中介环节的不规范操作；三是加强药品监管，将药品种类作为价格监管对象，而不是针对成千上万的具体药品名来实施医药监管。

五、按服务项目付费为主的支付方式造成激励机制扭曲

（一）症结表现

支付方式是通过经济激励起作用的，支付方式的激励能对卫生体

---

① 参见"监管机制导引合理用药"，《健康报》，2005年2月28日。

系产生重要影响，如影响卫生服务的数量和质量。因此，支付方式及其内在激励机制在决定卫生体系绩效方面发挥着重要的作用。

目前，在我国的城镇职工医疗基本保险、公费医疗、劳保医疗中，都基本上采用了按服务项目付费（FFS，Fee－for－Service）的支付方式。这种付费方式一个致命的弊端就是造成激励机制的扭曲。按服务项目付费的制度诱致了过度提供医疗服务，造成医疗费用的无端增加。当费用由第三方支付时，这种道德风险更为严重：由于由保险基金付费，对病人来说，倾向于多看病、用好药和贵药；医院也倾向于给病人多做检查、多开药、开大处方，如果没有有效的制约手段，医患双方联手很容易就把费用往上推。同时，在按服务项目付费制度下，实施价格控制措施也难以达到限制费用的效果（例如，医生对于价格控制可能会采取分解服务和增加诊次的措施来应对）。许多研究已经发现，无论是发达国家，还是发展中国家，按服务项目付费制度诱致了服务的过度使用，以及成本的增加。

（二）相关治理思路

为了避免支付方式产生的扭曲激励，需要积极稳妥地改革医疗卫生费用的支付结算方式。在医院引入新的预付费机制，以及探索实施单病种付费、总额预算、按人头付费、DRGs（诊断相关组）付费等多种支付方式及其组合，强化医疗保险经办机构对医疗服务机构的监督制约作用，强化费用支付过程中的约束激励机制，鼓励医疗服务提供者提供基本医疗服务以及合理用药，科学地控制医疗服务成本。

六、人口老龄化、医疗技术的进步和疾病谱变化等客观原因

（一）症结表现

当然“看病难、看病贵”还有我国在经济社会转型过程中形成的诸多客观上的原因，比如人口老龄化、医疗技术的进步和疾病谱变化。首先，老龄化带来的医疗卫生支出需求，我国人口多，加上实行计划生育，使得中国老龄化比任何一个国家都来的猛烈。目前我国60岁以上的老年人口已达到1.34亿，占总人口的10.2%，并以每年3%的速度增长。有关研究发现，老年人花费的医疗费用是群体平均水平的三倍。庞大的老年人群，无疑推高了全社会的医疗卫生支出需求；其次，医疗技术和治疗方案在不断革新，与过去相比，同样的疾病治疗，现在病人所承受的痛苦减少了，治疗时间缩短了，但新技术需要额外的货币价值来体现，成本也在随之上升，这也是导致医疗卫生费用攀升的重要原因；再次，在工业化加快推进的进程中，环境污染加重，生存环境恶化，包括现代社会的工作压力和不健康的生活方式，导致我们国家目前的疾病谱已和发达国家的疾病谱接近，连续几年发病率第一位的疾病是肿瘤，以及心血管病、高血压等“富贵病”，以我国目前的经济发展水平和收入水平，治疗这些疾病无疑就显得异常昂贵。

（二）相关治理思路

改变现行的单纯以GDP为目标的经济增长方式，特别是改变以GDP为主导的政绩考核机制。树立健康是人力资本的重要基础，而人

力资本积累又是经济增长最主要的源动力这样一种观念，这也就归结到科学发展观的落实上。在这种“健康为本”发展观的指导下，公共部门、社会各方面都应主动投资于健康，增强环境保护与治理，加强健康教育，提高健康水平。同时居民也需要增强健康意识，形成良好的工作、生活方式。当然，这是一个涉及经济增长方式转变、社会发展转型的系统工程，是一个比较长期的过程。在医疗技术路线的选择上，应在充分尊重医学发展规律的基础上，优先采用成本低、效果好的适宜医药卫生技术，大力挖掘现有卫生资源潜力，提高资源利用效率，努力建设资源节约型医疗卫生事业。

最后，还有必要看到，“看病贵、看病难”并不是只是我国单独面临的一个矛盾，而其实是一个世界性的难题。只不过在我国经济社会转型过程中，由于体制和制度弊端加剧了这一矛盾。综合来看，当前我国“看病难、看病贵”成因复杂，不能毕其功于一役，需要政府相关部门、医疗卫生服务机构和社会各方面力量共同努力，探索标本兼治之策。

本文参考文献：

1. 高强：《发展医疗卫生事业，为构建社会主义和谐社会做贡献》，专题报告，2005年7月1日。

2. 余功斌、何锦国、邸东辉：“改革与投入并重，完善卫生医疗体制”，载《2004财税改革纵论——财税改革论文及调研报告文集》，经济科学出版社2004年版。

3. 李玲：《医疗体制的现状、问题以及对策》，天则经济研究所307次天则双周学术报告会，2006年3月31日。

4. 胡鞍钢：“中国卫生改革的战略选择：投资于人民健康”，《卫生经济研究》，2000年第10期。

刘军民

财政金融政策与风险问题研究

转轨与开放经济条件下财政货币政策协调研究

内容提要

本报告简要回顾了改革开放以来我国财政政策与货币政策配合情况，指出财政货币政策从总量和结构两方面对宏观经济发挥调控作用。在分析转轨与开放经济条件下宏观经济特点的基础上，指出财政货币政策面临的新挑战，如内外均衡的总量目标，高投资、高出口和低消费的总需求结构，供给结构失衡，投融资效率低等问题，为应对这些挑战促进下一阶段宏观经济持续、健康增长，本报告提出了财政货币政策协调的机理和对策，尤其是强化总供求结构调整的财政货币政策，包括在继续实施稳健的总量政策的同时，财政保持适度赤字而大力优化结构，以及对外汇储备增量可考虑运用财政债务手段购买，等等。

财政政策与货币政策作为政府最重要的两大宏观政策工具，其协调配合研究在国内已经引起充分重视。但在转轨与开放经济条件下对于财政货币政策的协调研究却不多。我国的市场经济已经进入全新的时期，内需不足、经济增长效率低、收入分配不均、经济结构不合理等问题已经凸显出来。在我国加入WTO这一更广泛的背景之下，经济全球化为我国还不够成熟的宏观经济政策增添了更为复杂的因素，呈现出内外矛盾交织在一起的局面，如何更有效地制定和实施宏观经济政策成为理论与实际部门共同关注的重点。因此，在转轨与全球经济背景下，重新审视财政货币政策的制定与协调配合对于我国的经济改革具有重大的理论和现实意义。

一、改革开放以来财政政策与货币政策的配合

财政政策是指通过政府支出和税收等手段来影响宏观经济的政府行为，国家财政一般通过扩大举债规模和支出、财政补贴、转移支付等财政政策工具来促进国民经济增长。而货币政策是政府通过控制和

协调货币供给量调节宏观经济的行为，中央银行一般运用利率、银行准备金、央行再贴现等政策工具调节国家经济发展。财政政策和货币政策作为政府需求管理的两大政策，其共同运作是政府通过增加或者减少货币供给来调节总需求、调节经济运行的基本政策手段。

自改革开放的20年以来，适应不同时期的经济形势的要求，我国采用了各种不同的财政政策和货币政策配合方式，其主要表现为财政政策和货币政策各自“松”、“紧”的配合作用。通过财政政策和货币政策的协调配合，在改革开放的不同时期，我国经济的发展得到了有力的保证（见表1）。

表1

阶段	时间	财政政策	货币政策	特点
第一阶段	1979—1980年	松	松	财政支出连续大幅度增长；大幅度增加现金和贷款投放。通货膨胀上升，物价总指数大幅度提高。
	1981年	紧	松	基建投资支出减少，财政赤字减少；现金投放减少，但贷款增加。
	1982—1984年	松	松	财政减收增支；“拨改贷”，贷款总额增长。
	1985年	紧	紧	控制财政支出；紧缩银根。
	1986—1988年	松	松	扩大国债规模；货币发行量和银行贷款投放增加。
第二阶段	1989年	紧	紧	治理整顿。
	1990—1993年	松	松	相对于1989年，财政支出和货币投放有所增加。
	1994—1997年	紧	紧	严格控制信贷规模、分税制改革。
第三阶段	1998—2004年	松	松	积极的财政政策和稳健的货币政策。
	2005年以来	松	松	稳健的财政政策和稳健的货币政策。

资料来源：《中国金融执行情况报告》1981—2004年各期。

通过财政与货币政策的配合，在过去 20 年的发展中，我国政府在抑制通货膨胀和反经济周期方面发挥了积极作用。

在封闭经济条件下，政府运用财政政策和货币政策协调配合的手段，目的是为了稳定并能够推动经济的发展。具体来说，就是实现对宏观经济总量目标的调控和调整经济结构。

（一）总量调控

1. 所谓总量调控即对于宏观经济总量目标进行的调控

经济总量的调控主要是处理货币供给与货币需求的关系，通过处理总供给和总需求，达到保障经济稳定增长、减少失业、抑制通货膨胀或通货紧缩的目的，总的来说侧重于货币政策调控。但单纯依靠货币政策调控经济总量往往不能达到目的，因此必然需要政府通过财政手段配合货币政策调控社会供求。自改革开放以来，我国经济总量的失衡问题比较严重。其中突出的问题，一是伴随我国经济飞速发展带来的通货膨胀问题。随着经济体制改革的逐步深入和经济发展水平的不断提高，居民收入不断增长，社会储蓄和银行存款增长迅速，从而导致银行贷款急剧增长，每年银行新增贷款额不仅大大高于财政收入的增加额，甚至超过了当年财政收入总规模；居民收入的增长又直接释放了消费需求，带来的后果就是通货膨胀。针对 1993—1996 年出现的这种情况，货币政策着力于提高利率、减少货币供应量、提高商业银行存款准备金比率等紧缩性措施。紧缩的财政政策则着重控制赤字、减少发债、压缩政府开支、控制货币总投放量、调整经济结构，达到良好的总量调控效果。二是亚洲金融危机后所面临的通货紧缩问题。1998 年中国经济形势发生了急剧变化，长期以来经济结构不合理等深层次矛盾，在国际经济环境急剧变化和国内市场约束双重因素作用下，出现的供大于求、需求不足、出口下降、投资增长乏力、经济增长速度回落等经济现象都表明中国经济出现了通货紧缩问题。针对通货紧缩，我国实施了稳健的货币政策，包括降低利率、增加货币供应量、积极推进金融调控方式的改革等等。但是，在货币政策效应递减、又要坚持人民币汇率稳定的情况下，中国政府果断决策，实施了积极的财政政策，通过发行长期建设国债、增加财政赤字、扩大政府支出，特别是增加投资性支出等来扩大需求，拉动经济增长。

总的来说，综合运用财政和货币政策调控经济总量，是实现经济总量平衡的最优手段。

2. 货币政策工具和财政政策工具

货币政策工具主要可以分为间接政策工具和直接政策工具。间接货币政策工具主要有利率、公开市场操作、再贴现率以及存款准备金等。利率是货币政策中最主要的工具，央行一般通过调整利率影响储蓄和间接投资，从而控制市场总供求；公开市场操作是央行通过证券市场调控基础货币量总量的货币政策工具，具有很强的灵活性；贴现政策是货币当局通过变动再贴现率来影响贷款的数量和基础货币量；调整存款准备金率是货币政策工具中作用最为强烈的一项，央行调整存款准备金率的目的在于控制信贷规模。直接货币政策工具主要指央行通过直接调控商业银行贷款规模来达到调整经济总量的目的。

财政政策主要分为支出政策工具和收入政策工具。支出政策工具包括政府直接投资、政府采购、转移支付、财政补贴等。收入政策工具包括差别税率和税收减免等。通过各种财政政策工具政府可以达到调整经济总量，调整地区和收入结构差异等问题。

（二）结构调整

经济结构的调整主要指政府运用各种政策手段调整收入分配、地区利益、经济发展结构不合理等等问题。在这方面，财政政策较货币政策有更多优势。通过转移支付、补贴等支出政策工具，差别税率和税收减免等财政收入政策工具，能够较为直接地协调地区差异和收入差异等。

自改革开放以来，我国经济一直频繁出现周期性的波动，究其根本，可以发现经济结构的不合理是造成这种现象的主要原因。例如，在不同的经济发展时期，我国出现过不同行业的发展过热现象，特定时期内价高利大的行业成为投资者的目标，而其他一些经营风险高、利润较低的行业则无人问津（如农业等）。在这种情况下，财政则可以利用直接投资、财政补贴、税收减免等收入和支出手段直接投资发展“冷门”行业或鼓励投资者进入“冷门”，从而达到推动经济协调发展的目的。

区域经济结构发展的不平衡也是我国经济发展中的一大问题，随着时间的推移，经济发达地区和经济落后地区发展程度的差异正在不断加大。为了支持落后地区的经济发展，逐步实现我国经济发展的区域平衡，我国政府先后实施了西部开发、东北地区等老工业基地调整改造和中部地区崛起的发展战略。在这一过程中，财政转移支付、财政补贴等财政政策工具起到了很大作用。

二、全球经济背景下我国宏观经济的特点

改革开放以来，我国与国际经济的联系日益加强。最为显著的特征就是贸易额日益扩大和大量的国际资本流入。国家外汇储备从 1998 年的 1449.59 亿美元，迅速增加到 2004 年的 6100 亿美元。2005 年外汇储备新增了 2000 多亿美元，年末余额达到 8189 亿美元。2005 年，我国政府已经开始实施对汇率和资本流动管制的“市场化改革”，并且随着各项政策措施的建立和完善，金融开放的步伐将继续加快。具体表现为：

（一）对外贸易增长对经济增长的贡献不断提高

改革开放以来，我国对外贸易增长迅速，截至 2005 年底，我国

进出口总额已达14221亿美元，其中出口总额为7620亿美元。出口总额在国民生产总值中占的比例也显著提高，截至2005年底，出口总额占GDP的比重为33.85%，在1991年到2005年的14年间，出口总额占GDP的比例每年平均增长1个百分点。对外贸易对经济增长的贡献不断提高（见图1）。

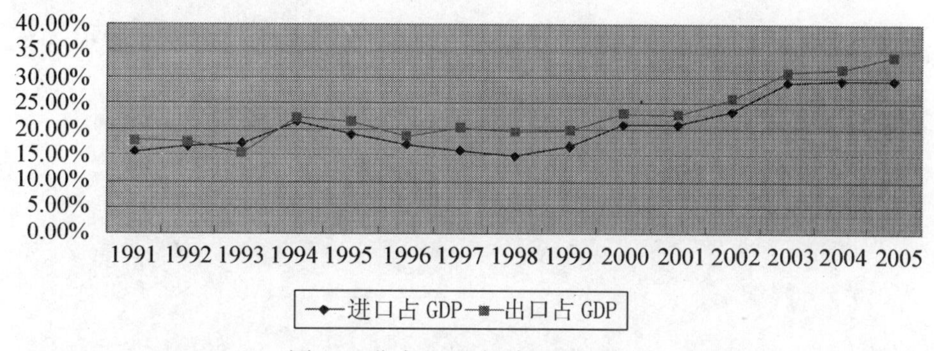

图1　进出口总额占GDP比例

资料来源：国家统计局。

（二）国际资本流动额的增加与资本流动管制的放松

当前我国已经初步形成了跨境资本双向流动的格局，利用外资的渠道日益多元化。2005年，我国实际利用外商直接投资约603亿美元。同时，截至2005年底中国统计的境外投资非金融类经营机构约7700家左右。对外经济合作合同不断增加；2004年，我国共签订对外经济合作合同60312份，合同涉及金额达277亿美元，完成营业额213.7亿美元，完成率达77%；2005年全国新设立外商投资企业44001家，同比增长0.77%。大量的对外经济合作为我国的经济增长做出了巨大贡献（见图2和图3）。

近些年来，我国政府在继续保持鼓励外商投资的前提下，正在逐步审慎地放开对资本市场的管制。一直以来，我国对与资本市场相关的资本项目交易和汇兑大多数需要进行审批才可以进行，并且对交易

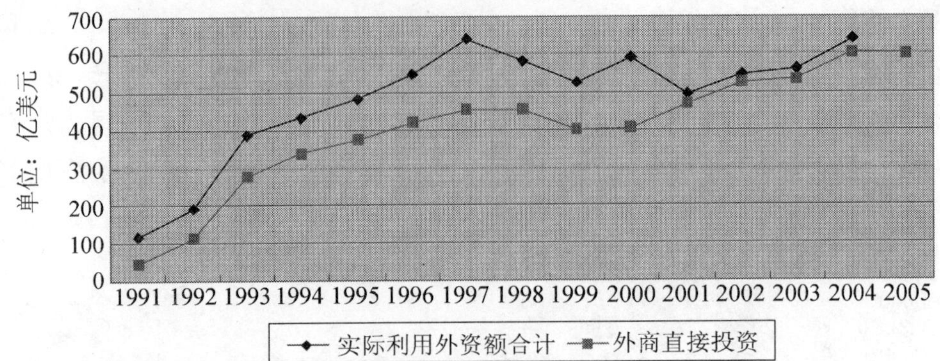

图 2　我国实际利用外资情况

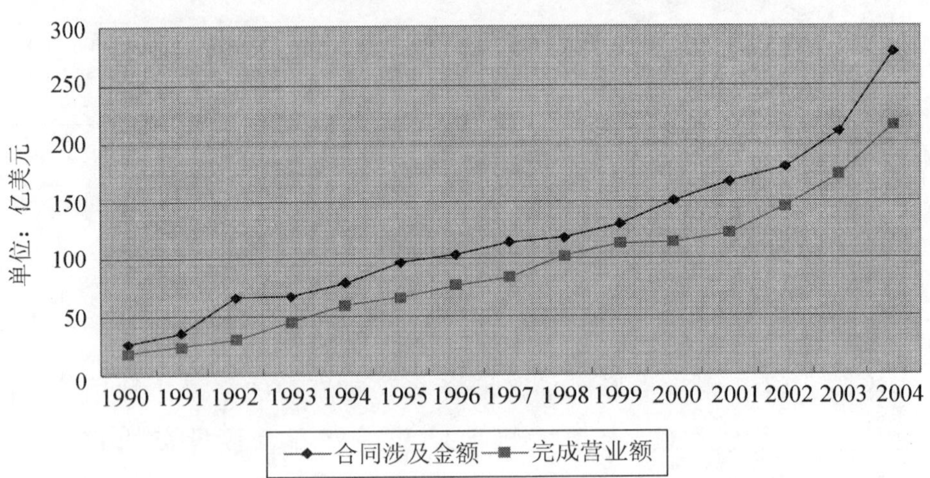

图 3　我国对外经济合作合同涉及金额及完成情况

资料来源：国家统计局。

主体有一定的资格条件限制。同时我国对境外投资者投资境内证券市场也有严格的限制。自 2003 年以来，我国逐渐有步骤地开始放开对资本市场的管制，例如，外商投资企业外债项下保值业务不须事前审批（但事后需要登记），引入 QFII 等。资本管制的放松，将更加有利于我国吸引外资。

（三）外汇储备逐年增加带来的通货膨胀压力

自改革开放以来，我国外资汇储备不断增加，截至 2005 年底，我国的外汇储备已达 8188.72 亿美元，仅次于日本，居世界第二。2005 年我国外汇储备增加迅速，同比增长 34.3%（见图 4）。

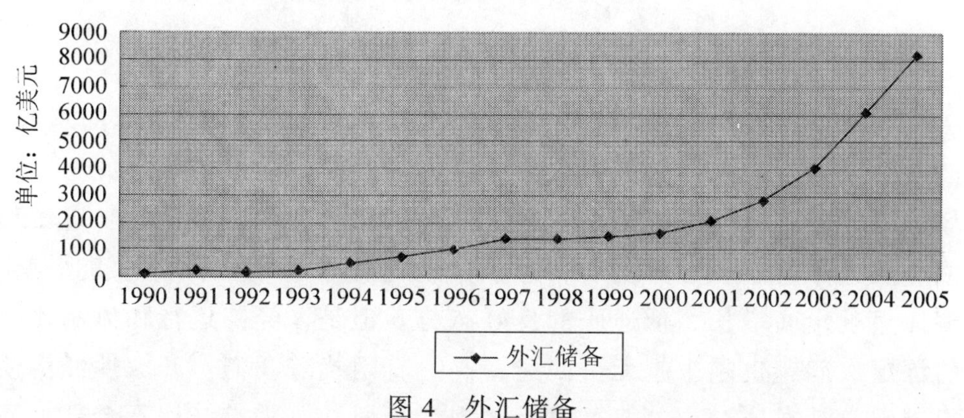

图 4　外汇储备

资料来源：《中国金融统计年鉴》1990—2004 年各期，国家统计局网站。

外汇储备的增长，对我国经济的发展和经济运行的稳定有着重要的意义。首先，高额的外汇储备为我国充分利用外债资金进行经济发展提供了有利的保证，其次，外汇储备的增加为我国在人民币自由兑换条件下，人民币汇率的稳定提供了坚强的后盾。

另一方面，外汇储备增加也带来了通货膨胀的压力。贸易额的增加及人民币汇率升值预期引起的“热钱”大量涌入，都会引起外汇储备增加从而外汇占款增加，据统计数字显示，在 2004 年外汇储备所增长的 2067 亿美元中，仅有 320 亿美元来自外贸顺差的贡献，而来自外商直接投资的数额约 606 亿美元，其余 1000 多亿美元估计与热钱流入有关。政府为吸收这些外汇，需要发行大量的人民币，在此情况下，如果没有采取相应的对冲措施或对冲不充分，这种外汇占款增加必然引起基础货币的增加，从而 M_2 和国内需要增加，并最终引起通货膨胀与经济过热。

三、转轨与开放经济条件下财政货币政策面临的挑战

改革开放以来，我国的宏观经济始终保持着快速、持续的增长。经济越来越融入到世界经济当中，国内的经济体制改革基本成功，市场经济体制基本建立起来，宏观政策的调控机制和微观基础基本形成。从近年的宏观形势来看，总供给与总需求基本能达到总量平衡，整体呈现出高增长、低通胀的良好态势。但是，经济运行和体制改革的深层次问题也越来越无法回避，并一直困扰着我们：开放性经济使得宏观政策在应对内外双重目标时捉襟见肘；总需求结构不合理，高投资、高出口、低消费的总需求结构降低了增长的效率，并对经济持续增长埋下隐患；投融资体制落后使得财政金融资金使用效率低下；经济结构不平衡、增长方式不合理越来越成为经济持续、高效、稳定增长的瓶颈。这些当前宏观经济运行中的深层次矛盾给财政货币政策的制定和实施提出了新的挑战。

（一）内外均衡的总量目标对财政与货币政策调控提出了更高的要求

在封闭经济或经济开放程度不高的条件下，宏观经济调控的总量目标是价格稳定、充分就业和经济增长。在开放经济条件下，宏观经济调控的另一个重要目标是国际收支均衡，并且该目标常常会与前面三个目标形成冲突，增加了宏观经济政策调控的复杂性和难度。

开放经济条件下，以货币供应量（M_2）为调控中介的货币政策

难以实现内外均衡的双重目标。近年来，我国出口持续保持顺差，国际资本流入性越来越强。2004 年外汇储备新增加 2000 多亿美元，扣除贸易顺差 300 多亿美元后为 1700 亿美元，国际资本大规模流入。这对汇率稳定条件下的货币政策制定影响巨大：国际资本大规模流入带来的大量热钱流入，引起外汇储备增加从而外汇占款增加，在对冲不充分的条件下，外汇占款增加导致基础货币的增加，从而使货币供应量（M_2）被动增加。这样一来，货币发行量不是依据国内宏观经济情形来制定，而是被外汇占款压迫性的加快发行；如果在经济过热的情形下，希望通过紧缩货币来抑制通货膨胀的货币政策就会与保持国际收支平衡的外部目标冲突。克鲁格曼（1979）提出的“三元悖论”，即固定汇率制度、资本自由流动、货币政策独立三个目标不可兼得，一国充其量只能实现其中两个目标。我国实行的是有管理的浮动汇率，汇率实际上是趋向于固定汇率的。在事实上资本流动的状况下，自然就难以同时实现独立的货币政策和人民币汇率稳定这两个目标。

同样，财政政策与外部经济也会发生冲突。一方面，外资的挤出作用会减少财政支出对经济扩张的效力；另一方面，积极的财政政策会导致实际利率提高，在事实上资本流动的情况下，也会导致外部经济不均衡。

（二）高投资、高出口和低消费的总需求结构制约着经济有效、持续的增长，如何解决总需求结构的矛盾成为下一步财政货币政策的难点

近年来，政府支出强劲地拉动了投资需求，外资利用额也逐年增加，投资驱动型的扩大内需政策很好的把经济带入了新的一轮经济增长周期。但是，高投资、高出口、低消费的总需求结构却不利于经济持续、高效的增长。

首先，在促进 GDP 增长的四个因素中，消费对 GDP 的增长效率贡献最大。消费增长对GDP增长的贡献经常在60%以上。经验研究表明，消费增长1个百分点可以带动GDP增长1.05个百分点，而投资和政府支出增长1个百分点只能带动GDP增长0.44和0.51个百分点，净出口的增长率对中国长期GDP增长率影响不显著，且系数趋近于0（台湾经济研究院董瑞斌估计）。

其次，从世界各国的发展经验来看，基本上还没有一个大国经济能够长期依靠投资来保持持续增长。投资增长会造成新的供给，而新的供给要靠新的消费消化掉。如果没有消费提供支撑，投资就可能在带来经济增长的同时，带来产能闲置、产品积压、效益下降，最终肯定会造成经济的大起大落，而消费拉动的经济增长就不存在这样的问题。因此，消费驱动型的经济增长模式是提升经济增长效率的有效选择。统计显示，自1978年至2004年的26年来，我国的投资增长速度保持在年均13.2%的水平，但这一时期的消费增长水平却一直低于投资水平，扣除物价因素，年均增速仅为8.6%。再从2005年上半年的统计数据来看，我国的消费增长为13.2%，大约只相当于投资增长的一半。如果和其他国家相比，中国消费不足的情况也是显而易见的。比如美国消费对其GDP的贡献率约在80%左右，但这一数据在中国仅为50%左右。即使是在日、韩等国家，消费对GDP的贡献率也比中国要高出许多。世界银行《中国经济季报》认为，虽然今年以来中国的消费支出开始增强，但仍然不足以替代投资成为经济增长的主要动力。

目前，造成高额居民储蓄和低消费的主要原因是居民的预期消费支出（包括失业、住房、养老、医疗、保险、教育等项开支）增加，为了应付未来的这些不确定性支出，居民减少了即期消费。对大多数城镇家庭来说，住房、子女教育、医疗目前已成为家庭负担中的最主要部分，占据了他们收入的大部分。世界银行专家也提出，由于社会保障网络的欠缺，未来养老、医疗及教育成本的不确定性影响着每一个家庭的储蓄，只有消除这种不确定才能促进个人消费。在教育、医疗和养老领域进行市场化改革的同时，中国对居民的社会保障水平严重滞后已是不争的事实。如何减少居民的不确定性预期，挖掘消费的潜力，提高消费占总需求的比重，是下一步财政货币政策的重点和难点。

（三）投融资效率低需要财政与货币金融政策更好地协调

一直以来，财政政策与货币金融政策采取反周期性操作的基本原则是对总需求进行调控，财政货币政策都侧重于如何提供更多的资金来支持投资驱动型的增长。这种粗放的投融资体制虽然有利地支撑了经济的高速增长，但是也付出了高昂的代价。低水平的重复投资，使最有活力的部门得不到所需资金，城乡二元经济结构加剧等等。当前，投资的增长率已非财政货币政策的核心目标，而更应该关注于资金使用的效率。在转变经济增长方式与节约型经济的号召下，财政与货币金融政策将面临着如何更好地创新投融资体制来提高资金使用效率的问题。

（四）经济结构失衡成为经济有效增长的瓶颈，需要财政货币政策的有效调整

在发达市场经济体制下，宏观经济政策的微观基础已经形成，基于微观调控的结构矛盾并不突出。而在我国转轨经济体制下，由于经济结构矛盾突出，宏观经济政策的效力大大下降，以结构调整为重点的财政货币政策将是下一步宏观调控的主要内容。

转轨经济体制下的结构障碍主要有：城乡二元经济结构；所有制的二元经济结构；产业结构矛盾突出；区域经济结构不平衡。这些结构上的障碍对财政货币政策的实施效果有重要影响。城乡分割严重，城镇化进程缓慢的二元经济结构，使得农村居民收入低，消费需求低。财政货币政策在城乡间的效果差别巨大。非国有部门经济对利率和信贷政策非常敏感，而国有部门经济对利率和信贷政策却非常不敏

感，这造成货币信贷政策常常效果不明显，并且可能会加剧经济的不平衡和效率降低：对 GDP 增长做出重大贡献的非国有部门经济获得融资困难，而获得绝大部门国有银行融资的国有经济效率低下。产业结构更是我国现有阶段增长效率低下的重要原因；区域经济不平衡也要求通过财政货币政策的倾斜来调和。

党的十六届三中全会提出科学发展观，明确将“五个统筹”作为重要战略机遇期的发展目标和结构调整任务。财政货币政策作为政府配置资源和宏观调控的主要手段，要在优化结构方面发挥重要作用，并且这将是今后很长的一个时期内财政货币政策的主要任务。

四、转轨与开放经济条件下财政货币政策的协调机理

新时期的宏观经济面临着诸多挑战，如内外均衡的目标难以实现，消费不足导致的总需求结构矛盾，投融资效率低下，经济结构失衡等等。财政货币政策的实施应该在传统的宏观经济目标指导下，积极协调以解决当前的突出矛盾。由于财政政策与货币政策的不同特点，二者应该在工具选择、政策时效与政策功能等方面相互配合，以达到最优的操作效果。除此之外，在当前转轨与开放的经济条件下，财政政策与货币政策的协调机理还要侧重这样两个方面：职能与定位的协调；短期目标与长期目标的协调。

（一）短期目标与长期目标的协调

我国的经济已经进入新的增长周期，总需求不足不再是当前紧迫的任务。而如何有效转变经济增长方式，提高经济增长的质量，从而

使经济能够长期、有效、持续的增长才是当前宏观经济面临的紧迫任务。短期内，稳健的财政货币政策可以保障宏观经济快速、稳定的增长。但在投资过热、出口强劲而消费不足的宏观经济背景下，财政货币政策的长期目标不再是盲目地扩大总需求量，而是调整总需求与总供给的结构。无论是在短期内的总量调节还是长期中的结构调整，财政货币政策的协调在政策操作的空间和功效的持续性都是有所区分的。因此，财政货币政策的协调应该在短期内侧重总量调节的目标，而在长期内则侧重结构调整的目标。

（二）职能与定位的协调

长期内侧重结构调整的目标要求财政货币政策的协调不再是促进投资和出口的快速增长，而是适当抑制投资，促进消费，调整供给结构。公共财政框架的建立即是适应这样的需要，原来直接用于经济冷却和经济加热的职能要向为社会提供公共安全、公共服务、社会公平和补偿机制的公共职能转变。财政政策直接促进经济增长速度的效力可以下降，但却提高了经济增长的效率和弥补了经济增长中的缺陷。也就是说，财政政策开始多少具有“中性”的含义。另一方面，随着政府主导的国有商业银行体制的改革和转型，长期以来货币金融体系所担负的经济增长“发动机”的功能需要向经济增长“稳定调节器”和促进投融资效率的功能转变。总而言之，财政和货币金融政策的职能要从原来直接刺激或者抑制经济增长转向提升经济增长的效率和维持经济增长的稳定性，这是新时期中国经济改革与发展对财政与货币金融政策提出的客观要求。

五、转轨与开放经济条件下财政货币政策协调的政策建议

（一）短期内继续实施稳健的总量调控政策

我国已走出通货紧缩的阴影，进入新一轮增长周期，宏观经济总体形势良好。此时，中央经济工作会议提出的实行稳健的财政政策和货币政策，是党中央、国务院根据当前经济形势的新变化和宏观调控的新需要做出的重要决定，与宏观调控的客观需要完全吻合，也是在宏观调控过程中有效落实科学发展观，树立科学调控观的重要体现。

新一轮扩大有效需求的政策选择，在货币政策方面应继续执行稳健的货币政策，总量上保持连续性和稳定性，注意加强预调和微调。更多地运用利率、公开市场操作、再贴现率、存款准备金率等间接手段调控；要通过改革完善国债发行交易制度，统一国内债券市场，活跃短期债券市场，使央行公开市场操作能有的放矢，成为货币供应量调控的有效工具。以利率作为货币政策调控的先行工具，而对于存款准备金率的运用要谨慎。在财政政策方面应继续坚持政府主要参与基础设施等具有“公共支出”性质的投资活动，少用国家财力建新企业，多让市场去调节竞争性行业的投资方针，创造社会公平、实现经济社会可持续发展。要从以国债手段为主转向以税收和财政贴息等手段为主来调节总需求。

（二）中长期财政货币政策应致力于调整总需求和总供给的结构，财政保持适度赤字，小幅调整，注重优化结构

针对总需求结构呈现出的高投资、高出口、低消费的特点，财政

货币政策应该致力于扩大消费占总需求的比例，并且要抑制政府驱动型投资，培育自主性投资，以促进持续、高效率的经济增长。另一方面，中长期的宏观经济政策如果一直放在总需求管理上，增长的基本格局不变，那么经济的持续增长可能会乏力；此时，如果宏观经济政策转向以推动结构转换、消除供给约束的供给调节政策，仍能保持中长期调整增长。具体说来，促进结构调整的财政货币政策至少包括几个方面：

1. 调整公共支出结构，向公共服务和农村倾斜

第一，按照科学发展观和公共财政的总体要求，在财政支出上区别对待，有保有压，有促有控，对与经济过热有关的、直接用于一般竞争性领域的“越位”投入，要退出来、压下来；对属于公共财政范畴，涉及财政“缺位或不到位”的，要加大支持力度。第二，财政支出应从投资领域转向医疗卫生和教育，并明确政府在提供经费方面的角色，改革养老金制度，提高其资金来源的可持续性，扩展社会保障网和医疗卫生保险，建立完善的社会保障体系，以解决居民消费的后顾之忧，这些将直接降低国民储蓄和投资，促进消费，同时推动和谐社会的建立。由于城乡二元结构，农民收入低也是造成总消费不足的重要原因。财政政策应该重点提高农村居民的消费，由于农民工工资基本上由企业和市场决定，政府可做的一个重要方面是强制性推进农民工的社会保险制度，特别是农民工的养老保险，医疗保险及工伤保险等。增加政府对农村义务教育、医疗卫生的事业支出，逐步建立城乡统一的公共财政体制。这样既可以提高政府的消费性支出，直接改变 GDP 中消费与投资的比例，增加最终需求，从而促进国民经济中消费与生产、投资之间的良性循环。还可以通过增加财政对农村地区的消费性支出，可以间接达到提高农村居民收入的目的，增加农民的消费支出。第三，加大国家对农业的投入，加大国家政策对农村的倾斜力度，千方百计增加农民收入。

2. 积极推进税制改革，实施增值税转型、内外资企业所得税合

并等收入政策

按照简税制、宽税基、低税率、严征管的原则，积极推进税制改革，创造有利于市场主体自主发展、提高企业竞争能力、公平竞争的环境，这既是转变财政支持经济增长方式的重要内容，也是实行中性税收政策的基本要求。这些税收改革会降低内资企业税收负担，并且增加消费在总支出中的比重，有助于提高经济增长的效率，抑制经济波动。具体做法包括：认真做好增值税转型在东北地区的试点工作，及时总结经验逐步在全国推开；贯彻国民待遇原则，统一内外资企业税制；逐步推行综合与分类相结合的个人所得税制，加强税收对收入分配的调节；继续深化农村税费改革，逐步建立城乡一体化税制；规范城镇建设和房地产领域相关税费。规范税收优惠政策，发挥税收的产业调节功能，优化经济结构；取消出口的财政补贴、降低出口退税的力度。随着出口奖励政策实施力度的加大，中央政府和各级地方政府给予出口的财政补贴也随之扩大，中央政府每年用于出口补贴的数额就高达 400 亿元人民币。外汇储备的过快增长，不仅加重了政府的财政负担，同时也给政府货币政策的实施加大了难度，中央政府在货币政策与汇率政策之间难以协调。况且，出口退税带来的大量骗税也与日俱增。此时，取消出口的财政补贴、降低出口退税的力度并不会给经济带来太大震荡。

3. 继续贯彻落实利率市场化的政策，发挥信贷政策在优化信贷结构和促进经济增长方式转变及经济结构调整中的作用

信贷集中与“惜贷”并存，扩张的货币政策缺乏必要的传导机制，淡化了稳健货币政策的政策效果。一方面，金融机构存在大量闲置的供给型资金与经济发展急需的巨额资金需求并存，有效的金融资源得不到合理运用。另一方面，国民经济各产业主体又急需资金进行技术改造和产品升级换代，财政可支配资金无力担此重任，“造血”与“输血”严重脱节。优化信贷结构是解决这个矛盾的途径之一。优化信贷结构，引导商业银行更好地贯彻区别对待、有保有压的原则，

继续加大对农业、中小企业、增加就业、助学的信贷支持力度，并研究支持扩大消费的金融措施。具体包括：第一，努力完善农村金融服务。进一步扩大扶贫贷款到户的规模，继续引导农村信用社农户小额信用贷款和农户联保贷款健康发展，建设和培育竞争性的农村金融市场。第二，进一步加大对经济薄弱环节的支持力度。积极推动下岗失业人员小额担保贷款制度创新，努力推动创建信用社区试点，支持扩大就业和再就业。进一步完善鼓励高校毕业生到西部地区和边远地区就业的相关政策，促进国家助学贷款发展。第三，建立商业银行存款期限按季监测分析制度，促进商业银行提高流动性管理能力，加强和完善商业银行资产负债综合管理。加强对重点行业、重点企业、重点地区的信贷集中以及信贷风险的动态评估监测，及时发布预警信息。

4. 对外汇储备增量可考虑运用财政债务手段购买

截至2005年底，我国的外汇储备高达8000多亿美元。外汇占款给人民币带来了巨大的升值压力，而且使得货币政策的目标难以实现。如何消化这些新增的外汇储备已经成为热点问题，实现外汇储备的多样化以及通过外汇储备购买石油及其他战略资源等手段都已经在讨论之列。还有一种办法同样可以缓解货币政策的压力，即通过财政债务手段购买部分增量的外汇储备。

在通货紧缩时期，财政债务的货币化是财政政策与货币政策协调操作的有效做法。同样，在货币政策面临外汇占款带来的压力时，运用财政债务的手段可以有效分担货币政策的压力，避免基础货币的被迫增加。在当前财政形势很好、财政债务压力不大的情况下，运用财政债务购买外汇储备增量，可以成为财政货币政策协调操作的合理选择。

5. 推进财政投融资体制的改革与创新

新形势下一项非常紧迫的战略任务，是既要抵御低水平重复投资，又要继续支持基础设施建设投资、加快经济结构调整和技术进步。在财政支出方面，要强化预算，提高财政支出的资金使用效率。要明确财政投融资与商业银行投融资的界限，既提高财政投融资的投资效益，又保障货币政策免受政策性金融业务的冲击。要规范、强化、整合债券市场，切断隐性的地方财政赤字融资渠道，切断企业和银行用信贷资金盲目投资的渠道，把有效的投资纳入到“开前门、堵后门”的正常轨道上来。为此，要加快推动金融市场建设和金融工具创新，加快推进金融体制改革，继续推进国有商业银行股份制改革，深化政策性银行改革，全面推进农村金融综合改革，深化农村信用社改革，积极探索包括小额信贷组织在内的新型农村金融组织形式，开发新的农村金融产品。鼓励社会资金参与中小金融机构重组改造。

6. 积极推动体制性结构的调整

第一，城乡二元经济结构的调整。中国经济在高速增长过程中产生的一个严重的结构畸形问题是二元经济结构的矛盾。城镇化进展缓慢，城乡分割严重，城镇化进程缓慢的一个后果是农村居民收入低，消费需求较低。现阶段投资的方向之一应向城市化发展方面倾斜，以加速城市化进程为中心来调整投资方向，适当加大居民住宅投资与基础设施的公共投资的比重，通过促进城市化，实现大规模过剩农业劳动力的转移，扩展就业的空间和层次，实现收入支出结构和总水平的调整和升级，带动产业关系的转变和重组，从而形成新的宏观供求格局。财政政策可以通过转移支付有力的支持城市化和城镇化的发展。信贷政策也需对农村和农业进行有力的扶持。第二，所有制结构的调整。非国有经济的成长，将带来经济高速增长新的空间。财政与金融政策应该创造公平的投融资环境，促进非国有企业的成长。还可以采取财政贴息、补贴等办法，支持中小企业和科技型企业发展。第三，产业结构调整空间。通过补贴、税收和金融优惠等措施对需要振兴的支柱产业进行倾斜，鼓励、限制或禁止某些产业、产品和技术发展，合理配置利用资源，优化经济结构。第四，区域经济结构的调整。一是可以通过财政支出和转移支付政策加大对中西部地区基础设施的投资，改善其投资环境，吸引更多的投资，来帮助中、西部地区的发展。另一方面，根据西部自身特点和金融的创新，积极培育中、西部自身的市场。

本文参考文献：

1. 金人庆：《中国财政政策：理论与实践》，中国财政经济出版社 2005 年版。

2. 贾康："关于积极财政政策和长期建设国债政策的调整"，《涉外税务》，2004 年第 8 期。

3. 贾康："中性财政政策是总量控制下的结构性调整"，《经济研究参考》，2004 年第 63 期。

4. 财政部财政科学研究所课题组："我国中长期促进经济发展的财政政策研究"，《财科所内刊》，2004 年第 6 期。

5. 社科院财贸所：《中国财政政策报告 2005/2006：走向"共赢"的中国多级财政》，中国财政经济出版社 2006 年版。

6. 北京大学中国经济研究中心宏观组："货币政策乎？财政政策乎？——中国宏观经济政策评析及增长的建议"，《经济研究》，1998 年第 10 期。

7. 中国社科院经济形势跟踪分析课题组："当前经济形势分析与政策取向"，《中国社会科学院院报》，2005 年 8 月。

8. 刘伟、蔡志洲："经济增长中的财政与货币政策得失"，《经济导刊》，2004 年第 4 期。

9. 钟伟："美联储加息、资本流动和人民币汇率"，《世界经济》，2005 年第 3 期。

10. 余永定："新形势下货币政策和财政政策探讨"，《新金融》，2004 年第 12 期。

11. 高建良："开放经济下人民币汇率体制与贸易政策协调新机制探讨"，《财政理论与实践》，2004 年第 5 期。

12. 胡德期："财政政策与货币政策的协调配合"，《经济研究参考》，2005 年第 7 期。

13. 陆磊："汇率体制改革后的汇率预期与宏观政策组合"，《南方金融》，2005 年第 8 期。

14. 国家发展改革委员会专题报告：《财政政策与货币政策协调配合三思路》。

15. 中国人民银行专题报告：《新的发展阶段中国货币政策与财政政策的协调问题研究》。

16. 王春雷：《通货紧缩时期的财政与货币政策》，东北财经大学出版社。

17. 崔龙："近七年我国货币政策和财政政策效果评述"，《中国经济时报》，2005年第11期。

18. 赵萌："完善财政投融资体系协调我国财政政策与货币政策"，《财政与税务》，2005年第3期。

19. 史元："论我国财政政策和货币政策的搭配"，《商业研究》，2005年第18期。

20. 田江海、张建平、周富祥："财政政策与货币政策协调配合的思路与对策"，《宏观经济研究》，2005年第1期。

21. 阎坤："积极财政政策与通货膨胀关系研究"，《财贸经济》，2002年第4期。

22. 阎坤、王进杰："积极财政政策与经济增长的效应分析"，《世界经济》，2003年第4期。

23. 阎坤、于树一："财政政策为何舍'中'取'稳'"，《金融信息参考》，2005年第1期。

24. 阎坤、于树一："财政政策如何稳健"，《金融信息参考》，2005年第15期。

25.《中国经济统计年鉴》1990—2004年各期。

26.《中国金融统计年鉴》1990—2004年各期。

27.《中国金融政策执行情况报告》。

《转轨与开放经济条件下财政货币政策协调研究》课题组

课 题 指 导：贾　康

课 题 组 长：阎　坤

课题组成员：程北平　孙胜利　张超英　李　琳
　　　　　　刘燕红　鄢晓发

报告执笔人：阎　坤　鄢晓发　李　琳

稳健财政政策执行期的风险分析与管理

内容提要

当前经济运行和财政运行态势基本良好，稳健财政政策面临的风险还没有显现，但稳健财政政策实施的环境风险已给财政政策带来了繁重的任务，如果解决不好，就有可能出现原有财政风险和新的财政政策风险并发的严重后果。因此，对稳健财政政策进行风险管理是必要的，本文讨论了稳健财政政策执行期的风险判断和几个相关的重要问题。

财政风险管理的目标是以最小的成本获得最大限度的安全保障，保证财政运行处于安全状态，防止由于财政风险的积聚和扩大引发财政危机，防范和消除财政风险导致的种种不良后果，维护国家经济安全。因此，财政风险管理既要着眼于损失发生之前的防范控制，也要着眼于损失发生之后的处置预案和应急反应、善后安排，履行应尽的社会责任。

一、稳健财政政策执行期风险管理的特点

目前我国正处于稳健财政政策制定和实施的初期，但存在着多种风险因素，提高风险管理的意识并积极进行风险管理是必要的。按照科学的风险管理程序，稳健财政政策执行期的风险管理应该从正确的风险确认开始，然后对已确认的风险进行准确的评估，最后制定并执行适当的风险防范与控制方案。但是由于实施时间短，当前财政政策的风险还未显性化，而且计算各项风险指标的相关数据大多还没有统计出来，这给我们在现阶段确认和评估稳健财政政策的相关风险带来了一定困难。因此，目前我们只能在充分理解稳健财政政策深层次内涵的基础上，结合各项指标的当前值和各种风险因素进行定性的分析和定量的推测，一般来说要素风险适于定性分析，结构风险适于定量预测。至于科学的风险管理程序，则需等到各方面条件成熟后启用。

稳健的财政政策是针对中国宏观经济总量基本平衡、结构不平衡的状态提出的，目的是防止经济的大起大落，因此其内涵被定位为：控制赤字、调整结构、推进改革、增收节支四字方针。在此基础上，我们扩展思路，试总结稳健财政政策的更深层次的意义：①

（一）稳健的财政政策致力于完成经济工作的主要任务

我国当前经济工作的主要任务，包括继续加强和改善宏观调控，确保经济平稳较快发展；继续加大对“三农”的支持力度，保持农业

① 阎坤、于树一：“明年财政政策为何舍‘中’取‘稳’”，《上海证券报》，2004年12月8日。

和农村发展的好势头；大力推进结构调整，促进经济增长方式转变；着力推进经济体制改革，建立健全全面协调可持续发展的制度保障；统筹国内发展和对外开放，增强国际竞争力；坚持以人为本，努力构建社会主义和谐社会。

稳健的财政政策面向于支持这些任务顺利地完成，从而，财政政策的内容应强调从追求经济增长转向落实科学发展观、充分发挥财政职能促进经济社会和人的全面发展，概括地说，就是从原来的总量扩张转为总量控制下的结构优化。相对于货币政策而言，财政政策在结构调整方面具有优势，应通过财政政策的实施来优化经济结构、社会结构、区域结构、生态结构，最终实现包括经济领域在内的整个社会的和谐稳定。

（二）稳健的财政政策要求减少行政干预、增强市场作用

我国前几年实行的积极财政政策始于亚洲金融危机带来的萧条，当时紧急的情况使得在处理政府和市场的关系问题上，政策更多地倾向于行政干预。积极财政政策以政府为主体，依靠发行国债将社会资源集中到财政，由财政来行使发展经济和扩大需求的职能。而市场经济条件下，市场是基础，政府是补充，重在弥补市场失灵。稳健的财政政策应该考虑如何更好地让市场机制发挥作用，促进市场体系的完善，财政应由直接投资转向间接调控，启动社会投资，在更大程度上促进经济增长和就业增加。

（三）稳健财政政策的重点内容

财政政策是由税收政策、支出政策、预算平衡政策、国债政策等方面构成的完整的政策体系，所以，稳健的财政政策应该在这几方面都做出适当的安排。当前，主要方向是缩减国债规模，改革与经济发展不匹配的税收体制，加强税收征管，调整财政支出结构，控制过热行业的发展，支持农村和中西部地区以及促进瓶颈、短缺部门的发

展，将财政资金更多地投向公共卫生、科技、教育和社会保障等方面，努力压缩财政预算赤字。

（四）实施稳健财政政策需要注意的问题

在实施稳健财政政策的过程中应该克服积极财政政策的不足，发挥出稳健财政政策的相对优势。

首先要注意政策的时滞性。宏观调控政策从实施到见效本身需要一段时间，体现为政策的时滞性。目前的经济高增长和局部过热一定程度上是积极财政政策的滞后效应，所以，应把握好财政宏观调控的时间，在变化趋势开始形成的时候尽早采取行动。

其次要防止政策的固化。宏观经济调控的目的是实现经济的长期稳定增长，可是具体操作却应该着眼于熨平经济的短期波动，所以，财政政策应把握好相机抉择，根据需要随时进行微调。

再次要注意纠正政策效应的偏差，也就是防范和控制政策的走偏风险。在政策实施过程中，可能出现政策设计脱离实际、政策工具运用与搭配不当、政策行为主体行为不端正等政策效应偏差。我国财政政策效应的偏差主要是人为因素造成的，在既得利益格局下地区、行业和部门受利益动机驱使，不但不追求社会效益最大化，反而常常产生负社会效益，对这些问题需要及时加以纠正。

现阶段财政政策面临的风险，主要是积极财政政策的后续影响所引起，因此稳健财政政策执行期风险管理的任务首先在于治理积极财政政策的后续风险影响，同时也要注意防范稳健财政政策本身出现偏差而导致的风险。在政策执行中应及时将政策运行情况与政策内涵相对照，当发现有较大偏离的时候，需启动相应的风险管理方案。下面我们具体分析稳健财政政策执行期的风险管理内容。

二、稳健财政政策执行期的风险判断及预测

在此，我们主要对当前稳健财政政策所面临的风险进行相应的定性分析和定量预测。

（一）稳健财政政策执行期内要素风险的判断方法

1. 稳健财政政策面临的目标风险

稳健财政政策面临的目标风险包括在政策目标制定、目标导向和目标调整的过程中产生的风险。稳健财政政策的总体目标制定是面向“发展”的，而经济发展的目标主要包括经济增长、资源合理配置、反经济周期波动、收入公平分配等方面，与原来的“增长”相比，“发展”强调的是内含经济结构、社会结构以及政治结构变革的经济增长，可见，财政政策目标已由中间目标逐渐向终极目标过渡。但是总体目标的制定合理并不能保证不存在着目标制定方面的风险，因为总体目标是由若干子目标组成的集合，子目标的制定与行为主体密切相关，如果在子目标制定环节出现问题，仍然会产生政策目标制定的风险。

检测目标制定的风险可以使用定性方法，如德尔菲法等专家打分类方法，需要预测的问题可设计为：该财政政策目标定位是否注重中间目标与长远目标结合；实际目标是否能够保证合适的经济增长率，即在资源充分、合理利用下的潜在经济增长率；该财政政策目标是否具有充分的灵活性，能够随时调整作用方向和力度；该财政政策目标的作用力度是否合适等等。

政策目标导向风险主要体现在目标导向的偏差，该偏差可能由财政政策传导机制的不完善和前期政策惯性的干扰两个原因造成。政策

发挥作用通常要经一定的传导机制传导才能产生政策效应，财政政策传导最重要的媒介是收入分配、货币供应与价格，财政政策的传导机制也主要是由反映上述媒介的中间变量构成，引导变量值的改变来逐渐达到预期政策目标。由于我国市场经济发育不完全，中间变量的影响因素颇为复杂，财政政策的传导机制不通畅，财政政策所产生的效应无法准确测定。加之积极财政政策的惯性干扰，可以判断出稳健财政政策面临的目标导向风险是与生俱来的。

政策目标调整风险主要表现在两个方面，即目标调整是否及时，新的目标设计是否得当，如果满足这两个要求，稳健的财政政策仍可视为“积极”的。对于调整的及时性前文已经述及，即需要防止政策的固化，财政政策应尽可能地短期化和社会化，其具体操作应该着眼于熨平经济的短期波动，所以，应能满足及时调整的需要。新目标设计方面的风险应属于政策目标制定的风险，此处不再赘述。

2. 稳健财政政策面临的主体风险

无论政策目标的选择还是政策工具的运用，以及传导机制的设计，终归是人的因素在起作用，这里的“人”即我们所说的政策主体——政策的制定者和执行者。当政策主体的主观意志与稳健财政政策对政策主体的要求发生背离时，就会产生政策主体风险，而这种背离是经常会发生的，因此稳健财政政策主体风险必然会出现，只是或迟或早的问题。政策主体风险产生的原因主要包括政策设计脱离实际，期望值定得过高，在客观上难以实现；政策工具的欠缺、选择不当、搭配有误等，可使政策缺乏可操作性；政策主体行为偏差，可使政策的执行受到阻碍。

目前可能引起稳健财政政策主体风险的因素包括：政策的制定者、执行者及受益者和受损者之间的经济利益变动，使他们追求与政策制定初期不同的经济利益；分配机制不合理，分配关系混乱，使政策主体容易产生不良行为动机；政策主体的能力受到知识、技术、管理方面的局限；缺乏良好的法律环境和行为准则的约束等等。这些因素可以作为设计预测问题的依据，我们依然可以选择专家打分法等定性判断方法来判断稳健财政政策的主体风险。

3. 稳健财政政策面临的工具风险

稳健财政政策的工具选择、组合和运用是与我国即将和正在推行的各项改革联系在一起的，在一定条件下，“尝试”可以被看作是“改革”的“同义词”，尤其是在我们建立和建设社会主义市场经济的过程中，很多改革既没有既定的模式，也没有可以参考的经验，因此新一轮改革的不确定性较大，稳健财政政策面临的政策工具风险很可能比较大。

如果还选择定性的方法来判断当前稳健财政政策面临的工具风险，我们可以将预测问题进行如下设计：定义的主要政策工具和工具组合是否有助于实现“发展”的总体目标；是否有助于实现各种子目标；是否具有适当的灵活性和稳定性，即容易合理调整又不容易被政策主体随意操纵；是否有助于财政实现更强的自动稳定器功能等等。

对于具体工具来说，预测问题可以包括：税制结构是否合理，是否所得税在税收收入中的比重更高，税收调控经济的功能是否更强；支出政策是否服从于公共需要，是否存在对市场的不当干预；预算政策是否注重中长期平衡，短期的盈余或者赤字政策是否考虑到整体的财政政策风险；外债政策是否安全，国债规模是否过大，偿还压力是否升高，国债结构是否合理等等。

总之，在我国的三项政策要素风险中，受体制性因素影响，政策主体风险一直占据中心地位，但由于稳健财政政策实施时间较短，政策主体风险暂时还没有比较明显的体现，而当前阶段更应该给予政策目标风险较多的关注，因为这一阶段所有财政政策风险都与政策目标有着直接或间接的关系。

（二）稳健财政政策执行期内结构风险的预测方法

对于政策结构风险，我们分别从收入政策、支出政策、债务政策、赤字政策四方面进行风险判断。同时，各结构风险都可以从总量和结构两个方面进行分析，并利用总量风险指标和结构风险指标对风险做出相应的定量推测，这样的方法我们可以视为“预测方法”。

1. 财政收入政策风险的预测

(1) 财政收入总量风险的预测。衡量财政收入总量风险的指标是财政集中率。对于人均国内生产总值1000美元的国家来说，国际货币基金组织（IMF）将该指标的安全区间定位为22%—25%，如果将一些特定的影响因素考虑进来，也就是按照武彦民的测算，我国现阶段按国际口径调整后的财政集中率的安全区间为30%—35%。

近年来，我国财政集中率的纵向变动的总体趋势是上升的，按原口径计算，我国2003年的财政集中率是19.5%，2004年是19.3%，[①]比2003年略微降低。2005年实施稳健的财政政策，减收的因素颇多，例如增值税由生产型转型为消费型、探索内外资企业所得税并轨、进一步推进农业税改革等方面均存在着财政收入减少的风险。2005年的月度统计数据显示，2005年1至5月，财政预算执行情况比较平稳，全国财政收入13541.4亿元，比去年同期增长13.1%。[②] 我们推测：如果年度增长率保持这种增长水平，全年的财政收入增长将比2004年的增长幅度有所降低（2004年全年财政收入比上年增长16.3%）；另一方面，如果GDP的增长保持2004年的水平，那么2005年财政集中率将进一步下降，收入总量风险压力加大。

(2) 财政收入结构风险的预测。衡量财政收入结构风险用税收收入或非税收入占总财政收入的比率来衡量。2004年税收收入占GDP的比重达到19%，比上年提高1.5个百分点，[③] 全国税收增幅高达GDP增幅近三倍，说明我国税收政策的力度较大。但也要看到我国非

① 根据2003年和2004年统计局发布的统计数字计算。

② 数据来源：财政部部长金人庆向十届全国人大常委第十六次会议作出的报告。

③ 数据来源：国家税务总局统计数据。

税收入的规模巨大、征收主体多元化、管理规范性差、负面效应严重等现实问题，这对于防范稳健财政政策面临的财政收入结构风险不利。

对于非税收入来说，我国长期使用的是“预算外资金”的概念和口径，在2003年5月发布的《财政部、国家发展和改革委员会、监察部、审计署关于加强中央部门和单位行政事业性收费等收入“收支两条线”管理的通知》（财综［2003］29号）中，第一次对“非税收入”概念提出了一个较明确的界定：“中央部门和单位按照国家有关规定收取或取得的行政事业性收费、政府性基金、罚款和罚没收入、彩票公益金和发行费、国有资产经营收益、以政府名义接受的捐赠收入、主管部门集中的收入等属于政府非税收入”。至此，我国完成了从“预算外资金”到“非税收入”的科学转变。其实非税收入的主体还是预算外资金，目前已有相当一部分被纳入预算内管理，并将要随着部门预算和综合预算改革的深入推进，最终实现将预算外资金全部纳入预算管理的目标。国家统计局的资料对预算外资金的统计数据显示，2000—2002年三年内，中央预算外收入比重分别是6.5%、8.1%、9.8%，是逐年上升的趋势，地方预算外收入比重分别是93.5%、91.9%、90.2%，趋势是逐年下降的，但高达90%以上的比例是相当危险的。

通过以上数据我们得出的判断是，实施稳健的财政政策将进一步规范财政收入的征收，进一步取消不合理的收费，非税收入的比重将逐渐降低，但我国非税收入的产生和发展属于历史遗留问题和转轨特殊性相结合的产物，不可能在短期内彻底解决，因此，财政收入结构失衡将是稳健财政政策面临的收入风险的顽疾。

此外，对于稳健财政政策的收入风险的判断，还应该考虑到财政收入的挤出效应带来的风险，因为它可以用税收乘数来衡量，所以与边际消费倾向有关。我国的边际消费倾向一贯偏低，税收的挤出效应不是很明显，但今年我国实行了多项扩大内需（消费）的政策，边际消费倾向有望提高，税收的挤出效应有可能趋于显著，挤出效应带来的收入风险压力也将增大。由于涉及到多种微观变量的计算，对于挤出效应带来的政策风险分析较为复杂，本文在财政收入、支出、赤字、国债政策结构风险的判断与预测部分将不再对挤出效应做展开研究。

2. 财政支出政策风险的预测

(1) 财政支出总量风险的预测。与财政收入相似，在财政支出方面，衡量财政支出总量风险大小的主要指标是财政预算支出占国内生产总值（GDP）的比重，因为财政预算支出表现为财政对 GDP 实际使用和支配的规模，所以该指标也可用来衡量财政的集中程度，体现了财政对宏观经济运行的调控能力。我国 2000 年以来，财政预算支出占 GDP 的比重变动趋势见表 1。

表 1　我国财政支出占 GDP 的比重变动趋势　单位：%

年份	2000	2001	2002	2003	2004
财政支出占 GDP 的比重	17.76	19.42	20.97	21.02	20.87

数据来源：根据《中国统计年鉴 2004》中的数据计算得到。

可见，自我国改革开放以来财政支出占 GDP 的比重下降的趋势已经得到扭转，并发展成为大体上升的趋势。一般来说，发达国家的这项指标都在 30% 以上，发展中国家的平均水平为 26.4%，我国这一指标偏低，说明我国财政职能的履行没有足够的资金保障，实际情况也与这种推断相符，我国的社会公益性、公共服务领域和基础性领域发展较弱，说明在这些应由财政发挥主要作用的领域资金严重匮乏。尤其是在 2004 年，该指标又有所下降表明财政预算支出总量风险程度在加深。根据稳健财政政策的内涵，我们推测，随着结构调整的改革步伐逐渐加快，我国有望在财政支出总量盘子合理扩大，甚至由于改革原因缩小的情况下，全面发挥财政职能，将原来的各项支出缺口补齐，但是，如果结构调整的改革受到多种不利因素阻碍而进行的不顺利，财政支出总量的变化趋势将不符合理论规律，很大一部分将沉淀为改革成本，难以驾驭，支出总量风险程度将进一步加深。

(2) 财政支出结构风险的预测。对于财政支出结构风险的判断相对复杂，主要原因是具有不同特点的各项支出需要用不同的方法分析，且衡量各具体支出项目的风险指标体系庞杂。

从经济建设支出占财政总支出的比例来看，我国经济建设支出的比重远远高于发达国家，也高于发展中国家的平均水平，甚至按可比口径计算，中国的经济建设性支出比重比一些低收入国家的平均水平还要高十几个百分点。主要原因是经济转轨的特殊时期受计划经济的后续影响较多，以及中国财政经济建设支出内部结构不平衡，即对竞争性、盈利性领域的干预过多，而对能源、交通、农业等基础设施和基础产业的投入一直不足，经济发展受到了“瓶颈”的制约，加大了财政风险程度。

从教育支出占财政总支出的比例来看，我国教育支出的比重并不低于发达国家，主要是因为我国教育支出的总额水平很低，而发达国家的全民素质已经达到一定高度，教育的重要性稍显弱化。而与发展中国家之间比较，我国教育支出的相对指标和绝对数额都很低，原因是我国对教育于整体经济的重要性认识不够充分和在财力不足的情况下压缩教育投入份额，导致教育基础相对薄弱，教育设施落后，与经济增长很不适应，这是财政风险的一个重要方面。

从科技投入占财政总支出的比例来看，我国的科技投入水平一直偏低，虽然绝对额在增长，但相对额未能明显提高，有些年度还有所下降，科技投入对中国经济增长的拉动力度较弱，与知识经济时代的要求相背离。因此我国科研经费不足、科技进步乏力、企业技术改造落后的现状，影响了经济增长方式转变的进程。

从社会保障和福利支出占财政总支出的比例来看，我国在社会保障和福利方面的投入虽然呈上升趋势，但仍不足总支出的5%，与发达国家 30%以上的水平相差悬殊，也处于发展中国家的最低水平。我国 2004 年的基尼系数达到了 0.43，已超过 0.4 的国际警戒线，居民收入分配不公的程度越来越大，加之面临人口老龄化的威胁、社会保障制度建设落后以及项目庞杂的补贴屡压不减，占据了财政支出较多的份额，成为财政的沉重负担，限制了市场机制的完善，加大了财政支出结构失衡的程度。

从公共医疗支出占 GDP 的比例来看，该指标的世界平均水平为 2.5%，下中等收入国家在这方面的平均水平为 3.0%，而我国距下中等收入国家的水平还有 1 个百分点，只有 2.0%。再加上我国人口众多、地区差异大，按人均计算的医疗卫生支出水平就更低了，其缺陷在“非典”危机中得到了充分的体现。

从国防支出占财政总支出的比例来看，我国的国防支出占财政支出的比重大体上处于世界的平均水平，但因财政支出总规模有限，实际支出额是比较低的。而中国的实际情况是幅员辽阔、人口众多，军事装备较为落后，人均国防费很低。近几年世界恐怖主义抬头、局部战争不断，加之现代军事科学日新月异，国家安全问题已经提升到非常重要的位置，而现有的国防支出不足，不利于确保国家安全。

从行政管理支出占财政总支出的比例来看，行政管理支出处于较高的水平，并有总额扩大的趋势，这虽然与我国经济转轨的特殊经济发展阶段有关，但也表明我国行政机构臃肿和不断膨胀的特点。在我国，机构之间的关系错综复杂，机构效率低下，人员素质和服务质量较低，经费增长迅速，行政管理支出是纯消费性的支出，其不断扩张会造成资源的严重浪费、财政赤字不断扩大和诱发严重的财政风险。

此外，各项支出内部的项目安排也存在着结构失衡所带来的支出结构风险，因为各项目的性质差异较大，要对项目结构的合理性进行科学的评价就需要根据不同的项目性质采取不同的方法，对于提供准公共物品的项目支出，因准公共物品的成本收益计算相对方便，可以采取成本收益法、最低费用法等定量的评价方法，而对于提供纯公共物品的项目支出，因收集纯公共物品的成本收益数据比较困难，可以采取公众评判法、目标评价法等定性的评价方法。由于受逐项分析的复杂性所限，我们不再逐一分析各项支出的具体指标，仅在方法层面进行简单探讨。

第一，对于可以使用成本效益法衡量的经济建设支出来说，最重要的是编写具体项目的可行性报告，即每个项目的纲领性文件，其中包含了支出项目应该达到的各项标准，例如该项目的目的、资金预算、经营方式、投资回报情况、成本情况、产生的经济收益和社会效益情况等等。

第二，社会文教支出主要是为了满足劳动力的再生产和劳动力质量的提高，以及满足劳动力的精神文化消费需求而安排的支出。其中，教育支出评价指标设计应考虑对象的受教育程度、学校师生比例、教工比例以及学生能力和素质的提高程度等方面；科技支出评价指标可以从科技投入产出率、项目成功率、科技人员比率以及各项科技研究在国际的地位、科研队伍的稳定性和业务素质提高的程度等方面来综合设计；文化支出评价指标设计应考虑文化事业单位比例、文化娱乐设施的增长水平以及居民对文化娱乐项目安排的满意程度等方面；卫生支出评价指标设计应考虑预防保健机构数量、各种疾病的就诊率和治愈率、卫生科研试验设施数量、紧急救护设备数量以及人民健康水平等方面；社会保障支出评价指标可以从收入分配的调节程度、各种保障费用支出的规模及比重、支出后人民生活的改善程度等方面来综合设计。

第三，行政管理事业支出主要是为了维持社会秩序和提供公共劳务而安排的支出，主要可以从行政事业机构规模、人员配备数量、行政费用支出规模、人员经费和办事效率以及公众的满意程度等方面来设计相关指标进行测算。

第四，国防事业支出主要是用于满足全国人民的安全需要的军费支出和国防建设支出，可以从国防经费的使用效率、人员武器装备的程度等方面确定指标。

总之，我国财政支出结构面临着严重失衡，财政风险因素累积程度已经很高，这对稳健的财政政策的有效执行是一种考验。我国在实施稳健财政政策时，只要财政支出结构安排方面体现出上述稳健财政政策的内涵和意义，并满足当前建立社会主义和谐社会的要求，据此设计完善的指标体系并建立风险预警制度，将各项指标控制在安全标准范围内，才能有效防范财政支出结构风险的发生。

3. 预算赤字政策风险的判断

我们知道，财政赤字政策对经济总量的影响并不总是有效的，即在一定的赤字规模范围内会产生积极效应，如果赤字规模过大，即使是通过发行国债弥补赤字，也容易导致通货膨胀。赤字政策一般是与国债政策配合使用的，一方面可以有效地动用社会闲置资金，缓解国家建设资金的不足；另一方面，财政运用集中的债务收入，有利于实施产业结构调整战略，强化国民经济的薄弱环节，促进其结构优化；此外，国债运作可以用于经济波动的逆向调节，以熨平经济周期，促进国民经济的稳定发展。

在改革开放以后，我国财政赤字是逐年增长的，1994年以来呈现了急速扩大的趋势，特别是1998年实施积极财政政策以来更是急剧扩张，跳跃攀升，20余年间增长了100多倍（见表2）。

表2　　我国财政预算赤字统计表　　单位：亿元

年　份	1990	1991	1992	1993	1994	1995	1996
赤字规模	146.49	237.14	258.83	293.35	574.52	581.52	529.56
年　份	1997	1998	1999	2000	2001	2002	2003
赤字规模	582.42	922.23	1743.59	2491.27	2516.54	3149.51	2934.7

数据来源：经《中国统计年鉴2004》中的数据计算得到。

表 3　　财政赤字占当年财政总支出的比重

年份	财政收入（亿元）	财政支出（亿元）	收支差额（亿元）	比重（%）
2000	13395.23	15886.50	－2491.27	15.68
2001	16386.04	18902.58	－2516.54	13.31
2002	18903.64	22053.15	－3149.51	14.28
2003	21715.25	24649.95	－2934.70	11.91

数据来源：经《中国统计年鉴 2004》中的数据计算得到。

测定财政赤字风险可以用财政赤字占 GDP 总额的比重（赤字率）和财政赤字占当年财政总支出的比重两个指标，国际公认的警戒线前者是 3%，后者是 15%。我国目前财政赤字占当年财政总支出的比重还在国际警戒线之内（见表 3），我国赤字率从 2000 年开始突破 3% 的警戒线达到峰值，现在已经在 3% 以下运行，2005 年又将预算赤字减少到 3000 亿元，在赤字相对规模上来讲，实际上下降是比较明显的，2005 年的赤字率有望回落到 2% 左右。但需要注意的是，我国财政赤字的统计中并未包括当年的国债利息支出，再加上实际存在的地方财政赤字，以及虚假财政收入和财政支出缺口等隐性赤字，我国的实际财政赤字负担并不轻。①

稳健的财政政策扭转了原来积极财政政策时赤字政策力度较大的局面，新的政策要求控制赤字、增收节支，这实际上是中性取向的财政政策，只是接近收支平衡状态的过程是渐进的。如果赤字率能够维持在 2% 左右，财政赤字占当年财政总支出的比重控制在 15% 以内，则稳健财政政策需要关注的重点便是隐性赤字风险，相关判断我们将在隐性负债中详细介绍。

4. 国债政策风险的预测

（1）国债总量风险的预测。判断国债总量风险的指标可以选择衡

---

① 贾康：《在稳健财政政策贯彻中注重防范风险优化结构》，2005 中国宏观经济走势与产业发展高层论坛。

量国债名义规模是否适度的相对指标，即国债依存度和国债负担率。2003年我国国债依存度全国是24.96、中央是82.93，分别突破了15%—20%和25%—30%的国际警戒线，说明对国债发行的依赖程度较深，几乎已经进入了债务危机的范围。2003年我国的国债负担率是22.5%，且存在着加速递增的趋势，目前已经接近了我国的35%的警戒线。如果考察实际的债务负担，则需加上隐性负债和"准国债"，即由政府非财政部门发行的债券，包括政策性银行发行的金融债券和政府经济主管部门以企业名义发行的债券，粗略估计，我国总体债务负担率已达80%以上，远远超过了国际公认的警戒线，存在着较大的债务负担风险。这两个总量风险指标值的测算结果说明我国稳健财政政策面临的国债总量风险较大，但它并不是属于稳健财政政策的风险，衡量稳健财政政策的债务风险，需要用2005年的统计数据来计算，但因目前统计数据不完整，我们只能进行推测。

2005年我国实施稳健的财政政策，预算安排的长期建设国债，从上年的1100亿元进一步调减到800亿元，同时增加中央预算内经常性建设投资100亿元，2005年需要结算到期的国内外债务本金是3923.4亿元，加上弥补当年赤字3000亿元，所以年度中央财政国债发行总规模是6923.4亿元，并在国债用途上有了较为科学的结构安排，专家分析：总体来看我们国家年度六七千亿国债发行规模明显处于风险可控制区间之内，但如要考虑到国债经过银行系统的放大效应和实际债务问题，经测算，我国实际债务规模远远高于名义国债发行的总规模，所面临的债务风险威胁巨大。计算我国的实际债务规模需通盘考虑政府系统欠发的工资、粮食企业财务挂账、国有独资银行和其他的金融机构的不良资产、国有企业潜亏、地方债务、养老金等隐性债务，对于隐性债务风险我们将在下文中进行单独研究。

（2）国债结构风险的判断。合理的国债结构包括合理的期限结构、合适的持有者结构、适当的国债利率水平与结构，从这三方面来考察可以判断我国现有的国债结构尚不合理，存在着较大的国债结构风险。

合理的国债期限结构，能促使国债年度还本付息的均衡化，避免形成偿债高峰，也有利于国债管理和认购，满足不同类型投资的需要。对政府而言，发行长期国债是有利的；对于认购者而言，长期国债的流动性和变现力较差，他们更愿意购买中、短期国债。政府必须兼顾自身和应债主体两个方面的要求，同时考虑客观经济条件，对国债的期限结构做出合理的抉择。我国国债的期限集中于3—5年期，缺少短期和超长期国债，所以稳健的财政政策在调整国债期限结构方面面临的任务，是扩大短期国债发行，适度降低中期国债比重，提高长期国债比重。

持有者结构即应债主体结构，是指国债资金或收入在社会各经济主体之间的分配格局，即各类企业和各阶层居民所持国债资金的比例，它是政府对应债主体实际选择的结果，是国债发行的前提，对国债发行具有较大的制约作用，合适的国债持有者结构，可以使国债的发展具有丰裕的源泉和持续的动力。我国目前的国债的持有者包括中央银行、商业银行、机构投资者、企事业单位、居民个人和国外持有者等。稳健的财政政策在调整国债持有者结构方面面临的任务，是要允许商业银行更大规模地直接进入国债市场，着力培育机构投资者和允许国外投资者持有一定比例的国债。

利率水平及其结构是否合理，是直接关系到偿债成本高低的问题，因此国债利率的选择和组合也是国债管理的重要内容。制约国债利率的主要因素是证券市场上各种证券的平均利率水平，国债利率必须与市场利率保持大体相当的水平才能使国债具有吸引力，才能保证国债的发行不遇到困难。稳健的财政政策在调整国债利率结构方面面临的任务，是在设计国债利率时尽量做到多级化和弹性化。

此外，还应丰富国债品种，如引进诸如储蓄债券、预付税款债券等新品种，同时还应提高可转让国债所占的比重。

在国债的投向方面，稳健财政政策也应注意合理的结构安排。我国继续发行长期性国债资金的使用方向要顺应科学发展观、构建和谐社会的要求，当前我国国债有几个主要的投资方向：国债资金续建和收尾工程、对解决“三农”问题的支持、对西部大开发和东北老工业基地复兴的支持、基础设施和生态环境建设、社会事业的发展等等。

总之，上述分析充分证明了我国目前的债务风险较高，这些风险虽然不是稳健财政政策所引起的，但是稳健财政政策应致力于完成这些任务，所以，稳健财政政策的债务风险在于是否能够保质保量地完成上述任务。

5. 隐性负债风险情况

世界银行专家 Hana Polackova Brixi（白海娜）从负债的角度按照风险来源对财政风险进行了分类，并设计了“财政风险来源矩阵”，着重对影响财政稳定的隐性负债和或有负债等潜在风险进行了分析，并提出减少这些财政风险的系统方法。①

广义上，任一政府承担的负债都具有以下四个特征中的两个：显性的与隐性的，直接的与或有的。由于显性的和直接的负债风险管理前文已经详细分析，在此不再赘述。隐性负债与显性负债相对，是指政府在道义上的一种偿付责任，并不由法律或政府合同为基础，而是产生于公众期望、政治压力和社会普遍认同的应由政府承担的义务。隐性负债虽说从形式上并不直接体现为国家债务，但政府往往会出于各种社会和政治压力以及为了社会安定、经济发展而被迫承担，这些债务最终会体现为国家债务，由国家财政负责解决，这也是国家财政是公共风险的最终承担者的原因。

隐性负债包括直接隐性负债和或有隐性负债，其中或有隐性负债的形成和影响更为复杂，直接隐性负债通常产生于中期公共支出政策，其规模受到一些外部因素的影响，例如，在没有任何政策变化的

---

① 马骏主编：《财政风险管理：新理念与国际经验》，中国财政经济出版社2003年版，第53页。

情况下，由人口结构的变化驱动的养老金成本上升。导致或有隐性负债产生的时间是不确定的，风险的大小和政府的参与程度也难以估计，政府仅在政策或市场失灵，并迫于来自公众（特别是利益集团）的压力条件下才不得不承担这些负债。我国存在着宏观经济结构不尽合理、财政状况比较脆弱、监管体系缺乏效率、市场信息披露机制不完善等问题，使得我国或有隐性负债的规模特别巨大，专家分析我国主要的或有隐性负债应包含如下几个方面：（a）国有银行和非银行金融机构不良资产（NPL）中最后需财政核销冲账的部分；（b）国有企业潜亏部分；（c）地方、企业“统借自还”、“自借自还”外债以及地方担保债、变相担保债的财政兜底部分；（d）农村信用社、供销社系统及农村互助合作基金坏账中需财政兜底部分；（e）社会保障资金方面的或有债务；（f）BOT 项目所形成的政府或有债务；此外，其他方面的一些因素或不可预见的突发事件均可能引发或有负债。[①] 下面我们将就直接隐性负债中的养老金，或有负债中的国有企业及国有银行系统的不良资产、粮食亏损挂账等几项有代表性的隐性负债及其带来的财政风险进行具体分析。

（1）国有企业及国有银行系统的不良资产风险。不良资产是指处于呆滞状态、缺乏流动性、使用效能差，虽然以资产形式存在但不能给企业带来预期收益的经济资源。不良资产的大量存在，掩盖了企业资产与财务的真实状况，误导着企业的经营决策，困扰着企业的生存与发展。

巨额的不良资产主要是在政府—国有银行—国有企业三位一体的体制下，国有银行替代财政向国有企业输血，而国有企业因预算软约束等经营管理问题致使国有企业和银行大量不良资产生成，这些不良资产最终需要由财政承担，形成财政的隐性债务风险。

由于我国银行与国有企业的关系特殊，所以银行系统不良资产的

---

① 贾康：“防止或有负债对财政的倒逼”，《经济参考报》，2003 年 2 月 12 日。

统计数据可以反映出我国不良资产的整体问题，但应注意国有企业与银行不良资产统计中的重复计算应予剔除。中国银行业监督委员会统计资料表明，到2003年末，国有商业银行不良贷款余额为1.92万亿元，不良贷款比例为20.36%；至2003年末，四家金融资产管理公司累计处置不良资产5093.7亿元，仍有近9000亿元不良资产需要处理。2003年底国有商业银行和资产管理公司不良资产总额占GDP的23.99%，这些不良资产绝大多数源于国有企业贷款，还有一部分缘于银行本身经营管理的水平较低。国有企业的高负债和企业亏损不断加大是不争的事实，国有企业不良资产这一隐性债务形成的深层次原因是产权界定模糊，资产流失责任不清；制度建设落后，违规违纪事件较多；经济改革与市场经济完善过程中，道德风险日益突出。

在不良资产管理方面，财政应强化对国有企业和国有银行的资产监管。包括监管法规体系建设、管理体制的完善和监管方式的优化，此外，还应包括健全国有资产产权制度和经营责任制度，全面推行年度经营业绩责任制和经营者任期业绩考核责任制等等。

（2）养老金风险。中国正步入老龄化社会，根据联合国发布的中国人口预测，到2030年，中国60岁以上和65岁以上人口比重，将分别达到23.3%、15.7%；到2035年，这两个指标将分别上升到26.2%和19%。人口老龄化和退休高峰期的到来，将带来巨额的社会保障基金支出，将使财政不堪重负。另一方面，我国经济不发达和包括养老保险在内的社会保障体系不健全，这使解决人口老龄化问题的任务变得艰巨异常。

根据中国劳动和社会保障部发布的数据，到2003年底，全国参加养老保险的人数为1.55亿人，从20世纪90年代后期至今，全国企业养老保险金收入即使在“空账运行”的情况下也收不抵支，而且年度赤字规模持续扩大，只能靠政府财政补贴，2003年仅中央财政就向其补贴400多亿元。

养老金问题带来的隐性债务包括隐性养老金债务和转轨的隐性成

本。隐性养老金债务，即一个养老金计划向职工和退休人员提供养老保险金的承诺，它等于如果该计划在今天即终止的情况下，所有必须付给当前退休人员的养老金的现值加上在职职工已积累、并必须予以偿付的养老金权利的现值。这是一个存量的概念，代表了政府能够明确预计到，并必须列入财政计划的直接和隐性的债务。转轨的隐性成本是指即使在部分交费已经分流到个人账户的情况下仍要继续向养老金领取者（和未来的退休人员）支付退休金而出现的融资缺口。这是一个流量的概念，表示需要在一定时期内偿还旧体系的债务。2000年世界银行测算中国的隐性养老金债务约为1998年GDP的94%；最保守的估计，转轨的隐性成本是2.8万亿元，最悲观的预测则为12万亿元。这是我国实施稳健财政政策的一大难题，如果养老金问题不能解决，将带来严重的财政政策风险和社会危机，那么财政政策也便谈不上“稳健”了。

(3) 粮食挂账风险。建国以来，我国在粮食购销体制上曾先后实施了：统购统销、双轨购销、多元购销、管购放销、敞购顺销和分购顺销政策，不同时期的不同粮食购销政策均发挥了不同的作用。总体上讲，既保护了农民种粮的积极性，使粮食生产稳定地增长，也保证了消费者的基本需求，稳定了粮食价格。但是我们也应清醒的看到，无论实行哪种粮食购销政策，特别是自1992年实行多元购销政策以来，国有粮食购销企业始终承载着主渠道的作用，当粮食丰收，粮食价格下滑时，以高于当期粮食市场价格进行收购，保护农民种粮的积极性，稳定和促进了粮食生产持续发展；当粮食欠收，粮食价格上涨时，以低于当期粮食市场价格安排销售，保护消费者的利益，稳定和促进了社会安定和经济的发展。但由此国有粮食购销企业也形成了相当数额的政策性财务挂账。归纳起来，造成我国粮食企业财务挂账的原因和责任一般为三种：政策性和客观原因造成财务挂账、经营不善造成财务挂账、地方行政干预造成财务挂账。

统计资料显示，1992年4月1日到1997年5月31日，累计粮食亏损挂账1000多亿元，据1999年披露的审计报告，1992年以来粮食企业新增2025亿元，其中，1996年国有粮食企业当年新增亏损挂账为197亿元，1997年新增挂账猛增至480亿元，1998年一季度就新增了270亿元，增势迅猛。截止2003年底，全国国有粮食购销企业新老挂账、不合理资金占用和新增亏损约3055亿元。粮食挂账的问题用地方数据分析更为合理，以河南省为例，1998年6月至2003年底，河南省118个市的2537家粮食购销企业财务挂账125.28亿元，其中，政策性和客观原因造成财务挂账75.83亿元、经营不善造成财务挂账43.09亿元、地方行政干预造成财务挂账6.36亿元。①

上述巨额的国有粮食企业财务挂账最终只能由中央和地方财政出面消化，这是一个巨大的政策风险问题，粮食亏损挂账是因财政粮食补贴政策而产生，最终只能由财政政策来解决。我国国有粮食企业体制不顺、亏损严重，加之粮食贷款和补贴资金管理漏洞层出不穷，违法乱纪行为普遍存在，这些问题的不断累积，使得国家财政已无力支撑原有粮食体制的运转。

解决粮食挂账问题的关键在于在粮食流通中正确处理政府与市场的关系。2003年以来，由于粮价的大幅上扬，我国政府又做出了一系列粮食补贴政策的改革，其中包括加大对粮食主产区的财政补贴、给种粮农民补贴、为粮食主产区减免农业税等等，能清楚地看出粮食政策的力度之大。但是在回答政府应该怎样干预，又在何种程度上干预粮食市场的问题上，显然是缺乏考虑。竞争性的市场机制可以提高效率，减少一些不必要的漏洞和浪费，粮食安全也要符合效率标准，应将政府目标与农民经济目标科学地统一起来，利用好市场机制实现政治性粮食安全向经济性粮食安全的转变，减少财政在粮食问题上付出的沉重代价。

上述分析清楚表明，我国稳健财政政策面临着较为严重的隐性债

① “‘审计质量看河南’系列报道之二：天下粮仓”，《中国审计报》，2005年7月15日。

务风险，如果不予以高度关注并采取有效措施进行防范和化解，不仅会引起财政本身的危机，而且还会引发社会动荡。防范和化解隐性债务风险的有效方法是隐性负债显性化，直接隐性负债显性化可以通过增加财政支出和赤字、增发国债来大幅度增加显性债务规模，提升国债负担率、依存度、偿债率等指标，使政府债务明晰化，或有负债显性化的方式与直接隐性负债基本相同，其重要的是确定政府承担的份额，通过这个环节尽量减轻政府的偿债负担。

三、稳健财政政策执行期风险管理的几个重要问题

虽然稳健财政政策面临的风险在当前还没有显现，经济运行和财政运行态势基本良好，但稳健财政政策实施的环境风险给财政政策带来了繁重的任务，如果解决不好，就会出现原有财政风险和新的财政政策风险并发的严重后果，因此，对稳健财政政策进行风险管理是必要的。当然，就目前的状况而言，启动风险管理的每一个程序无疑是浪费成本的，从效率的角度出发，我们可以将更多资源投向对稳健财政政策具有重大风险性影响的若干问题。换句话说，防范稳健财政政策面临的风险除了注意对前文介绍的要素风险和结构风险的防范外，还应注意解决对财政政策的实施造成重大影响的若干问题。我们认为，当前这样的问题包括：政府投资的社会效益问题、地方政府债务问题、社会保障制度建设问题、财政体制完善问题等等。

（一）政府投资的社会效益问题

从资金用途的角度来说，政府投资是财政支出政策的一个重要组成部分，是指政府为了实现其职能，满足社会公共需要而投入资金并

促其转化为实物资产的行为和过程。政府投资应该侧重于社会效益，并同时具有开发性和战略性，一般投资于社会公益性、公共服务领域和基础性投资领域，其目的主要是弥补市场失效、维护市场配置功能、调节国民经济运行。一般来说实行计划经济的国家、经济欠发达和中等发达国家政府投资占社会总投资的比重较大。由于政府投资对其他社会投资具有示范和引导的作用，所以，适时适度地调整政府投资的规模和结构，可以弥补非政府投资的不足、刺激社会总需求、增加社会总供给、调整产业结构和地区结构、促进国民经济协调稳定发展。

当前，我国政府投资目标的定位存在着问题，并没有面向社会效益的全面提高，而是更多地关注经济效益，其中有政府投资主体过于追逐自身利益的因素，也有监督机制不健全的因素，还存在着投资效益评价方法有误的因素。对于政府投资，国务院颁布了《关于投资体制改革的决定》，在合理界定政府投资范围的同时，进一步强调了要健全政府投资项目决策机制、规范政府投资资金管理和加强政府投资项目管理、改进建设实施方式等问题。这对于规范政府投资行为能够起到一定的约束作用，但对于在此之前已经存在的风险因素的治理效果有限。

首先，我国的政府投资主体的投资界限和范围模糊。政府投资主体主要指中央政府和地方政府，其投资范围划分一般遵循两个原则，即受益原则和比较效率原则。受益原则是按公共产品和服务的受益范围来划分投资权限，如果政府某项投资的受益范围遍及全国所有地区，受益对象为全体社会成员，则该项投资应由中央政府负责；如果受益范围基本上被限定在某一个区域内，受益者主要是本辖区的居民，则应由地方政府负责。比较效率原则是对于一项公共投资，如果由中央政府负责，效率比地方政府高，则应由中央政府负责，反之则由地方政府负责。而我国既存在着中央政府代行地方政府投资职责，导致投资项目缺乏效率，利用率不高的情况，也存在着地方政府为了政绩而超越自身的投资范围，导致项目效益较差，成本难以收回，致使地方财政陷入窘境的情况。

其次，投资项目的选择存在问题。其一是过多投资于追求经济效益的项目，“越位”进入较大范围的竞争性领域；其二是对于社会收益高、社会成本低的项目投资过少，造成政府职能“缺位”。这两个问题都会对经济运行造成较大的影响，前者是政府与私人部门争利，加强了“挤出效应”的影响，后者易使经济发展受到“瓶颈”制约。政府应运用科学方法在社会公益性、公共服务领域和基础性领域内选择适当的项目进行投资，包括政权机构方面的投资和国防方面的投资、科教文卫方面的投资、社会保障和社会福利方面的投资、社会稳定发展投资、农林牧副渔、水利、气象等基础设施投资；能源工业、交通运输、邮电通讯、地质勘查与勘探、支柱产业和高新技术产业等基础产业投资。

再次，我国投资的效益评价缺位，因为其属于事后事项，常常受到忽视。对项目进行后评价，是对已建成并投入生产使用的建设项目的审批决策、建设实施和生产使用全过程进行总结评价，从而判断项目预期目标的实现程度，总结经验教训，提高未来项目投资管理水平，主要包括过程评价，经济效益评价，影响评价和持续性评价。

最后，政府投资需要由专业投资机构具体负责，把政府对投资项目的核准、备案职能与政府投资项目本身区别开来，地方政府在投资方面，注意均衡地方经济发展的薄弱环节。

（二）地方政府债务问题

地方政府债务，是指地方政府作为债务人要按照协议或合同的约定，依照法律的规定向债权人承担的资金偿付义务，我国主要包括省（以及省级政府）、地（或地级市）、县（或县级市）、乡（镇）四级政府负债。《中华人民共和国预算法》第28条规定：“地方各级预算按照量入为出、收支平衡的原则编制，不列赤字。除法律和国务院另有规定外，地方政府不得发行地方政府债券。”而事实上，地方政府通过各种方法累积了巨额缺乏透明度的隐性债务，例如，以企业债券的名义发行市政企业债券，突破了地方政府不得有预算赤字的禁令，又以各类投资建设公司吸收委托贷款的方式绕过了中央政府对企业债券发行的审批制度。专家指出，目前由地方政府债务引发的财政风险威胁程度目前已经跃居经济风险首位。由于地方政府债务具有较强的隐蔽性，致使官方统计数据无法真实反映我国政府债务规模，据粗略估计，目前我国县乡两级政府负债为 8000 亿左右，加上省市两级我国地方政府负债总额约为 3.4 万亿。

国务院发展研究中心宏观部对我国地方政府债务问题进行了系统研究，在其课题报告《积极慎重解决地方政府债务问题》中，对我国地方政府债务的具体形式、特点和成因作了具体分析。目前，地方政府所负债务的具体形式主要包括由地方政府出面担保或提供变相担保，为企业向银行贷款融资提供方便；因征收不足或挪用资金等原因造成的社会保障资金存在缺口；粮食企业亏损挂账将由地方政府承担大部分损失；拖欠中小学教职工工资；地方政府部门拖欠企业工程建设项目施工款等。地方政府债务特点主要表现在五个方面：一是规模庞大，结构分散，沉重的债务负担容易引发各种社会问题；二是隐蔽性强，透明度差，缺乏必要的信息披露机制；三是缺乏统一口径，无法统计真实的债务规模，缺少预警机制，负债率、偿债率等债务风险监控指标无法运用；四是违约率高，既严重危及地方政府的信誉和权威，也加大了金融危机爆发的几率；五是因缺乏统一的地方债务管理机构和科学的管理办法，债务规模呈加速上升趋势。

促使中国地方政府债务形成的机制有三个组成部分。一是分税制导致的财政体制上移，收入上移、支出下移之后缺乏规范的政府间转移支付制度，致使地方财政陷于困境；二是缺乏硬预算约束的国有金融体系为地方政府过度举债提供了可乘之机；三是政府间财政竞争中，相互都存在机会主义倾向，导致财政行为与风险的不对称分布。①地方政府职能转换不到位、行政机构繁杂、地方政府领导干部行为短期化等主观因素也促成了地方政府债务的形成。

地方政府债务的构成、特点和形成机制都反映出我国地方债务风险的风险程度较大，实行科学的地方债务风险管理是必要且紧迫的。管理方案可以从以下几个方面考虑：第一，理顺政府与市场之间的关系，加快地方政府职能转换，实行严格规范的地方政府投资决策责任制；第二，全面清查各级地方政府债务，债务链及债务规模的真实情况，并实行分类管理；第三，健全与地方债务管理相关的各项制度，其中包括偿债准备金制度、债务担保机制、财政收入增长机制、政府间的财政转移支付制度、债务资金使用的监督机制等等；第四，扩大地方政府的融资渠道，探讨建立包括税收、使用者收费、地方公债以及 BOT、IPO、ABS 等新型融资模式在内的融资系统，使地方政府债务显性化；第五，建立债务风险防范的预警系统，重视技术层面的风险管理，在地方债务显性化和可计量的基础上，设计包括地方财政赤字率、地方财政债务依存度、地方债务支出收入比率、地方偿债率、地方债负担率、地方人均负债额、居民个人的地方债负担率、平均还债年限、债务逾期率等在内的指标体系和风险标准；第六，推进地方行政机构改革，精简机构、削减冗员，降低行政成本；第七，完善地方债务管理的法律基础。

（三）社会保障体系建设问题

财政是社会保障风险的最后承担者，而我国社会保障体系建设非常落后，风险威胁很大。

财政资金在收入和支出两方面给予社会保障基金以支持。在社会

① 时红秀：“中国地方政府债务的形成机制与化解对策”，《山东财政学院学报》，2005年第1期。

保障收入的筹集方面，不稳定、不足额的收入会给财政支出政策带来一定的压力，使财政支出的项目和规模增加，成为支出政策的一大险源。财政政策以两种方式支持社会保障收入的筹集，其一是以补贴的形式允许企业交纳的社会保障费在税前列支；其二是以直接支出的形式从财政其他收入中拨付资金，以补充社会保障收入不足的部分。在社会保障资金的支付方面，当社会保障基金不足以支付时，财政就必须予以弥补，尤其是目前我国社会保障中的社会救济和社会福利没有独立的收入来源，只能依赖财政支出。

我国社会保障制度建设的具体情况是，社会保障收入的筹集方法和比例不统一，分别由各地区、各部门、各行业自行制定，造成了不同地区、不同行业、不同企业之间负担水平悬殊的结果，难以体现社会保障制度的公平性；社会保障资金来源单一，财政压力巨大；具体的筹资办法和制度缺乏法律保障和应有的约束力。2001 年我国实际筹集的社会保险金不足 187 亿元，还不到所需费用的 13%。① 截至 2004 年 6 月底，全国社会保障基金的权益为 1432 亿元。其中，中央财政拨款 1048 亿元，占 73.19%；国有股减持划入资金 219 亿元，占 15.33%；其他方式筹集（企业和个人交费）的资金 75 亿元，占 5.23%；累计投资收益 90 亿元，占 6.25%。②

对此，我们应加强社会保障制度的建设，尤其是社会保障基金的财政管理制度建设，在社会保障资金的管理方面应由财政统一管理，同时也需要财政来承担管理风险。具体方案包括：将社会保障基金纳入财政预算管理，建立基金预算管理体制；规范基金的征收、使用和管理制度，由税务部门征收、财政部门管理、社会保险机构执行、专门的基金信托机构管理和运营，同时保持各部门之间的工作相互协调

---

① 傅太平：“我国财政风险问题的防范与化解”，《开发研究》，2004 年第 5 期。

② 项怀诚：“全国社会保障基金投资运营管理过去、现状和未来”，《国际金融报》，2004 年 9 月 22 日。

和制约；建立科学合理的社会保障基金财务管理和会计核算制度以及统计制度和信息系统；建立高效的社会保障基金的投资运营机制；健全社会保障基金的财政补助和调剂使用机制；健全社会保障基金的财政监督机制。除此之外，社会保障基金财政管理制度建设还要注意细节方面的问题，如应对社会保障基金实行动态监测，分析变化因素，建立财务信息灵敏度高的基金预警系统，对突发性增支因素加以全面地考虑和准备等等。而提高在社会保障领域内工作的人员业务素质，加强机构建设也是建立社会保障基金财政管理体系的重要方面。

（四）财政体制完善问题

1994年，我国进行了“分税制”改革，初步形成了有中国特色的多级预算体制，该体制运行十年后，随着整体经济运行和财政运行态势的变化，逐步显示出了其负面效应，财政体制需要完善。其负面效应表现为：财力层层向上集中的机制使得县乡财政体制无力；转移支付制度不完善，存在着不公和浪费的现象；预算体制不完善，财政收支与赤字风险加大；事权和财权不匹配，公共财政管理体制建设欠缺。

对于完善财政体制，我们可以从以下几个方面来进行：

首先，联系上文对地方政府债务的分析，县乡财政体制建设需要从以下方面入手：加强财源建设，提高财政收支质量；逐步建立农村社会保障制度，并加强社会保障管理；推进机构改革，减少“形象工程”、“政绩工程”建设；审慎解决地方债务；规范转移支付制度；加强财政监督管理；鼓励发展特色产业，努力增强造血功能和自我发展能力。

其次，完善转移支付制度。具体方案可以包括：优化转移支付结构；严格界定转移支付范围；变“基数法”为“因素法”；压缩专项转移支付，规范一般性转移支付，削减税收返还、体制补助、专项补助等非均等化支付；探索地区间横向转移支付办法，缩小地区差距。

再次，积极推进部门预算改革。改变预算编制制度和改进预算执行制度相结合，增强预算的公平性、公开性、透明度和完整性；推进国库集中收付改革，完善政府采购制度；通过制定科学的支出标准体系、增强预算的透明度等方式，不断扩大国库集中支付范围和规范支出行为；进一步发挥政府采购在引导和支持产业结构调整中的作用，推进农业产业化，加快工业化和城镇化进程，促进地区经济协调发展。

最后，进一步转换政府职能，明确相应的事权和财权，以支出管理改革为核心，加快公共财政体系建设。进一步优化财政支出结构，改革支出管理方式，提高财政资金使用效率；建立非税收入征收和管理机制，提高财政资金的使用效率，有效地改善和优化投资环境。

综上所述，稳健的财政政策正处于新政策的出台阶段，财政政策理论告诉我们，政策出台阶段的政策效果并不明显，有几个方面的原因：一是新出台的政策本身尚不完善，二是人们还没有对其有足够的认识和理解；三是新政策的作用机制尚未有效运转；四是还未与其他经济政策取得充分的协调；五是旧政策历史惯性的干扰。因此，从近期看，稳健财政政策的效果还不明显。同时，近期稳健财政政策在制定和执行中产生的风险也不明显，但在未来，风险因素会随着稳健财政政策效果的渐趋明显而渐露端倪。如果实施稳健的财政政策后，未来经济社会环境得到了极大改善，宏观经济的各项指标进入良性循环，则稳健财政政策的风险压力将得到缓解。因此，当前我们工作的重点应该放在利用稳健的财政政策去解决经济运行中的各种问题，同时注意防范所有可能出现的财政政策风险。

本文参考文献：

1. 马骏主编：《财政风险管理：新理念与国际经验》，中国财政经济出版社2003年版，第349页。

2. 贾康、刘尚希：《公共财政与公共危机——“非典”引发的思考》，中国财政经济出版社2004年版。

3. “优化公共收入结构：财政增收的重要途径之一”，载自财政部财政科学研究所编：《热点与对策：2004—2005 年度财政研究报告》，中国财政经济出版社 2005 年版。

4. 武彦民：《财政风险评估与化解》，中国财政经济出版社 2004 年版。

5. 项怀诚主编：《中国财政 50 年》，中国财政经济出版社 1999 年版。

6. 贾康："从'积极'到'稳健'——中国财政政策转型与展望"，《中国财经报》，2004 年 11 月 30 日。

7. 贾康、阎坤：《中国财政：转轨与变革》，上海远东出版社 2000 年版。

8. 何振一、阎坤：《中国财政支出结构改革》，社会科学文献出版社 2000 年版。

9. 阎坤、王进杰：《公共支出理论前沿》，中国人民大学出版社 2004 年版。

10. 王美涵：《中国财政风险实证研究》，中国财政经济出版社 1999 年版。

11. ［美］R.E. 麦格尔：《风险分析概论》第一版，孙济元、杨少俊译，石油工业出版社 1985 年版。

12. 何开发：《中国财政风险》，中国时代经济出版社 2002 年版。

13. 童本立、王美涵：《积极财政政策风险与对策研究》，中国财政经济出版社 2002 年版。

14. 金人庆：《实行稳健的财政政策　促进经济平稳较快发展》，《人民日报》，2004 年 12 月 7 日。

15. 金人庆："实施稳健财政政策，推进四大财税改革"，新华网 http：//news.xinhuanet.com，2005 年 6 月 8 日。

16. 贾康：《在稳健财政政策贯彻中注重防范风险优化结构》，2005 中国宏观经济走势与产业发展高层论坛。

17. 贾康："防止或有负债对财政的倒逼"，《经济参考报》，2003 年 2 月 12 日。

18. 阎坤："积极财政政策与通货膨胀关系研究"，《财贸经济》，2002 年第 4 期。

19. 阎坤、于树一："明年财政政策为何舍'中'取'稳'"，《上海证券报》，2004 年 12 月 8 日。

阎　坤　于树一

对稳健的财政政策和当前预算赤字的认识

内容提要

2006年，稳健的财政政策仍然要继续。但是财政赤字数量没有减少。如何理解“稳健”。稳健的财政政策是一个相对“趋紧”政策，不是“紧缩”的政策。稳健的财政政策兼顾“量”和“结构”，重点在于解决经济社会等结构性问题的政策。财政部门认真执行“稳健财政政策”的部署，压缩赤字，但是不能完全取消赤字。我国目前出现的赤字是源自中国社会“转型”过程的“结构性赤字”。稳健期间出现的赤字是不可避免的。我们将这个问题揭示出来，就是要求财政部门更加努力，社会各界共同关注，宏观相关部门配合（银行增加调控力度），共同解决这个问题。

一、稳健的财政政策是中央及时的宏观决策，2006年仍然要持续

（一）经济形势变化，中央宏观政策调整，2003年后期开始实行稳健的财政货币政策

从1998年以来，为了应对亚洲金融危机以及中国内需不足，中国政府实施了积极的财政政策，也就是扩张性的财政政策。到2004年末，共发行9100亿元长期建设国债，带动了固定资产投资，据国家统计局计算，投资平均每年直接拉动中国经济1.5至2个百分点，实现了经济"软着陆"。另外9100亿元国债资金直接投资和与之相关的配套投资，形成了数万亿元的国有固定资产，解决了经济中交通、通信等基础设施建设等瓶颈问题。

但是，从2003年起，社会的投资总规模过大，一些行业的投资过猛，甚至出现局部过热现象，货币投放增长也过快，2003年GDP增长达到10.2%。针对经济快速发展中出现的突出矛盾和问题，中央及时果断地做出了加强和改善宏观调控的重要决策，提出要实行"稳健的财政政策"，同时也实行稳健的货币政策，即所谓"双稳健"的宏观政策。这个决策是明智的。

（二）宏观调控成效显著，国民经济平稳较快发展，稳健的财政政策要继续实施

财政部门认真地贯彻了中央的宏观决策，采取了一系列的措施：减少了赤字和国债发行数量，调整了国债资金使用方向；采取有关税收手段，抑制了一些行业过热投资甚至投机活动；有保有压，调整了税收和财政支出结构；借用超过预算的财政收入弥补了粮食和出口退税历年欠账等。在中央的领导和货币政策的配合下，宏观经济稳定，

经济平稳快速地发展。具体表现在：2004 和 2005 年 GDP 都增长 9.9%，进出口值大幅度增加，财政收入也在以 20%左右的速度增长。与此同时，货币供应量稳定，物价水平在 2%左右，一些过热的行业，如原料、建筑材料等过高的物价已经大幅度下降。

由于国民经济目前经济平稳较快发展态势，中央决定，继续加强和改善宏观调控，保持宏观经济政策的连续性和稳定性，继续实行稳健的财政政策和稳健的货币政策。同时，面对经济发展出现的新情况新问题，适度微调，以更有针对性地解决问题。因此，2006 年财政部门要继续实行稳健的和适度调整的财政政策。

二、稳健的财政政策是一个“有区间”的总量调节政策

（一）稳健的财政政策是一个相对“趋紧”政策，不是“紧缩”的政策

针对宏观经济趋好，以及局部经济过热等问题，中央提出了稳健的财政政策，“稳健”是对过去总量扩张政策的调整。它的提出，表明了积极的、扩张性的财政政策已经完成了它的任务，要用一个新政策替代原来的政策。稳健的财政政策指明了一个比过去少发债、用好债的政策方向；稳健财政政策相对“扩张”来说是总量相对“收缩”的政策，但它不是“紧缩”的财政政策。

（二）稳健的财政政策在一个数量区间选择，不是绝对中性，更不是不发债

在宏观总量调控中，稳健的财政政策既“不扩张”又“不紧缩”，

在它们两者之间，有一个活动区间。理论上说，这个区间应当包括“略微扩张”、“中性”、“略微紧缩”。这个区间是财政可选择的调控领域，就是说，依据经济发展的状况，符合财政经济规律的要求，遵守立法程序，特别是按照中央宏观经济调控的总体部署，财政要灵活地、主动地在这个范围内进行数量选择，配合有关部门，进行宏观总量的调节和控制。

也因此，“稳健”的财政政策不是绝对中性，也不是绝对不发债。

金人庆部长在2004年就指出：“实行稳健的财政政策，主要是服从中央宏观调控大局，宏观上既要防止通货膨胀苗头的扩大，又要防止通货紧缩的趋势重新出现”。事实上，正如一些经济学家指出的，由于人们的存储意识强和银行已经有巨大数量的存款，通货紧缩和通货膨胀两种苗头同时存在。

三、稳健的财政政策是一个“任务明确”的结构调整政策

（一）稳健的财政政策要“调整投资和消费”比例，要“调整国民收入分配”结构

第一，要调整投资和消费的比例，拉动内需。扩大内需是我国经济发展的长期战略方针，也是保持经济平稳较快增长的必要条件。增强内需，重点是采取有力措施扩大消费需求。为此，要努力调整投资消费关系，逐步改变目前投资率偏高的状况，在着力优化投资结构和布局的同时，实行扩大消费的政策措施。

第二，要调整国民收入分配格局，加大支出，提高居民特别是农民和城镇低收入居民的收入水平。财政支出的任务明确，要把

“三农”问题，以及满足人民基本公共服务如医疗、教育等问题作为支出重点。金人庆部长指出，“要让基本公共服务的阳光普照到农村”，就表明对社会分配问题的重视，表明要对支出结构进行调整。

金人庆部长还指出：“实行稳健的财政政策，既要坚决控制投资需求膨胀，又要努力扩大消费需求。既要对投资过热的行业降温，又要着力支持经济社会发展中的薄弱环节。”这充分说明，稳健的财政政策也是与经济结构、特别是社会分配结构调整联系在一起的。

（二）调整收入分配结构，拉动内需，保证社会稳定，这也是“稳健”内容之一

“调整收入分配”与“拉动内需”是可以统一起来的。事实上，只有调整分配结构才能调整投资与消费的比例，拉动内需。这是因为，低收入的人们边际消费倾向高，有些人甚至基本生存都困难，财政如果转移支付更多资金到这些人身上，就会立刻转化为消费。总之，这两个结构调整之后，才有宏观经济的“稳健”和社会的“稳健”，结构调整本身就是“稳健”的内容。

四、稳健的财政政策兼顾“总量”和“结构”，当前重点在于解决经济社会等结构性问题

（一）既要解决“总量”问题，又要解决“经济社会薄弱环节”问题

1998 年到 2003 年我们实行是扩张性的财政政策，但是我们不说它是“扩张的财政政策”，而说它是“积极的财政政策”，之所以这

样，因为这个政策不仅承担着“扩张”的任务，而且还承担着通过债务收入的支出，填补“基础设施不足”的任务。2003年后期开始的“稳健的财政政策”，既承担着宏观总量“趋紧”的任务，也承担着解决目前经济社会突出矛盾的任务。

（二）总量和结构都要兼顾，在经济平稳运行时期，解决结构问题优先

在经济增长达到10%，物价指数达到2%左右，经济快速平稳运行的时期，仅仅从总量上考虑，发债的必要性不大。但是我们预算中仍然打出相当规模的赤字，主要目的在于解决目前的社会经济问题，落实中央科学发展观，增加诸如“三农”等问题的支出。

财政有两个重要的功能，一个是收入分配功能，一个是宏观调节功能；只要不是经济特别高涨和衰退时期，财政分配功能优先。用分配手段缓解社会矛盾，特别调节目前居民收入分配上的差距，是工作的重点；但是预算赤字和债务的量不能过大，作赤字预算时，要同时考虑宏观总供需是否平衡、物价水平以及投资增长速度等因素。

五、将目前的赤字定性为“结构性”赤字的必要性

（一）符合实际

总的财政收入在增加，但是总的财政支出也在增加，由于有一系列的减税和增支的措施出台，财政不得不打赤字。虽然从刺激经济的角度看，没有必要打这样规模的赤字，但是从调节分配、化解社会矛盾角度来看，必须有这些赤字。只要赤字的规模合理，没有影响宏观

经济总体运行，赤字就是可行的。这不仅解释了为什么在经济快速平稳运行的时候还出现一定规模赤字的问题，也解释了为什么在财政收入增长很快的时期还出现一定规模赤字的问题。

（二）主动面对

由于经济社会问题的严重性，由于要解决“三农”问题，提高低收入人群的收入，完成提供基本公共服务等任务需要一定的时间才能完成，这种结构性赤字还可能持续“一段时期”。即使是在宏观稍微“趋热”的情况下还会持续有赤字，假设明年通货膨胀超过3%甚至5%，财政将尽量减少赤字，但是不能肯定没有赤字。因此，将目前的赤字定义为结构性赤字，将稳健的财政政策的内涵扩大，其实是向全社会“早打招呼”，主动争取大家一起来解决这个问题。

（三）可以要求货币政策配合

稳健财政政策时期必然出现部分赤字和债务，那么，财政实际上实施的是结构问题优先，总量上“偏松”的稳健。但是出现了不可避免的赤字和债务，为了不使宏观经济形势变坏，在财政与货币政策搭配中，就应当要求货币实行“偏紧”的稳健。

（四）从一般预算中置换出建设资金，用于再分配调节

根据预算法，一般预算不能出现赤字，债务收入用于经济建设。这样以来，我们说用债务收入用于解决收入分配等社会问题的提法就不符合预算法了。其实不然，因为我们在经常预算中有大量的经济建设性支出，如果将发债资金用在原来一般预算支出投入的建设项目中，就能置换出一笔等额的一般预算资金，用于社会性支出。

六、关于结构性赤字的一些说明

（一）周期性赤字与结构性赤字

为调整经济周期而出现的赤字是“周期性赤字”。当经济步入低潮，出现了通货紧缩和较高失业率的时候，应当采用积极的财政政策，此时的赤字是周期性的赤字。

为解决国家某些社会、经济问题而出现的赤字是结构性赤字。结构性赤字也是可以计算的，它以这些问题得以解决，社会经济和财政能够平稳运行为限。

（二）我国经济社会转型与结构性赤字

我国目前出现的赤字是源自中国社会“转型”过程中支出形成的压力。正如党和政府报告中多次提到的，我国处在“矛盾多发期”，“机遇和挑战并存”，社会中有很多问题要处理，“改革、发展、稳定”三大任务要同时兼顾，在这个历史特定阶段，财政支出任务繁重，带来的赤字是结构性赤字：第一，“改革”要求财政有超常的“增量”财力支持。第二，“稳定”要求支出“存量”结构不能作大调整。第三，“发展”要求财政保障一定的投资量。第四，财政支出有新旧负担并存的特征。

（三）财政部门认真执行“稳健财政政策”的部署，压缩赤字，但是不能完全取消赤字

财政部门认真地执行中央“稳健的财政政策”的部署，提出了“控制赤字、调整结构、推进改革、增收节支”的方针，采取一系列

相应的政策措施，比如减免少了农业税费，将更多的资金用于“三农”支出，用超收资金弥补了出口退税欠账和历年粮食挂账，减少地方债务和隐性赤字等等。在赤字和债务方面，通过财政部门的努力，赤字和债务数量与过去“积极财政政策”期间比较，已经有一定幅度的下降；国债资金使用方向上，也从基础设施建设向农业、公共卫生、教育等方面转移。

（四）社会各方面配合，财政部门更加努力，解决赤字及其相关问题

由于经济社会转型时期的特点，很多经济社会问题是迫切需要解决的问题，需要相当数量的资金投入，虽然在财政部门的努力下，收支之间的差距可能比以前缩小，但是完全消失的条件还不具备。

我们将“结构性赤字”这个问题揭示出来，就是要求财政部门更加努力，社会各界共同关注，宏观相关部门配合，共同解决这个问题。特别是财政部门，要更加努力地改进工作，增收节支、深化改革、加强管理，尽量减少这个赤字。

吕旺实

我国财政结构性赤字及其起因

——赤字和国债问题研究之一

内容提要

实行稳健财政政策为什么还打有赤字。这个赤字是结构性赤字，它与周期性赤字有区别。在我国社会、经济、财政转型时期，在中国社会主义市场经济的改革、发展和稳定的特定任务下，支出的特定结构要求大幅度地增加支出，收入方面因为税收的税种不健全和税收覆盖面不够，总收入因此不足。由此导致了现在的结构性赤字。

一、问题的提出

（一）实行稳健财政政策为什么还打有赤字

财政部 2003 年已经开始主动提出减少赤字，与上年比较，当年减少了 100 亿。2004 年为解决经济出现局部过热现象，国家采取了一系列行政和经济的手段抑制过热，财政也积极配合，提高了土地转让收费标准，增加房产交易税等。同时也试图降低赤字，减少债务，但是，2004 年财政赤字没有减少。

2005 年，中央明确地提出要实行稳健的财政和货币政策。但是，2005 年的赤字在减少了 198.3 亿元之后，仍然保持在 3000 亿元，预计 2006 年也不会有较大幅度的减少（见表 1）。宏观经济领域实行稳健财政政策期间，为什么财政赤字持续存在，这是人们的疑问。

表 1　我国财政债务和财政收入增长的情况　单位：亿元

年　份	当年发行国内财政债务	国内财政债务还本数	国内新增债务	财政收入比上年净增额	财政收入比上年增长%
2000	4143.95	1552.21	2591.47	1951.2	17.0
2001	4483.53	1923.42	2560.11	2990.8	22.3
2002	5660.00	2467.71	3192.29	2517.6	15.4
2003	6039.24	2976.58	3062.66	2811.7	14.9
2004	7022		3198	4681.2	21.6
2005（预计）			3000		
2006（预计）			3000		

注：本表按照《中国财政年鉴 2004 年》、《中国统计年鉴 2005 年》、《顺时应势，实现稳健财政政策》（金人庆，《人民日报》2005 年 2 月 22 日）三个资料的数字制作。

（二）财政收入增长很快，为什么还有赤字

财政收入增加的绝对数很大，2003 年和 2004 年有 3000 亿—4000 亿元的增幅；每年财政收入增长的相对速度也很快，在 15%—20% 之间。但是还是出现了赤字，是不是对支出控制不严，支出过快增长，从而导致赤字增加，这也是人们的疑问。

（三）对目前的赤字有两种不同意见

反对者认为：赤字在目前经济高速增长时期，有着正向推动作用，可能会带来副作用。从经济周期的角度分析说，目前 GDP 的增长速度达到 9%左右，如果打赤字会刺激经济过快增长，滑入下一轮过热。另外，在高速增长时期打赤字，没有为未来经济增长可能出现的大减速预留出赤字空间。其次，从物价的角度看，2004 年居民消费和商品零售价格指数都在 3%左右，但是原料和燃料价格指数达到 11%以上，因此不应当有赤字。

赞同者认为：赤字的总体规模不大。2004 年 3198 亿元的赤字占 GDP 的 2%，今后这个比例不会增加；累积债务在未来不断增加的 GDP 总量中占的比重不会很大。我国物价指数总体是平稳的，燃料和原料价格正在下降，没有危险。

（四）赤字在“十一五”期间会不会持续存在

从目前的趋势看，2006 年还可能有赤字，2007 年及以后年份仍然会有赤字。人们因此关注这个问题：到底赤字为什么出现，要持续多长时间，有没有危害。如果赤字长期化，原因是什么，如何防范长期化。

二、结构性赤字的概念

（一）周期性赤字

为调整经济周期而出现的赤字是“周期性赤字”。当经济步入低潮，出现了通货紧缩和较高失业率的时候，应当采用积极的财政政策，此时的赤字是周期性的赤字。

周期性的赤字大小可以度量。首先假设经济低潮时期的GDP总量为Y，再假设理想的GDP（此时有充分就业率和平稳的物价）总量为X。这样，实际与理想GDP之间有一个差额（X－Y）＝Z。财政如果采取扩张性政策（减税、发债），使GDP能够增加Z从而达到X，就可以实现充分就业和稳定物价（通货正常）的政策目标。这就是扩张性的财政政策。

扩张有两种。如果就业率低，而有一定的通货膨胀，就要实行减税扩张政策；如果就业率低，而且通货紧缩，就要实行增加支出的扩张政策，就是发债。

发债的多少可以有两种计算方法：第一，按照投资乘数计算：如果投资乘数是3，发债（增加的投资）的数量应当是Z/3；第二，按照税收负担率计算：如果国民经济税收负担率为20%，就要减少Z的20%，即Z/5税收，可以刺激经济达到理想水平。

假设有相反，经济过热，需要紧缩。可以采用与前述同样的方法，进行相反计算，增加一个数量的税或减少政府一个数量的投资。扩张和紧缩是对立的。经济低潮时“发债”，高潮时“削债”，这就是“补偿性”财政宏观管理政策。

（二）结构性赤字

为解决国家某些社会、经济和财政结构性问题而出现的赤字是结构性赤字。

结构性赤字也是可以计算的，它以问题的解决、社会经济和财政能够平稳运行为限。假设正常的、均衡的财政总支出是W，但是由于战争或自然灾害等原因而需要总支出达到P，那么P－W＝R，R就是需要发行债务弥补的赤字。

目前世界各国的赤字部分是周期性的，部分是结构性的。结构性赤字对应的是结构性问题。比如，目前美国经济连续3年稳定增长，美联储连续13次加息，但是由于伊拉克战争，美国连续出现预算赤字，这就是结构性赤字。自然灾害、战争是一种结构问题，维持过高的福利（如欧洲）、以及要对大量低收入的人补助都是社会结构问题，要解决这些问题往往导致赤字。

（三）我国社会、经济、财政大转型与结构性赤字

我国目前出现的赤字不是因为战争或自然灾害，而是源自中国社会、经济和财政的结构转型过程中支出形成的压力。

首先是经济、社会转型。这包括：计划经济向社会主义市场经济转型，在城镇形成大量的下岗和失业人口；传统企业社会福利向现代化社会保障制度过渡，社保资金有大量的缺口；传统农业向商品经济农业、农村向现代新农村、大量农村人口要向城镇转移。由于我国处在“矛盾多发期”，社会中有很多问题要处理，财政要解决这些结构性问题，就要有较大的支出。

其次是经济转型中财政收入转型。这包括：传统农业经济的税收要消失；商业和工业社会流转税为主的税制要进行改造；现代社会以流转、所得、财产、社会保险税为支柱的均衡税制正在建立和发展之中。中国主体税种要经历以上三个内容的变革，税收收入虽

然快速增长，但是有结构性缺陷，不足以承担现在社会对财力的要求。

三、历史性的任务，特定的支出结构

我们面临着“改革、发展、稳定”三大任务，只有同时兼顾三个方面，才能度过历史的“机遇和挑战并存”的“转型”时期，这决定了财政支出的特定结构。

（一）“改革”要求财政有超常的“增量”财力支持

首先，从改革和提供基本公共服务方面看，要有大量的“增量”财力投入。十六届五中全会通过的“十一五”规划建议对未来五年社会经济进行了部署，11月中央经济工作会议和12月财政工作会议又对2006年改革进行具体部署。从改革部署的基本内容看，改革直接触及中国经济社会运行中一系列核心领域和深层次问题。政府行政改革、垄断行业改革、汇率机制改革，就业、社会保障、教育、医疗、特别是三农问题改革等，都被摆到突出位置。改革部署力度之大、内容之全面、涉及范围之广是空前的。

改革需要财政支出。部分改革项目在改革成功以后肯定会有减少财政支出，但是目前却付出改革成本，比如行政事业单位改革，特别是乡镇一级控制编制等，要解决人员分流问题，必须有一定的支出，其他如国有企业改革，要解决社会事业剥离问题等。部分改革就是直接增加支出，比如农村免费义务教育改革、农村新型合作医疗改革、新农村建设改革等，都要有新的支出。这些支出数量大，时间比较集中，是原支出基础上新增加的支出，也是超过一般财政收入可支持的超常支出。

（二）“稳定”要求支出“存量”结构不能作大调整

财政部门努力地调整支出结构，但是在相关条件不具备时不能有大的调整。有人说，这些年的财政支出，是用“存量保稳定，增量搞改革”，这个说法有一定的道理。“存量”在这里是原来形成的支出基数，“增量”是原来基数以后的新增支出。财政支出的“保存量，调增量”是实践、也是符合社会现实的经验。

首先，不能大幅度调整支出结构，将原有财力调换到改革和发展需要新支出方面来。中国财政支出的现有结构中确实有一些不合理地方，比如财政负担人员过多等，但是很难通过快速地、大幅度地调整现有基本支出结构，将财力用于新增支出方面去，达到缓解支出压力的目标。因为，支出压力一直绷的很紧，且一些相关支持条件也不具备，比如人员分流的背后，是社会保障制度和不再大量增加供养人员的人事制度，以及后面的军队转业、福利分配制度改革等。当然，保存量不是不改革，特别是如政府行政经费增加快、收费事业单位的收费和经费管理松懈等，都是要改革的。

其次，从稳定角度看，存量不仅不能动，甚至还要增加投入。因为一些新的支出也与稳定有关。比如城市失业人口、贫困人口的就业、生活、住房等问题的解决，就要加大支出；农村失地农民、农村贫困人口等问题的解决也要加大支出的；对贫困县经费运转困难补助的转移支付要增加；财政供养人员在辞退以前，照样要长工资。另外，还要解决社会出现的新的基本安全问题，比如保障能源安全、粮食安全、环境安全、卫生安全等，国家都要有一定的投入。

（三）“发展”要求财政保障一定的建设投资量

从经济和社会发展方面看，也要求财政有“增量”投入。我国处于经济发展中，基础设施等投入原来就不足，中小城市迅速发展中的基础设施尤其需要加大投资。同时，要实现经济增长方式的转变、科技进步和能源节约等，财政还要投入，通过财政资金的杠杆作用引导和带动更多的社会资金投入。

从国际比较来看，我国的经济建设的支出 2000—2004 年占财政总支出的比重分别为 36.1%、34.2%、35.3%、28.0%、27.8%。由于我国财政支出统计数中未含社会保险支出，为了比较的需要，将社会保险支出加进来，计算出“大口径财政支出”，我国的“经济建设费”支出在这个总支出中的比例仍然很高，2000—2004 年分别为 31.5%、29.9%、26.1%、24.1%、24.0%。2004 年经济建设事务支出达到 7933.3 亿元，虽然国债没有增加，但经济建设总支出却远远高于发达国家的平均数 9.5%（见表 2），预计今后仍然将维持在 20% 以上。

经济建设中基本建设的比重很高。2004 年有 3437.5 亿元，占经济建设支出的 43.3%。虽然不是扩张性财政政策时期，但是基本建设支出仍然很大，体现了我国的“发展阶段支出特征”。由于建设投入需要量很大，而社会事务支出需求也很大，因此财政必须发债。这个债就体现为建设债（经常性项目不允许发债）。

（四）新旧负担并存的支出特征

转型期是从“旧”走向“新”的过渡期，对财政来说，旧负担未减，新负担激增。比如上述的经济建设的支出就是新旧并存的支出。

表 2　　发达国家财政各项支出占总支出的比重　　单位：%

国别年份	一般公共服务	国防	公共秩序安全	经济建设事务	环境保护	住房交通补助	健康卫生	娱乐文化宗教	教育	社会保障
美国　2003	13.25	10.97	5.74	10.21	—	1.96	19.86	0.90	17.15	19.94
加拿大　2003	14.73	2.67	4.66	8.93	1.56	2.03	18.28	2.46	13.99	30.69
澳大利亚　2003	11.19	4.83	4.79	12.46	1.38	2.32	17.21	0.90	2.47	14.83
奥地利　2002	15.02	1.71	2.77	10.08	0.66	1.60	13.01	2.04	10.98	42.14

续表

国别年份	一般公共服务	国防	公共秩序安全	经济建设事务	环境保护	住房交通补助	健康卫生	娱乐文化宗教	教育	社会保障
比利时 2002	19.67	2.46	3.13	9.16	1.47	0.67	13.18	2.04	10.98	42.14
德国 2003	13.02	2.41	3.28	7.97	1.13	2.39	13.34	1.42	8.45	46.58
意大利 2000	20.60	2.57	4.40	5.67	1.67	1.71	12.70	2.01	10.52	38.15
卢森堡 2003	10.78	0.72	2.44	11.17	2.77	1.72	11.72	4.33	11.85	42.45
荷兰 2003	18.02	3.24	3.51	9.99	1.56	3.08	9.67	2.21	10.63	38.08
丹麦 2002	14.36	2.86	1.87	6.90	—	1.69	10.22	3.17	15.34	43.61
冰岛 2003	16.06	—	4.20	14.85	—	2.46	19.86	6.51	15.75	43.61
挪威 2003	9.79	3.99	2.38	9.06	1.67	1.02	17.18	2.40	13.57	48.95
瑞典 2002	14.98	3.64	2.52	8.31	0.59	1.58	12.15	1.91	12.93	41.38
英国 2001	6.26	6.89	5.21	7.86	1.32	1.86	16.99	1.31	12.55	39.75
平均	14.12	3.77	3.64	9.47		1.86	14.67	2.40	11.94	38.02
中国 2004 年大口径（财政 + 社保）支出				24.0						24.0

注：以上数据依据 IMF《政府财政统计 2004》计算得来；中国 2004 年 GDP 是未调整的数据。在国家 28486.9 亿元的支出中，“经济建设费”支出 7933.3 亿元，占总支出的 27.85%。注意：我国的财政总支出中不包括社会保险支出。2004 年社会养老保险支出 4627.3 亿元，如果加在财政总支出内，“大口径财政支出”为 33114 亿元，“经济建设费”的 7933.3 亿元支出就占总支出的 24.0%。离退休社会保障（统筹和预算内合计）支出 4814.9 亿元，加上失业、工伤、生育保险共 263.1 亿元，再加上现职人员的医疗保险支出大约 500 亿元，“社会保障”共计约 7946 亿元，占“大口径财政支出”的 24.0%。

中国的农村问题就是“旧”向“新”转型时我们自己出现的特殊性问题，也是财政的特殊性责任。西方国家对农民有很高的补贴，但是无论如何，发达国家农民只占总人口的很小比例（美国 2%），所需要的补贴也只占财政支出的较小比例。而中国农民要占总人口的 50%，对他们一点补助，就会占财政支出的较大比例。商品市场经济使低效率的小农开始分化，数量巨大的农村剩余劳动力开始出现，因此今后相当一段时期，财政对“三农”支出所占的比例将不断上升。

在转型期间，城市失业人口、贫困人口不是一般地出现，而是较大数量地出现，社会保障性支出也因此较完成转型的其他国家要多。社会保障支出在西方国家中的比重很高，平均达到38.0%，如果加上医疗、住房和交通补助等，比重达到54.6%。我们目前这个支出较低，只有24.0%，但是可以预计，在未来几年内社会保障将有很大的提高。

四、税收收入的结构性缺陷

与发达市场经济国家相比，我国的税收制度已经与国际接轨，形成流转税、所得税、财产税、社保（统筹）等税种，就好像有四个支柱。但分析我国的收入结构可以看出，它是以流转税为主的税收，其他的“支柱”没有真正立起来，财政筹集收入能力有结构性的缺陷。

（一）所得税、特别是个人所得税占的比重很低

从IMF 2004年出版的《政府财政统计》数据看，发达国家财政收入中，所得税收入占GDP的比重平均为14.27%，而我国的只占GDP（未调整）的4.16%，特别是个人所得税，大部分发达国家的个人所得的税收入要占到总税收的1/3左右（GDP的12%左右），但是我国的只占财政收入的1/25（GDP的1.27%）。整个西方国家的个人所得税占税收收入的比重很高而我们很低的原因在于经济发展程度的差别，我国大部分劳动者的工资收入水平低，基尼系数高，可缴纳税收的余地小。

（二）财产税基本没有收入

从 IMF 2004 年出版的《政府财政统计》数据看，发达国家财政收入中，财产税占 GDP 的比重平均为 2%左右（表 3）。我国关于个人私有财产的税收正在设计之中，即使正式出台（一家第一套房子免税的方案），收入也不会太高，因为中国老百姓积累的私人财富还是太少，价值不高。

表 3　发达国家财政收入占 GDP 的比重　单位：%

	税收类							非税收类		
	所得税	工薪税	财产税	流转税	外贸税	其他税	税收类合计	社保费	赠拨款	其他
美国　2003	11.03	—	3.08	4.43	0.19	—	18.74	7.03	—	5.99
加拿大　2003	15.47	0.71	3.51	8.54	0.24	0.12	28.59	5.74	—	6.43
澳大利亚　2003	16.86	1.66	2.74	8.52	0.72	—	30.49	—	—	6.31
奥地利　2002	13.41	2.17	0.55	12.58	—	0.02	28.72	16.57	0.26	5.20
比利时　2002	6.93	0.01	2.87	11.14	—	0.13	31.08	16.74	0.01	2.61
芬兰　2003	17.37	—	1.05	13.93	—	0.03	32.38	12.12	0.22	8.14
法国　2003	10.27	1.08	4.34	11.11	0.01	0.01	26.83	18.45	0.19	4.89
德国　2003	11.40	—	0.79	10.53	—	—	22.81	18.57	0.21	3.24
意大利　2000	14.20	—	0.91	12.79	—	1.92	29.82	12.72	0.08	3.47
卢森堡　2003	15.05	—	1.59	12.97	—	0.05	29.67	12.9	0.02	4.05
荷兰　2003	9.83	0.09	1.79	12.31	0.24	—	24.27	15.52	0.09	5.79
葡萄牙　2001	9.54	—	0.51	13.26	—	0.76	24.07	11.92	0.49	5.27
西班牙　2002	10.33	—	2.49	9.69	—	—	22.51	13.35	1.03	3.01
丹麦　2002	29.17	0.21	1.82	15.86	—	0.01	47.07	2.73	0.51	9.33
冰岛　2003	16.57	—	3.31	14.56	0.32	0.23	34.99	3.07	—	6.77

续表

	税收类							非税收类		
	所得税	工薪税	财产税	流转税	外贸税	其他税	税收类合计	社保费	赠拨款	其他
挪威 2003	20.09	—	0.51	13.18	0.12	0.05	33.95	9.93	—	13.41
瑞典 2002	17.77	2.86	1.42	12.98	—	0.14	35.17	15.42	0.05	7.37
瑞士 2001	12.67	—	2.71	6.71	0.24	—	22.33	7.66	0.41	7.14
英国 2003	13.25	—	1.79	13.33	—	0.42	28.79	7.79	0.35	3.17
平均	14.27		1.94	11.46			29.07	11.57		
中国 2004	4.16（个税1.27）	0	0	10.95	0.76	1.00	19.28	4.23		3.34

注：以上数据依据IMF《政府财政统计2004》计算得来。中国2004年GDP为136584亿元，是未调整的数据。2004年社会保险收入5780亿元（未记入财政收入），占GDP的4.23%；预算外资金收入为4567亿元，占GDP的3.34%。这样看来，全部税收加社会保险统筹、加预算外，财政大口径收入占GDP的比重为26.85%。“大口径财政收入”占GDP比重，美国是31.76%；德国44.62%；法国50.17%；瑞典57.96%。

（三）社会保障统筹的规模和范围都很小

我国社会保障统筹的“费率”或“税率”已经很高，达到工资的35%以上，但是统筹面很小，可以筹集到的资金有限。退休金发放与现职人员工资联动，且发放水平在一些城市还较高，形成目前退休金的困难局面。发达国家的社会保障收费（税）占GDP的比重平均在11.57%。而我们国家目前只有4.23%。

（四）流转税制度也需要调整

流转税制度调整肯定会相应地减少收入。

（五）税收总量占GDP的比重相对低

中国2004年各项税收为26396亿元，GDP为136584亿元（未调整），税收占 GDP 的比重为 19.28%。从 IMF 2004 年出版的《政府财政统计》数据看，发达国家财政收入占 GDP 的比重平均为 29.07%（这个统计中没有包括社会保障统筹和其他收入），高出我国的 1/3。大部分东欧国家这个比重在 20%。

如果按照“大口径”计算财政收入，应当包括社会保险统筹和预算外资金。我国 2004 年社会保险收入 5780 亿元（统计中未记入财政收入），占 GDP 的 4.23%。预算外资金收入为 4567 亿元，占 GDP 的 3.34%。此两项加上全部税收，“大口径财政收入”占 GDP 的比重为 26.85%，略低于美国的 31.76%；大大低于欧洲国家中德国的 44.62%和法国的 50.17%、瑞典的 57.96%。

发达国家的劳动生产率高，食品衣着以外的纯剩余比率也就高，宏观税率就可以高。发展中国家，由于劳动生产率低，国民生产总产值中用于生活消费的比重高，纯剩余比重低，因此税收可能调剂的余地小，税收占 GDP 的比重就小，宏观税率就低。我们国家的财政收入以大口径计算，已经占到 GDD 的 27%左右，其实已经不低。

五、结论：结构性赤字，且将持续

（一）收入结构“幼稚”，支出结构“早熟”和“沉重”

发达国家财政收入的四大支柱（包括统筹）中，我国“缺少一个，两个不足”。由此可以看出，我国财政的收入结构是“幼稚”的。但是，我国财政支出结构有如下特征：第一，“早熟”特征，比如城市中有部分过高的公共服务和福利，比如豪华的办公、教学设施，高级的医疗器械和医疗支出，部分城市高比率的退休支付等，这些已经与西方发达国家看齐了，它们都需要财政支持。第二，“补欠账”的特征，比如离退休人员的退休支付，不仅没有积累，靠“现收现付”仍然不足，还要财政拨款；第三是“成长中痛苦”的特征，比如基础设施投入、下岗、农村待转移的人口等需要投入。财政有难以承受之痛。

在这个社会、经济、财政转型时期，在中国社会主义市场经济的改革、发展和稳定的特定任务下，支出的特定结构要求和收入的结构性不足导致了现在的赤字。这是结构性的赤字。

（二）中国财政也有管理上的不足

特别是行政管理费增加过快，预算外资金使用未能全部管起来等，支出基数难调整，对支出增长趋势的抑制缺少制度性“规范”和“力量”，存在这个中央与地方的博弈；在收入方面，土地收入、事业单位收费、地方暗中减免税等问题也严重存在，这需要进行专门讨论，解决它们也需要有关条件和时间。但是，结构性的问题是形成结构性赤字的主要成因。

（三）结构性赤字将延续一段时间

上述支出与收入的矛盾如果继续存在，结构性赤字也将继续存在，估计将延续到下一个五年计划结束。结构性赤字的减少或结束有两个条件：第一，从支出的角度看，就是转型阶段社会经济矛盾得到缓和，支付改革成本的高潮期能成功度过，一般支出靠正常收入可以维持。第二，收入结构的健全，包括个人所得税有大幅度的提高，财产税开征并有一定的收入，社会统保障筹收入有较大增长等。

吕旺实

结构性赤字的合理性和合理度：我国可以守在“20—1.5”阵地

——赤字和国债问题研究之二

内容提要

目前的赤字不可避免，因为它是社会转型期社会稳定和发展带来的。目前的赤字又有利于缓解宏观经济总量平衡中内需不足的问题，带来经济增长；有利于通货稳定；有利于就业。在西方国家三者之间往往不能“兼得”。但是我国由于自身文化对经济的影响、发展阶段等特殊的原因，三者可以兼得，有“一加三的效果”。但是，也应当有一个限度。赤字和债务的大小，还要看宏观经济指标值和财政信用指标值，就是说，经济要适度增长、通货要基本稳定和正常、债务负担率要合理。

赤字合理的原因与赤字的起因是联系在一起的。

结构性的问题带来了结构性的赤字。就是说，由于社会和经济有结构性的问题，靠常规财政收入无法解决，才不得不举债，出现了结构性赤字。因此，判断结构性赤字的合理与否，要看社会和经济中结构性问题需要解决程度的大小。从前一篇文章的论述中可以看到：社会、经济、财政转型的矛盾，决定了这个时期必然出现赤字。这个必然性我们不再论述。

这里，我们主要从宏观经济均衡的角度来论证结构性赤字的合理性和合理度。

一、缓解“存差”矛盾，带来“填补效应”

（一）“存差”——总供给持续大于消费和投资的结果

“存差”就是商业银行总存款大于总贷款，相反的叫做“贷差”。

按照宏观经济总量平衡的规律，不考虑进出口，总供给 P 应当等于消费 C 和储蓄 S 之和，这样 $P = C + S$；由于储蓄 S 必须等于投资 I，就有了 $P = C + I$，等式成立，意味着总供给与总需求是一致的。这时，国民经济没有出现“过剩产品”，就没有过多是库存和浪费。

$S = I$，就是人们消费以后的剩余储蓄到银行后，这个储蓄又通过贷款变为实业投资，即生产性投资。这个投资与人们的消费之和正好等于社会总产量。

可是在我们国家，一直存在着储蓄大于贷款，与投资不相等的特殊现象。到 2005 年 11 月，这个差额已经达到 9 万亿人民币（见表 1），几乎相当于 2005 年财政收入的 3 倍。2004 到 2005 年新增 3 万多亿元，超过当年财政收入。存差占存款的总量的比重也逐年上升，2004年已经有26%，2005年要接近30%。

表1　银行总存款、总贷款、存贷差　单位：万元

年　份	各项存款	各项贷款	存大于贷	存差/存款
2002	170917.4	131293.9	39623.5	23.2%
2003	208055.6	158996.2	49059.4	23.6%
2004	241424.3	178197.8	63226.5	26.2%
2005（至11月）			92087.8	
2006（预计）			继续增加	

注：依据《中国统计年鉴》2004、2005年，以及搜狐网2006年1月2日有关信息制作。

存差带来如下危害：库存增加，因为总产品中有1/4—1/3的没有销售出去，就成为超过正常库存的过量库存；企业效益下降，因为库存占用了流动资金，增加了成本；银行收回资金困难，坏账增加；银行有较大的存款贷不出去，负担存款利息，银行收益减少或者亏损；人民生活水平和福利降低，因为银行存款对应的是社会产品，如果这些产品积压和报废，最终这些存款就没有实物对应，货币实际上在贬值。

用货币和其他政策手段，消解存差就可以使多余的资金得到利用，就会减少库存，增加企业效益，促进国民经济增长。减少存差就是要增加消费和投资。

（二）“存差”消解的难度很大

增加消费是减少存款从而降低存差的根本途径。但是由于东方社会的文化传统，特别是经济转型以后，人们对未来养老、医疗、教育和不测事件的担忧，自觉地在现在消费和未来生活保障之间进行了安排，增加了储蓄。从下面表中可以看到，居民消费节余的绝对量越来越多，占总收入的比例也越来越高（见表2）。

表2　城镇居民收入、消费和节余　单位：元

年　份	人均收入	人均消费支出	人均节余	节余/收入
1990	1516.2	1278.9	237.3	17.7%
1995	4279.0	3537.6	741.4	17.3%
2000	6295.9	4998.0	1297.9	20.6%
2003	9061.2	6520.9	2540.8	28.0%
2004	10128.5	7182.1	2946.4	29.1%

注：依据《中国统计年鉴》2004、2005年有关信息制作。

在目前投资渠道不畅、投资项目有限的情况下，人们的消费节余不能直接投资到企业债券，不能放心地投资到稳定收益的股票上去，只能储蓄。1989、1997、2003、2004年，全国人均储蓄分别为461元、3744元、8018元、9197元，增加很快。

由于历年积累，全国总储蓄在逐年上升，2002年时才17.1亿元，到2004年时达到24.1亿元，而2004年的GDP才有13.7亿元，存款余额是GDP的1.7倍。存差占GDP的比重也在逐年增加，2002—2004年分别为37.7%，41.8%，46.2%（见表3）。

表3　GDP、存款余额、存差及其比重　单位：亿元

年　份	GDP	存款余额	存款余额/GDP	存差/GDP
2002	105172.3	170917.4	162.5%	37.7%
2003	117390.2	208055.6	177.2%	41.8%
2004	136875.9	241424.3	176.4%	46.2%

注：依据《中国统计年鉴》2004、2005年有关信息制作。

鼓励人们消费，主要可以采取以下措施：消费信贷，推广借贷式信用卡，其他鼓励措施等，这些措施我们正在采取。更主要的是健全社会保障制度，特别是养老、医疗、教育等社会保险制度，但是建立和健全这些制度需要时间。

（三）“政府收益债”或“公用企业债”是吸纳的途径之一

股票投资是第一个渠道。人们期望今后股市繁荣，能用更多的钱去买股票，从效益好的股票中得到收益。但是人们看到了中国股市过度投机，大部分老百姓的资金躲在股市之外，股市规范化改革还有一段路要走。另外，股市也不能容纳如此大量的资金。

一般企业的债券是第二个吸纳的渠道。我国企业债市场不活跃，主要是企业的管理不规范，投资者的收益、本金的偿还和最终可能的赔付不能得到保障，人们的投资热情不高；企业本身宁愿释股（企业领导人不是真股东，释股不心疼），也不愿意承担债务。鼓励私有企业、股份制企业发行自己的债券，可以吸纳多余存款，但是也需要一段时间。

第三个途径是政府大型的、有收益的公用工程债。这种债在国外很普遍，在债券市场上出售，用工程未来的收费收入偿还。这种债称之为收益债（Revenue Bone）。实际上是有政府公共服务背景的企业，依靠自己的市场信誉发行的债券，依靠自身收益偿还。这是“公共企业债”，中央和地方政府都可以发行，在地方发行的是“地方政府收益债”。

用这种债可以吸纳多余的存款，可以用以举办公共工程，但是必须用它的收益偿还，因此，举债者和购买债券的人都要谨慎。收益债是在债券市场上公募发行的，投资人会充分估计它的风险，债息也较高。这种债可以作为我们国家未来解决银行存差过大、建设资金紧缺的方法之一。

（四）结构性赤字债也可以吸纳

用国家信誉发行、依靠税收偿还的国债是“普遍义务债”（General Obligation Bone）或者称“一般国债”。我国目前由中央政府发行的国债就是这种债，用税收来偿还。结构性赤字债主要目的在于解决转型期间的社会、经济和财政问题，但是也起到了削减存款过多、贷款不足的问题。

（五）小结："双重的合理性"和"填补效应"

"双重合理性"就是说，结构性赤字债既解决结构性问题，又解决了宏观经济总体不平衡问题。第一，因为消费不足，结构性赤字将一部分存差资金吸引过来，用于社会转型过程中的社会消费，既解决社会问题，也解决宏观总量不平衡问题，因此它就有了两种效果。第二，国债用于国家经济建设投资也有双重作用，使国家建设项目得到资金，解决了基础建设不足这种结构性问题，也缓解了存差这样的宏观不均衡的问题，也是两种效果。

赤字和债务会带来所谓的"挤出效应"，就是说发行国债挤占了民间可以用于投资或消费的资金，有负效应。西方国家要在国债带来的正效应，与"挤出效应"之间权衡，为了解决社会问题而发债，往往不得不接受挤出效应。在我们国家不会产生"挤出效应"，相反，却产生了"填补效应"，使剩余资金得到利用。

二、结构性赤字债有利于缓解长期就业不足问题

（一）我国城镇就业问题持续"严峻"

我国城镇就业问题比统计表上的严重。统计表上的数据是"登记失业率"，2000 年到 2004 年分别是 3.1%、3.6%、4.0%、4.3%、4.2%。就是说，没有登记的没有计算在内。根据城镇人口中 60% 是"劳动年龄人口"（20—59 岁）计算，我国城镇每年有 1200 万左右新增劳动年龄人口，而统计中实际新增就业人口只有 600 万—800 万人，1/4—1/3 的新增劳动年龄人口没有就业，也就是说，新增劳动年龄人

口中未就业率或者广义的失业率达到20%—30%。总劳动年龄人口中，未就业的比例在增加，2004年接近19%（见表4）。

表4　　城镇人口、劳动年龄人口、就业人口、就业率　　单位：万人

年　份	2000	2001	2002	2003	2004
1. 城镇人口	45906	48064	50212	52376	54283
2. 城镇劳动年龄人口（20—59岁）	27544	28838	30127	31426	32570
3. 城镇当年新增劳动年龄人口		1294	1289	1299	1144
以上：依照统计城镇人口，依60%的比率计算出劳动年龄人口、新增劳动年龄人口 以下：依据城镇就业人口统计数据，计算出新增实际就业					
4. 城镇实际就业人口	23151	23840	24780	25639	26476
5. 实际新增就业人口		689	940	859	837
6. 未就业的劳动年龄人口（3—5）		605	349	440	307
7. 新增劳动年龄人口就业率（5/2,%）		55.2	72.9	66.1	73.1
8. 劳动年龄人口就业率（4/2,%）	84.1	82.7	82.3	81.6	81.3

注：依据2004年样本调查，中国人口在20—59岁的占到总人口59.6%（见《中国统计年鉴，2005年，人口》），按照60%计算，就有了第二行劳动年龄人口。

未就业的原因很多，有结构性的问题，比如技工人员短缺；有行业垄断的问题，如存在着部门之间就业壁垒；有市场分割的问题，比如农村与城市户籍等。但是根本的问题是总人口多，资源少，生产率低。这样就有如下问题：资本等资源少，资源配置可以形成的劳动机会少；生产率水平低，主要吸纳劳动人口的第三产业就不能大发展。

（二）我国农村劳动力处于半就业状态

这个问题很明显。凡是没有走出农村的劳动力都是“一产”或农业就业的劳动力。但是这些人实际上不是处于真实就业状态，是隐蔽失业。因为他们在农村只有很少的时间用于那小块土地上的劳动，其他时间处于强迫休闲状态。

关于农村隐性失业，不同的人有不同的估算。有人说一半的农村

劳动力是隐性失业，有人认为更多。我这里以工业中劳动力人均产值为标准（称之为“真实就业者产值”），去除“一产”总产值，得到理论上“经济就业”人数（见表5），它远远低于“一产”现有的就业人数。从市场均衡的角度看，农村有数亿富余劳动力，可以称之为“经济学富余劳动力”。从理论上说，如果农村是市场化的、使用现代化机械的、完全就业的人进行农业生产，他只能容纳5千万左右的人，另外就有3亿的人口失业。

之所以说是“经济学的富余劳动力”，是说人们现在被限制在小块土地上，用传统锄头耕作，似乎有工作，其实收入很低，没有效率和效益。这些不经济的工作岗位必然会被替代或消失，在未来的若干年内，这些劳动力会逐渐地被新的、有效益的生产组织形式“挤出来”，成为失业人口。

表5　　中国富余劳动力问题将长期存在的计算　　单位：万元，万人

年　份	2000	2001	2002	2003	2004
1. 乡村总人口	80837	79563	78241	76851	75705
2. 占总人口的比重 %	63.8	62.3	60.9	59.5	58.2
3. 乡村就业人数	48934	49085	48960	48793	48724
4. 一产就业人数	36043	36513	36870	36546	35269
5. 一产产值	14628.2	15411.8	16117.3	16928.1	20768.1
6. 一产就业者人均产值	0.41	0.42	0.44	0.46	0.59
7. 二产就业者人均产值	2.77	2.99	3.36	3.81	4.28
8. 按照二产人均产值计算一产应当有的就业人数（5/7）	5281	5154	4797	4443	4852
9. 农村“经济学富余劳动力”（4－8）	30762	31359	31873	32103	30417

注：按照《中国统计年鉴》2005年有关数据计算。

按照资本和市场经济原则，同要素产出值应当在竞争中趋同。将“二产”劳动力人均产值（2004年为4.28万元）作为“真实就业者产

值”，现有“一产”的产值（2004年为20768.1万元）实际上能容纳4852人“真实就业”，而富余的人是“经济学富余劳动力”（2004年为30417万人）。

（三）小结：缓解就业压力的“准结构性赤字”

增加就业是财政政策主要目的之一。就业率的高低是西方国家宏观经济管理的重要指标，也是政府政策主要方向，在就业率过低时，就运用财政扩张性政策。增加财政支出的目的不在于经济增长速度，而主要目的是增加就业，尽量使失业率在保持在低水平。

2002年，《中共中央国务院关于进一步做好下岗失业人员再就业工作的通知》明确指出，“当前和今后一个较长时期内，我国就业形势仍十分严峻。我国就业方面的主要矛盾，是劳动者充分就业的需求与劳动力总量过大，素质不相适应之间的矛盾。当前，主要表现在劳动力供求总量矛盾和结构性矛盾同时并存，城镇就业压力加大和农村富余劳动力向非农领域转移速度加快同时出现，新成长劳动力就业和失业人员再就业问题相互交织”。

在解决转型期间的社会经济问题时候，我们财政出现了收支差额，这是结构性赤字。但是这个赤字不完全是“结构性”的，因为它同时对解决失业问题有效果，因此具有周期性赤字的某些特征，是“准结构性赤字”。

三、结构性赤字对通货稳定、经济增长有利

（一）经济增长、通货稳定、充分就业很难兼顾

经济快速增长会带来就业增加，就业增加是西方国家宏观调控的

目标。但是经济快速增长往往导致通货膨胀。因此三个目标之间有矛盾，很难兼顾，人们必须在三个目标之间均衡，特别是在就业与通货膨胀之间均衡，既要就业率高，又要通胀率低。

（二）如果实现无通胀增长，结构性赤字就是合理的

我国过去几年有赤字，但是经济运行是平稳的。从经济增长方面看，国民经济是快速增长，每年增加在7%—10%之间；从物价上看，居民消费品的物价部分年份在降低，部分年份在增长，但是在温和的范围内。原料、燃料和动力的价格在上涨，投资品的价格也有部分上涨，2005年得到控制（见表6）。

表6　GDP增长和物价指数

年份	GDP增长	居民消费品	商品零售	工业品出厂	原料、燃料、动力	固定资产投资品
2001	107.2	100.7	99.2	98.7	99.8	100.5
2002	108.9	99.2	98.7	97.8	97.7	100.2
2003	110.2	101.2	99.9	102.3	104.8	102.2
2004	109.9	103.9	102.8	106.1	111.4	105.6

注：以上年为100。

资料来源：《中国统计年鉴》2005年。

未来几年的经济增长和物价的变动如何？结构性赤字会对经济增长和物价有什么影响？按照目前的预测，经济还会保持在较高水平上增长，（如果储蓄保持稳定）物价不会有太大的增加。特别是在2001—2004年间新形成的生产能力在2006年以后释放，大部分物价，特别是消费品物价还可能下降。结构性赤字对经济增长有利，对物价的下降有支撑作用，最少没有带来通货膨胀，因此是合理的。

四、总结：有“一加三”的作用

目前的赤字，可以用来解决社会转型期的问题，这是“一”。目前的赤字又利于宏观经济总量平衡，带来经济增长；有利于通货稳定；有利于就业，这些是“三”。在西方国家三者之间往往不能“兼得”。但是我国由于自身文化对经济的影响、发展阶段等特殊的原因，不仅三者可以兼得，还有“一加三的效果”。

为什么会有这样的效果，有如下原因：

第一，因为中国特殊的宏观均衡机制。这个“特殊”就是东方人的节俭文化传统，以及中国社会向商品经济转换中社会保障不健全情况下出现的“高储蓄”现象，这个高储蓄带来了宏观总供给持续大于总需求的矛盾。结构性赤字有利于这个矛盾的缓和，带来了总需求的增加，也带来经济的增长，因此有宏观总体上的“合理性”。

第二，中国经济的“二元经济”的特征。在经济发展和社会转型中，有大量的自然经济条件下生存的劳动力需要转移，寻找就业岗位，结构性赤字在带来经济增长的同时，增加了就业，它就有了“合理性”。

第三，中国进入了买方市场。总供给大于总需求的现象是1996年末出现的，这是一般市场经济国家共同的宏观特征。由于文化的传统、低收入人数多等原因，我国的总消费更为不足，物价有下降的趋势，通货紧缩同样不利于经济增长。我国（适度的）的结构性赤字因此就有了抵消或抑制通货紧缩的功用。

五、应当守在“60—3高地”前面的一个阵地

（一）用三个因素值来衡量赤字的合理度

赤字的大小首先要看社会需要解决问题严重度的大小，因此“合理度”与“必要度”联系在一起，这一点我们已经强调过。但是，在此之外，要看宏观经济指标值和财政信用指标值，就是说，经济增长、通货正常、债务负担合理与否是重要的判断值。

首先是通货膨胀值。这在前面也已经论述过了，如果有严重的通货膨胀，赤字政策或赤字的大小都应当重新考虑。从“供求”矛盾看，目前和未来一段时期，物价不可能大幅度上涨。（从“成本推动”的角度看，由于燃料、原料等价格持续上涨，劳动力成本部分上涨，有可能推动物价上涨。）总体看，严重的通货膨胀的可能性很小，甚至，在消化成本推进因素，一段时间的物价上涨以后，接着还有通货紧缩的危险。

其次是经济持续发展指标值。如果经济因为赤字的原因而失去未来发展的“后劲”，赤字政策就应当重新考虑。前面分析可以看到，由于高额储蓄的原因，现实购买力不足，宏观供给大于需求的不平衡的状态将持续存在，赤字没有挤出效应，反而有填补效应，有利于持续发展。

再次，财政自身的信用度值。在全球市场经济自由度和最适宜投资国家评比中，财政制度健全、债务依存度低是一个重要指标。债务依存度低意味着政府管理能力强，也意味着财政信誉度高。财政健康度或信誉度可以用年度赤字规模值和累积债务规模来表示。

（二）不能积累高债务的三个理由

第一，“冷在风上，穷在债上”。戴园晨先生在他的文章上说，发

债可以有很多理由，但是应当防止国债余额的积累。因为债是要付债息的，很多国家的财政被债务利息拖累。这个观点有统计材料证明。比利时税收收入占 GDP 的 31%，利息支出占 GDP 的 6%；意大利税收收入占 GDP 的 30%，利息支出占 GDP 的 6.5%。即 20%的税收要用来还利息，更不用说还本金。大部分国家平均税收收入占 GDP 的 29%，债息支出占到 GDP 的 3%左右，债息支出占当年税收的 10%左右（见表 7）。

表 7　　发达国家财政分类支出占 GDP 的比重　　单位：%

国别年份	雇员薪金	商品和劳务	固定资产投资	利息	补助	拨款	社会福利	其他
美国　2003	11.01	8.10	1.30	2.65	0.42	0.23	11.90	0.34
加拿大　2003	12.58	7.60	—	3.91	1.18	0.22	9.41	2.95
澳大利亚　2003	9.63	6.87	1.54	2.04	1.31	0.24	10.84	2.88
奥地利　2002	9.69	4.87	1.34	4.56	2.77	0.93	23.71	4.34
比利时　2002	12.00	3.40	1.62	6.08	1.56	0.26	22.77	2.92
芬兰　2003	13.79	8.86	2.33	2.00	1.34	1.03	19.05	1.74
法国　2003	13.86	5.94	2.26	2.93	1.33	0.31	24.24	2.30
德国　2003	7.90	3.98	1.61	3.11	1.37	0.83	27.63	2.68
意大利　2000	10.44	5.55	1.26	6.47	1.15	0.11	18.88	2.56
卢森堡　2003	9.06	3.98	2.44	0.23	1.72	0.34	21.92	4.58
荷兰　2003	10.77	7.03	2.53	2.94	1.43	1.23	20.88	1.01
葡萄牙　2001	15.03	4.33	2.12	3.21	1.29	0.31	14.40	3.62
西班牙　2002	10.34	4.39	—	2.88	1.14	0.08	14.44	3.22
丹麦　2002	17.77	8.66	1.94	3.42	2.14	2.17	18.39	1.90
冰岛　2003	15.96	11.41	2.05	3.33	1.76	0.09	6.56	2.67
挪威　2003	14.14	7.14	2.00	1.85	2.60	0.91	17.87	1.47
瑞典　2002	16.29	11.33	2.41	3.18	1.54	0.50	20.66	1.54
瑞士　2001	10.40	5.53	—	1.87	—	—	—	—
英国　2003	10.47	11.48	0.97	2.04	0.67	0.25	13.66	3.37
平均	12.16	6.87	1.86	3.09			17.62	

注：以上数据依据《政府财政统计 2004》计算得来。

第二，习惯和依赖性问题。本来是经济低潮时发债，经济高涨时还债，如果由于特殊原因，形成结构性赤字，低潮时发债，高涨时也发债，人们对赤字和债务就会形成依赖。其一，心理依赖，人们已经习惯了这种债务的发行和使用，没有债似乎不行。其二，利益依赖，与发债有关的利益团体的形成，期待从不断发债中得利。其三，市场依赖，第一次发债，市场会按照发债的状况进行调整，如果持续发债，整个宏观平衡就会依据这个"债务及其支出"进行调整，将它作为宏观均衡的一个条件，实现"有债均衡"，从而丧失了向"无债均衡"调整的机会。

第三，财政"再应变能力"降低。发债是对当前的社会经济问题的应变，它证明了发债的合理性和可能性，但是债务的积累会降低财政再次应变能力。我国未来社会发展中的问题还很多，不论是从持续发展的角度，还是从应付突变事件的角度，财政应当保持这个能力。

（三）为将来的低增长阶段和可能出现的衰退预留财政债务空间

中国经济在持续增长，有人预测有连续5年的增长期，又有人预测有连续10年的增长期，或者更多。中国经济会一直这样增长下去吗？肯定不是。

日本20世纪90年代初开始的经济衰退，使用了财政和货币政策刺激经济，由于货币政策被用到了极限——零或负利率和进入流动性陷阱，财政政策就成为关键。但是日本财政债务原来就很高，90年代末就达到GDP的120%，这些年继续使用，使这个比率达到150%左右。

我国经济处于高速发展阶段，但是还在形成财政债务，如果到高速阶段结束前累积的债务已经很高，对经济增长停滞或者萧条的调控能力就会降低。

东南亚经济危机事件以及日本衰退时间证明，经济突然减速或者出现衰退，将带来信用链的断裂、金融体系混乱、资金外逃、生产全面停滞等问题，这需要有强大的财政做后盾，拯救整个经济。债务是留给未来的，评估财政现在的赤字和债务时，未来的社会经济问题是一个重要的考虑因素，就是说，债务要与未来的财政承担责任放在一起进行评估。

（四）可以守在“30—2 阵地”甚至“20—1.5 阵地”

欧盟的协定中规定了欧洲国家当年赤字的上限是 GDP 的 3%，累计债务不超过 GDP 的 60%，这是“60—3 高地”或者“阵地”。这个限度是他们在摸索中得到的，有他们自己的合理性。

中国的问题有很强的特殊性，多民族国家，大量的农业人口，经济落后，金融体系在目前繁荣的时期就很脆弱，大量的隐性债务等，因此，我们要通过发债为当前经济社会发展提供条件以外，还必须为自己应对未来更多的挑战留有债务余地，我们不能守在“60—3 高地”，只能是更高的标准和更低的负债，比如守在“30—2 高地”，甚至“20—1.5 高地”上面。

通过对“十一五”经济增长、财政收入和债务的乐观预测，如果需要发债，只要保持每年不超过 3000 万的新增债务，连续 10 年的累计债务占 GDP 的比重会在 15%左右，当年债务占 GDP 的 1.5%左右，可以称之为“15—1.5 高地或阵地”吧，债息负担也不高（见表 8）。

表 8　　我国 GDP、财政收入、债务的预测　　单位：万亿元

	2005	2006	2007	2008	2009	2010	2015
1. 2006—2010 年 GDP 年按 8.8% 增长，2011—2015 年按 7%增加计算	17.40	18.93	20.60	22.41	24.38	26.52	37.20
2. 财政收入：2005 年增 21%，以后每年少增 1 百分点，2011—2015 年按 10%增加计算	3.19	3.83	4.56	5.38	6.29	7.30	11.76

续表

	2005	2006	2007	2008	2009	2010	2015
3. 当年新增国债	0.3	0.3	0.3	0.3	0.3	0.3	0.3
4. 累计国债	2.67	2.97	3.27	3.57	3.87	4.17	5.67
5. 新增国债/GDP（%）	1.72	1.58	1.46	1.34	1.23	1.13	0.8
6. 新增国债/财政收入（%）	9.40	7.83	6.58	5.58	4.77	4.11	2.55
7. 累计国债/GDP（%）	15.34	15.69	15.87	15.93	15.87	15.72	16.58
8. 累计国债/财政收入（%）	83.70	77.54	71.71	66.35	61.52	57.12	48.21
9. 债息（5%计,%）	0.13	0.15	0.16	0.18	0.19	0.21	0.28
10. 债息/财政收入（%）	4.18	3.88	3.59	3.32	3.04	2.86	2.41

注：2004年的GDP值是调整以后的，为15.99亿元。2005年“累计国债”额是当年新增国债、原累计国债、再加特别国债数。

吕旺实

国债与现代铸币税

——赤字和国债问题研究之三

内容提要

现代中央银行制度建立以前，铸币税是财政收入。规范的中央银行制度在各国陆续地建立起来以后，使货币发行的权限集中在中央银行，也使发行收入成为中央银行的资产。但是央行如果不断的购买国债发行货币，而且长期持有国债，实际上等于将发行收入还回了财政。这是一种新型的铸币税。世界市场上流通的美元就是美联储的国债；美元等同于美联储的国债，等同于美国的财政收入，也就是美国的铸币税。各国都在这个领域进行着竞争。

一、问题的提出

第一个（初始）问题。中国财政债务的规模是大了还是小了，是少量地举债好，还是大量举债好。前一篇文章我们已经有这样的判断：目前，进入了“稳健财政政策”时期，表明前一段用周期性赤字刺激经济的任务已经完成，但是仍然要用结构性赤字去解决社会经济的结构性问题，因此，发债是必然的。在这一篇文章里，我们从另外一个视角，即从货币发行与铸币税收入、汇率的关系看中国的赤字和债务。

第二个（派生）问题。日本财政大量举债，对日本经济高速发展是有利还是有弊。日本人向来以纪律严明和精于算计闻名，为什么会有在世界上占其本国 GDP 比重最大的债务，背后应当有其他原因。

第三个（派生）问题。由于美国的双赤字还在延续，很多经济学家就批评说，美国宏观经济面临困难，甚至预测美国经济和美元将崩溃，但是它没有走到这一步，似乎仍然健康，这是为什么。

第四个（相关）问题。外汇储备是什么性质的资产，购汇结汇的资金哪里来的；中国外汇储备是多还是少；中国组建了汇金公司，其注册资本只有 5000 万元，却有 10000 倍的，总数超过 5000 亿的运营资金，这是一个什么样的“公司”。

这些问题都很难单独来回答。但是历史地比较美、日等国经济数据，结合理论分析，这些有一定空间和时间距离的问题就有了答案，特别是回答其中的第一个问题。

二、货币的财政发行与“铸币税”

（一）货币发行权原来在财政

市场商品交换需要货币，用它作为价值尺度和交换手段。货币最早是自然形成的，以后国家用法律做了规定。金属货币如金、银、铜等本身就是商品。最初，国家法律规定货币的价值就是金属本身的价值。汉武帝时，重量单位 1 铢等于 1/24 两，五铢钱一枚重量就是 5 铢，“重如其文”。此时的国家发行了货币，却没有铸币税。后来，“坏五铢，铸小钱”，就是从其中得到了铸币税。比如，国家用 2 毛钱的铜铸造出标价 1 元钱的货币，用国家法律规定它流通，国家就得到 8 毛钱的“税”，即使加上人工费 1 毛钱，也有 7 毛钱的铸币收入（见图 1）。

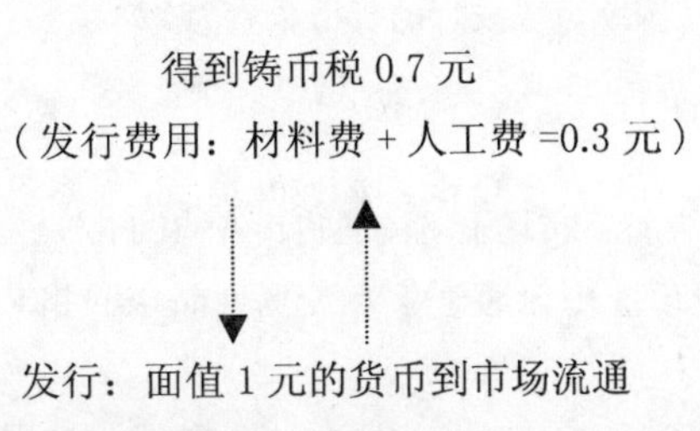

图 1

铸币税越高，社会私铸货币的活动就越猖獗。纸币的铸币税是最高的，“私铸”的诱惑力也最大，国家（我国或许早在宋朝）因此就有了一个永久的任务：打击假钞。

学习货币史可以知道，东西方国家内最早的钞票都是商号或银行发行的，它与金属货币等值，是可兑换金属货币的“证书”或符号。

后来政府发行纸币，这些通过国库发行的货币开始时也叫“钞票”，都是可“关兑”和“会钞”金属货币的，此时国家也没有因为发行纸币而形成额外的铸币收入。后来就是纸币的发行，与金属货币脱钩，纸币完全是一个货币符号，只要有发行，就形成铸币税，成本小到几乎可以忽略不计。

（二）市场交换对货币的需求是铸币税的根源

似乎货币是法律规定的产物，“但是如果客观经济发展没有提供这种钞票流通的基础，法律并不能把它们创造出来”（黄达 1992）。这个客观基础就是市场商品交换。市场中商品交换的量与流通中需要货币的量正相关，与流通速度负相关。PQ = MV，即商品价格 P 与商品总量 Q 的乘积，等于货币量 M 与周转速度 V 的乘积。如果 M 太小或者周转的速度 V 太慢，就会出现通货紧缩，如果相反，则出现通货膨胀，可见，铸币税的数量决定于价格、商品数量和货币周转速度（见图 2）。

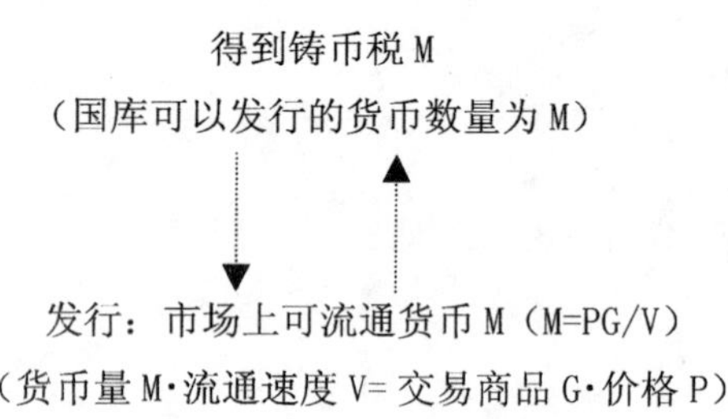

图 2

（三）国家信用是货币发行和铸币税的条件

人们信任这个国家，认为它不会倒闭，也认为她的法律会保护货币，才接受这个货币。如果相反，人们会不接受，或者看低这个货币，它虽然没有超过经济要求多发行，但是它却要贬值。各国外汇的汇率及其变动就与国家信誉度有关。

（四）国家对货币贬值只承担道德义务

国家对“货币”的保护有法律责任，要保证它的唯一性，有效性和流通，但是，国家不能保证货币的价值。货币贬值或者“失效”有以下几种可能：第一，“逐步失效”就是不断贬值，如现在的美国。第二，“剧烈失效”就是大幅度贬值，或者如俄罗斯20世纪90年代那样，更换货币，只允许每人用一定数量的旧币兑换新币，其他多年储蓄起来的货币成为废纸。第三，“彻底失效”就是放弃一种货币，比如日本人侵华时期在我国沦陷区强行发行的货币，通过发行掠夺了大量财物以后，败走了之。可见，一个政权对货币发行和铸币税仅有道德义务，没有法律责任。美国人让美元不断贬值，大家只能骂它缺德。究其原因，一是因为一个政权在对“市场”发行，不是对一个人或者某个组织。二是人们接受它的时候就认定它的价值是不断变化的，可以在市场中规避风险，损失了就自认倒霉。

（五）各国货币发行或铸币税的基础在不断扩大

就是说，市场需要的货币在增加。首先，原来是自然经济，现在变为了商品经济，交换需要货币。其次，经济发展了，要交换的商品数量多了，需要更多货币。再次，融入世界经济也加大发行基础，因为其他国家的人民用了这个国家的货币，比如中国人持有的美元，或外国人持有人民币。当然，也有减少的因素，比如现代理财制度和电子信息技术，使现金周转速度加快，沉淀资金充分得到利用，也减少了发行的基础，但是总基础是增加的。

（六）发行权和铸币税是国家主权的体现

统一商品“交换工具”是社会的要求，各个国家各自承担了国内发行统一货币、制定有关规则的责任。一个独立的国家，必然有独立的货币，她发行货币并且用法律确保它的唯一流通性。发行货币必然带来发行收入即铸币税，这也是一个国家货币主权的结果，是这个国家的全民利益。

二、中央银行独立后，铸币税转换为中央银行资产

（一）经济发行形成中央银行的资产

现代中央银行制度建立以前，铸币税是财政收入。各个国家的国库直接管理和发行货币，形成的铸币收入与税收一样用于财政支出。世界上很多国家还没有建立独立的中央银行，发行收入仍然是财政收入。即使建立中央银行，很多南美国家财政到中央银行直接借款，有借无还，还是等于铸币税。

规范的中央银行制度在各国陆续地建立起来以后，不仅商业银行管理规范化了，货币发行管理也规范化了。对中央银行独立性的法律规定，使货币发行的权限集中在中央银行，也使发行收入成为中央银行的资产。中央银行独立具有货币发行、金融管理、调节宏观经济等职责；同时按照规定，货币发行收入只能作为中央银行的资产，不能用于财政，因此银行根据经济发展需要进行的货币发行，被定义为“经济发行”。

（二）央行“发行保证储备”的形式发生变化

第一次世界大战前，各国实行“金本位”和“固定兑换率”的货币发行制度，发行到市场的货币有黄金保障，一般来说储备率在60%以上，即100元的发行，有60元的黄金储备。纸币可以兑换黄金。一战爆发后，各国才废除这种制度。二战前，普遍实行了不固定

兑换发行。

1943 年 7 月布雷顿森林联合国货币金融会议确立的货币体系（虽然是战后），却实行了黄金固定兑换率制度，规定 35 美元等于 1 盎司黄金，美元与黄金固定兑换，其他货币与美元挂钩。如果这个法律一直有效，美联储现在储备的黄金就是属于世界上所有持有美元的人，人们可以随时到美联储兑换黄金。但是，1972 年石油危机以后，美元贬值，美国不能支付要兑现的黄金，尼克松后来宣布美元与黄金脱钩，也实行了“不固定兑换”的发行制度。现代各国都是“不固定兑换”发行。

（三）“不固定兑换”和不断发行，使央行资产大幅度增加

比如，美联储以购买黄金的形式发行货币（1971 年前），用 35 美元得到 1 盎司黄金储备以来，到现在，这 1 盎司黄金值 500 多美元，资产大幅度增值。随经济发展，交换中需要的货币增加，银行的发行自然就增加，银行资产在不断地扩大。日本中央银行的资产相当于日本国民生产总值（近 500 万亿日元）的 1/3（近 150 万亿日元），美国也有 8000 多亿美元的发行。当然，与“央行资产”对应的有“央行负债”，负债的主要部分是流通中的货币。只要国家经济正常运转，流通中就永远需要货币。

（四）央行资产的多样化

早期，财政向市场投放的货币就是金属铸币；纸币流通和“不兑换发行”以后，财政投放的就是纸币，事实上就是财政用自己印出来的票子作为财政支出，将货币发行出去。规范的中央银行制度陆续建立起来以后，随着金本位货币制度的废弃，央行可以用不同方式向市场投放货币：购买黄金、购买外汇、回购国债、向商业银行再贷款等，不论哪一种形式都可以将货币发行出去，与此同时，央行自己持有的资产就多样化了（见图 3）。

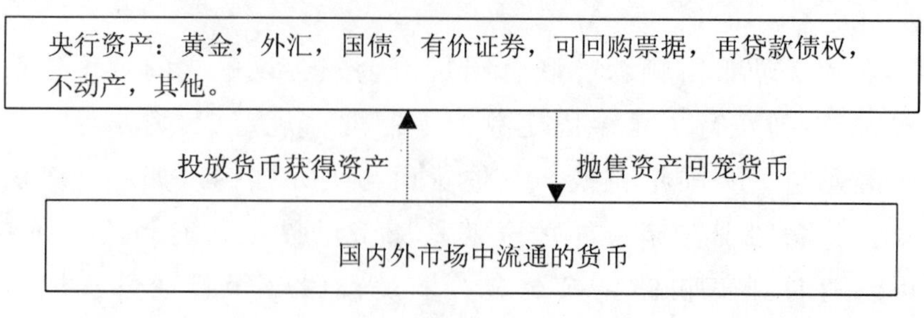

图3

（五）央行资产的“独立性”，保证了其管理权限的独立性

中央银行独立，自主地制订和实施货币政策，防止政府任意发行货币引发的通货膨胀，也防止财政通过“发行”取得铸币税。央行在货币发行中形成“资产”，相应地，中央银行对“市场”有“负债”。如果发现流通中的货币过多，中央银行就要收回货币，冲销资产。央行的独立性对现代经济是非常必要的，是社会和经济持续稳定和发展的重要因素之一。

（六）央行资产本质上是国家资产

央行资产有两个特征，一个是法律规定上的特征，它是中央银行的资产；另一个是本质上的特征，它是国家资产。在一般的情况下，（美国、日本和其他国家的）政府会保护它的第一个本质特征，让它独立行使权利，保护货币稳定。但是在有些情况下，或者在很长的历史过程中，他们同时也运用了它的第二个特征，将它变相地作为国家财产使用。中央银行在留足“应对回笼货币需求的资产”后，还有一块很大的历年随经济不断发展而“经济发行”形成的沉淀资产，它在特殊情况下，至少在不影响货币稳定的前提下，它事实上在美国和日本都被“铸币税”式地使用了，这一点在下面会进一步说明。

三、央行外汇储备的本质是铸币税

（一）外汇储备的基础是“国家信用”和货币发行

用于外汇储备购汇的资金不是来自财政拨款，它是从哪里来的？央行自己也没有“收入”。实际上它是央行使用国家信用的结果。发行货币就是国家赋予国家金融管理机构的特权，使央行有了一种与财政信用性质相同的或者派生的另一种国家信用——金融当局信用，向社会发行货币。国家的外汇占款与货币发行是直接对应的，在购汇结汇中发行了货币。

（二）外汇储备的本质是铸币税

我国央行“货币当局资产”中“外汇”一项，1995年是6511亿元人民币，到2003年末为29842亿元人民币。2005年的统计数据没有公布，但是2005年的外汇储备8189亿美元，合65512亿人民币，是2003年的2.2倍。

（三）汇金公司“经营”的央行资产有“铸币税性质”

央行用外汇购买国外国债，就是对这些资产的“经营”，说明它是一笔财产。中央汇金公司正是在这样的基础上成立的，目的在于更好地经营这笔资产。但是，央行外汇资产在国家目标上使用，就使人们看到这笔资产的国家“铸币税性质”：本来对国有银行注资是国家财政的职责，现在用央行资产，也一样达到原来的目的，只是经由汇金公司使用而已。当然，将央行资产“铸币税”式的使用也潜伏着制度和宏观经济的风险，特别是对商业银行的注资行为，有不合理的地方，这一点留作专门讨论。

四、央行长期持有国债，使财政重新得到铸币税

（一）央行回购国债时发行货币，卖出国债回笼货币

如果市场上需要货币，央行到金融市场上购买本国国债等债券，将货币发放出去；如果市场上货币过多，央行将债券抛售出去，将货币回笼。这是所谓的公开市场操作。各个国家都在运用。

（二）央行“长期持债”，且不断增持

第一，美国的例子（见表 1）。从美国联邦储备银行的统计数据可以看出：其一，美国联邦储备银行长期持有美国国债，且不断地增加。从 1996 年初的 3825.0 亿美元增加到 2006 年的 7438.3 亿美元，10 年几乎翻一番（见表第 1 行）。其二，美国联邦储备银行发行形成的总资产（第 11 行，2006 年为 8826.5 亿美元）中，长期持有的国债（2006 年为 7438.3 亿美元）占的比重很高，2006 年占到 84.3%；如果加上可回购的即短期持有的国家和联邦机构债（第 4 行，487.5 亿美元），国债占央行资产的比例高达 89.8%，就是说近 90%的发行资产转为美国国债。第三，持有国债这种向“铸币税”回归的现象具有长期性，10 年来一直如此，只是 1996 年比例低一些（1996 年长期持有占 82.5%，加上短期持有达到 83.4%），2006 年比例高一些。

表 1　　美国联邦储备银行资产结构　　单位：百万美元

	2006 年初各项所占比例（%）	2006 年 1 月 4 日	2005 年 1 月 5 日	2000 年 1 月 5 日	1996 年 1 月 26 日
1 联邦储备银行信用	94.4	832796	791658	636928	420656
2 持有的美国国债	84.3	743831	717819	480862	382495
3 持有联邦机构债		0	0	181	2388
4 可回购协议国家及机构债	5.5	48750	33214	120136	3833
5 对存款银行的贷款		64	53	301	998
6 浮存		866	963	475	749
7 其他资产	4.5	39296	39607	34943	30942
8 黄金储备	1.3	11043	11045	11048	11050
9 特别提款权	0.2	2200	2200	6200	10168
10 国库未偿付的货币	4.1	36610	36490	27762	24418
11 资产总计	100.0	882649	841392	681939	466293

资料来源：联邦储备银行统计发布网。

第二，日本的例子（见表 2）。

表 2　　日本央行资产结构　　单位：亿日元

	2005 年各项所占比重(%)	2005 年 9 月 30 日	2004 年 9 月 30 日	2003 年 9 月 30 日	2000 年 9 月 30 日	1998 年 9 月 30 日
1 黄金	0.3	4413	4412	4412	4445	4328
2 现金	0.2	2701	2815	2803	2513	2495
3 可回购及保管国债	3.2	47071	77702	84147	80185	44278
4 有价证券	25.0	370228	290053	254203	30267	102904
5 国债	66.1	979470	941493	918888	592608	489491

续表

	2005年各项所占比重(%)	2005年9月30日	2004年9月30日	2003年9月30日	2000年9月30日	1998年9月30日
6　其中长期国债			639507	623955	295842	264036
7　有资产担保证券		617	1127	309		
8　股票信托	1.3	19858	20288	18515		
9　贷出金		0	1411	1711	7501	41966
10　外汇	3.2	48047	45789	41742	33103	36152
11　其中外国国债	3.2	47407				
12　代理机构账户		858	1525	3121	11166	3551
13　其他资产	0.4	5805	6733	8158	89403	56488
14　动产和不动产	0.2	2290	2338	2421	2228	2008
15　贷款准备金			1472	1141		
16　资产合计	100.0	1481357	1394564	1339295	853389	783665

资料来源：日本银行信息网。

日本的数据说明以下情况：第一，日本央行长期持有日本国债，并且不断增加（见表2第5行）。从1998年的48.9万亿日元上升到2005年的97.9万亿日元，7年间翻一番。第二，国债占央行资产的比例很高，2005年长期持有的国债（97.9万亿）占央行资产（148.1万亿）的66.1%。如果加上短期持有的（见第3行，4.7万亿），比例在69.1%，接近70%。第三，日本与美国不同的是，它还有外汇占款（第10行），2005年有4.8万亿日元，其中大部分是外国国债，占总资产的3.2%。

（三）长期持债——对财政“铸币税性质的融资”

黄达先生在他的《货币银行学》中说：“中央银行在一级市场上购进政府债券，资金直接形成财政收入，流入国库；若中央银行在二级市场上购进政府债券，则意味着资金是间接地流向财政。无论是直接地还是间接地，从中央银行某一时点的资产负债表来看，只要持有国家证券，就是对国家的一种融资。”此外，我们从日美两国例证进一步看到，这种融资是长期的，不断增加，大部分不偿还的。因此，这种融资具有铸币税性质，或者说是新铸币税。

五、美国向全球征收铸币税

（一）“国债—货币”铸币税——发行的美元越多，美联储吸收的美国国债就越多

第一，美联储发行货币的主要形式就是回购美国国债，如果仅仅限于美国国内市场，那么回购国债多，美元发行就多，市场容纳不了这样多美元，货币就要贬值；如果美元在世界市场上使用（事实上如此），世界市场上容纳的美元多，美联储可发行的货币就多，可回购的国债就可以越多（见图4中的 X + Y = B）。第二，美联储回购美国的国债越多，美国财政发行的国债就可以越多。因为不用担心国债对民间生产性投资的“挤出效应”。

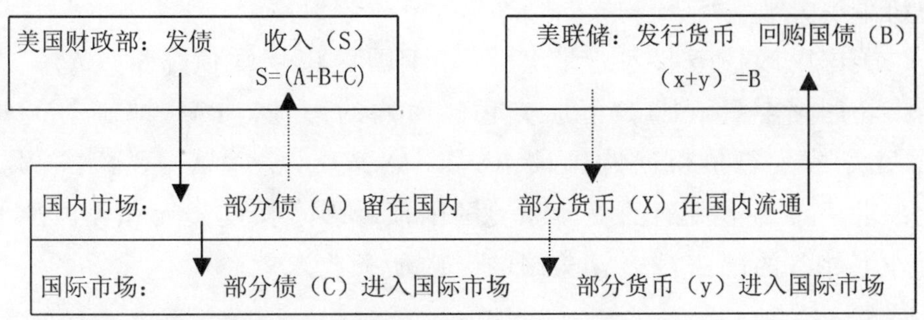

图4

由此看来，世界市场上流通的美元就是美联储的国债；美元等同于美联储的国债，等同于美国的财政收入，也就是美国的铸币税。财政国债收入与美元发行就这样以隐蔽的形式联系起来了，可以称之为隐蔽的“国债—货币”铸币税。还应当强调，除市场流通中有美元外，其他国家央行储备中也有美元，也是在为美国交纳铸币税。从实际情况看，比如我们国家，政府、个人和企业都有一定数量的美元，都是美国的财政收入，我们都在为美国交纳铸币税。

（二）美国还能得到“美国国债—各国外汇国债储备”的“类铸币税”收入

中国和其他国家持有美元外汇，为使这些美元外汇有收益，又去购买美国的国债，这种行为同样有向美国交纳铸币税的性质。原因如下：如果美国的国债仅在国内市场流通，如前所述，过多发债就会出现“挤出效应”；如果美联储过多回购这些国债，会导致货币供给过多。但是，有“国外”的人接手美国国债，就没有挤出效应的担心，美国的国债就可以不断地发行，比起其他国家只能在国内有限地发债，美国将债发到全世界，发到其他国家的中央银行，这是变相的铸币税，可以称之为“类铸币税”（通过债务和货币贬值，就成为真正的铸币税）。

美国财政债务收入总量（S）等于国内市场国债存量（A），加国际市场国债存量（C），再加美联储回购的国债（B）。即 $S = A + C + B$，由于靠发行货币回购国债 $B = X + Y$，所以 $S = A + C + X + Y$。因此，世界市场上流通的美元和美国国债越多、接受美元和美国国债作为外汇储备的国家越多，美国的财政债务收入就越大。

（三）双赤字、印钞机和不断贬值的“战略”

债务是要偿还的，美国“双赤字”在持续，累计债务在增加，美国难道不惧怕吗？人们说美国宏观经济存在危机，为什么却一直“平稳”运行着？答案是这样的：它的“双赤字”确实隐藏着风险，但是被印钞机和世界人民承担了。第一，只要世界人们继续接受美元和美元国债，印钞机就可以持续开动，铸币税和类铸币税就会交纳到美国国库，赤字就不断地得到弥补。第二，开印钞机和增发国债必然导致货币贬值，但是贬值对美国偿还已有的巨额债务有利：通过美元的不断贬值，美国国债就在不断贬值。一边是旧债贬值，美国国债的实际负担减轻了，一边新债发行，用新债收入偿还贬值的旧债。第三，国债贬值的损失转移到债务持有人身上，货币贬值的损失落到货币持有人身上，也就是由世界人民来承担。第四，贬值对外贸有利，甚至对外交有利，因为，美国可以一方面攻击其他国家控制汇率，另一方面却尽量发行货币使本国货币贬值。只要这个贬值不影响到本国的宏观经济稳定就行。

由于美国和美元的独特地位，人们现在还只能接受它。对美国来说，只要国际市场接受美国的美元和国债，美国就可以不断地发行，目前来看，没有什么顾忌。当然从长期看有风险，美国政府和人民要承担这个风险，但是，其他持有美元货币资产的国家和人民也要承担风险。美国不断发债形成财政收入和支出，却不担心偿还，即使在克林顿执政形成财政节余时期，其节余的资金也没有准备偿债，而是注入了美国的养老金，由社会保障机构持有美国国债（见表 3 中 1995 年到 2000 年“联邦机构持有”）。“不断贬值”是美国货币和国债唯一的“偿还”途径，其实，贬值是一种不自觉的战略选择。美国财政发债实际使用的货币价值与它偿还时的货币价值之间有一个“贬值”额，这就是美国财政的真正的铸币税收入，债务和货币同时贬值，这些是国债—货币—贬值的铸币税。另外一种是前述的国债—货币发行的铸币税。

表 3　　　　　　美国联邦债务历史统计表

<table>
<tr><th rowspan="3">年份</th><th colspan="5">年末数（亿美元）</th><th colspan="5">占 GDP 的比重（%）</th></tr>
<tr><th rowspan="2">联邦总债务</th><th rowspan="2">减：联邦机构持有</th><th colspan="3">等于：社会持有</th><th rowspan="2">联邦总债务</th><th rowspan="2">减：联邦机构持有</th><th colspan="3">等于：社会持有</th></tr>
<tr><th>总社会持有</th><th>美联储持有</th><th>其他持有</th><th>总社会持有</th><th>美联储持有</th><th>其他持有</th></tr>
<tr><td>1995</td><td>49206</td><td>13162</td><td>36044</td><td>3741</td><td>32303</td><td>67.2</td><td>18.0</td><td>49.2</td><td>5.1</td><td>44.1</td></tr>
<tr><td>2000</td><td>56287</td><td>21289</td><td>34098</td><td>5114</td><td>28984</td><td>58.0</td><td>22.9</td><td>35.1</td><td>5.3</td><td>29.2</td></tr>
<tr><td>2004</td><td>73547</td><td>30591</td><td>42955</td><td>7003</td><td>35952</td><td>63.7</td><td>26.5</td><td>37.2</td><td>6.1</td><td>31.1</td></tr>
<tr><td>2005</td><td>80314</td><td>33101</td><td>47212</td><td>7438</td><td>39774</td><td>65.7</td><td>27.1</td><td>38.6</td><td>6.1</td><td>32.5</td></tr>
<tr><td>2006</td><td>87076</td><td>35868</td><td>51208</td><td></td><td></td><td>67.5</td><td>27.8</td><td>39.7</td><td></td><td></td></tr>
<tr><td>2010</td><td>111373</td><td>49258</td><td>62115</td><td></td><td></td><td>70.0</td><td>31.0</td><td>39.1</td><td></td><td></td></tr>
</table>

资料来源：美国《2006 年预算，历史数据》。2005 年以后的数，原表注明是估算数。此表美联储持有的数与前面表基本一致。

当然，“双赤字”和印刷机的故事如果演绎得过于剧烈，会迫使世界人民抛售美元和美国国债，那时，靠增发货币和国债来弥补双赤字的链条会中断，美国的危机就会到来。因此贬值一定是逐渐地、波浪式进行的。

（四）美联储的调控手段和黄金储备等资产可以保证贬值有序进行

美联储独立的货币政策能力，能缓和双赤字给宏观经济带来的压力。两年以前，美联储曾经连续 10 多次的减息，两年以来，美联储又连续 14 次加息。这些技术操作保证了美国经济稳定运行。（当然，人们对格林斯潘用这样的技巧掩盖矛盾也有异议。）

另外，美国拥有全球 30% 黄金储备（见表 4，2006 年初官方有 8133.5 吨，其中 67.5% 做外汇储备），按照目前 500 美元 1 盎司的价格计算，外汇储备的部分有 883 亿美元，如果计算全部黄金，则有 1308 亿元。这些黄金财富是历史积累形成的，主要是发行货币的收入。如果美元在美国贬值战略中急速贬值，影响到美国的宏观经济，美国还可以抛黄金，收回美元。到目前为止，美国还没有这样做。可见，美国有能力控制它的宏观经济，逐渐贬值的“战略”会一直执行下去。

表 4　　官方持有黄金数量最多的国家及地区和各自用于外汇储备的比例

单位：%

国家	官方持有（吨）	用于外汇储备的比例	国家	官方持有（吨）	用于外汇储备的比例
美国	8133.5	67.5	日本	765.2	1.4
德国	3427.8	52.4	荷兰	716.9	52.3
法国	2856.8	59.3	中国	600.0	1.2
意大利	2451.8	59.4	西班牙	472.5	42.8
瑞士	1290.1	35.2	台湾地区	423.3	2.5
IMF	3217.3		合计	27580.9	9.2

资料来源：世界黄金局（World Gold Council）统计，www. gold. org。

（五）美国很关注其国债和货币在国际上的地位

对美元的国际地位和美国国债在其他国家央行中持有量的多少，美国人其实是很在意的：它竭力维护美元的国际货币地位（一直在打压日元、排斥欧元）；对各国减少持有美国国债的意向甚至是害怕的，不是最近说的“无所谓”。美国去年年初以来，二级市场上长期债市场利息与短期债利息持平甚至倒挂，这个现象的出现，表明人们对美国未来经济信心降低（或预见未来有通胀会发生）。中国官方如果现在公开宣布减持美国国债（见《世纪经济报道》1 月 15 日），可能会引起别国跟风减持（事实上日本等国都在悄悄地减持），这样做，在实质利益上和外交礼仪上都对美国造成“伤害”。

（六）欧洲和日本也在争夺铸币税

因为美元是全球货币，在世界市场上流通，持有美元的人就是为美国人交纳铸币税。这种向世界抽税的行为是不合理的，却是不可避免的。将来应当有一个世界货币，但是目前还不行，这个问题应当做专门研究。

因此，1999 年出现了欧元。欧洲各个国家甘愿放弃各自的货币主权而接受一个统一的货币，原因之一是减少其内部交易成本，原因之二是对上述不合理状况的反抗，欧洲也要争取这方面的利益。欧洲人到处游说，要使欧元成为另外一个世界货币。伊朗最近宣布它的石油交易中心用欧元结算，也在打欧美之间的货币利益牌。

日本央行长期持有的日本国债有 97.9 万亿日元，加上临时持有的 4.7 万亿日元，共有 102.6 万亿日元（正好是 2005 年 GDP 的 1/5），货币发行总收入是日本 2004 年的税收收入（41.7 万亿）2 倍多。正因为有如此大的发行利益，日本一直想让日元成为世界货币，1984 年就成立了“日元国际化促进委员会”，积极在世界上推销日元；日本也设想使日元成为亚洲货币，因此日本又是以日元为主导的“亚洲货币单位”的积极倡导者。同时，仿效美国，日本人也想使日本国债在世界上流通和成为其他国家的外汇储备，为此，他们组成国际游说团到各国游说（见“日本卖力向国外兜售国债，预计未来六年增近五成”，《中国金融时报》1 月 20 日）。日元债券在国际债券市场上一度占到 20%，日本货币和国债一度在各国外汇储备中占 10% 以上。预计未来会有增长，因为日元债目前收益低，但未来因为日本经济走强，日元利息会提高，同时日元相对美元会升值，各国外汇储备中可能会减持美元债，增持日元债。

六、我国货币发行模式应当逐步转换

（一）我国的“外汇储备—货币发行”模式

美国是典型的“国债—货币发行”模式，货币发行形成资产的主要部分是本国国债。我国是“外汇储备—货币发行”模式，央行货币发行所形成资产的主要部分（接近60%）是“外汇”。从表可以看到：第一，无国债。中国央行资产中没有单独标明国债的数量，如果有，数量也很少（见表第4行，“对中央政府的债权”）。第二，主要的资产是外汇（表5第1行）。2004年末外汇4.59万亿元，占总资产的58.4%，2005年11月末外汇6.09万亿元，占总资产的59.8%。第三，外汇资产增加很快。2005年的外汇储备几乎是1995的10倍（最近公布是数量是8189亿美元，以8元汇率计算是65512亿元人民币，正好是1995年的10倍）。第四，总资产也增加很快（表第11行），2005年是1995年的5倍。

表5　　　　我国央行资产构成　　　　单位：亿元

	2005年各项比重(%)	2005年11月	2004年末	2000年末	1995年末
1 外汇	59.8	60923	45940	14814	6511
2 黄金	0.3	337	337	12	12
3 国际金融机构等资产（净）	0.9	877	683	756	146
4 对中央政府债权	2.8	2892	2970	1583	1583
5 对存款货币银行债权	7.7	7877	9376	13519	11510
6 对特定存款机构债权	4.1	4212	1048		

续表

	2005年各项比重(%)	2005年11月	2004年末	2000年末	1995年末
7　对其他金融部门债权	13.1	13332	8865		
8　对非货币金融机构债权		95	136	8600	182
9　对非金融部门债权				110	680
10　其他资产	11.1	11249	9300		
11　(以上各项加总:总资产)	100.0	101794	78655	39398	20524

注：此表格依据《中国金融年鉴》1998、2004年，以及中国人民银行网的数据制作，“总资产”是各项加总数，正式公布中没有这个总资产数。

（二）美国“国债—货币发行”模式的优势

美国等国家“国债—货币发行”模式的有如下优越性：第一，“国债—货币发行”有巨大的财政经济效应。通过对国内外的货币发行，美联储吸收了7438亿美元的国债，加上国内外市场上流通的国债，美国财政总量集中5万亿的收入，部分作为用于科研、教育和社会支出，推动了国民经济的增长。比如，2000年以来，美国一方面减税，减轻企业负担，一方面发债，增加支出，刺激经济。由于这些措施，使GDP的以3%左右的速度增加；也因此，债务占GDP的比重没有增加。第二，有巨大的国际经济效应。美国的外贸赤字用美元支付，不仅得到前述的铸币税，也使美元在国际市场上贬值，刺激出口；美国将铸币税筹集的财政收入再用于对外战争和援助，不仅建设了有利于美国的政治经济环境，又使国际市场上美元货币供给增加，美元进一步贬值（但是本国物价却没有大幅度上升）。美元不断贬值，美国债务负担减轻；美元贬值，使美国在汇率问题的外交争论上处于有利地位。这个“战略”目前来看是成功的。第三，有宏观调控的效应。美国政府与美联储配合，根据宏观经济的需要，将发债与发行货币配合起来，将利率与债息配合起来，调节宏观经济。比如十多年来美国经济经历了“新经济”、新经济泡沫破灭、持续经济增长时期。此期间，与美国财政收入增长、减税政策、增加发债等政策相配合，美联储连续提高利率、又连续降低利率、再连续提高利率，以及采取抛售和回购国债等手段，保证了经济的运行。总之，使经济保持一个较高的增长水平。

（三）“外汇储备—发行”模式的利弊

我国目前发行模式有如下益处：其一，握有外汇，保障国际支付。第二，购买外国国债以后，能赚到利益。第三，部分外汇可以用来对内和对外投资等。应当权衡利弊，适当调整。

弊病如下：第一，我国央行的外汇储备（及民间外汇）是其他国家的铸币税。我国央行资产增加很快，主要是外汇储备，其中主要又是美元、欧元和日元，这些资产是我国央行的资产，也是美国、日本等国家的铸币税，“支持了”其他国家的财政收入。第二，资产的主体部分是“外汇”而不是我国国债，央行的“铸币税性质的资产”与我国财政没有形成循环联系，没有形成经济使用。如果央行吸收的是国债，财政可以发行的国债余地就大，如果多发国债，将这些收入用于科研、教育、基础设施建设，人力资本积累、技术进步、投资乘数等效应就大的多。现在购买的是外国国债，乘数等效应在外国。第三，在宏观经济方面，央行与财政没有共同使用国债这个统一工具，实现“一体性”的配合。第四，没有持有本国将升值的资产，而是持有外国将贬值的资产，承担着外币贬值的风险（预计美元在国际市场上贬值，日本号召国民购买黄金）。央行持有美国国债，赚得的国债利息收入可能不抵其贬值损失。

（四）结论：央行资产主体部分应当逐渐换成国债

第一，货币发行模式要逐渐转变。从前面分析可见，我国“外汇—货币发行”模式下，央行的资产主要是外汇。我国目前的“汇金公司”经营着央行部分外汇，从事商业银行注资和投资等经营活动，也有经济效益，但是，与“国债—货币发行”模式比较，综合经济效应上有差距，特别是扩大内需的效果不好，且承担着贬值的风险。因此，应当逐渐实现发行模式的转变，至少是部分地转换，使两者均衡。

第二，国债要适量发行。如果要转变，国债的规模就要重新考虑，从新铸币税的角度看，应在模式转变中适量增加发行。

第三，国债理论要发展。应当研究国债可以发行和发行多少的新规律。不仅要研究周期性赤字和债务理论、结构性赤字和债务理论，还应当研究“新铸币税”理论、国债与宏观经济关系、国债与国际经济和汇率联系等新理论。

吕旺实

适度发国债可以缓解本币升值的压力

——赤字和国债问题研究之四

内容提要

央行承担了强制结汇的任务，用发行货币的形式购买国内市场的外汇。央行握有的外汇，实际上是央行的发行收入或者央行持有的铸币税。“外汇—货币发行”形成过量的或“超经济发行”，央行不得不用央行票据或大额存单回收。同时，提高贷款准备金率，增加商业银行在央行的存款。这种制度有不合理的地方，要改进。这里应当借鉴日本的有关正反两方面的经验，同时实行合理的汇率政策。

一、要研究的问题

（1）汇率与国债关系的问题。研究为什么央行外汇储备会超常增加，形成“货币超经济发行”，并且挤掉了央行资产中的国债的空间。

（2）央行能不能减少购汇发行，增加国债回购发行。

（3）设计一个均衡的“新汇率战略”，借鉴日本在汇率问题上正反两方面的经验。

（4）新汇率战略要更注重内需，国债是其中一个重要手段，如何发挥它的作用。

二、汇率问题制约着我国货币发行模式

（一）结汇购汇，使“外汇储备”激增

1. 过去增加外汇储备，目的在于保证国际支付

我国过去一直实行严格的外汇管理政策，比如强制结汇、行政审批用汇等。央行承担了强制结汇的任务，用发行货币的形式，购买国内市场的外汇。央行握有的外汇，实际上是央行的发行收入。央行等部门积极主动地争取外汇，使我国外汇储备不断增加，保证了我国的国际支付能力。

2. 现在增加外汇储备，目的在于保持汇率的稳定

目前我国的外汇储备已经超过了国际支付的需要。为了国际支付的需要，每个国家要保留一定的外汇储备。这个储备的多少没有定

论，一般的说法是半年进口（我国大约有 3000 亿美元）值和短期外债（我国大约 1000 亿美元）。按照这个口经，我国大约只需要 4000 亿美元的外汇储备。我国 2005 年末的外汇储备是 8189 亿美元，显然这超过了需要。这是为什么？原因在于我们必须采取政策手段，“维护”一个“浮动的”但是“基本稳定的”汇率。

我国较长时期内实行的是固定汇率制度，作为发展中国家，国内工业企业竞争力弱，盈利能力差，固定汇率制度保护我国企业进出口事业的发展。为防止它的弊病，我国曾经实行定期调整汇率、与美元挂钩、允许汇率区间浮动等政策，以保证汇率的基本稳定。但是由于贸易盈余的增加，美元等货币的蓄意贬值，国际资本投机的压力等原因，人民币面临升值的压力。因此，央行增持外汇储备有了一个新功能，就是调节汇率。在面临市场外汇较多、外汇贬值、人民币升值压力的时刻，央行必须购买这些外汇，减少市场压力。正如《中国金融年鉴》(2004)“货币政策”一章所说：“2003 年中国人民银行面对国际收支顺差大幅度增加的情况，继续坚持人民币汇率基本稳定的立场，大量购入外汇。”央行此时增持外汇的行为是被动的，甚至是被迫的，比如，国际投机资本也利用我国央行的结汇渠道，将非贸易和直接投资外汇挤进来，以赌人民币升值。2005 年外贸盈余 1000 多亿美元，而外汇储备增加了 1620 多亿美元，其中有些是投机资本。

（二）增加了外汇储备，央行则“超额发行”和“特别回笼”见图 1

1．“购汇”和“超经济货币发行”

从表 1 中可以看到，2002—2005 年，购汇新增加人民币（第 6 行）分别为 7292 亿、7735 亿、16097 亿和 16201 亿元。而实际上市场上能耐够容纳的、经济发行必需的货币（第 7 行）分别只有 1720 亿、2641 亿、1864 亿和 2750 亿元。结汇流入市场的货币大大超过市场需求。2002—2005 年，前者分别是后者的（5 行/6 行）4.2 倍、2.9 倍、8.6 倍、5.8 倍。

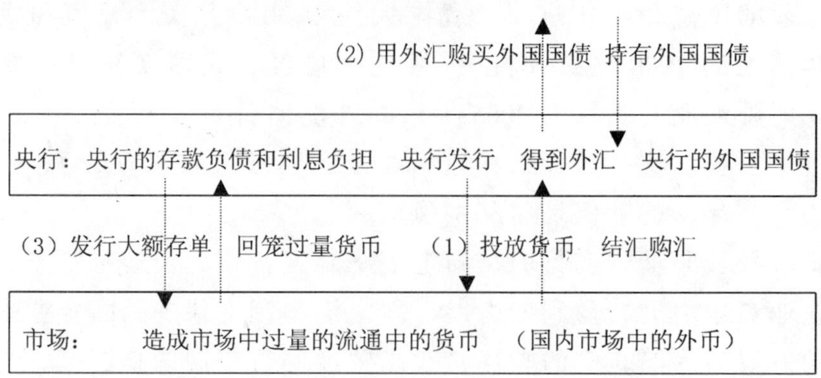

图 1　我国央行“购汇—发行”的基本模式

表 1　　央行负债结构：外汇储备、人民币发行、回笼的统计

单位：亿元人民币

		2005 年末	2004 年末	2003 年末	2002 年末	2001 年末
1	外汇储备总量（以人民币计）	62140	45939	29842	22107	18850
2	央行实际货币发行	25854	23104	21240	18589	16869
3	金融机构在央行存款	38391	35673	22558	19138	17089
4	非金融机构在央行存款	98	79	9042	7411	5894
5	央行发行债券	20296	11079	3031	1488	0
6	当年购汇新增人民币	16201	16097	7735	7292	
7	当年央行实际货币发行	2750	1864	2641	1720	
8	当年金融机构在央行存款	2718	13115	3420	1049	
9	当年非金融机构在央行存款	19	－8963	1631	1517	
10	当年央行新发行债券	9217	8048	1543	1488	

注：依据中国人民银行“央行资产”历年统计计算制作。

2. 用各种方法回笼多余的货币

我国“外汇—货币发行”形成过量发行，央行不得不用如下的方法回笼货币：

第一，用央行票据或大额存单回收。“2003 年自年初开始，对冲外汇占款就成为人民银行货币操作的重点之一。近几年，中国人民银行主要通过正回购交易对冲外汇占款，2003 年发行中央银行票据又成为一个重要手段，截至 12 月末，共发行 63 期央行票据，发行总量为 7000 亿元”。(见《中国金融年鉴》2004，货币政策)

第二，提高贷款准备金率，增加商业银行在央行的存款。“为配合公开市场操作对冲基础货币过快增长，减轻央行用票据发放回收货币流动性的压力，有效地控制货币信贷过度扩张，经国务院批准，从 2003 年 9 月 1 日起，将存款准备金率由 6%提高到 7%。”（同上）从统计中可以看到，金融机构在央行的存款总量大幅度地增加（第 3 行)，由 2001 年的 17089 亿元，增加到 2005 年的 38391 亿元。

（三）因为超额发行和回笼，挤掉了国债的空间

1. 公开市场操作没有用国债

从表 1（第 6—10 行）可见，2005 年当年因外汇增加的流动性(16201 亿元)，由金融和非金融机构在央行的存款（2737 亿元)、央行债券（9217 亿元）和经济发行（2750 亿元）三个方面消化了。没有国债的影子，发行和回笼与财政之间没有联系。由于购汇“拉偏”了央行的货币发行，央行没有必要回购国债发行货币，只有卖出国债回笼货币，但是也没有这样的操作。

2. 央行没有了国债，才用央行票据和大额存单

2003 年《金融年鉴》上回答了用大额存单的原因：“2002 年外汇供给持续大于需求，中国人民银行通过公开市场业务买入外汇数量持续增长，导致基础货币快速增长，为稳定基础货币增长，中国人民银行 6 月 5 日开始进行收回流动性的公开市场的回购操作。由于连年正回购操作，有可能出现原有（国债等）债务将陆续到期，公开市场业务操作可用债券不足的问题。经由与商业银行商量，中国人民银行与 9 月 24 日将当年公开市场业务操作（商业银行持有的）未到期的正回购债券，转换为中央银行票据。”从此以后，央行票据大额存单成

为中国特色的公开市场操作的手段。

3.票据和大额存单，央行照样付息

用大额存单回笼货币，也承担着利息负担。最近（2006年2月初）拍卖发行央行存单，回笼1200亿元，利息是1.833%。从统计表上看，央行债券负债（第5行）2001年时候是0，2005年就达到2万多亿元，利息负担应当增加很快，数量也是巨大的。虽然不是国债，一样支付利息，何如用国债，但是没有。央行资产是国家资产，利息支付也是国家资产的付出。

（四）"以购汇为主的"汇率稳定制度应当调整

1.外汇增加既有利益也有损失

我国央行外汇储备达到8000多亿美元，比正常支付多了4000多亿美元，超过的部分可以用来投资，汇金公司正在承担着投资的责任。正如前面所说，要经受发达国家货币贬值和国债贬值的损失。

2.央行增加了债务和利息负担

我国央行的债务（央行票据和大额存单）多了2万多亿人民币，按照2%利息计算，有400亿的利息负担。

3.丧失了向财政提供"铸币税性质长期融资"的机会

美国央行资产的80%、日本央行资产的70%是国债，如果我国央行资产（2005年末是101794亿元）的70%将来转为长期国债，应当有7万亿元的铸币税收入。多了外汇储备，少了国债铸币税，两者之间的利益和损失各自多少需要深入研究。

4.宏观经济有损失

由于购汇而多发行的货币，在我国储蓄率比较高的特定环境里，一是形成大量的储备，由于不能及时地贷出去，形成生产投资和消费，浪费了资源。二是压缩了宏观调控的空间，因为这些储蓄随时都可能被提取，特别是在价格不稳定时期，一旦提取，就会将潜在的超额货币供给变为实际的货币供给，给宏观管理带来巨大的压力，价格管理必须严格。

三、日本汇率斗争正反两个方面的经验

（一）经济增长、货币升值不可避免

根据有关理论，经济起飞国家的经济增长，有利于促进生产的发展，提高产品的国际竞争力，刺激出口增加外汇供给。所以从长期来看，经济增长会引起本币升值。同时，汇兑心理学解释说，因为经济起飞国家经济发展态势良好，人们对它的经济和货币主观评价相对就高，该国货币坚挺。从各个国家，特别是东亚国家的经验看，确实如此。

日本数据也说明了这一点（见表2）。GDP从1974年的1385兆增加到2004年5006兆，现在是原来的3.6倍；日元对美元汇率从1974年的293日元（1971年是335元兑换1美元）上升到目前的120元左右，前者是后者的2.4倍。如果按照最高值（1971年的335日元）与最低值（1995年的96元）计算，前者是后者的3.5倍。

表2　　日本有关汇率和国债的经济指标

年份	GDP(兆日元)	GDP实增率	物价变动	贸易盈余(10亿日元)	预算发债(10亿日元)	决算发债(10亿日元)	平均汇率(日元/美元)	年末汇率(日元/美元)	发债/财政支出(%)	总债务/GDP(%)
1974	1385	-0.5	20.9	-650	2160	2160	293.0	293.8	11.3	7.0
1975	1524	4.0	10.4	42	2000	5281	299.0	299.7	25.3	9.8
1976	1713	3.8	9.5	1362	7275	7198	292.4	277.5	29.4	12.9
1977	1901	4.5	6.9	3531	8480	9561	256.6	222.4	32.9	16.8
1978	2086	5.4	3.8	2414	10985	10674	201.4	209.3	31.3	20.4
1979	2252	5.1	4.8	-3236	15270	13472	229.4	249.7	34.7	25.0

续表

年份	GDP(兆日元)	GDP实增率	物价变动	贸易盈余(10亿日元)	预算发债(10亿日元)	决算发债(10亿日元)	平均汇率(日元/美元)	年末汇率(日元/美元)	发债/财政支出(%)	总债务/GDP(%)
1980	2463		7.6	1589	14270	14170	217.4	211.0	32.6	28.6
1990	4500	6.0	3.3	5578	5593	7312	142.5	141.0	10.6	37.0
1991	4723	2.2	2.8	11300	5343	6730	133.3	133.2	9.5	36.3
1992	4838	1.1	1.6	15033	7280	9536	124.7	115.4	13.5	36.9
1993	4807	－1.0	1.2	14222	8130	16174	107.8	102.8	21.5	40.1
1994	4913	2.3	0.4	12428	13643	16490	99.3	89.3	22.4	42.1
1995	5000	2.4	－0.1	9482	12598	21247	96.3	106.4	28.0	45.0
1996	5142	3.6	0.4	7172	21029	21748	112.5	124.0	27.6	47.6
1997	5206	0.6	2.0	13232	16707	18458	123.0	133.4	23.5	49.6
1998	5124	－1.0	0.2	15191	15557	33400	128.3	112.0	40.3	57.6
1999	5080	0.9	－0.5	13241	31050	37514	111.6	105.3	42.1	65.3
2000	5132	3.0	－0.5	12400	32610	33004	110.5	125.3	36.9	71.6
2001	5009	－1.2	－1.0	11913	28318	30000	125.0	132.7	35.4	78.3
2002	4976	1.0	－0.6	13387	30000	34968	121.8	119.0	41.8	84.6
2003	4979	2.0	－0.2	15800	36445					92.3
2004	5006	1.8	－0.2	16200	36590					96.4

注：依据日本财政统计数据制作。

（二）竭力使本币贬值，减缓压力

日本为了减缓汇率升值压力，竭力地使本币适当贬值。首先是逐渐降低利率水平，日本20世纪70—80年代的利率很高，目的在于多吸收存款；90年代以后则大幅度降低利率水平，90年代末短期贷款利率甚至降到0，目的在于减少存款增加贷款，以便增加内需，提高物价，减少通缩，减缓本币升值。同时也用政府举债的手段，以增加内需。从表中可以看到，90年代以前，日本的CPI总体升幅较大，90

年代以后则升幅不大。无论如何，这些手段达到了本币贬值的作用，如果没有这些手段，汇率升值会更高。

(三)“重用”、“活用”举债手段，获得利益

1. 日本国债的特点

首先是重用。日本每年都举新债，每年债务都增加，债务占财政支出的比例很高，债务总量很大。其次是活用。日本财政举债有预算数、修订数和决算数。20 世纪 80 年代以前，往往“预算举债数”大于“决算举债数”，而整个 90 年代，每一年的决算举债数都大于预算举债数，有些年份（1993、1998 年）甚至超过预算数一倍。因为这些年，经济增长缓慢、通货紧缩、汇率升值，日本人根据当年的情况调整增加了政府支出。

2. 日本国债的宏观效用

日本国债是在内需不足、外贸出超、汇率升值的背景下发行的。国债弥补了日本“高储蓄、低消费”的缺陷，拉动了内需，抬高了物价，缓解了部分年份的通货紧缩，对缓解日元升值起到了很大的作用。日本央行也因此可以长期将部分日本国债作为资产，向财政注入新的铸币税。当然这些大量财政资金被用经济和社会中去了，比如日本因此建设了世界上最完善的公共基础设施等，调节了经济结构。

3. 日本国债的微观利益

为偿还国债，日本成立了“偿债基金”的专门账户。基金有三个来源：财政预算（按前一年债务余额的 1.6%）例行拨付和特别拨付，财政节余的 1/2 以上资金拨付，国有企业的利润和处置资产收入。到期债务用“偿债基金”偿还，仍然不足的部分，再发“转换债”来偿还。转换债和每年的新债，使目前的国债余额几乎达到 GDP 的 1 倍（加上政府的其他负债，已经达到 1.5 倍）。也就是说，日本财政提前使用了相当于 4 年的财政收入（2004 年，日本税收/国民收入 = 21%）。当然债务量大是一个负担，但是日本人并不见得害怕。

因为对每年的财政支出压力不大，总有转换债来偿还，新转换债的债息越来越低（因为全社会资金供给越来越充足，甚至过剩、利率一直在降低，债息也降低），从“长债”、“转换债”中，财政也获得了“微观的时差利益”。见表 3。

表 3　　早期借债晚期偿债可能获得的“微观时差利益”

	社会资本状况	国债使用的效用	利息率、债息率	长期债和转换债：	利益：偿还的本金、债息
发展早期	短缺	高	高、相对低	负担后移	贬值、降低
发展中期	平衡	中等	中、低	负担后移	贬值、降低
发展后期	过剩	低	低、更低	负担后移	贬值、降低

（四）日本国债政策的教训

第一，债务巨大。日本的国债负担率是发达国家中最高的。尽管用拖的办法可以获得一些贬值利益，但是毕竟要还。第二，财政调节经济的空间被压缩了。第三，债务还将持续。日本还债有难处，但主要不是还不起，而是还债会减少内需，而减少内需对经济增长和汇率都没有好处。日本外汇储备从 1997 年的 2028 亿美元增加到 2005 年的 8469 亿美元，8 年翻了两番，此状况下，它不会还债，减少内需、促使本币升值。第四，据报道，日本国债在微观层面使用上有很多问题，如重复投资、浪费等。

（五）小结：应当适度使用国债政策

由于经济发展和汇率升值之间的关系，也由于国债可以缓解内需不足的矛盾，因此日本的经验就值得重视。日本巧妙地运用了国债，发挥了它综合功能，如宏观均衡、铸币税、经济和社会建设、微观时差利益等。我们应当避免其中的问题，特别是过度依靠国债，债务负担过大等。

四、应当有新汇率战略

（一）均衡、中庸、灵活和耐心的汇率战略

1. 均衡的汇率战略

遵守经济规律，认识到是多种规律制约着汇率：第一，市场经济规律。汇率的变动以市场供求为基础的，市场的力量是决定汇率水平主要的力量，汇率政策应当尊重而不是违背这个规律。第二，汇率要基本稳定的规律。因为汇率大起大落会影响外贸结算、影响国际交往、影响宏观总供求的总量平衡，因此“汇率在基本稳定前提下浮动”的大政策要坚持。第三，国际政治经济均衡发展的规律。全球化时代，既要向国际经济均衡发展方向努力，比如出口与进口协调，进出口与其他经济交往协调，又要向国际政治均衡发展的方向努力，比如强调国际政治斗争为经济交往服务，政治与经济利益协调。

上述三个规律是一致的，也是矛盾的：第一，市场决定可能带来汇率大起大落。第二，调节管理市场汇率可能带来国际争议。第三，平衡国际政治经济的争议又影响对汇率调控的力度。因此，汇率政策必须是均衡的，即必须在这些规律的基础上寻找一个均衡点或共同点，不能只考虑一个方面。

2. 中庸、灵活和耐心的汇率战略

汇率政策是中庸的：不能让某一方面过多，另一方面过少；放开的步子不能过大，也不能过小；政策方针不能激进，也不能保守；既要积极灵活，又要耐心稳重，达到“以我为主，调放自如”。我们已经实行了逐步放开，放一调结合的汇率管理方针，这些方针

是正确的，也是“均衡和中庸的”，但是内容不够丰富，措施不够完善。

（二）均衡和中庸的汇率政策内容

1. 本币汇率升一些

亚洲各个经济起飞国家和地区，都经历了汇率升值的过程。因为亚洲国家是传统农业国家，进入经济起飞阶段主要靠对外贸易，起飞过程中都出现了外贸顺差，外汇增加以后导致外币升值和本币贬值。因此汇率升值是这些发展模式的必然结果。汇率市场化以后，升值的压力增大了，适当升值是一个选择。但是又不能剧烈升值。

2. 外汇储备增一些

放开和调节相结合，调节的主要手段是央行的公开市场操作。具体的办法是制订汇率波动幅度，具体干预措施是购买市场多余外汇。在目前巨大的升值压力下，购买外汇和外汇储备增加是不可避免的。但是，完全靠购买会带来前述的宏观的、铸币税的、国际政治经济交往的损失。适度增加才是一个正确选择。

3. 国债适度发一些

为了不使外汇储备过快增加，就必须采取措施，从根本上治理外汇供求不平衡的状况。可以采取的措施很多，如建立和健全社会保障体系、刺激民间消费信贷，甚至提高工资等。但是这些措施都涉及到财政支出。在财政现有支出结构和总量已经固定的情况下，应当适当增加债务支出，直接和间接地促进内需扩大。国债应当适当多发。

4. 利率相对低一些

利率水平降低有利于扩大贷款、减少存款；也使我国的货币资产利息收益相对于其他国家低一些。对于人民的基本生存存款，比如农民用于教育、卫生、养老等存款，可以在限额内实行区别利率。

5. 其他政策做配合

主要是对农村和贫困人口的支出要增加，这样可以提高收入的边际消费倾向；社会保障制度健全，使人们敢于花钱等。

五、内需不足条件下国债特有的效果和功能

（一）内需功能

汇率管理的主要困难来自“内需不足”。周小川表示：贸易顺差的减少可以减少汇率的压力。一个国家的贸易顺差的调整主要靠两个方面的变化，其中之一是国内的结构调整政策。因为大国的经济内需对贸易平衡的影响，远大于汇率的作用。业内的共识是，从根本上解决汇率问题，就需要拉动内需（中新网）。我们的政策，即要公开市场调节，扬汤止沸，又要增加内需，釜底抽薪。国债有内需功能，将储蓄的货币变为现实的购买力，扩大了需求；由于有乘数效应，国债的拉动需求是国债本身带来的购买力里的数倍需求。

（二）优化货币质量、减少本币升值的功能

首先，它有提高货币质量的功能。我国 2005 年 M1（货币 107278 亿元）和 M2（货币和准货币 298785 亿元）的比率是 1:2.9。日本这两个数据分别是 388.6 兆和 713.1 兆，两者的比率为分别是 1:1.8，说明我国定期存款的比例大于日本，在通货膨胀时期，这些巨额的定期存款会变现金，冲击市场。增加国债，就能将储蓄状态的货币变为使用中的货币，使货币的流转速度提高，降低 M1 与 M2 比值，使货币整体质量提高。见表 4。

表4　　日本和中国货币质量（2005年期末数据）比较

	日本			中国		
	经济数据（兆日元）	两类货币之间的比率	GDP是两类货币的倍数	经济数据（亿元）	两类货币之间的比率	GDP是各类货币的倍数
GDP	510			182321		
M1	388.6	1	1.3	107278	1	1.7
M2	713.1	1.8	0.7	298785	2.9	0.6

注：日本数据见日本银行（www.boj.or.jp），GDP按2004年数增长2%计算出来。中国数据见中国人民银行（www.pbc.gov.cn）有关统计。

其次，减少本币的升值功能。由于货币的周转速度提高，等于流通中的货币增加，也因此就是本币可以适当贬值，减轻我国汇率升值的压力。

（三）铸币税的效果

这一点前面已经谈到。

（四）国债有“结构性再分配”功能

国债形成财政收入后，财政可以根据国家经济的需求，把它支出到最需要的地方去，理论上说，这些支出应当能带来最好的边际收益。事实上，可以用于社会性支出，如解决目前的三农等问题。

六、从国际经济循环的角度看国债

（一）两种消费模式、不同的储蓄率下的循环

第一种是基督教文化下的盎格鲁撒克逊消费模式。认为上帝会拯

救我们的，我们把未来交给上帝，因此“我们关心现在，上帝安排未来”。同时也由于他们有传统的民主制度，相信如果未来生活有问题的话，选票制度总会解决问题。再次，他们有完备的法律制度和社会保障体系，因此形成了他们的超前消费的概念。美国人的储蓄率很低，借贷消费成为一个普遍的社会风尚。同时，他们的市场经济理念也是先进的，他们的储蓄变为了股票、债券、房产等。加拿大一位经济学家认为，房产投资也是储蓄。

第二种是儒教文化下的东方消费模式。家庭是生活和精神的依托，节俭是一种美德，积蓄财产是未来自己和子孙的依靠。另外社会法律制度保障程度相对低，老百姓个人感觉到他对政府政策影响程度也低，要靠自己和子女来安排未来。因此，消费倾向低而储蓄倾向高。我国的储蓄率很高，而且是落后的银行储蓄方式。

虽然储蓄率统计方法有差异，我国储蓄率是世界上最高的。按照世界银行也有一种计算办法，我们国家“真实储蓄率”为25.5%，美国为8.2%。另一种计算方法认为中国的储蓄率在46%，而美国为负数。国际经济循环正是在这样的基础上进行的，东方国家的“节俭”与西方国家的“超前消费”进行了交换和经济循环。

（二）实际财富外流、货币财富内流，我们辛劳赚来了贬值货币

我国出口不断增加，实际财富被富国消费；同时由于生产这些财富，带来的能源、环境等问题又给我们造成了巨大压力。但是我国换来的是外国货币，即印钞机器的“印刷品”。他们货币印的越多，新铸币税即国债就越多。对我国来讲，由于外汇供给多而贬值，本币也相对升值，又造成汇率争端。

对于高额的外汇储备，我们已经用对外投资的方法消化，特别是用于我国紧缺进口物资等方面的投资，这是正确的，应当加大力度。但同时，应当采用增加内需，减少本币升值的其他措施。

（三）国内高储蓄也有害，两种投资消化

因为现代商品经济是生产与消费、储蓄与投资互动的经济，所以过高的储蓄而没有消费社会内，经济就会停滞。消化储蓄的理想途径是投资，银行内居民储蓄都化为企业的贷款，这是途径之一；但是如果不能完全消化，则政府发债投资是另外一个渠道。日本 70—80 年代的高储蓄正是这样消化的，一方面是企业投资，另一方面是财政投融资。我们国家正处于与日本同样模式、同样矛盾时期，要采取措施，要将储蓄“转化”到“对企业投资”和“政府投融资”两个主要方面。

（四）特别使用途径、适度规模、以温和物价上涨为限

从消化内需来看，政府发债收入的使用效用最大的，应当是用发债收入为部分大型经济基础设施建设债券贴息，比如新铁路干线、大型水电设施等建设，通过债券吸引民间资金，使财政从建设中抽出资金来，用于社会福利等事业支出。不赞成用发债资金直接投资。

国债等政策的结果是增加内需，有可能带来通货膨胀。通货膨胀应当被限制在一个人们可以接受的区间之内，它应当是温和的。

（五）设立“备偿、备用、调节总量及结构的国债基金”的设想

假设，将财政将每年超过预算收入的 1/5，国有企业将每年超过上年利润的 1/5 交，央行将每年的新发行货币收入 1/5（在资产中持有国债）交到基金。

基金用发债的形式筹集主要收入。

基金用三个渠道筹集的收入以及新债的收入还债。

基金的决策者按照宏观经济需要决定发债数量的大小，决定发债收入是发了就用，还是暂时不用过一段时间用（它的“备用”特点）；也按照宏观经济和国务院政策安排的需要，决定旧债偿还多一些，还

是偿还少一些（它的“备偿”的特点），还是不偿还，以此来调节宏观供需总量（调节“总量”的特点）。比如，经济高涨和物价升幅较大时期，国债发行多一些，基金数量增加，但是不使用；经济低潮通货紧缩时期，使用基金而不发债。

基金的使用有方向上有选择，用以解决国民经济发展中的关键问题（调节“结构”的特点）。

基金受国务院领导，由财政、央行和其他综合部门的人员组成一个专门委员会管理。

这样，在央行总量调节之外，形成了可进行总量与结构调节的另一个力量，与央行配合，解决央行只能调节总量不能调节结构的问题；与财政配合，解决财政支出需要不足的问题，与央行配合，在利率、汇率等方面协同。

对基金的数量有一个长期限定，比如，5 年内总债务不得超过 GDP 的一个百分数，不得超过财政收入的一个百分数。基金应当有一个专门立法。

在被限定时间和数量范围内，我们就可以节制地但是灵活地用它来调节经济总量和结构，特别是增加内需，从而缓解本币升值的压力。

吕旺实

新时期开发性金融作用的若干认识与思考

内容提要

在我国，开发性金融是一个新生事物，它的出现绝不是一种偶然现象，而是经济体制转轨大背景下政策性金融发展到一个新阶段和较高层次的体现。中国经济要在发展中实现“赶超”战略，必须客观、清醒地认识新时期开发性金融的地位与作用。本文基于对我国投融资体制发展趋势的判断以及开发性金融的国际经验借鉴，认为我国开发性金融具有政策性、开发性、制度创新、战略导向、引领合力等方面的重要作用。通过开发性金融与其他相关的、适当的方式与途径，可以走出一条建设市场、塑造信用的“中国特色”国民经济超常规扩容与升级的路子；通过抓住市场的一定程度的可塑造性和合理的政策倾斜与协调，可以主动超越“平均利润率自然过程”，有助于加快实现我国的新型工业化和现代化。

一、新时期认识开发性金融作用的基本趋势判断与国际经验借鉴

（一）我国投融资体制发展的趋势

从理论上讲，投资是经济增长与经济发展的重要推动力。在任何社会，社会总投资都可以分为政府投资和非政府投资两大部分，投资所需资金来源也大致可分为政府与市场两个主要渠道。正确处理好政府与市场在投融资管理中的关系，对于加快我国投融资体制改革与发展、完善投融资管理、满足经济社会发展的投资需求等，具有十分重大的意义。

从中长期趋势看，我国投资决策市场化程度将进一步提高。一是在“谁投资、谁决策、谁受益、谁承担风险”的原则下，企业的投资主体地位将进一步巩固，责权利相结合的投资激励与约束机制将进一步完善。二是随着投资审批制作用的弱化、核准制和登记备案制的实行以及审批程序的不断简化，企业自主决策、自担风险的机制将发挥越来越重要的作用。这有利于运用和培育市场的力量，进一步增强市场在资源配置中的基础性作用。

同时，融资方式将进一步趋于多元化。企业债券市场、信用担保体系和资信评估体系的建立和完善，将为其他融资方式的使用提供重要条件。创业板市场建设、多层次股票市场体系的逐步建立和创业投资基金的发展，以及 BOT、TOT、ABS 等融资方式的逐步开展，将在城建、环保、公路、桥梁等基础设施领域得到进一步的应用。

政府投资管理体制和管理方式的改革，将不断深化。政府投资的范围重点将集中在市场失效的领域，“代建制”有可能在开展试点的

基础上逐步推广；政府投资决策责任制和项目法人约束机制将逐步建立健全，重大项目投资稽查和责任追究制度将得到进一步完善，财政、审计等监督力度也将不断加大；政府投资项目公示制度和重大投资项目后评估制度将会得到推行。

与上述趋势相应，准公共品领域的投融资体制将呈现出主体多元化、运作市场化、资金来源和投入多样化的局面，并逐步塑造中国特色的PPP（公共、私人部门合作机制）框架。开发性金融，也是政府投资的一个渠道，而且具有特殊的重要性。作为一个发展中大国以及一个经济转轨尚未完成，但已进入现代化“赶超”之关键性历史阶段的国家，社会所需投资无论是单纯依靠财政，拟或单纯依靠市场，都不利于充分推动经济发展、社会进步与人民生活水平的提高。而开发性金融以国家信用为依托，通过市场化运作（如发行金融债券等），可以将社会储蓄资金集中起来并及时转化成投资，用于国家必要的投资项目建设，成为弥补我国政府与市场投资功能的重要力量。

（二）国外开发性金融的发展经验

在考察国外发达国家开发性金融发展历程时，经验认为，在消除垄断性市场结构、弥补具有外在经济的企业资金需求、为弥补市场信息不对称的中小企业提供资金和培育长期资金市场方面，开发性金融均在不同时期通过不同方式发挥了极大的作用。比如，通过开发性金融提供的贷款，提高企业的资金利用可能性；通过开发性金融的低利性，可以缓解金融市场的信息不对称，提高资金配置效率；通过开发性金融的资金投向，可以保护农业、促进夕阳产业的结构调整、加快丧失竞争力的产业以及结构调整中不景气产业的重组；特殊时期，开发性金融还可以发挥应对经济危机的作用，通过提供金融支持对经济恢复做出贡献，通过支持能源供应和能源保护应对全球性能源危机。

对于政府介入开发性金融的程度，世界银行1993年报告肯定了东亚国家主要是日本、韩国和台湾关于政府干预的经验。首先，对于发展中国家而言，由于经济发展的起点低，市场正在培育过程之中，同时，由于市场割裂和不完全，市场信息稀缺且流通不畅。由此带来的金融市场的不健全构成了经济发展的巨大障碍；其次，市场主体发育不全，靠其自身的市场行为不能有效地推动工业化和迅速发动经济增长；此外，面对国外资本的竞争压力，后发展国家弱小的私人资本必须依靠政府的力量，政府加快培育国内市场，建立起相当规模的经济体系，以有效抵御国际垄断资本的渗透。井手和林（1992）用模型证明了在古诺均衡的情况下，对以增加社会福利为己任的政府金融机构适当增加盈利动因，反而会增加社会的整体福利。W.G. 谢泼德（1975）从产业组织论的角度分析了在金融业寡头的情况下，设立与民间金融机构相竞争的开发性银行可以提高金融业的整体效率。

我们进行了实证研究，将中国国家开发银行的经营业绩与其他四家国外开发银行（包括日本政策投资银行、韩国产业银行、德国复兴信贷银行和星展银行）进行对比，认为国家开发银行的指标在诸多方面均处于国际领先水平，但在非利息收入对总收入比和总债务对总资本比率方面指标比较落后。深究根源，我们发现，这与国家开发银行的经营模式中多元化程度不高，融资渠道没有足够保障、开放的程度还不是很高以及国内金融体系整体发展水平还较为落后有关。我们还将四家银行从政策性、财政支持力度和经营机制方面进行了对比，同时将国外开发性金融的发展历程与宏观经济的特点进行了对比。各国的模式在很大程度上受到该国传统的经济体制、发展战略、背景和历史的影响，这些宏观因素又决定着他们微观上的经营机制，包括决策机制、公司治理、风险机制、资产负债管理、创新机制和定价等经营机制。没有一种普遍适用的最优模式，模式的合理性更多地取决于是否适合当时的宏观经济发展环境和发展战略，并适时进行调整。

我们认为，德国的开发性金融模式对于我国来说具有诸多借鉴意义。德国自二战后着力建设社会市场经济体制，其有三个基本特征，即维护市场竞争制度、有限的国家干预和缓和劳资矛盾。德国的政策性银行属于高政策的多元化模式，即业务模式多元化同时政策性也很强，即全能型银行。全能型银行体系对我国的可借鉴性体现在如下几个方面：长期资本性融资时应用“证券化原则”、非常重视吸收存款、不断发展的经常交易与银行清算体系。对于中产阶级人数较少、工商企业还不发达的国家，德国式的全能银行制度更合适。长期资本融资的证券化原则，对于旨在建立一个有效的货币与信用制度的国家来说，也是一个有价值的借鉴手段。另一方面，企业建立和扩展以及引进技术创新时所面临的高风险，也必须由一个积极吸收存款的制度来支撑。储蓄的积累、资金的有效使用，都可以借助全能银行的经验、市场知识和银行内部各部门之间的联系所形成的信息优势，得到最优解决。过去的事实证明了这一点，对于缺乏有效资本市场的国家来说，这一点尤为重要，因为银行意味着需要为企业提供暂时性贷款或事先融资安排，或者在股票还没有分销出去之前，代为托管。

再来考察日本的经济泡沫与政策性金融的关系。日本开发性金融历史较为久远，教训也相对深刻，对于我国具有一定的警示意义。日本经济自20世纪70年代中期以后，随着赶超任务的完成，“后发优势”已利用殆尽，增长率已经趋缓，经济结构升级的问题非常突出。从制度上看，日本战后经济的高速增长主要依靠的是一种官民协调机制，政府较多地干预市场经济活动，对某些产业过多的行政保护限制了市场机制，在应该及时调整经济结构时政策性金融没有很好地完成结构调整，导致了整个经济成本很高，竞争能力削弱，经济结构、金融体系、经济制度弊端丛生，积重难返。90年代泡沫经济崩溃后，日本开发银行和其他银行仍然根据政府的要求拯救一些竞争力不强的企业，而不是让其优胜劣汰，也是导致日本经济长期衰退的一个原因。由此可见，开发性金融应配合国家宏观政策及时调整战略，在赶超任务完成后政府应减少干预，应积极转向发展主导产业，配合产业结构的调整和升级换代。国外开发性金融对我们的启示也包括特殊经济状态下的任务和业务重点的处理上，政策性金融所起的作用以及经济发展的同时兼顾社会的协同进步，如城市化、环保、改善人民生活、节能、扶贫和就业等。

从经营模式看，很多开发性金融机构在其发展过程中被动或主动的进入了商业银行业务领域，与商业银行进行竞争，这种模式的弊端也逐渐显现出来。在此方面，德国的模式值得借鉴，将竞争性领域分离出来不享受国家信用，从而创造了更公平的市场环境，但同时也保存了经过长时间努力而有一定竞争优势的市场业务。从资产负债业务看，各国开发行业务呈现多元化趋势：资产逐步多样化、贷款比重逐年下降，并且盈利性和流动性较高的证券投资有所上升，风险较大的股权投资则成下降趋势，流动性较强的同业存款有小幅上升。除了规定的表内业务外，开发性金融机构还开展担保、信用证、信贷保险等表外业务；在风险管理方面，以完善的组织结构体系及流程管理、科学定量化的系统管理工具和参与重要客户的经营活动为特点；在财政支持上，国外开发性金融的共同特点是与财政建立有效的衔接机制，如资本金问题、财政借款、不良贷款的处置、专项呆账准备金、贴息制度、税收优惠、贷款回收保障制度等。发达国家的资金来源基本上是根据资金从市场上筹措，政府视需要提供补助。从防止金融风险的角度看，欧美各国根据资金需要发行债券的做法更为合理。

二、新时期分析我国开发性金融作用的几个基本要点

我国政策性金融机构 10 余年来的发展历程，极大地推进了政策性金融理论的发展，使我们对政策性金融的理论认识与运作水平从最基本的政策性层面提高到开发性层面上来。我国特定时期的具体国情以及政策性金融机构的特殊身份，也要求我们重新认识开发性金融的

作用，这可以概括为以下五个方面：

（一）政策性作用

开发性金融的政策性体现在两方面，一是政策性金融机构的资金来源方面，二是在政策性金融机构的资金运用方面。前者是政策性金融机构除了具有普通商业金融机构所拥有的市场融资手段之外，通常还得到政府的某些特别支持，例如补充资本、给予特殊的债务融资权、短期信贷支持等措施。至于后者，就是要依靠国家信用，以信贷融资为基础，通过国家信用证券化筹资，支持对国民经济发展有重大影响的和产业政策鼓励的产业和项目建设，贷款主要投向基础设施、基础产业和支柱产业的国家重点建设，并在促进中西部地区发展中发挥重要作用。

开发性金融的政策性作用主要通过项目贷款的投向体现出来。党的十六大提出全面建设小康社会，进而十六届三中全会在科学发展观指导下提出实现“五个统筹”。因此，未来一段时期，基础设施建设、城市化建设、落后地区开发、战略性产业发展、老工业基地振兴、发展中小企业和提高社会就业、中低收入家庭住宅建设、高科技产业发展、金融体系安全、参与国际竞争等，都是我国亟需注重的突出事项和热点、难点问题。在解决这些问题方面，政策性银行具有不可或缺的战略导向与作用。

（二）开发性作用

政府可以通过目标导向、策略安排、战略引导等多种手段实现其政策意图。这种从战略上、目标上运用政策性金融机构的贷款，但是没有政府直接提供财政补贴的金融活动，是开发性作用的体现和独到之处。比如为支持西部大开发及基础设施建设，政府并不直接贴息的开发贷款。

开发性金融仍然需要得到政府的政策支持，不过支持的方式主要是赋予政策性金融机构以国家信用，而非财政补贴。比如，把主权级信用运用到资本市场、债券市场变成筹资能力，把金融机构的短期存款和社会资金转化成长期资金，对国家重点发展的产业、行业和区域，提供数额大、期限长的贷款，并发挥资金导向作用，通过一系列制度安排，可以利用国家信用在尚不成熟的领域和将来成熟的市场之间搭建一座桥梁。

为了保证国家信用在市场运用中的成功，需要开发性金融机构始终牢固把国家信用与市场业绩结合在一起。目前，国家开发银行所推行的开发性金融比较注重市场体系建设，其特点是注重自己业绩的建设和信用建设，进而推进整个社会的市场制度建设。城市基础设施建设项目贷款，就是一个成功的典型。1998 年开始，我国城市化建设进程步伐明显加快，但缺乏配套的融资体制、市场条件和信用环境。国家开发银行将融资优势与地方政府组织协调与增信优势相结合，按照市场经济的规则，共同构建融资平台，进行企业法人治理结构、项目信用结构和现金流、资金监管机制以及偿还机制的建设。将信用建设贯穿于项目开发、评审、贷款发放、本息回收全过程，不仅有效地防范和控制了风险，实现了项目建设和体制建设的双目标，也为后期商业银行的进入提供了示范和条件。

（三）制度创新作用

所谓制度创新作用，是指通过开发性金融机构的金融活动，在促进经济社会健康发展的同时，推进投融资体制的完善，健全市场体系，加强信用制度建设，改进市场运行环境，形成开发性金融活动与市场建设、机制转变、体制改革之间的良性循环。这种制度创新作用集中体现在如下几方面：

第一，促进我国资本市场的发育。比如，国家开发银行作为债券银行，在发债和承销企业债券的过程中，不是被动地适应落后的市场环境，而是积极地促进市场发育。1998 年开始实行市场化发金融债，

2000 年实现完全市场化，建立起市场化的筹融资机制。到 2004 年底，国家开发银行累计发行人民币金融债券突破 2 万亿，扩大了债券市场规模，并以优良的资产质量，促进了市场整体素质的提高。创新了债券品种，先后推出 3 个月至 30 年期的不同期限的债券、浮动利率债券、选择权债券，成功发行境内美元债券，开创了债券价格的市场化形成机制，推动了我国利率市场化进程。通过承销企业债券，贯通了长期信贷融资与资本市场的连接，增强了我国资本市场分散长期风险的功能。

第二，推进信用体系制度建设。近年来，国家开发银行一直在探索市场经济中银行与政府合作的新型关系，把政府的组织优势变成市场信用优势，努力打造信用结构，维护金融秩序。通过国家开发银行与地方政府的密切合作，让地方政府参与对金融机构的监督。国家开发银行作为一架桥梁，把政府和市场连接起来。

第三，加快政府投融资体制的改革和建设。运用市场的方式，将长期资金引入到瓶颈领域，提高了资源的配置效率；以建设市场的方式，将政府的组织协调和增信作用，导入长期投融资领域，构造和孵化投融资平台和信用平台，弥补我国政府投融资体制的缺陷；形成了有效应对集中大额长期风险的制度安排；为商业金融进入城建等投资领域创造了条件。

（四）战略导向作用

所谓战略导向作用，是指开发性金融机构通过贯彻国家经济发展战略，支持产业结构优化升级，支持国家中长期发展规划的实施。重要的是，战略导向作用不仅体现于经济建设领域，而且也体现于制度建设领域。在我国向市场经济转轨的今天，物质瓶颈与制度瓶颈是我们亟需解决的两大难题。在制度建设领域，我国市场发育不足，信用体系缺损，缺乏市场载体，企业法人治理不健全，市场基础设施落后。开发性金融凭借其特殊优势，是有效解决制度瓶颈的重要力量和有效途径，它的运作与管理，可对财政资金、商业银行信贷资金、资本市场融资资金进入投资领域产生引导与示范作用。

信贷政策取向是实现战略导向作用的重要途径。具体的讲，截止2004年底，国家开发银行对国家重点项目贷款总额235亿，共68个重点项目；对国债项目投放的配套贷款占国债项目的总投资的41%；对重点行业和重点扶持领域贷款占全部贷款的91%；向中西部地区贷款占全行贷款总额的比例保持在48.57%左右；对“两基一支”的贷款占贷款总额的99.26%。重点支持的项目包括三峡工程、小浪底水利枢纽、岭澳及秦山核电站、京九、南昆铁路以及公路“五纵七横”国道主干线等一大批国家重点建设项目。这些对于贯彻中央扩大内需、投资拉动宏观经济反周期方针，实施西部大开发战略，促进国民经济持续健康发展，起到了重要作用。

此外，国家开发银行还积极调整和优化信贷结构，开拓了公路、城市基础设施、电信等项目贷款业务，有重点地支持产业结构调整，产品升级和国有大型企业重大技术改造项目，压缩了煤炭和其他高风险行业贷款比重，信贷资产质量有了明显好转，促进了经济结构的战略性调整。

（五）引领合力作用

从历史发展和现实分工来看，广义的融资可大体分为三类，即财政融资、信贷融资、证券融资。它们各自的功能和规则不同，三者之间有一定的内在关联性，但又不能互相替代和从属。在调动和发掘资源潜力和相对优势因素，以追求后来居上的赶超战略目标的过程中，需要基于一定的政策支撑来追求对于不同类型融资的引领整合，进而形成“合力”效应。开发性金融就具有这种引领合力的作用。

财政融资、信贷融资和证券融资各有自身无法克服的弱项，如财政融资受财政收入规模限制，所能支持的投资领域或工程项目有限；而信贷融资信贷资金主要投向盈利性大、安全性高、期限适中的项目，这也意味着有些项目或领域商业性信贷资金不会进入。此外，信贷融资虽然融入了市场原则，责任明确，但由于责任链条和追索期限长、信息不对称等原因，也面临着诸多风险。我国的资本市场尚不完善，证券融资占比很小，这一融资方式的功能有待于市场的长期发育与完善过程，才可能较充分地开发与释放。

在这种情况下，最为现实的选择是充分发挥各种融资方式的相对优势，而开发性金融机构由于其特殊的地位，可以发挥引领合力的作用。国家开发银行以信贷融资为基础，跨越了信贷和证券两种融资领域，同时，在财政资金与政府政策支持下，更多的是追求社会发展目标，可以有效弥补财政融资的不足。而且，开发性金融与商业金融之间的关系，不是互不相容，而是互相补充，并且在兼容的前提下，开发性金融又有对商业性金融的引领幅射效应，是以经济手段推进政府导向上的商业性信用的增长、集聚与安全可靠性，最终优化全社会的资金配置结构和综合效益，服务于国家战略意图。

从国家开发银行多年来的实践看，它根据三种融资方式的内在规律，坚持多层次地与各级财政形成联动关系，推进所投资项目尽早发挥效益。这四个层次分别为：

其一，以中央财政为主，主要用于跨省区的铁路、公路、民航、交通基础设施、大型水利水电及一部分环保项目，基本方式是国家根据需要与可能，逐年投入财政或国债增发资金及地方资金，通过先行建设，再逐年还贷，在确保防范金融风险的前提下，更好的促进经济与社会的发展。

其二，以地方财政为主，主要用于城市基础设施项目，这实质上是对市政府的信用关系问题。基本方式是以市级政府为背景，以每年地方财政预算建设费用和各种规费收入为还款来源，以政府确定的法人机构把这类项目打捆，统一向国家开发银行贷款，并由同级人大予以批准，向国家开发银行统筹还贷，贷款期限可适当延长。

其三，以普通贷款为主，主要用于地方特色经济的工业和农产品项目。其基本方式是国家开发银行与当地商业银行合作，在严格挑选项目的基础上，国家开发银行向商业银行批发贷款，由商业银行具体落实和承担还贷。

其四，对石油、天然气等大行业的项目而言，国家开发银行则按正常风险原则提供长期贷款，用行业的收益还贷。

以上四个层次的开发性金融实践表明，国家开发银行这样的创新型的政策性金融机构，可以将财政资金、商业银行信贷资金以及证券融资资金等多方面力量融合起来，在国计民生的一系列重要领域发挥其引领合力作用。

三、新时期开发性金融作用的小结

在我国投融资体制改革逐步深化，市场体系逐渐发展的历史时期，开发性金融具有政策性、开发性和导向性、引领合力以及制度创新的重要作用。站在更高的历史视角看，开发性金融的发展，是我国经济社会转轨时期中国特色社会主义实践中的一项积极而重大的成果，其出现具有必然性、其存在具有不可替代性，其开拓活动具有深远的创新制度与引领发展意义。其主导性的逻辑，是通过开发性金融与其他相关的、适当的方式与途径，走出建设市场、塑造信用的“中国特色”国民经济超常规扩容、升级的路子，抓住市场的一定程度的可塑造性和合理的政策倾斜、协调，主动超越“平均利润率自然过程”，实现新型工业化和现代化。为更好地发挥开发性金融的作用，顺应国际开发性金融的发展趋势和我国投融资发展的趋势，适应中国特色社会主义和现代化赶超战略的需要，政府对开发性金融给予适当的、持续的政策支持，十分必要。

在我国传统观念作用下和现实生活中信用败坏状况的负面影响

下，不少人将“政策性金融贷款”视为可以有借无还的“准财政拨款”，在现实中可能由此带来巨大的金融风险与财政风险。毋庸置疑，改变这种局面的最好途径就是运用好开发性金融的功能与作用。国家开发银行推出的“打捆”贷款方式（即以地方财政为担保，将政府确定的法人机构所需建设的一批投资项目打捆，一并由国家开发银行提供贷款），在慎重选择入捆项目和把直接效益高低不一的各种项目适当搭配组合的情况下，和在重视市场业绩与制度约束的前提下，不仅可以实现有效增信和突破若干单个项目无法启动的难题，促进地方经济社会加快发展，而且还可以有效约束地方的过度膨胀和化解相关的金融风险及财政风险。在我国，发展是硬道理和“第一要务”，在财政满足不了发展所需的地方政府项目建设资金需求的情况下，如果没有开发性金融提供的“打捆”贷款，而任由地方政府变相举借基本不受约束的政府债务（在我国地方各级已经大量发生），由此带来的风险才是最为令人担心和忧虑的。

另外，国际经验表明，在消除垄断性市场结构、弥补具有外在经济的企业资金需求、为弥补市场信息不对称的中小企业提供资金和培育长期资金市场方面，以政策性金融定位而发展起来的开发性金融可以发挥重要的作用。同时也启示我们，政策性金融应该积极向开发性金融提升，在适当的历史时期转变观念，适时调整业务重点。我国的开发性金融实践也已在此领域显露端倪。

在我国向市场经济转轨的过程中，突出的问题包括改革投融资体制与解决瓶颈制约。解决瓶颈问题的突出矛盾，不只是资金短缺，而且是市场失灵、市场不成熟、体制和信用缺损等。广义地讲，我国目前面临的瓶颈制约体现在经济、社会和制度制约多个方面。制度瓶颈是许多问题的深层根源，如金融创新、资本市场改革、汇率形成机制转变、金融监管机制构建与完善、诚信制度的建立等。在通过配套改革克服制度瓶颈的过程中，开发性金融可以从投融资体制改革的角度切入而发生更广泛的促进、推动作用和市场呼应效应、战略导向效应。

从政策性金融发展到开发性金融，是在投融资领域正确处理好政府与市场之间关系的客观需要，是政府协调运用好财政资金、信贷资金、证券融资等不同资金的正确选择，更是政策性金融机构求生存、谋发展的必由之路。为充分发挥与有效利用开发性金融的功能与作用，必须要在负责有关经济规划、产业政策的政府机构，实施政策金融的政府机构和民间金融部门，以及负有宏观管理责任的财政部门和中央银行之间，建立一套有效的制度，以确保在政策的制定、实施、评价和修正等过程中，能够充分协调、相互配合。对此，我们可以借鉴日本、韩国以及多数东亚国家的经验，在决定产业政策和政策金融支持时，通过政府、企业和学术界之间的信息交换和利益协调机制，既促进经济社会加快发展，又能实现政策性金融机构动态、良性发展，实现多方共赢。

本文参考文献：

1. 邱全宁："我国投融资体制改革的回顾及展望"，《管理现代化》，1999 年第 1 期。

2. 白钦先、曲昭光著：《各国政策性金融机构比较》，中国金融出版社 1993 年版。

3. 庄俊鸿主编：《政策性银行概论》，中国金融出版社 2001 年版。

4. 国家开发银行编：《国际政策性银行的模式及发展路径》，2004 年。

5. 李俊元著：《投融资体制比较》，机械工业出版社 2003 年版。

6. 邱华炳主编：《政策性银行与金融创新研究》，厦门大学出版社 2002 年版。

财政部财政科学研究所

《我国投融资体制改革和市场体系建设中，开发性金融的作用及与财政的关系研究》课题组

课题组组长：贾　康

课题组成员：阎　坤　杨元杰　陈新平　郑新华
马洪范　张立承

执　笔　人：贾　康　阎　坤　马洪范　郑新华

新时期开发性金融与财政的关系

内容提要

开发性金融作为政策性金融发展的新阶段，超越了旧式政策性金融偏重于运用财政补贴来弥补市场失灵的局限性，通过“建设市场、建设制度”的方式，贯彻执行国家的战略意图和战略目标。但开发性金融与财政依然有着密切的关系，二者同为政府配置社会经济资源的重要方式、均须服务于国家的发展战略，以及在贯彻国家产业政策时存在协同效应等，而运行机理、侧重领域等方面又有所不同。有鉴于此，需要相互支持与协调。基于以上认识，本报告提出了在协调配合中进一步发挥开发性金融重要作用的四个方面的建议：(1) 构建财政和开发性金融的互动机制；(2) 财政在国家全局利益和预算约束下为开发性金融适当提供后续资金支持；(3) 形成开发性金融与财政的决策协调机制；(4) 确定开发性金融的长远发展战略。

我国现实生活中，人们习惯上对政策金融往往落入“无偿性”理解的误区。与此相反，理解认识开发性金融首先应认识其是金融，对其资金的使用不仅要还本，还要支付相应的代价——资金利息，其次才是基于金融之上的开发性活动，以及寓于开发性活动之中的适当政府背景、政府引导和政策性功能。因此，我国的开发性金融机构已不是简单地、被动地适应经济发展对它的政策倾斜要求，而是通过“建设市场、建设制度”这种方式，更为积极地、主动地以金融手段创造供给，与市场兼容并通过其开拓性投融资活动引导社会资金流向，提高社会资本形成率，在促进经济增长的同时，扩大社会需求并强有力地优化经济结构。在一定意义上，开发性金融已定位于经济发展和结构升级的先导因素与推动力，有必要与时俱进地合理调整、优化财政与开发性金融的关系，进一步发掘与提升开发性金融的功能，使其在构建和谐社会、全面小康社会过程中，更为充分地发挥其作用。

一、新时期开发性金融与财政关系的界定与调整

由于开发性金融是在政策性金融的基础上通过制度创新演变而来的，所以它与财政在某种程度上必然承接政策性金融与国家之间的传统关系，即国家向这种特定的金融机构提供资金支持，掌握控制开发性金融机构的资本，在其经营活动的方向和战略方针上给予特殊指导。反过来，开发性金融的经营方针不能偏离国家的发展战略规划、产业政策和区域发展政策，以及技术经济政策的整体导向等，其业务目标要围绕着政府的社会、经济发展战略意图而展开，其业务范围应该涵盖以下几个方面：商业性金融和市场不愿做的；商业性金融和市场做不到的；商业性金融和市场能做，但满足不了的；有专门政府机

构能做，但明显不足的。基于上述认识，在社会经济发展中，尤其是在全球经济一体化程度不断提高的21世纪，中国要解决“三农”问题、区域开发与振兴、实施“走出去”战略以及创建和谐社会，需要借助现代金融制度，在更广阔的范围内、以更有效的方式配置社会经济资源。所以，走向全面小康和“三步走”现代化战略目标的历史时期中的各个阶段，还需要我们研究开发性金融与财政的动态发展关系。

（一）公共财政与开发性金融均服从和服务于国家的发展战略和产业政策，但运行机理有不同

在我国社会经济转型过程中，公共财政与开发性金融均为国家发展战略的实施手段和工具，只是二者的运行机理有不同之处。公共财政是在市场经济条件下，政府为市场经济提供公共服务、满足社会公共需要的分配活动与经济活动，收支的无偿性是其除国债部分之外的基本特征和整体而言的重要特征，其服从和服务于国家发展战略和产业政策的职能，也主要以无偿性的收支方式寓于公共财政的活动之中。至于开发性金融，国家是开发性金融机构的唯一出资人，设立其的初衷就是与商业性金融分轨运行而实施政策性投融资。由政策性金融发展而来的开发性金融的投融资活动，仍然必须符合国家的政策意图，其信贷资金的运用服务于国家的产业政策和区域发展政策，这一点与财政的职能是相同的，但在具体的运行中，开发性金融却要采取“有偿性”为基本特征的操作方式。而且，与财政信用范畴的国债资金运行相比较的重大不同之处是，开发性金融“有偿”操作管理主体的内部治理结构和运行规划，要明确地按照企业样式来构建。因此，开发性金融适宜于成为政府与市场之间的桥梁，也是政府作用于市场的一种有效途径。

（二）公共财政与开发性金融都是政府配置社会经济资源的重要方式，但在“准公共品”上的侧重领域有所不同

财政是政府配置资源的手段，而这一点开发性金融是同样的，两者着眼的都是公共目标。但在“准公共产品”提供方面作比较，财政更为侧重的是较接近于纯公共产品一端的准公共产品的政府支出责任，而开发性金融所侧重的则是较接近于私人产品一端的、宜于比照商业化模式来管理和运行的、公共性较弱的准公共产品的提供责任。居于两个极端之间的一般准公共产品，则需要根据体制、市场、技术等方面的变动因素，因地、因时制宜地大体划为两块不同的侧重领域（当然往往有重合、交叉，不是截然分明）。

（三）公共财政与开发性金融领域的交叉、相互支持与协调

概略地说，整个社会产品可以分为纯公共品、私人品，以及介于二者之间的准公共品。随一系列相关因素的变动，这条“光谱”上各个部分的边界，是有弹性的和可漂移的。在准公共产品领域，往往也有财政与开发性金融的重合与交叉。现阶段，在我国，基础设施、基础产业，以及支柱性产业（“两基一支”）等准公共品领域是公共财政与开发性金融投资范围交叉最为集中的领域。

“两基一支”是国民经济的重要组成部分，在经济社会发展中具有战略地位。从近年来我国煤、电、油、运等能源交通供应又趋紧张的局势看，基础设施和基础产业建设仍是国民经济发展的薄弱环节，也是国家公共财政需要继续关注的问题。但鉴于公共预算资金的有限性与不断增长的准公共品需求之间的矛盾，仅凭国家财政支出无法解决所有的公共供应问题。同时，由于“两基一支”领域周期长、风险大、盈利性差，纯商业性资金不愿轻易进入这类准公共品领域，所以投资这些领域成为开发性金融机构义不容辞的责任，并应在提供过程中与财政相互支持，在交叉、重叠的部分更需强调协调。

二、在协调配合中进一步发挥开发性金融作用的政策建议

（一）构建财政和开发性金融的互动机制

针对目前财政与开发性金融在投资中存在着决策分散、协调不够等问题，有必要进一步协调好财政投资政策与开发性金融信贷政策之间的关系，促进两者良性互动，以更好地发挥在配置和调节社会资源中的作用。二者的互动机制具体体现在以下三个方面：

1. 国家信用与市场的兼容及有机统一

以国家信用为基础，以市场业绩为支柱，通过市场建设和制度建设来实现政府的发展目标，这是开发性金融的核心内容。同时，在政府和市场之间充分发挥桥梁与纽带作用，也是开发性金融对政策性金融的深化和发展。

开发性金融在金融规则约束下管理和运作政府信用资金，在企业发展的初期和将来之间搭起一座桥梁，用国家信用熨平经济发展的周期波动，有效覆盖和承担单个项目波动的风险，降低成本，加快市场化进程，促进社会主义市场经济体制建设，增强国家经济实力和国际竞争力。在当前我国债券市场发育落后、社会信用缺失的条件下，开发性金融把国家信用和市场有机结合，在支持国家经济建设的前提下保证了政府资金使用的效果和资源配置的效率。

2. 良性互动的资金融通机制和提高政府资金使用效益的特定安排

针对目前我国规划水平和市场制度建设比较落后，容易引发经济泡沫和重复建设的问题，开发性金融应该以科学发展观为指导，通过

规划先行和国家及政府组织增信，以逐笔融资为载体，在更高层次上将开发性金融机构的融资优势和政府组织优势相结合，借助“捆绑式”区域授信的方式来大力推进市场建设和信用建设。

通过合理的“捆绑式”区域授信，开发性金融机构和地方政府可以共同强化基础设施建设投资，既能有效刺激国内需求，迅速带动经济发展，又能避免重复建设，有利于调整改善投资与经济结构。同时，双方的合作还能兼顾各级财政的承受能力，把地方的风险控制和风险约束整体纳入可持续发展和国家宏观调控政策之中，确保资产质量和项目建设的成功，使经济运行的效果进一步提高，使合作各方合规操作、共同发展，实现共赢。另外，开发性金融和地方政府合作，投资风险小，长期经济效益和社会效益好，能为闲散资金找到出路，为下岗职工和农村剩余劳动力创造较多的就业机会，有利于增加城乡居民消费，实现国民经济的良性循环和长期稳定发展。

3. 投资决策优化、资本管理优化和信贷优化的互为依存机制

开发性金融和财政的互动机制，还表现在投资决策优化、资本管理优化和信贷优化的互为依存方面。实行政策性和有偿性兼顾的原则通常不是由政府直接进行投资和管理，而是向若干中介机构——财政投融资机构提供融资，由它们进行特定项目的投资。在我国，开发性金融担当了这一重要角色。

在投资决策方面，财政重点在制定宏观的投资政策和投资方向上，而开发性金融机构的重点是通过自身优势选择具体的投资项目，所以双方的优势可以互补。在与财政资金形成共同投资时，综合双方两个层面的意见，有利于保证投资项目的可靠性。同时，开发性金融机构利用自己的人力资源优势，对投放的资金进行监督和管理，保证了贷款项目的正常进行，这也保证财政支出的有效性。由于财政的资金和国家开发银行资金的投入目的都是一致的，即保证公益性，因而放大了资金的规模效应，保证了项目资金来源的充足性，促进了投资决策的贯彻和实施。

在资本管理方面，由于国家财政支出和开发性金融信贷对象主要是涉及一些国民经济发展不可缺少、但经济效益外溢、投资规模巨大、风险高、个别资本难于或不愿意承担的低效益或根本无效益的领域，因此对于资本管理能力的要求非常高。在计划经济时期，由于没有实施完善的投资后资本管理，财政投资并没有发挥出很好的效果。而通过国家开发银行向各领域投资，并进行资本管理，提高了监督能力，控制了风险，发挥了资本管理的优势。

在信贷优化方面，对于符合国家政策的信贷项目，财政会相应给予贴息。财政贴息，一般是先计收利息然后返还，这能使开发性金融机构处于比较主动和有利的地位，既在一定程度上保证了银行贷款的政策性优惠，又能对政府优惠性政策的运用形成双重的制约和监督，有利于保证政策优惠合理运用，使政策具有较强的主动性和灵活性。

总之，开发性金融和财政的合作开发，促进了双方在投资决策优化、资本管理优化、信贷优化方面的成效。国家财政部确定投资方向、投资力度，开发性金融严格遵照市场经济的信用原则，对投资资金进行流动性、安全性管理，遏制了“撒胡椒粉”式地实施平均主义投资，也阻止了对已经扭亏无望的国有企业仍一味地“扶贫帮困”，发放贷款等。

（二）财政在国家全局利益和预算约束下为开发性金融适当提供后续资金支持

政府对开发性金融的后续资金支持，取决于一个国家所处的经济发展阶段、经济金融环境和制度，更直接取决于国家政府对经济金融的干预程度及金融市场的发达程度。对于市场机制力量小的国家，政府对经济金融干预程度高，其资金供给量就大，政府供给资金在政策性银行资金来源中的比例就高；对于充分发挥市场机制作用的国家，政府对经济金融的干预较弱，不仅政策性银行少，而且政府对政策性银行的资金供给量也少，政府供给资金在政策性银行资金来源中的比例就小，尤其是无偿供给资金就更少。

从我国目前的固定资产和资本金管理制度出发，足够的财政拨补资金是办好政策性银行的首要条件，世界各国政策性银行资金来源中，财政资金占相当高的比重，有的高达 70%以上。此外为办好政策性银行，国家财政要不断增加资金投入，随着政策性银行信贷资金的增加定期拨补资本金数额，以壮大政策性银行的资本实力，但增拨资本金的形式各国有所不同。例如，德国复兴银行注册资本为 10 亿马克，由于政府予以免交所得税和不给股东分红的优惠政策，1998 年实际拥有资本已达 96 亿马克。韩国国家开发银行法规定，韩国国家开发银行净利润全部转为准备金。根据国外开发性金融机构的发展经验，我国财政除了向国家开发银行拨付资本金，还应注重增加资本准备，逐渐形成增加资本准备的渠道。

国家财政对政策性银行的后续资金支持，还可以财政贴息的形式体现。对政策性银行实行财政贴息，一是简化了政府制定利率政策的工作量，实现了整体金融领域贷款利率的统一，有利于发挥贷款利率对整个金融业的调节功能；二是先计收利息然后返还能使政策性银行处于比较主动，有利的地位，在一定程度上既保证了银行贷款的政策性优惠，又能对政府优惠性政策的运用形成双重的制约和监督，有利于保证政策优惠合理运用。并且由于贷款的事后贴息返还，贴息标准或返还数额取决于政府的财力和安排，还能使优惠政策的运用具有较强的主动性和灵活性。

除了上述各种支持方式外，政府还可以通过税收扶持、利润返还，或发行财政担保特种债券等方式来增加开发性金融机构的资本准备，也可以通过规定邮政储蓄、社保、医保、养老保险基金必须按一定的比例将其资金交由开发性金融机构运用的方式，来拓宽开发性金融机构获取长期资金的渠道。

（三）形成开发性金融与财政的决策协调机制

由于公共财政和开发性金融均服从和服务于国家的整体发展战略，所以这是二者能够从战略上进行决策机制协调的基点。“十一五”是我国全面建设小康社会的重要时期，解决瓶颈制约，需要投入巨额资金，客观上要求开发性金融和财政在作用方向上形成合力，以保持国家经济的稳定发展。

在战略协调方面，国家财政和开发性金融应该以国家政策为发展方向，共同制定战略规划，而且应在战略规划实施时共同协调，以更好的支持国家政策和经济建设。首先，界定开发性金融业务范围。开发性金融应以国家产业政策为基础，以财政政策和货币政策为支撑，业务随国家产业及区域政策和国家宏观调控的需要而不断调整，并作为政府弥补市场机制“缺失”的有效调控手段，业务范围应界定在非竞争性领域的特定范畴。其次，强化开发性金融的独立性。为了实质性地改革我国的金融体系，可以将支持开发性金融与国有商业银行改革相结合，彻底剥离商业银行的政策性业务；要与邮政储蓄体制改革相结合，让邮政储蓄资金与开发性金融直接对接，直接购买开发性金融债券；完善开发性金融自主经营机制，强化其独立性，从而使开发性金融完全发挥出潜在的力量。第三，确保稳定资金来源。由于开发性金融主要信贷对象多数是微利项目，为了保证开发性金融的长期运转，国家财政要确保开发性金融有稳定的资金来源。通过国家信用证券化，授予开发性金融机构有主权级或有条件主权级信用，在国内外市场向金融机构和个人发行债券筹资，切断开发性金融与央行基础货币的联系；通过间接化注资，提高政策性银行的资本充足率。第四，重视社会性和效益性的统一。政策性信贷资金的使用，既不同于财政资金具有无偿性和保障性特征，又不像商业性信贷资金以追求利润最大化为目标，应该是社会性和效益性的统一，既要执行国家政策，又要防范信贷风险。要借鉴国外经验，按照法人——银行框架来运营，排除外部各种非理性因素的干扰，自主地在战略规划、产品创新方面加以改进。既实现政府的政策意图，又遵循银行的一般规律。要划清财政性资金和政策性开发资金的界限，政策性开发资金必须遵循金融运行规律，有借有还，提高效率。

在资金运作上，为了解决“两基一支”及其他领域的瓶颈矛盾，国家财政需要筹集规模巨大的资金，不断注入到社会经济的运行之中。根据财政资金收支无偿性，开发性金融资金有偿使用的原则，在资金投放上，对于经济不发达地区，应以财政资金为主，开发性金融为辅，而对于一些较发达地区，应以开发性金融为主，财政资金为辅；同时，在纯公共品的投资上，应以财政资金为主，对于其他项目（如准公共品的提供上），应考虑多利用开发性金融资金，最终形成财政、开发性金融的共赢局面。

在管理协调方面，根据开发性金融机构长期监管主体缺位等问题，有必要在财政与开发性金融机构之间建立起一种规范制约的管理模式，即通过立法立规，明确在赋予开发性金融机构较大的业务经营自主权的同时，作为目前开发性金融机构唯一出资人的财政部，还要建立和完善对开发性金融机构的内部监督机制，促其依法开展投融资活动，也即明确财政作为开发性金融机构出资人的管理职责。

（四）确定开发性金融的长远发展战略

在社会经济转型期，我们将在一个相当长的时期内面临着资源配置效率不高、制度缺失等问题。正是因为如此，我们需要进一步强化开发性金融“建设市场、建设制度”的功能，使其将国家信用与市场业绩有机地结合起来，在支持国家经济建设的同时加快自身建设。

在管理方向上，应坚持将追求国际水准而言的先进市场业绩作为开发性金融的管理方向。开发性金融机构必须是一个讲求微观效益的机构，否则将丧失其独特之处，并且其长期的经营与发展也难以为继；由于我国处于社会经济转型期，政府财力十分有限，不可能通过无节制的注资或补贴形式向开发性金融提供资金支持。

在总体金融格局层面，应坚持将国家金融经济主动权牢牢掌握在我们自己手中。在维护经济安全与升级、提高国际竞争力方面，开发性金融最大的优势就是能以国家信用为支点，在“建设市场、建设制度”的过程中，将资源导向政府认为应优先发展的产业或国内企业中去，导向对国家经济持续、稳定发展起基础支撑作用的产业或区域中去。在经济全球一体化程度不断提高的今天，将国家金融经济主动权牢牢掌握在我们自己手中。

在实现政府导向的发展路径方面，应使开发性金融通过“政府入口，市场出口”等模式成为我国政府构建和完善市场经济体制的重要手段。在当前市场体系不完善及其运行规则不健全的情况下，开发性金融“建设市场、建设制度”的业务运作模式已经起到了弥补市场制度缺失和加快市场形成与成熟过程的作用。开发性金融能够将政府的组织协调优势与增信功能有机地结合起来，通过构造投资与信用平台，促进商业信用的形成，把长期资金引入到国民经济中的瓶颈领域，较好地实现政府导向的发展路径。

在促进和实施我国赶超战略方面，要坚持使开发性金融的资金优势与政府组织协调优势相结合。必须借助政府的力量，在统一的赶超战略框架下，将公共资源优先导入那些在长期、战略层面可最优发展和资源综合利用率高的产业或国内企业。另外，出于协调区域经济发展与国家经济安全的考虑，还必须集中力量发展一些今天还不具备比较优势的区域和产业。无论是今天具有相对优势的产业，还是明天可能具备比较优势产业的发展都需要政府的推动，这种推动不是传统意义上的政府直接大规模的资金投入，而是通过宏观调控和政策指导来实现。至于起推动作用的具体模式是什么，国内外并没有一个既定的路径可循。但是走开发性金融的资金优势与政府组织协调优势相结合的路子，是实现政府上述意图的一个应积极探索的方式。

鉴于我国将较长时期面临资源配置效率不高和制度缺乏的环境，

在维护经济安全与升级、提高国际竞争力、实现政策导向的发展路径和实现赶超战略方面，开发性金融必须动态调整业务领域，不但要维持目前的比较优势和随市场发育的阶段变化作必要的“有序退出”，更要创造和培育新的比较优势。

本文参考文献：

1. 白钦先、曲昭光著：《各国政策性金融机构比较》，中国金融出版社1993年版。

2. 庄俊鸿主编：《政策性银行概论》，中国金融出版社2001年版。

3. 国家开发银行：《Annual Report 2003 China Development Bank》，2004年。

4. 刘克崮：“充分发挥开发性金融的作用积极支持我国科技产业持续发展”，《中国科技产业》，2004年第6期。

5. 陈元：“创建国际一流市场业绩的开发性金融”，《求是》，2003年第19期。

6. 陈元：“发挥开发性金融促进制度建设的作用”，《人民日报》，2003年12月8日。

7. 陈元：“改革的十年发展的十年”，《求是》，2004年第13期。

8. 陈元：“国家开发银行东北战略”，《国际融资》，2004年第4期。

9. 陈元：“建设国际先进市场业绩的开发性金融”，《中国金融》，2004年第7期。

10. 于学强、朱炜：“规范政府投融资管理体制的几点建议”，《经济研究参考》，2001年第90期。

11. 林建华：“我国政策性银行改革与发展设想”，《金融研究》，2000年第4期。

财政部财政科学研究所

《我国投融资体制改革和市场体系建设中，开发性金融的作用及与财政的关系研究》课题组

课题组组长：贾　康

课题组成员：阎　坤　杨元杰　陈新平　郑新华
马洪范　张立承

执　笔　人：贾　康　阎　坤　陈新平

宏观金融风险与政府财政责任

内容提要

宏观金融风险属于公共风险，其责任主体是政府，而微观金融风险属于个体（私人）风险，其责任主体是金融机构。中国的宏观金融风险仍处于发散状态，呈现出行业特性（风险业）与金融转轨风险“叠加”的特征。当前的金融改革既是防范宏观金融风险的战略举措，其改革本身也是宏观金融风险的重要来源。政府防范宏观金融风险需要改变“一事一议”的个案方式，迫切需要建立防范和化解金融风险、金融危机的应急反应机制，并把宏观金融风险纳入国家财政风险管理框架，以避免政府财政责任变为仅仅是事后买单。

金融风险是指金融交易过程中因各种不确定性因素而导致损失的可能性。从层次论来分析，可分为宏观金融风险和微观金融风险。这两者在风险主体、形成机理、经济社会影响以及风险管理等方面都有明显的区别，尽管二者有广泛的联系。宏观金融风险的主体是国家，或者说是整个社会公众，而微观金融风险的主体是金融机构。风险承受主体的不同，也就决定了二者具有不同的性质及其应对方式。宏观金融风险属于公共风险，无疑地需要政府来承担相应的责任；微观金融风险属于个体风险，自然要让市场主体来防范和化解。我们在讨论金融风险时，长期以来是没有作这种区分的，以至于对金融风险防范的责任边界十分模糊，甚至出现“错位”，把政府的责任交给了市场主体，而本属于市场主体的责任却又由政府揽过来，给出了错误的信号，从而引发逆向选择。自 1997 年东南亚金融危机以来，我国政府对金融风险的防范十分重视，但由于上面的原因，成效并不十分理想。本文正是因现实中的问题而导出了金融风险的层次论，并据此来展开分析。

只有宏观金融风险才属于公共风险，与政府的财政责任有内在的关联性，构成财政风险的重要来源。而微观金融风险，如利率风险、汇率风险、信用风险、流动性风险等，则是个体风险，主要是金融机构内控的日常任务，与政府的财政责任无直接的关联性。只是当微观金融风险向宏观金融风险转化时，才会与政府的财政责任产生逻辑的联系。

一、宏观金融风险的界定

风险是金融活动的基本特征和属性，其基本原因在于金融交易较之于其他交易具有更大的不确定性。这种不确定性可能给金融交易造成损失，甚至可能造成金融机构破产，并可能引发金融危机，这种可能性就是金融风险。

对金融风险的分类可以有多种，如按照金融行业划分，可分为商业银行风险、证券市场风险、期货市场风险、信托业风险和外资外债风险等；按照金融风险的来源又可分为信用风险、流动性风险、市场风险、内控风险、政策性风险、国际风险等；按金融风险的不同成因，还可分为体制性金融风险、市场内生的金融风险等。总之，研究目的、研究对象不同，研究者可以采取不同的分类。在这里，是从另一个角度把金融风险分为两个层次：一是微观金融风险，二是宏观金融风险，其依据是风险后果的影响范围及其相应的承担主体。如果金融风险带来的后果是孤立性的、个体性的，不产生连带性影响，则是微观金融风险，如利率风险、汇率风险、信用风险、流动性风险等一般情况下都不会产生关联性；如果金融风险带来的后果与此相反，是整体性的、关联性的，则是宏观金融风险。

顾名思义，微观金融风险是指微观主体即金融交易人的金融风险。金融交易人既可以指法人，如银行、证券公司、信托机构、保险公司等金融机构，也可以是自然人，如股票、期货、债券、外汇等金融资产的投资者。自然人金融风险可归结为个人理财的范畴，谈到防范金融风险时，在一般语境下多指向金融机构。微观金融风险转化成现实所产生的影响有：一是损失。如资产缩水、投资损失、收益减少、严重亏损等。二是破产。如果风险失控而日益累积就会导致这种结果。另外某种突发性事件也可导致金融机构破产，如巴林银行的倒闭就是如此，究其原因是原有的风险控制机制在新的不确定性面前失效了。在现实生活中，损失类风险是经常发生的，如出现呆账等。也可以说，只要有金融交易，这类风险就不可避免，风险防范的目标是使之控制在可承受的范围之内。而破产类风险出现的频率则相对要低得多，某个金融机构一旦达到这种风险状态，也就可以说该金融机构已经面临危机。

宏观金融风险是从微观金融风险转化而来的。转化的条件：一是损失类风险在行业内普遍累积，并已达到破产的临界点。如我国的银行业积累了大量的不良资产，各个银行自身已经无力化解，实际上已到了破产的边沿，不得不由国家出面来剥离。再如证券业大量挪用客户保证金，全行业形成巨额亏损，面临着整个行业倒闭的风险，不得不由政府出面来实施大规模的关闭、重组。二是破产类风险引发连锁反应。如某一个金融机构破产可能会引发社会预期改变，产生存款挤兑风潮、资产价格急剧波动、外资大规模流出、货币大幅度贬值等等。尤其当单个金融机构达到相当大的规模时，其利益相关者也会构成一个巨大的群体，在这种情况下，无论该机构是公有还有私有，如果任其破产就会带来巨大公共风险，政府救援不可避免。本世纪初美国政府出面挽救私人所有的“量子基金”就是一个典型例证。上述两个条件，只要具备任一个就意味着微观金融风险已经转化为宏观金融风险。一旦转化为宏观金融风险，就表明金融风险的性质发生了变化，从个体（私人）风险变异为公共风险，风险承担主体相应地也就从微观主体，即单个金融机构转变为政府。我国政府采取大规模的金融救援行动，也就是基于这种判断。当然，这其中还有所有者这一层关系的存在也是导致政府采取救援行动的原因。政府防范和化解宏观金融风险的行动给金融机构造成了某种期待，只要有事政府会来兜底。这使金融机构对防范微观金融风险的动机和动力不足，甚至不顾风险而盲目交易。这就需要政府对此实行严格的监控，并通过多方面的改革来强化金融机构的避险动机和提高避险能力。中国建设银行创设“首席风险官”职位，是金融机构防范风险方面的一个标志性事件，表明我国金融风险的防范在微观主体层面已开始从理念变为机制和制度。

微观金融风险的分析很多，并都有相对比较成熟的工具和方法，由于都是市场领域的风险，西方金融机构的许多做法都可以借鉴。而宏观金融风险的分析在我国缺乏深度和广度，也是由于它与一国的经济体制、社会结构、发展历史和文化传承有更为紧密的关联性，可借鉴的少，故这方面的研究相对薄弱。因此，宏观金融风险的研究更需要立足于国情来进行创新性探索。

对政府、对公众而言，金融危机直接来自于宏观金融风险。《新帕尔格雷夫货币与金融大辞典》对金融危机的定义就是“金融危机是社会的金融系统中爆发的危机，它集中表现为全部或大部分金融指标急剧、短暂和超周期地恶化，这些恶化的金融指标包括短期利率、证券、房地产和土地等资产的价格、企业破产数和金融机构倒闭数”。防范和化解宏观金融风险，就是为了避免金融危机的爆发。不言而喻，宏观金融风险管理的对象是整个金融体系的稳定性，其表现形式为银行危机、货币危机、债务危机、资产价格泡沫化等宏观态势出现的可能性。

应当说，理论界已经在关注宏观金融风险的研究。如美国经济学家克罗凯特（Crokett A.，1977）注意到这种现象，提出了金融系统性风险的概念，“由于金融资产价格的异常、剧烈波动，或由于许多经济主体和金融机构负担巨额债务及其资产负债结构趋于恶化，使得它们在经济冲击下极为脆弱，并可能严重影响国民经济的健康运行”。①国内学者在探讨这个问题时，有的将宏观金融风险直接定义为系统性金融风险。也有的重新定义，如尹音频（2001）认为，宏观层面的金融风险是指由于经济制度缺陷与宏观调控偏差所导致的金融风险，它是指整个金融体系面临的风险。也有学者从区别于系统性风险的角度来重新定义，其理由在于金融系统性风险是从金融风险在金融系统的表象上对全局性金融风险进行描述，而宏观金融风险则是从经济与金融的多视角、多层面对能够影响经济、社会、政治稳定的金融风险形成和发展的分析（刘立峰，2000）。其实，关键不在于用什么词语，而在于观察的角度。站在个体的角度来看，金融系统性风险也是微观

---

① Crokett A.，1977．“The Theory and Practice of Financial Stability”，Essays in International Finance，No.203，April，1997，引自李心丹、钟伟：“国外金融体系风险理论综述”，《经济学动态》，1998年第1期。

金融风险的分析范围，在做出各种金融决策时，是不能忽视的重要方面，特别是在金融全球化环境中，他国的系统性风险是各个金融机构需要深入研究的重大问题。而站在宏观角度观察，金融系统性风险则就转换为宏观金融风险的研究内容，是与“金融危机”相联系的。研究宏观金融风险是为了更好地定位政府在其中的责任，尤其是财政责任。因为金融风险一旦上升到宏观层面，其性质就发生了变化，成为公共风险，其风险责任主体也就转换为政府。就此而言，研究宏观金融风险是为政府决策服务的，而研究微观金融风险则是为金融机构等微观主体的决策服务的。

二、中国宏观金融风险：分析与判断

（一）现象分析

中国目前宏观金融风险仍集中在国有商业银行。虽暂时不会出现金融危机，但现阶段的金融安全是有条件的，随着我国金融业对外开放和资本项目可自由兑换的推进，我国的金融安全将面临严峻的考验。

银行业的风险因素主要表现在以下几个方面：一是不良贷款比率仍居高不下。据银监会的资料，2004 年 9 月末，我国银行业不良贷款余额 1.7 万亿元人民币，其中国有银行占 92%，股份制商业银行占 8%，以“不良贷款/GDP”这一指标来衡量，已经接近 20%。二是资产盈利能力低。银行业长期形成的单一经营模式依然如故，甚至愈加严重。在全部营业收入中，传统贷款利息收入占到 66%，资产收益来源单一。2003 年我国境内 14 家商业银行的平均资产收益率仅为 0.23%，净资产收益率为 7.29%，远低于发达国家或地区的银行业。

三是商业银行的资产负债期限结构匹配不合理。据中国人民银行的资料，我国全部金融机构活期存款余额与定期存款余额比例从2000年的39.4%上升到2004年的9月末的54.4%，提高了15个百分点。而与此相对，同期中长期贷款余额与全部贷款余额的比例从23.7%上升到38.1%，提高14.4个百分点。① 银行业资产长期化，而负债短期化的趋势，势必增大银行业的流动性风险、利率风险和信用风险。四是银行业的组织结构、治理结构仍滞后于市场化的进程，特别是2006年之后外资银行进入的限制被撤销所带来的巨大挑战扩大了银行业的风险。组织结构和治理结构是银行业整体变迁中的慢变量，但又居于核心地位，相对于快速的市场变化，成为至关重要的长期风险因素。特别是随着加入WTO过渡期的结束，外资金融机构将享受同中资金融机构同等的国民待遇，市场竞争将愈发激烈，国有商业银行的传统市场份额、客户质量、储户结构乃至管理人才、创利能力等将会受到严重挑战。

证券市场的风险日益凸现。2002年5月底，118家证券公司净资产额为917亿元，不良资产却高达460亿元，不良资产率超过50%。近两年证券公司接二连三的关闭重组，如大鹏证券、汉唐证券、五洲证券、南方证券等等案例，实际上已经充分证明了风险的严重性。

保险市场相当脆弱。标准普尔信用评级发表的题为《中国保险业信用前瞻2005—2006》的报告中指出，目前中国保险业发展迅速，总体进步较大，但在如定价、准备金水平和公司治理等方面还不成熟，尤其考虑到日趋激烈的市场竞争和潜在增长所需的资金，中国大部分保险企业的资本基础依然偏弱，② 应对风险的能力较差。目前保险机构的基本财务状况不佳，据钟伟等人研究，这主要表现在：一是中国

---

① 转引自“大公国际：银行业风险正在增加”，《经济展望》，2005年第4期。

② 《东方早报》，2005年6月25日，转引自 http://www.whb.com.cn/wxpd/caijing/bx/t20050625_553958.htm。

保险机构盈利能力低，靠自身的积累化解资本金不足和不良资产的可能性不大；二是中国保险机构的不良资产比率难以估计，早在2001年10月，中国各保险企业的不良资产就已经达到114亿人民币；三是中国保险机构的资金运用能力低。① 监管层实际上也已经意识到了问题的严重性，提出了“以风险为基础的动态监管”理念，② 但要真正变成一种制度安排，则还有很长的路要走。

地下金融市场的隐性风险不小。据中央财经大学一个课题组的调查表明，中国地下金融的信贷规模介于7400亿元～8300亿元之间。在全国20个被调查省、区、市的地下金融规模与正规金融规模的比例平均为28.7，也就是说，被调查地区的地下金融规模已接近正规金融规模的三成。尤其在农村地区，超过半数的借贷来自地下金融。③ 地下金融的“发达”是自然融资契约对现行垄断制度的一种无声抗议，随着民间金融的逐步放开，地下金融有浮上水面的迹象，隐性风险将会逐渐地显性化。

国际资本流动的风险。据估算，我国1987—1997年的11年中，资本外逃数额累计达2457.62亿美元，平均每年外逃223.42亿美元；按照世界银行法与摩根担保法估计出的数值为2032.47亿美元和1529.11亿美元，平均每年外逃额为184.77亿美元或者139.01亿美元。最严重的1997、1998年资本外逃额就为364.74亿美元和386.37亿美元，2000年则高达480亿美元左右，比外商对华实际投资的407亿美元还要多。从世界范围来看，我国已成为仅次于委内瑞拉、墨西

---

① 钟伟等：“中国金融风险评估报告”，《中国改革》，2004年第3期，转引自 http://www.usc.cuhk.edu.hk/wk_wzdetails.asp?id=3149。

② 《21世纪经济报道》，2006年2月11日，转引自 http://news.ins.com.cn/2006/02/11/09171085.html。

③ 《中国新闻周刊》，2005年1月19日，转引自 http://finance.sina.com.cn/g/20050119/23231306451.shtml。

哥和阿根廷的第四大资本外逃国。[①] 这种状况至今未有好转，2004年资本外逃2062.11亿美元，2005年的资本外逃规模略低于2000亿美元。[②] 资本外逃是隐性的资本流出，如果资本项目放开，显性的资本流动规模可能会更大，其风险是不言而喻的。

（二）成因分析

中国的宏观金融风险除了金融行业本身的风险特性之外，与体制转轨密切相关。体制转轨不可避免地使金融业的风险呈现出一种“叠加效应”：行业风险+改革风险。体制转轨过程中，财政减税让利，财力拮据，银行和股市实际上成为政府的两大融资工具，为“改革”、“发展”和“稳定”提供财力上的支撑，直接承担了相当一部分体制转轨成本。同时，作为国有企业的四大商业银行和主要的证券公司，又有一般国有企业的缺陷：风险责任模糊、预算约束软化、逆向选择严重，这客观上扩大了宏观金融风险。

长期以来，财政与银行被认为是政府的两个“钱袋子”，一旦这种认识变成了一种制度安排，要改起来就不是轻而易举的事情。国有银行有明确的行政级别（非银行金融机构大体也是如此），一直类似于行政机关。商业化改革进行了多年，现在又在进行股份化改制，但原有的行政机关性质至今也未能从根本上去除，一条腿在市场，而另一条腿仍站在行政机关的序列，履行着不属于商业银行的职能。如在产业结构调整过程中，各级政府都采取各种行政措施要求银行向一些指定的行业给予资金的支持，形成了大量指令性贷款。据人民银行估计，上世纪90年代以来，指令性贷款约占国家银行贷款总量的1/3，大多形成银行不良资产。此外，政府为维护社会安定还要求银行发放

① 顾列铭：“资本外逃：中国金融之大患”，http：//std.xjtu.edu.cn/html/xinxi/2004/04/5749.html。

② 《中国经营报》，2006年1月7日，转引自http：//news.cnfol.com/060107/101，1277，1632790，00.shtml。

本应由财政弥补的国有企业亏损贷款和安定团结贷款，把有偿性的银行资金作为公共资金来加以分配，其结果是进一步增大了银行等金融机构不良资产比率。对各种金融机构的紧急救援，近年来成为央行的重要职能，实际履行的是公共财政职能。这种把银行当成政府“钱袋子”的做法成为我国宏观金融风险扩散的一个重要原因。

由于财政这个“钱袋子”在长期的减税让利政策导向下，一直是囊中羞涩，财力拮据，只能是挤信贷资金，导致信贷资金财政化，扭曲了金融与财政的关系。1998 年之后，财政收入实现了快速增长，但财政又承担了拉动经济和扩大公共服务的重责，长期扭曲的财政—金融关系并未得到调整。这是赤字货币化在中国转轨环境中的一种隐性表现形式，也是赤字货币化的一种特殊转化机制。对政府来说，利用银行这个“钱袋子”有许多的好处，一是成本低廉，二是不列入赤字，无序经过人大审查程序。在短期化动机驱使下，由于财政脆弱，利用银行等金融机构来实现政府意图的倾向至今没有扭转，有些地方甚至还在进一步强化。这无疑会扩散宏观金融风险，并最终将回归到财政自身。

在这样的体制环境中，势必产生双向的道德风险，即资金的供应者和需求者都依赖于政府，漠视风险的存在，更谈不上通过健全内控机制去规避风险。资金需求者靠政府获得资金，一开始就没有偿还贷款的意图，甚至是当成财政资金来使用；而资金的供应者，即贷款人知道有政府最后兜底，尤其是那些指令性贷款更是不用担心，随意贷款也就在所难免。这就造成了一种“风险大锅饭”的体制性存在。① 上一届政府实行的贷款责任人终身负责制，实际上就是针对此而采取的措施。但这种追求零风险的做法又有矫枉过正之嫌疑，不符合市场化的基本规则，实际上走到了另一个极端。曾经一度出现的“惜贷”

---

① 详见刘尚希：“中国财政风险的制度特征：‘风险大锅饭’”，《管理世界》，2004 年第 5 期。

与此有关。如果银行的资产运用受到不正当的限制，资产与负债不匹配，银行实力受损，最终也会加大宏观金融风险。因此，在银行等金融机构未成为真正的市场主体的条件下，无论政府采取什么样的干预措施，都会成为宏观金融风险扩散的重要成因。

总之，宏观金融风险扩散是由多种因素综合作用所致。虽然从定义来看，某个金融机构的风险属于个体风险，而不属于性质上定位为公共风险的宏观金融风险，但从我国金融业的实际状况来观察，单一金融机构的风险演变成为宏观金融风险是很容易的事情，因为我国的银行集中度很高，尤其是国有银行，任何一家国有银行出现问题都有可能演变成一场宏观金融风险。在这样的高危情境下，国有银行的改革无疑地成为我国宏观金融风险的重要风险因素，如果改革不成功，其后果将不是某一个金融机构的损失，而是产生全面性的冲击，危害经济、社会的稳定。因此，国有银行改革的风险应视为新时期宏观金融风险的重要内容，而不宜简单地把国有银行改革看成是防范宏观金融风险的重大举措。

在体制转轨过程中，政府与市场的关系处于不确定性状态，国有银行的商业化在未彻底完成以前，其职能难以有清晰而准确的定位，时而发挥政府“钱袋子”功能的情形难以避免，这构成了国有商业银行风险责任不明晰的体制基础。市场体系的发育和完善是一个循序渐进的过程，尤其是金融市场的发育需要更严格的体制环境，当体制还未完善时，不可能有完善的金融市场和规范的市场主体行为。金融机构内部控制机制的不健全是市场不完善的结果，实际上也是整个体制变迁过程中出现制度“真空”的结果。通过分析宏观金融风险的成因，使我们不难发现，政府的体制安排与宏观金融风险的关系更为密切。

三、中国防范宏观金融风险的回顾与评价

（一）防范宏观金融风险的政策措施

20世纪90年代以来，我国在防范宏观金融风险方面采取了一系列措施。在制度建设方面，如1994年出台了《中国人民银行法》，从法律上保持了中国人民银行的相对独立性；2000年以后国务院严令各行降低不良资产率，为防止国有商业银行的不良资产扩大，国家又出台了贷款责任人终身负责制制度。在补救措施方面，财政部发行特种国债以补充国有独资商业银行的资本金；加快国有商业银行呆账的冲销，并改革了提取和冲销银行呆账准备金的方法；商业银行逾期一年贷款的应收未收利息不计入商业银行营业税税基；农业发展银行逾期贷款的利息，由地方政府财政偿还；商业银行和其持股的证券公司、信托投资公司脱钩，其股权采取无偿划拨的方式；中央财政承担中央银行损失的部分老贷款及其利息；中央财政直接偿付被关闭金融机构的主权外债；中央财政完全承担资产管理公司（下称AMC）的最终损失；之后又动用450亿美元外汇储备向中国银行和中国建设银行注资，以利于其股份制改造；动用150亿美元外汇注资工行，并进行财务重组，等等。

自20世纪90年代中期以来，我国金融机构出现一股重组浪潮。与发达国家的金融机构重组不同，我国金融机构重组主要是为了化解宏观金融风险。1995年，中银信托被责令停止整顿，1996年广东发展银行收购其债务和分支机构，同年申银万国证券公司合并，光大国际信托公司实施债权转股权，永安保险公司被人民银行托管、重组、增资扩股。1997年，海口33家城市信用社被海南发展银行收购。

1997年1月中农信公司被关闭，由中国建设银行托管债权债务和分支机构。1998年1月中创信托投资公司被关闭，由人民银行托管；1998年1月海南发展银行被关闭，中国工商银行托管；1998年君安证券公司与国泰证券公司合并；1998年10月广东国际信托投资公司被关闭，1999年1月进入破产程序；1999年2月中国投资银行被国家开发银行收购，1999年3月其分支机构由光大银行收购；2003年12月，新华证券被撤销；2005年4月，老牌南方证券宣布破产清盘，如此等等。国家清理整顿信托投资公司、城市信用社、农村基金会和证券公司，中国人民银行发放了数以千计的再贷款，用于解决自然人的债务清偿，并由财政部门提供担保。见表1。

表1　　政府在金融机构关闭、重组方面采取的财政性措施

1. 注资	1998年3月，中国财政部发行了2700亿特别国债，用于补充国有独资商业银行资本金。地方政府在地方性信托投资公司、城市商业银行和城市信用社的增资扩股中也注入一部分资本金，以缓解支付困难。 2003年，政府动用450亿美元外汇储备向两家国有商业银行注资，以加速其股份制改造进程。 2005年，政府动用150亿美元外汇储备给工行注资，并同时进行财务重组。
2. 债务转股权	1996年10月，中国光大信托投资公司不能支付到期债务，中央银行决定将约50亿元的债权转为股权，从而避免了信托公司的倒闭。 1999年成立四家资产管理公司，专门处置国有独资商业银行不良资产，同时实施“债转股”。
3. 金融化的财政措施	在处理金融机构关闭、破产或者为化解金融机构的支付危机中，中央银行往往再贷款予以支持。中央银行的再贷款损失实际也属于中央财政损失。
4. 地方财政的支持	在地方金融机构破产后，地方财政出资偿付自然人的存款债务，如广东国际信托投资公司境内自然人存款的偿付； 动员地方国有企业注资有问题的金融机构，缓解支付危机； 对本地有支付危机的金融机构予以税收减免； 以其他优惠条件让本地企业收购金融机构的不良资产变现。
5. 中央财政的暗补	国有商业银行在接受被关闭金融机构的资产债务后，减免该银行一定期限内应交的中央银行贷款利息，减免的部分实际上属于中央财政的补贴；或者，该银行上交的利润减少了，相应减少了中央财政收入。
6. 中央财政直接偿付	中央财政偿付被关闭金融机构的外债，这些外债多为应付国际金融机构的主权债务。

（二）评析

回顾政府防范宏观金融风险的过程，不难发现有两个明显特征。一是政府高度重视。二是力度很大。特别是几次向国有商业银行大规模注资以及剥离不良资产种种措施，都反映出政府在防范金融风险方面的决心。应该说，政府防范宏观金融风险的效果是明显的。我国这些年经济持续高速发展，经济没有出现大的波动，金融平稳运行，与政府防范宏观金融风险的一系列政策措施分不开。但同时也有不少地方需要我们反思。

1.政府的财政责任

政府作为公共主体的责任是化解公共风险。其途径有二：一是通过建立新的制度安排来化解，二是通过财政兜底。[①] 对于前者而言，主要是指通过改革来打破“风险大锅饭”，对各行为主体的风险责任界定清楚，尤其是金融部门与财政部门的风险责任要做出制度性的安排。这就涉及到在改革、发展、稳定方面二者各自应当担负什么样的风险责任以及能担负什么风险责任。可以说，在理论上对此是没有说清楚的，因而在实践中也就出现了种种“错位”，金融部门履行了财政的职能，而财政部门履行了金融的职能。这一方面就导致了风险责任的混淆和部门之间的相互推诿，另一方面，使政府在决策时更容易采取“哪个顺手用那个”的机会主义策略，而难于做到“桥归桥，路归路”，一开始就分清各自应该履行的职能。当风险达到一定程度并转化为公共风险或公共危机时，通常会出现“病急乱投医”的情景，或由央行再贷款，或由财政买单，实际上最后都是由财政用纳税人的钱来买单。这就涉及到了财政兜底的问题。从理论上讲，不论是什么原因所致，也不问银行的所有制成分，也不管是银行还是其他的金融

① 关于政府双重主体假定的论述，参见刘尚希：“财政风险：一个分析框架”，《经济研究》，2003 年第 5 期。

机构，只要其风险已经构成公共风险，政府财政就要承担化解的使命。这就是说，让金融部门去化解公共风险，眼前减轻了财政压力，但终究性是“政策性”的事务，最终会回归到财政自身，只不过是时间上的早晚问题。中央银行作为货币政策制定和执行部门，对稳定货币负有日常监控的重要责任。如果货币稳定真有什么风吹草动的话，财政也是难以置身事外的。因此，从财政兜底的基本属性出发，由央行来化解和承担宏观金融风险，并以此来减轻财政负担，那实际上就是让央行通过印钞票来承担财政功能，即隐性财政赤字货币化。偶尔为之，也许不会有太大的问题，但长期如此，势必引发恶性通货膨胀，甚至导致货币危机。这种局面是谁也不希望看到的。

2. 处理的方式方法

我国防范宏观金融风险的明显特征是个案处理法，“一事一议”，针对某家银行，某个信用社，或某家证券公司来逐个处理，缺乏可以预知的一般规则和处理流程。在宏观金融风险来临时，有关方面通过协商谈判来解决。可以说是头痛医头，脚痛医脚。这种防范宏观金融风险的方式，具有较大的随意性，有明显的长官意志偏好，其缺陷极其明显。一是缺乏系统性，没有从制度上明确规定相关方的责任和处理原则，更谈不用上用法律的手段来解决。二是方法比较原始，缺乏国外一系列风险评估的手段。三是没有前瞻性。临时化解风险的后果是金融或财政成本巨大，并且缺乏效率。由央行首次发布的《中国金融稳定报告》称，“近十年来，国家用巨大的财力和人力化解金融风险”，才保持了金融体系稳定。估算结果表明，从 1998 年至今，中国为了保持金融稳定，大体上投入了 3.24 万亿元的成本。[①] 这种稳定成本今后还将少不了。因此，注重宏观金融风险处理方式的系统性、前瞻性和方法的先进性，也应当成为今后宏观改革的重要内容。

---

① 《经济观察报》，2005 年 11 月 13 日，转引自 http：//www.china.com.cn/chinese/FI－c/1028704.htm。

四、防范宏观金融风险的财政措施

（一）强健国家财政

我们已经步入风险社会，如果没有一个强健的国家财政，那整个社会都会变得十分脆弱。[①] 从防范金融风险的角度来看，至少有两个方面的意义：一是减少职能错位。一些本该由政府财政承担的事务而难以承担，除了理论认识不清的原因外，不少是现实财力拮据而给逼出来的，不得已而为之。财政强健了，因财力困扰而导致的"职能错位"就可以大大减少，进而减少金融部门承担的政策性事务，有利于界定部门风险责任，打破风险大锅饭，为防范宏观金融风险扩散奠定体制基础。二是增强化解宏观金融风险的能力。打铁需要自身硬。国家财政实力雄厚，就能及时有力克服宏观金融风险带来的种种冲击。如果财政脆弱，防范和应对宏观金融风险和危机的能力就会大打折扣。这从国外化解金融危机的过程中可明显看出这一点。1997年东亚金融危机发生时，泰、韩两国应对金融危机的重要措施就是积极启动财政手段，包括扩大赤字、大规模减税、向遭受沉重打击的金融部门注入公共资金等等手段，较快地恢复了经济发展。危机爆发后，由于韩国的财政实力明显大于泰国，韩国政府财政有能力实施大规模的救助措施，不良贷款的消化速度较快，结构重组的成效较为显著。相反，泰国的财政能力相对不足，因此在危机爆发后，尽管政府财政倾

---

① 瑞典财政大臣佩尔·努德2005年11月25日在中央党校以《公正、增长与全球化——瑞典的经验》为题发表的演讲中曾专门谈到："强健的公共财政不仅可以减少经济的脆弱性，同时也保证了经济增长质量、低通胀率和较高的工资水平。"见财政部国际司《外事简报》，2005年第59期。

力相助，但仍感力不从心，不得不依赖国际援助，妨碍克服危机中的主动性。因此，建立“稳固、平衡和强大的国家财政”，既是防范宏观金融风险扩散的重要前提，也是政府能够应对风险和危机不可或缺的手段。

（二）健全赤字和债务管理

财政赤字和财政债务的扩张会威胁金融稳定。对财政赤字与货币危机的经典解释是克鲁格曼1979年提出的国际收支危机模型。他认为，一国赤字过多，会使货币当局不顾外汇储备无限制地发行纸币，为维持固定汇率制，货币当局又会无限制抛出外汇直至外汇储备消耗殆尽，使货币制度崩溃，引发货币危机。

东南亚国家在1997—1998年金融危机爆发之前，财政保持了盈余，认为“财政赤字”与货币危机无关。其实问题的关键是如何认识“财政赤字”。Daniel、Davis和Wolfe（1997）的研究发现，许多国家未将现金支付纳入预算内，而且在现金支付和财政对银行提供援助之间有很长的时滞。通过使用“扩展的财政赤字”概念，可将主要的可量化的财政成本纳入当期预算内以消除这种时滞。Homi等则提出了“扩展的财政赤字”的局限性，比如不能反映未来宏观经济状况变化对财政的影响、赤字计算方法是基于政府总负债而不是净负债，赤字度量方法未能将政府总（显现）负债变动的政府支出包括进来。① 他们在此基础上，将赤字分为流量赤字和存量赤字（债务），并提出了“精算的预算赤字”概念，得出的结论是货币危机在统计上更显著地与精算的预算赤字相关。

Homi等的发现具有重大现实意义，即为了防止潜在的货币危机

---

① Homi等：《隐性赤字与货币危机》，第18—40页，引自世界银行：Mangaing Fiscal Risk New Concepts and International Experience（《财政风险管理：新理念与国际经验》），梅鸿译，中国财政经济出版社2003年版。

（宏观金融风险的一种），政府必须关注其全口径的财政赤字，有效监控政府债务，包括主权外债和其他形式的负债（包括或有负债）。

政府主权债务可能诱发宏观金融风险和金融危机。1999年初，巴西一个州政府的债务危机直接导致金融危机。2001—2002年的阿根廷金融危机，是在其债务危机之后1个月爆发的。巴西和阿根廷的金融危机已经过去，但政府外债规模依然过于庞大，至今仍困扰着这两个国家。拉美国家的教训已证明，政府主权债务规模要适度，并且政府的举债权限应当集中到中央政府。我国实行分级财政，不少人主张放开地方公债，但对此应持谨慎态度，以避免地方政府行为短期化和地方债务危机而引致金融危机。

有必要对中央政府预算外的显性债务和各级地方政府的显性债务进行全口径预算管理，对公共机构和国有企业的各种欠账、挂账、亏损、不良资产等隐性和或有债务进行有效监控。为此，要做好政府预算会计的基础性工作，逐步编制各级政府的债务预算。要从制度上控制或有负债引致的风险。

（三）把宏观金融风险纳入财政风险管理框架

宏观金融风险与微观层面上的金融风险最大的不同之处在于，前者对社会的辐射面和影响较大，因而本质上属于公共风险，理应纳入财政风险管理框架。由于财政风险管理的内容和因素较多，政府财政部门又不可能像过去那样拘泥于仅以个案方式来处理金融事件，而应更多地考虑宏观金融风险对财政总体状况的影响。相应地，财政部门对金融的管理模式也要进行革新，即从国有银行的财务管理提升为对整个金融体系的宏观风险管理，并从动态上监控金融风险向财政的转化。

1. 财政部门应对不同层次、不同类别的金融机构和金融市场进行动态监测，提前进入“角色”，以摆脱事后被动买单的局面

这要求根据不同时期的经济、金融形势，通过全面深入的分析找

出财政监控重点，分门别类，区别对待国有金融与民间金融；商业金融与政策金融；正规金融与非正规金融；直接融资与间接融资；资本市场、货币市场和保险市场，探测其中存在的宏观金融风险。

2. 应设计一套财政风险管理程序，来规范政府财政部门对金融体系的负债和其他风险的控制

在制订风险管理程序方面，我们可借鉴加拿大和荷兰的经验。在这些国家，中央机构的审查和实施担保程序包括许多步骤，并强调了减轻政府风险的重要性。在执行程序方面，可将执行风险控制程序交给财政部，① 也可像瑞典、泰国和哥伦比亚那样将责任划给债务管理（或类似）办公室。② 无论是哪种情形，最重要的是确保执行财政部的风险控制部门有足够的权限和资源，以便能采取措施降低风险。当然，中央银行作为保持流动性的“最后贷款人”，其维持金融稳定方面的职能也应得到保证。这就要求建立财政部、中央银行和各监管部门之间的制度性的协调机制。在应对突发性事件和处理金融危机方面，更需要一套事先约定的制度。即使在日常宏观金融风险的监控过程中，也需要不断的信息交流和磋商，才能避免监管的重复和真空，以及政策上的矛盾和反复。

3. 建立健全财政对金融监控的组织机构

财政是政府职能的重要组成部分。国家财政在整个国民经济中的

---

① 例如，在美国，财政部与联邦储备委员会、联邦存款保险公司、货币管理署等机构共同负责银行的监控。自1985年起，美国财政部金融局（OCC）对联邦立案银行的监管，是透过风险评估方式，将为数众多的社区银行以其预警系统——社区银行评分系统（Community Bank Scoring System，简称CBSS）来判定经营状况是否稳定，若测出的银行属高风险群，须采取较严格的监管，财政部派遣检查人员长驻该机构，透过密切沟通及信息取得，可迅速得知该行的重大事件及风险状况，或提高金融机构之检查频率等。其余社区银行若实地检查被评为第四和第五级，则自动列入问题银行管理范围，若被评为第一、二、三级银行，则利用其预警系统测试该银行状况是否稳定，不稳定者采取项目管理（董小君，2004）。

② 参考Allen Schick：“建立一套财政风险管理的准则”，载世界银行：Mangaing Fiscal Risk New Concepts and International Experience（《财政风险管理：新理念与国际经验》），梅鸿译，中国财政经济出版社2003年版。

地位决定了其监控的对象非常广泛，即凡有财政收支、财政管理业务、执行国家财务会计政策的领域，就必然有财政监督，或者说，凡是需要财政最后兜底的领域，就是财政监控的领域。金融业接受财政部门的监控，不只是道理上说得通，而且也有法律的依据。这在《公司法》、《会计法》等法律中有明确规定，而且在《人民银行法》、《商业银行法》中也有明确表示。

就财政对宏观金融风险的监控机构而言，至少有两个方面要加强。其一，对地方金融风险的监管。过去，财政部对国有商业银行的财政监管委托各地财政监察办事机构就地负责，但地方财政部门过去一直没有专门机构和人员实施地方金融监管，监管力量非常弱。为进一步加强对金融业的财政监管，1998 年财政部组建了金融司，专司负责对金融企业的财务监督和管理，各省市也应加快相应的组织机构建设。其二，应设立专门负责对宏观金融体系和宏观金融风险的监管部门，而不仅仅局限于对与财政收支有关的具体财务监督上。这一点，对于中央财政部来说尤为重要。

4. 在具体的预算编制问题上，为了全面地反映政府的金融资产负债状况，建议逐步采用权责发生制方法

我国目前实行的是以收付实现制预算会计制度为基础的财政收支管理模式，财政部每年向全国人大报告的上一年度财政预算执行情况和当年财政预算草案，只是对政府的财政收支安排做出说明和总结，并不包括全面衡量政府资产负债状况和评估财政风险的内容。而采用权责发生制的政府会计基础，按一定的标准确认和反映政府的承诺和负债情况，有助于纠正财务信息失真的弊病，能较真实地反映政府的资产负债状况，并有利于动态分析政府面临的金融风险可能给财政带来的冲击，以此预测宏观金融风险的发展趋向，从而达到有效防范宏观金融风险的目的。

（四）建立化解宏观金融风险和金融危机的应急反应机制

考虑到宏观金融风险和金融危机可能向财政的转化以及对财政预算的冲击，有必要在我国建立公共财政的应急机制（或者叫做财政的应急预算）。显然，建立这种预案的目的是强调对宏观金融风险的前瞻性研究，尽力减少过去那种只有等到宏观金融风险或金融危机到来时才仓促出台应对措施，最大程度地避免头痛医头、脚痛医脚的被动局面，减少财政成本，增强化解风险的效率。

宏观金融风险和金融危机的应急预案内容包括可能的突发性支出和应急的收入来源，可能的财政应急措施。从形式上看，它与滚动预算相似——每年编制，滚动修改，但其侧重点不同。前者侧重于可能的危机状态的预算编制，后者侧重于通常状态下各公共支出项目在各年度之间的衔接。应该说，应急预案是对平时滚动预算的一种补充。

与公共财政的其他应急预案相同的是，需要综合考虑多种因素，如经济运行、社会反应等等。不同之处在于，这种预案所动用的财政资源通常较大。2003 年爆发“非典”危机，中央和地方财政也只不过拿出 100 多亿元；而要应对宏观金融风险和金融危机所需的资金将是千亿元级。

因此，有必要建立“公共风险准备金制度”，实行基金化管理。其来源可考虑：①提高预备费。根据《预算法》第 23 条的规定，“各级政府预算应当按照本级政府支出额的 1%—3% 设置预备费，用于当年预算执行中的自然灾害开支或其他难以预见的特殊开支。”在《预算法》修订以前，建议按照法律规定的上限提取，当年应对自然灾害等突发性支出之后的余额纳入准备金，以尽量增强财政的风险应对能力。②从中央增发的国债收入，或者每年从财政超收收入中提取。清理回收的财政周转金、国际组织或外国政府的非专项性援助，也可作为准备金来源。③各项政府资产收益，如国库库低资金市场化运作收益、公共风险准备金自身的投资收益、土地资产收益、其他无专门用途的资产收益等。

本文参考文献：

1. 刘立峰：《宏观金融风险》，中国发展出版社 2000 年版。

2. 谢平："论防范金融风险的财政措施"，《财贸经济》，1999 年第 9 期。

3. Crokett A., 1977, "The Theory and Practice of Financial Stability", Essays in International Finance, No.203, April, 1997，引自李心丹、钟伟："国外金融体系风险理论综述"，《经济学动态》，1998 年第 1 期。

4. 钟伟等："中国金融风险评估报告"，《中国改革》，2004 年第 3 期。

5. 尹音频："财政运行机制与金融风险探析"，《财经论丛》，2001 年第 3 期。

6. 董小君："美国金融预警制度及启示"，《国际金融研究》，2004 年第 4 期。

7. 刘尚希："财政风险：一个分析框架"，《经济研究》，2003 年第 5 期。

8. 刘尚希、陈少强："构建公共财政应急反映机制"，《财政研究》，2003 年第 8 期。

9. 傅志华、陈少强："美国防止地方财政危机的实践与启示"，《国际经济评论》（双月刊），2004 年第 4 期。

10. "大公国际：银行业风险正在增加"，《经济展望》，2005 年第 4 期。

11. 顾列铭："资本外逃：中国金融之大患"，http://std.xjtu.edu.cn/html/xinxi/2004/04/5749.html。

12. 刘尚希："中国财政风险的制度特征：'风险大锅饭'"，《管理世界》，2004 年第 5 期。

13. 世界银行：Mangaing Fiscal Risk New Concepts and International Experience（《财政风险管理：新理念与国际经验》），梅鸿译，中国财政经济出版社 2003 年版。

刘尚希

从可持续发展角度看县乡政府债务问题

——四川省绵阳市游仙区、成都市双流县的调查

内容提要

县乡政府巨额债务问题是当前影响农村经济可持续发展、农村社会稳定和国家财政安全的一个突出问题，也是摆在政府面前迫切需要解决的一个重要问题。本文通过对四川省绵阳市游仙区、成都市双流县的实地调查，从可持续发展角度对县乡政府巨额债务问题形成的历史背景、渊源及体制成因进行了分析和研究，并提出解决这一难题相应的政策建议。报告认为，县乡政府巨额债务的形成绝不是偶然的经济现象，而是与国家宏观环境和金融政策变化高度相关，有着深刻的历史背景和现实的制度成因，要把它放在我国体制转轨、社会转轨这样一个大的背景下来观察、分析。既要认识县乡巨额债务存在

对现实的严重危害性，也要看到其存在的历史合理性。债务是把双刃剑，使用好了可以为地方经济持续、稳定发展做出贡献，而无序扩张的、盲目混乱的政府举债，则会给经济发展和社会稳定带来风险和威胁。报告认为，要从根本上解决当前县乡政府巨额债务问题，必须按照科学发展观的要求，实现城乡协调发展，并将可持续发展观切实落实到现实的经济和财政工作中去。要力求摸清县乡债务的规模和种类，理清债权债务关系，明确责任，这是化解县乡债务的基本切入点。要转换机制，对县乡债务进行重组，并努力建立健全债务管理和监控机制，控制新债增长。此外，还应加快农村金融改革和发展的步伐，防止农村信用社因经营不善成为新的政府债务包袱。

县乡政府债务问题当前已成为影响农村经济可持续发展、农村社会稳定和国家财政安全的一个突出问题，引起全社会的广泛关注。县乡政府的债务负担究竟严重到什么地步？债务形成的历史背景和深层次原因是什么？如何寻求有效化解债务的思路和对策？带着这一系列的问题，我们到四川省绵阳市游仙区、成都市双流县等地进行了实地调研。通过调研，我们深切感受到县乡沉重的债务负担使地方经济发展困难重重，基层政权运转困难，并严重影响到农村社会的和谐发展。尤其在经济不发达县乡，这一现象更为严重。本文在实地调查研究的基础上，从建设和谐社会和保持经济社会可持续发展的高度出发，尝试从更高、更全面的角度对涉及县乡债务的一系列问题进行认真分析和深入思考，透视县乡巨额政府债务形成的历史背景、渊源以及体制成因，探索控制、化解县乡巨额政府债务的思路，为解决县乡政府负债这一难题提出可供参考的政策建议。

一、县乡政府债务案例分析

（一）四川省绵阳市游仙区和双流县政府负债状况分析

1. 游仙区政府债务情况

四川省绵阳市游仙区地处绵阳市科技城核心地带，区内有1个省级开发区，下辖22个乡镇、2个街道办事处，总人口50万。截止2004年12月底，全区直接显性负债（包括区、乡镇、村社）高达16.23亿元，已占到当年GDP的45.7%，是全区财政收入的12倍（2004年全区GDP完成35.52亿元，财政收入完成1.34亿元）。

如此巨额的显性负债，主要由四大项构成：一是上级财政担保的贷款，即清理农村合作基金会、“两金”（即个体私营企业基金会、台侨基金会）、供销社时借各项专贷4.7亿元，这占到全区债务总额的29%；二是金融机构借款5.3亿元，占全区债务总额的34%；三是向单位和个人借款3.3亿元，占全区债务总额的20%；四是拖欠各项工程款2.6亿元，占全区债务总额的16%，这四大项构成了全区债务的99%。其中：区本级负债9.9亿元，乡镇负债6.3亿元。详细构成情况见游仙区政府债务构成统计表1和图1。

表 1　　2004 年游仙区政府显性债务构成统计表　　单位：万元

债务构成	金额		
	合计	区本级	乡镇
一、金融机构借款	53349	31836	21513
其中：商业银行贷款	5913	5860	53
其他金融机构借款	47436	25976	21460
二、上级财政贷款	47085	33739	13346
其中：1. 农村合作基金会专贷	21360	8014	13346
2. "两金"专贷	24825	24825	
3. 供销社股金专贷	900	900	
三、单位和个人借款	3227	17539	15688
四、拖欠各项工程款	26527	14408	12119
五、其他	2125	1751	374
合计	162313	99273	63040

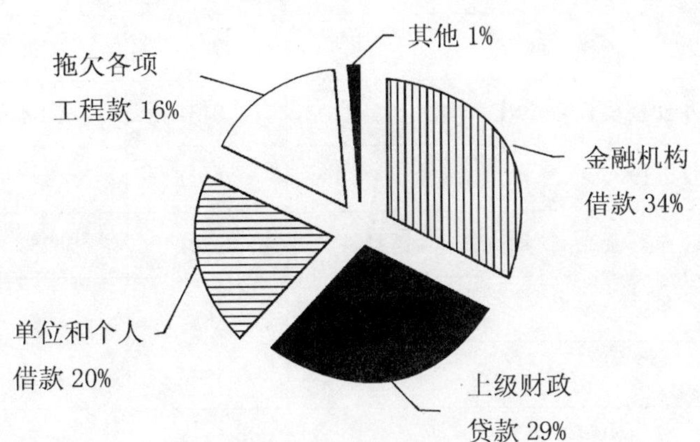

图 1　游仙区县乡债务构成

注：上述数据根据绵阳市游仙区政府财政局提供的统计资料整理。

在区本级的9.9亿元债务中，有8.3亿元是直接由区财政承担的，主要包括：一是清理农村合作基金会、“两金”（个体私营企业基金会、台侨基金会）、供销社时借中央专贷3.5亿元和向金融机构借款2.4亿元；二是城区基础设施建设和项目建设借款等1.5亿元；三是其他借款及工程欠款0.9亿元。

从全区县乡巨额债务去向看，清理农村合作基金会和“两金”时的资金注入占了较大比重，共注入资金8.7亿元，占全部债务的53.7%；其他主要是用于基础设施建设4.4亿元，占全部债务的27.2%；行政事业单位修建办公楼、职工住宿楼0.8亿元，占全部债务的4.9%；“普九、普六”等事业发展支出0.9亿元，占全部债务的5.6%。乡镇一级则还有一部分用于大办乡镇企业时的债务支出，共0.43亿元。详细去向情况见表2和图2。

表2　　2004年游仙区政府债务用途统计表　　单位：万元

负债用途	金额		
	合计	区本级	乡镇
一、基础设施建设	44223	32104	12119
二、事业发展支出	9274	3795	5479
三、政府机关办公楼建设等支出	8131	5876	2255
四、乡镇企业投入	4321		4321
五、清理农村合作基金会、“两金”、供销社注入	89221	56258	32963
六、利息支出	1808		1808
七、其他	5335	1240	4095
合计	162313	99273	63040

从上述分析可以看出，清理农村合作基金会、“两金”和供销社时的资金注入和政府从事道路、水利等基础设施建设的负债支出构成

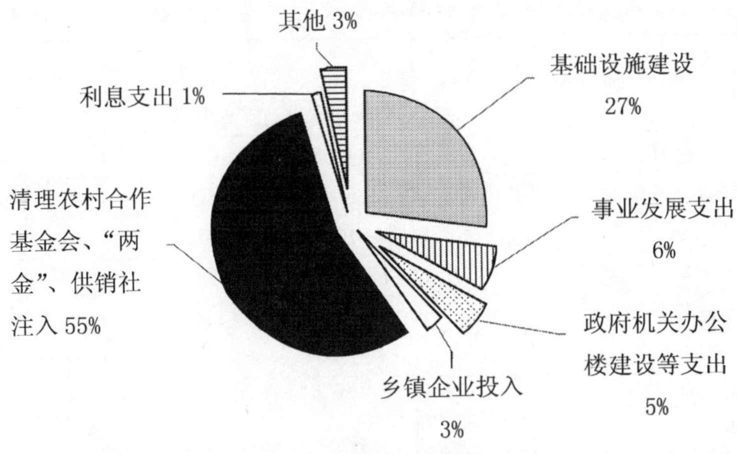

图 2　游仙区县乡债务用途

注：上述数据根据绵阳市游仙区政府财政局提供的统计资料整理。

了游仙区政府债务的主要部分，占到全部债务的 80.7%。

2. 双流县县乡政府债务分析

双流县地处成都市郊区，地理位置较为优越，是全国百强县之一。全区辖 26 个乡镇，人口 88 万。截止 2004 年底，全县县乡两级政府负债 7.38 亿元（包括直接显性债务、直接隐性债务、或有显性债务），占 GDP 的比重为 4.3%，占地方财政收入的比重为 107%（2004 年全县共完成 GDP 173.45 亿元，完成地方财政收入 6.96 亿元）。

在 7.38 亿元的总负债中，县本级负债 5.06 亿元，其中直接显性债务 0.38 亿元，主要由世界银行贷款、国债转贷资金和清理农村合作基金会、供销社时的政府专贷所构成；直接隐性债务 3.9 亿元，主要由政府为改善基础设施建设，营造优良的投资硬环境向开发银行和农村信用联社的借款所构成；或有显性债务 0.77 亿元，全部由国有粮食购销企业政策性亏损挂账所形成（详细构成情况见双流县县乡政府债务统计表 3）。

表3　　2004年双流县县乡政府债务统计表　　单位：万元

债务构成	金额			
	县乡村总额	县本级	乡　镇	村
一、直接显性债务	14008			
1. 清理农村合作基金会、供销社借款	6605	2500	4105	
2. 国债转贷资金	1013	1013		
3. 世界银行贷款	383	383		
4. 财政周转金负债	1473		1473	
5. “普九”教育负债	1249		1249	
6. 兴办企业负债	314		314	
7. 其他负债	2971		2971	
二、直接隐性债务	47226			
1. 向金融机构借款	39000	39000		
2. 道路水利等公益事业建设负债	8226		8226	
三、或有显性债务：粮食亏损企业挂账	7695	7695	785	
合　　计	73823	50591	19123	4109

注：上述数据根据双流县财政局提供的相关统计资料整理。

由于历史原因，镇（乡）村两级负担较重。截至2004年底，镇（乡）村债务共有2.32亿元，主要由关闭农村合作基金会时政府兜底负债4105万元、“普九”教育负债1249万元、道路水利等公益事业建设负债8226万元和村级负债4109万元等构成（详细构成情况见表3）。

（二）县乡政府高负债引致的不良后果

从调查情况来看，巨额的县乡债务已严重影响到政府的信誉和正常运转，使政府权威下降甚至丧失，给财政安全和社会稳定带来极大隐患，并严重阻碍县域经济的发展。

1. 县乡财政的脆弱性加大

虽然游仙区政府千方百计通过增加财政收入和减少支出还债，并严禁新增不合理债务，但由于债务数额巨大（9.9亿元），仅年利息增加额（3000万元）就大大超过财政收入年增加额，债务呈现逐年上升趋势。目前不计清理农村合作基金会时欠信用社的本金，仅应付利息累计余额就已高达6400万元。而今年全区预计可用财力为1.47亿元，而全区必须保障的项目支出共计1.95亿元，财政支出缺口高达4800万元。这还不包括消化历年累计财政赤字1477万元和2003年度前占用的市财政资金7192万元。全区由于兑付农村合作基金会、“两金”、供销社股金历时6年，政府能够追讨、变现抵押的资产已基本用完，当前政府已面临借钱无门、贷款无路的局面，债务危机十分严重，财政安全也面临极大风险。稍有不慎，就会由债务危机诱发财政危机，进而引发稳定危机。

2. 政府信用受损，政府权威下降

政府权威有三层重要意义，一是政府是必须合法的，是民众选举出来的；二是政府必须是守法的，政府没有权力超越于法律之上。在借贷这一民事行为中，政府和公民是平等的，政府没有权力欠债不还；三是政府必须是遵守信用的，任何朝令夕改、言而无信的政府都没有权威可言。借贷行为是一种契约行为，政府作为合同一方必须遵守信用，尽力履行合同。而当前，游仙区县乡政府由于债台高筑，根本无法履行合同，及时偿还债务，这使政府信用受到损害，甚至出现政府信用危机。全区已有十余个部门和13个乡镇多次被债权人起诉而走上被告席，且次次败诉，严重损害政府形象。在游仙区，政府以担保形式为企业融资已十分困难，以政府名义或政府介入等形式为县乡经济发展和社会公用事业进行社会筹资等也失去了基础。另一方面，政府权威也随之下降甚至丧失。因为一个不守信用和不承担责任的政府不会得到民众的信任和拥戴。从长远来看，政府信用和权威的丧失，将使农村的政治环境更加恶化，干群关系更加紧张。

3. 严重影响社会稳定

在游仙区，由债务而引发的各类矛盾正呈上升趋势。①区乡政府主要领导每天接待上门讨债的债权人不少于两起，逢年过节更是络绎不绝，甚至出现封堵、围攻政府大门局面，已严重影响政府正常办公秩序，仅今年以来就已发生 10 多起债权人群体性围堵区政府的事件；②因债务而引发的越级上访次数和单批人数逐年大幅度上升，犹如“定时炸弹”，构成严重不稳定隐患；③忠兴等乡镇已到了“工资停发、发票停报、汽车停开、电话停打、食堂停餐”的程度，甚至办公用楼也用于抵押还债，濒临倒闭；④政府拖欠企业债务过多，企业讨债无力，许多企业纷纷被政府债务拖垮；⑤政府拖欠大量工程款，并导致对农民工工资的连环拖欠，严重影响了建筑市场的健康发展，而且形成大量的社会不稳定因素。绵阳市游仙区人民政府办公室 2004 年第 93 号文件显示，经游仙区清欠办核实的拖欠工程款项目目前就共有 23 个，总计拖欠工程款 4210.61 万元，其中政府欠款 4107 万元，拖欠农民工工资 49.69 万元，而且主要是政府投资项目。可以想像，一旦爆发稳定危机，后果将十分严重。

4. 妨碍县乡政府职能的正常履行

由于债务状况恶化，财政无法保障稳定、运转、还债的要求，政府信用体系遭到破坏，社会资本和资金运行的链条中断，严重影响到地方的资本运行，使投资环境恶化。由于投资环境恶化，投资人不愿来投资，进而财力增长缓慢。而财力增长缓慢，增加对公共产品和县域经济发展的投入更无从谈起。这就形成一种恶性循环，严重阻碍县域经济各项事业的正常发展。这种尴尬局面在游仙已经出现。

二、县乡政府高负债形成的历史背景和制度成因分析

从对上述两个县乡政府债务案例分析可以看出，清理农村合作基金会或类似的股金会、供销社时的负债，基层地方政府对道路、水利

等基础设施的建设负债，及“普九、普六”的教育支出等构成了县乡政府的巨额债务。巨额县乡债务的形成绝不是偶然的经济现象，而是与国家宏观环境和金融政策变化高度相关，有着深刻的历史背景和现实的制度成因。

（一）县乡政府债务形成的历史背景分析

由于基层县乡政府的巨额负债与整顿和关闭农村合作基金会和类似的股金会有很大关联，因而思考县乡政府债务问题时必须将它与当时国家宏观经济环境和金融政策的变化过程这一背景相联系，放到农村合作基金会和类似股金会的兴衰这一过程中来考察。

1. 金融的短缺

农村合作基金会和类似股金会的兴衰有内外两方面的原因。从农业内部来看，在农村改革过程中，家庭承包制的推行和农副产品收购价格的提高，引起了城市和乡村、中央和地方利益关系的调整；而财政包干和投资体制的改革，客观上又造成了政府对农村投入比例过低，并因而产生了传统农区农民收入下降、地方政府财政负担加重、弃耕撂荒现象普遍发生、农业发展后劲乏力等综合性问题。

在市场化进程中，由于农业生产周期长、风险大、比较利益低下，社会资金很难向农业转移。因此，如果不按产业政策进行宏观调控，农业的生存与发展将失去保障。但是，中国改革的现实情况使得对农业进行产业政策层面上的宏观调控比较困难，这就使得在客观上需要一个新的农业投入机制来增加对农业的资金投入。而农村恢复户营经济之后，农行、信用社仍然以集体为单位建立银行账户，一直不把农户作为信贷对象。此外，受国家信贷规模和结构的限制，农业银行和信用社事实上无法满足2亿多农户及各种农村经济主体千变万化的小额信贷业务。而建立在农村社区内部的合作基金会和其他类似股金会，则正好填补了基层农村金融体制断层的缺陷，其业务主要面对中小农户的小额信贷服务，以灵活的金融活动来弥补行社的不足。

从国家宏观经济环境来看，八十年代中后期以后，各级地方政府面临两方面的新情况：一是国家对财政体制进行了重大调整，改变了传统的财政统收统支方式，实行多种形式的财政分级包干体制，结果令地方政府支配自有财力的权限扩大，通过增大投资强化自身财政实力的内在冲动强烈；二是在银行企业化改革逐步推行过程中，地方政府对农村正规金融组织的运行过程的影响力不断减弱，对区域内部资金的外流和农业资金的非农化缺乏调控能力。因此，在资金供需缺口日趋拉大的条件下，地方政府对建立与自身关系更为密切的区域性非金融组织表现出极大的热情，希望通过有效的融资活动增强对农村金融资源的控制力，缓解本地区的资金短缺。

另一方面，对于农村合作基金会的归口管理部门——农业行政管理部门是一个体系完整、上下贯通的组织系统，负责对农业经营管理活动进行政策指导和事业服务，负有监管农村集体财务、保障农村集体资金安全的基本职责。但不能忽视的是，在地方财政拮据条件下，主要依靠财政资金供养的农业行政管理队伍大多处于工作条件差、收入水平低的窘境中，尽管付出很大努力监管数量可观的农村新、老资金积累，但自身却无法从中获得直接或间接的收益，因此，农村特别是乡镇行政管理部门对把集体资金从“死钱变活钱”，在融通中实现资金增值，并从中获得管理收益有着浓厚的兴趣和极高的热情。

正是在这样的内外因素共同推动下，农村合作金融组织于1992年进入普及发展和配套改革阶段。据有关资料统计，到1992年，全国已建立以农村合作基金会为主要形式的农村合作金融组织乡镇一级1.74万个，村一级11.25万个，分别占乡（镇）总数的36.7%和村总数的15.4%，年末共筹集资金164.9亿元。

1992年春天邓小平南巡讲话后，国家通过开放证券、期货和房地产等新领域，经济出现了高增长，全国上下兴起了新一轮投资热潮，投资拉动的需要也使农村经济向前发展。资金供给与需要的缺口在短期内急剧扩大，资金市场利率高居不下。在这一宏观背景下，已经初具规模的农村合作基金会和类似股金会在扩张中积累矛盾，许多农村合作基金会和类似股金会在地方政府的干预下，把大笔的款项盲目投向了急需资金的乡镇村办集体企业，甚至房地产企业。游仙区农村合作基金会到1999年4月2日关门清理时共投放借款6.2亿元，其中乡镇企业和区级企业1.5亿元，占到1/4；个体私营企业基金会共吸收股金8.3亿元，放贷7.4亿元，仅茂源房产公司的借款就达4.3亿元，占到贷款总额的59.2%，主要用于房产、土地开发、城市建设，变现十分困难；台侨基金会共吸收股金金额1.55亿元，其中1.15亿元贷给兴力达集团使用，主要用于绵阳城区兴力达广场、商业中心、国际大厦等三处房地产项目使用，经营亏损933万元。这一时期金融秩序已出现混乱状态，在游仙区，甚至连供销社、计生委、统战部、民政、劳动和社会保障部门都加入了创办基金会、股金会，参与高利率资金市场的恶性竞争。由于监督机制弱、管理水平低，资金投放风险放大，经营效益下滑，农村合作基金会和类似股金会自身积累的矛盾已经表面化，甚至局部地区已出现挤兑风波。据有关资料统计，到中央提出整顿、关闭之前的1996年底，全国已有2.1万个乡级和2.4万个村级农村合作基金会，融资规模大约为1500亿元。而绵阳市游仙区根据国办发［1999］3号文件、川委办［1999］10号文件关门清理整顿时，全区已共有独立核算的农村合作基金会25个，融资规模为7.5亿元。

整顿和关闭农村合作基金会的决定在中央统一部署下很快得到了落实，但这种行政性关闭突然中断了信用活动，造成政府信用丧失，并形成大规模呆坏账，资产损失严重。由于上级部门并没有安排相应的风险准备金，为应对因挤兑风波而引发的动荡局面和社会问题，保持农村社会稳定，各地纷纷向中央或向各级金融机构举债。绵阳市游仙区为满足数亿元资金的兑付需求，共借中央专贷3.5亿元，向金融机构借款2.4亿元，由此形成县乡政府巨额债务。

2. 县乡财力与其事权的不对称

1995 年中国政府向世界承诺，要在 20 世纪末普及九年制义务教育，随之将其作为一项政治任务下达到各级政府，并制定了关于教师数量、校舍质量、时间进度等一系列升级、达标考核标准。达标所需要的资金主要由地方各级政府自筹解决。财政比较困难的县乡政府为了完成“普九”任务，一方面向农民征收“普九”筹资款，另一方面则只好向合作基金会借款。游仙区教育“普九”借款达 2259 万元。由于政府无力归还，这部分借款相继成为呆账。

20 世纪 90 年代中后期，受国内市场变化的影响，地方工业化高速发展时期累积的不良贷款风险凸现，靠资金推动的乡镇企业运行列车不得不放慢速度，局部地区甚至由减速发展到“刹车”。许多县乡的乡镇企业发展陷入困境，县乡政府借乡镇企业破产转制逃避对合作基金会应承担的金融担保责任，造成合作基金会对乡镇企业的贷款几乎全部成为呆账。

政府借款和乡镇企业贷款构成了农村合作基金会不良资产的大部分，关闭农村合作基金会时这部分债务最终由政府来兜底，成为县乡政府债务的组成部分。

（二）县乡政府高负债的制度成因

县乡债务的不断膨胀有其特定的体制性成因，要把它放在我国体制转轨、社会转轨这样一个大的背景下来观察、分析，要充分考虑转轨时期的经济和社会特征，以及市场经济的发展变化规律。一般而言，政府机构的负债往往是对种种外在压力的应急选择，当一定的制度条件提供了宽松环境时，这种负债就会快速扩张，甚至走到失控地步。

1. 城乡分治的二元经济结构体制，加剧了城乡间的割裂状态，使国民经济的循环在城乡间中断，这是形成县乡巨额债务的根本原因

我国的经济体制由横向和纵向组成，纵向是高度集中的集权体制，横向是城乡分治的体制。体制的转轨仅仅打破了纵向的高度集权

体制，而城乡分治的体制并没有从根本上改变。由于我国长期实行城乡不均衡，城市优先发展战略，农村向城市源源不断输送资金、人才，而农村公共产品却一直由劳动生产率较低的农业自己提供。这种城乡分治固化了城乡二元经济结构，加剧了城乡之间的割裂状态，国民经济的循环也在城乡之间中断，这使得县乡政府财政收支矛盾突出，并不断累积，这是形成县乡财政困难、进而靠举债度日的根本原因。

2. 没有树立起可持续的发展观，政府行为短期化

可持续发展是科学发展观的根本体现，它不仅仅是指环境的可持续发展，还包括经济、社会的可持续发展。“发展”的涵义不仅包括物质财富的扩大，还包括在经济增长的同时实现劳动就业充分、社会保障完善、教育普及、科技发展、文化繁荣等方面，除了数量的增长还包括社会经济结构和制度安排的调整、完善和创新。如果增长没有带动整个社会诸要素之间的关系协调提高，那么，这样的发展就是一种“无增长”发展，也就是难以持续的发展，最终结果是在满足了眼前，牺牲了未来；满足了当代人的需要，而对后代人满足其需要的能力造成了危害。

多年来，GDP 指标一直作为衡量各地和全国经济发展的唯一综合性指标，但现行的 GDP 指标体系的弊端在于只考虑了经济活动的正面效应，而没有反映负面效应，如经济与社会的协调及可持续发展问题、人的福利和发展问题。由于 GDP 是目前政府官员升迁考核的重要指标之一，因此只注重增长而轻视发展、只注重眼前而不顾未来的种种政府短期行为就难免大行其道。

这种注重 GDP 增长率的“政绩”考核机制，刺激了县乡政府参与经济活动的冲动，一定程度上使县乡政府职能和行政方式错乱，“负债发展是政绩”被广泛认同，也使得“政绩工程”恶性发展。以绵阳市游仙区为例。每年市级政府都向区、县政府下达经济发展目标，主要体现为 GDP 增长率和财政收入增长率等，并按照是否如期

完成任务及完成任务的量进行严格考核，奖优罚劣，并与干部的荣辱、升迁挂钩，因而形成一种自上而下的压力（见表 4）。这种压力使得乡镇政府和基层干部投入到火热的经济建设中，各种所谓的“达标升级”活动、“形象工程”、“政绩工程”就成为县乡政府官员为实现政治前途和经济利益而采取的手段，从而导致债台高筑。此外，国家对交通、通讯、能源、广播电视等基础设施投资的项目，一般都要求当地财政按一定的比例配套资金，项目争取得越多，匹配的资金也越多。而县乡政府为了政绩需要，几乎不考虑本地的配套能力和可持续发展能力，建设项目多多益善，政府无力承担时，就向农民集资或利用其他借款，财政负担直接累积为负债。

表 4　　绵阳市 2002 年下达给各县、区的主要经济指标　　单位：亿元

县市区	1 国内生产总值（20 分）		2 财政总收入（15 分）		3 工业总产值（15 分）		4 农业总产值（15 分）		5 农民人均可支配收入(元)(13 分)	
三台县	51.7	6.4%	2.088	2%	39.6	10%	27.6	3%	2100	+70
江油市	78.15	9%	4.22	6%	84.75	13%	18.2	2.6%	2560	+100
安　县	25.3	8%	1.37	8%	27	10%	14.4	4.5%	2432	+100
梓桐县	16.5	10%	0.5814	8%	6.89	15%	9.75	6%	2000	+100
盐亭县	22	8%	0.65	6%	3.7	10%	15.5	5.5%	1885	+100
平武县	6.3	10%	0.2287	5.8%	3.6	15%	4.2	4%	1618	+90
北川县	5.85	8%	0.3697	3%	4.35	7.4%	3.9	4%	1839	+100
游仙区	26.26	10%	1.2	8%	26.17	15%	12.55	5%	2568	+120
涪城区	24.55	11%	3.1124	1.7%	28.04	11.7%	7.51	4%	3332	+100
高新区	48	12%	0.93	8%	210	18%	0.52	持平	3440	+98
经开区	2.789		0.1		1.585		0.24		3486	
农科区	0.98		0.028		0.29		0.66		2780	

资料来源：绵阳市人民政府［2002］年绵府函《关于下达县（市、区）2002 年重要经济指标的通知》。

3. 政府间财政关系不顺，事权、财权、财力之间搭配不合理

在我国由计划经济向市场经济转轨，特别是由传统农业向工业化转变的过程中，地方政府在基础设施建设为主的公共服务和促进区域经济社会事业发展等事权责任方面开始发挥强力作用，但是地方政府履行这些事权需要多少资金成本在我国省以下体制中却没有明确的界定和计算。从理论上讲，各级地方政府应负责提供辖区内的地方公共物品，这是政府间事权划分的原则，但在划分政府事权时对事权的履行成本应有相对完整、准确的计算，而我国省以下财政体制恰恰在这一方面没有详细分析。这就使得地方政府，尤其是县乡政府在有限的财力和无限的经济社会事业发展责任情况下，即财权与事权不相对称的现实情况下，“负债经营”则成其为可选择的现实的行为方式。事实上县乡政府在运转和支持经济社会发展出现财力缺口时，几乎也是以或明或暗的“负债经营”来进行弥补，如以政府为债务主体直接借款，挪用专项资金和拖欠预算支出等方式而负债。这些或明或暗的举债，最终不管是否是政府直接举债，或是经由财政部门担保承诺，一旦形成债务风险，最终还是都将由政府来兜底。

4. 县乡政府融资行为失范

首先，从产权制度上看，农村合作基金会从来就不是一个独立的经济组织，没有自主行为的能力，其产权是虚设的。它的产生、发展、经营管理从来就没有独立过。农民只是名义上的股东，合作基金会实际由政府控制，只是政府行政部门的附属品。在当时作为市场经济的主要基础——明晰的个人产权还没有完全形成，集体产权还占据农村财产的主要地位，政府也没有创造一个保护个人产权的制度环境，还习惯于计划经济时期集所有者和经营者于一身的做法，这使农村合作基金会在产权结构上存在着先天不足，即过于依赖政府的支持和参与。

其次，从管理体制上看，农村合作基金会在垂直系统上只接受农业部门管理，表现为各乡镇合作基金会的主任都是各乡镇农经站的站

长，县联合会的董事长是农业局长。除了接受农业部门的垂直领导和管理外，农村合作基金会还要接受当地政府的领导，表现为乡镇一级合作基金会理事长由乡镇长，监事会主任由乡镇党委书记兼任。而农业局和各乡镇又要接受县级政府的领导，农村经济工作要纳入到县政府的目标管理。在这种双重管理体制下，农村合作基金会的行为很容易发生扭曲。上述两方面的原因导致农村合作基金会最终关闭，并相应引发县乡政府巨额债务。

三、辩证地看待县乡政府债务问题

面对县乡政府大量负债的既成事实，我们既要认识其对现实的严重危害性，也要看到其存在的历史合理性，这就需要在探寻其深层次背景渊源的基础上，对县乡政府债务问题的出现寻求一种合理的解释，进而寻求有效的解决问题的途径和方式。

在我国，县乡政府大量负债与经济体制转轨背景下基层政府推动现代化的责任增大有关。县乡政府负债发展在一定时期促进了地方经济增长和社会事业发展。资金稀缺长期以来一直是制约落后地区尤其是农村地区经济与社会发展的关键性因素，负债在相当程度上缓解了这些地区资金不足的困难，成为农村城镇化发展、农业产业化和乡镇企业融资的重要手段，促进了农村现代化进程。而在一些经济社会发展较好的地方，虽然政府负债数额比较大，但由于具有相应的偿债能力和可以转化为偿债能力的资源，或是一开始就已经形成良性的偿债机制，虽然债务大但并没有出现严重问题。以四川省双流县为例。四川省双流县为营造优良的投资硬环境，确保全县重点工程建设，分别向国家开发银行、中国银行、农村信用社贷款共6亿元用于土地整理和基础设施建设。政府通过对土地进行整理包装，用未来实现的收益来归还借款。截止到2004年底已归还贷款2.1亿元，目前尚欠3.9亿元（直接隐性债务）。由于具有良好的偿债能力，双流县虽然债务大但问题并不是很严重。

从国际经验看，地方政府负债是一种普遍现象，即便是实行市场经济公共财政体制的发达国家也不例外。美国地方政府举债历史悠久，二战后地方政府负债总体呈上升趋势，个别地方政府财政甚至濒临破产境地。但西方国家很早就从理论、政策、法律三方面应对地方债务增长，因而时至今日没有出现大的问题。

应该看到，地方政府负债也会带来风险，如果没有合适的财政规则来抑制地方政府的过度负债行为，地方政府可能会因过度举债而面临危机。巴西和阿根廷出现的地方债务危机就印证了这点，绵阳市游仙区政府的巨额负债也给社会稳定、政府信用、财政安全带来种种不良后果。虽然我国《国家预算法》明确规定地方政府不能举债，但事实上中国许多地方政府都在不同程度举债或负债经营。现在各地发展中还存在大量大搞投资环境建设，提高招商引资竞争力而兴建基础设施等公共产品的融资性债务，由于基础设施成本高且经济效益见效慢，这些隐性的债务规模是否会膨胀并最终新增为政府债务，这些问题仍值得深思。

因此，要用辩证的观点来看待债务问题。债务是把双刃剑，使用好了可以为地方经济持续、稳定发展做出贡献，而无序扩张的、盲目混乱的政府举债，则会给经济发展和社会稳定带来风险和威胁。在现代市场经济条件下，优化资源配置、推动经济发展仅靠市场的力量远远不够，尤其像我国这样一个后进的国家，必须充分重视和发挥政府调控经济的职能作用，而适度的赤字和债务政策则是政府调节经济运行、促进经济发展的一个必要手段。从理论上来讲，社会主义公共财政也不简单地排斥政府债务，完全不负债是既不科学，也不现实的，关键是要建立相应的债务约束机制，即举债行为要规范，债务规模要适度，偿债机制要健全，债务使用要有效益。

四、解决县乡政府债务问题的思路和几点对策建议

县乡政府债务问题反映在基层，原因是多方面的，已累积成为影响农村经济可持续发展、国家财政安全和社会稳定的一个突出问题，并影响到和谐社会的构建，妥善解决这一问题已成为摆在各级政府面前的重要任务。我们认为，要从根本上解决这一问题，必须按照科学发展观的要求，实现城乡协调发展，并将可持续发展观切实落实到现实的经济和财政工作中去。要力求摸清县乡债务的规模和种类，理清债权债务关系，明确责任，这是化解县乡债务的基本切入点。要转换机制，对县乡债务进行重组，并努力建立健全债务管理和监控机制，控制新债增长。此外，还应加快农村金融改革和发展的步伐，防止农村信用社因经营不善成为新的政府债务包袱。

（一）按照科学发展观的要求，实现城乡协调发展

按照科学发展观的要求，实现城乡协调发展，一要打破城乡分割的二元结构和城乡分治的二元体制，促进城乡经济社会一体化。根据当前城乡发展不平衡的状况，调整城乡发展政策，政府要在财政、金融、产业政策上更多考虑农村经济和社会发展需要，在农村公共产品供给的政策设计方面更多考虑未来城乡政策统一的需要。二是扩大公共财政在农村的覆盖面，加大公共财政对农村的投入力度，尤其是对农村义务教育的投入。目前地方财政特别是县乡财政中农村教育支出占有相当大的比重，中央财政和省一级财政在落实“教育新增支出主要用于农村”政策的基础上，要调整现有教育支出结构，增加对农村义务教育的投入，近期重点是教学设备的配置、农村中小学危房改

造、师资队伍培训和低收入家庭教育补助。三是完善农村土地制度，加快土地征用制度改革，并切实维护失地农民的利益。要为失地农民提供能够参加失业、医疗、养老保险的费用，解决农民的长期生活问题。四是加快县域经济的可持续发展，这是化解县乡债务，缓解县乡财政困难的有效途径。无论从解决县乡财政困难，还是从保持国民经济可持续发展的意义上，都应将大力发展县域经济纳入国家中长期发展规划和制定重大经济发展政策的视野中来。

（二）转变观念，将可持续发展观切实落实到现实的经济和财政工作中

可持续发展观是科学发展观的一个组成部分，落实到经济和财政工作中，就是要确保财政稳健运行，财政发展有后劲，能为经济社会的可持续发展提供稳固的物质条件，而不是以竭泽而渔、透支未来的方式盲目上项目、铺新摊子，摆下巨额的政府债务为今后的财政健康平稳运行埋下巨大风险。因此：①要按照公共产品的层次性细化县乡政府事权划分，转变县乡政府职能。县乡财政要坚决从一般性竞争领域退出，财政支出必须以“市场失灵”和“公共产品和服务”为标准来界定。②进一步完善省以下财政体制，缓解县级财政困难。要按照建立公共财政框架的基本要求，进一步明确省以下各级政府的财政支出责任。省、市级政府应承担的财政支出，省、市级财政应积极筹措资金加以保障，不应以任何形式转嫁给县、乡财政。省、市级政府委托县、乡政府承办的事务，要足额安排对县、乡财政的专项拨款，不留资金缺口，不应要求县、乡财政安排配套资金。中央和省一级财政要加大对县级政府的转移支付力度，尤其是要重点支持乡镇综合配套改革的实施，降低财政供养系数，做强做实县级财政，提高县级财政实力，保证乡镇机构正常运转。此外，要将消化债务工作纳入省对下的激励约束考核办法，年初安排更多的资金用于化解债务，就能争取更多的转移支付补助，以促进形成一个良性循环的偿债机制。③对各类工程欠款，尤其是拖欠农民工工资的工程欠款，在安排项目资金时重点予以倾斜。④把消化债务工作作为落实科学发展观、促进财政可持续发展的理财观念的具体体现做实到具体工作中去。财政部门要在财力逐步改善的条件下安排专项资金用于还债，逐步建立起稳定的偿债机制。

另一方面，还应建立科学的政绩评价机制，引导官员将可持续发展观切实落实到经济工作中，树立科学的政绩意识。在一些负债数额较大的地方政府，要变曾被广泛认同的“负债发展是政绩”的观念为“减债也是政绩”，将“减债”与“政绩”挂起钩来，使减债工作逐步取得实效。县乡政府之所以背负沉重债务，重要原因之一就是县乡政府大量投资高风险项目，而这种冒险的投资动机源于乡镇政府官员为迎合上级政府的各种达标升级考核，希望从自己控制的项目中索取“租金”，获得所谓的“政绩”，以此晋升官位或保住职位，因此，有关政府部门应加快制定和建立一套适合我国国情的科学的政绩评价体系，逐步取消上级政府对下级政府的各种达标升级考核要求，引导官员将可持续发展观切实落实到经济工作中，树立科学的政绩意识。

（三）摸清县乡政府债务的规模和种类，理清债权债务关系

摸清县乡政府债务的规模究竟有多大，并在此基础上进行分类分析，理清债权债务关系，明确责任，这是化解县乡债务的切入点。就全国而言，县乡政府债务的规模究竟有多大还没有一个统一的说法，债务构成的种类、原因和资金去向也都很复杂，而一些地方政府因为基础资料掌握不全，家底掌握不清，债务更是一本糊涂账，这对县乡债务的处置工作带来较大影响，甚至有千头万绪，无从着手之感。事实上只有在弄清县乡债务总体规模、来龙去脉，理清债权债务关系的基础上才有可能对县乡债务实行分类处置，从而分清责任，明确责任，并积极运用行政的、经济的、法律的手段分步清偿各类债务。

(四) 转换机制，加快步伐对县乡债务进行重组

(1) 县乡债务中有很大一部分是由政府从事公益事业包括基础设施建设造成的，有些基础设施建设可以通过打捆并包、转换经营机制来进行市场化配置，从而逐步实现财政在一些领域里退出，筹措部分资金进行还债。

(2) 可以通过对企业进行改组改制、资产重组、债权债务置换等方式消化部分县乡债务。

(3) 政府还可以通过出售政府股权、依法规范处置闲置资产、土地置换等变现方式来进行还债。

(4) 对农村合作基金会和类似股金会要继续进行清理整顿，其重点放于债权的清收和资产的处置上，尽最大努力回收债权和进行资产变现。

(五) 建立健全债务管理和监控机制，努力控制新债增长

前面已经提到，社会主义公共财政并不简单排斥政府债务，关键是要科学负债、有效负债，坚决控制盲目无序的举债。因此，应努力建立健全债务管理和监控机制，努力控制新债增长。一是要建立债务预警机制，即不同的县乡及财政部门要根据自身债务承受能力，研究出正常的、可控的、能够承受的负债临界点，一旦超过这个点就要报警。二是建立举债行为约束机制，即要严格控制举债行为，必须承借的债务要程序规范，合法合规。要严格执行《担保法》，规范政府担保的规模和范围。乡镇企业不得直接办企业，也不得为企业借贷提供担保和抵押。三是要建立健全偿债机制，即在举债的同时就要考虑如何还。对政府负债建设的项目要加强监管，尽最大努力通过项目的效益来筹措还债资金。四是尽快建立中央对地方债务的监控方法，防范债务风险，并加强地方人大对政府预算的审查监督作用。只有建立健全了债务管理和监控机制，才能保证财政在稳健的环境下求得可持续

发展。

（六）创建良好的外部环境，加快农村金融改革和发展的步伐，防止农村信用社因经营不善成为新的政府债务包袱

良好的金融秩序、健康的金融机构，需要良好的外部环境，包括稳定的宏观经济发展和有序的市场经济秩序。从农村合作基金会和类似股金会事件中最需要吸取的教训就是：政府不能过度参与和干预企业正常的经营活动，以及搞运动似的大干快上或者“急刹车”，这都会给金融机构带来极大的风险和伤害。在经济改革和发展过程中，政府的主观能动性不是表现在过度参与和干预市场活动，而是如何培育和完善市场，政府所要做的只是为企业发展创造稳定的、有序的、健康的市场经济环境。另一方面，不能滥用政府信用。合作基金会的建立和迅速发展，依靠的是政府信用，清理关闭合作基金会之所以没有酿成大的社会矛盾，依赖的也是政府信用。政府信用虽然在一定时期和一定环境下，有利于推动地方经济发展，但是，从长远和市场经济的角度看，依靠政府信用容易出现违反市场经济运行的现象。因此，政府信用不能滥用，而要以相应的管理能力和履约能力为基础，不然就会酿成政府的债务危机，并导致政府的信用危机。

根据目前农村金融改革与发展的实际情况，以及农村合作基金会和类似股金会事件的经验教训，今后农村金融改革和发展的重点应该放在以下方面：一是建立信用制度，加强监管，创造良好的金融发展秩序；二是加快农村信用社改革，逐步建立起既适应农村互助金融，又适应农村商业金融的经营管理机制，即农村合作银行的经营管理体制。要在明晰产权的基础上对信用社进行改制，增强其独立自主、自负盈亏的经营能力。目前的任务是要规范农村信用社的增资扩股行为，防止变相集资，搞好农村信用社各项制度改革。要严格规范各种担保中心的建设，科学管理，规范运作，严禁吸收居民储蓄，严禁违法、违规、盲目、随意担保造成新的金融风险，防止农村信用社因经

营不善成为新的政府债务包袱。

（四川省财政厅田慧丽、绵阳市游仙区政府谭永华参与调查、讨论）

本文参考文献：

1. 黄毅、胡容邦："化解地方基层政府债务的思路与对策"，《财政研究》，2003年第6期。

2. 张元红、李静、张军：《从合作基金会事件看中国农村金融改革与发展》，2002年课题报告。

3. 温铁军："农村合作基金会的兴衰：1984—1999年——农户信用与民间借贷课题分报告之二"，中经网，2001年6月7日。

4. 贾康、白景明等："乡村债务化解对策研究课题"，财政部科研所《研究报告》，2004年第27期。

5. 绵阳市游仙区统计局：《游仙统计年鉴》，2004年。

刘尚希　傅志华　吴晓娟（执笔）　李三秀

不良资产处置方式对金融机构及企业发展的影响

——基于东北情况和全局简况的分析与建议

内容提要

银行不良资产处置的方式与效果，不仅与企业改革发展密切相关，而且直接影响到包括东北老工业基地在内的我国金融机构稳定和改革发展大局。

本研究报告对现阶段影响银行不良资产处置效果的因素、金融资产管理公司不良资产处置效果作出了具体分析，深入比较了债转股、剥离不良资产、银行核销呆坏账、企业兼并收购重组、利用社会力量委托处置、与地方政府合作处置、组合资产打包处置、吸引外资参与处置、资产证券化等处置方式的利弊优劣，进而指出：由于东北地区的特殊历史情况，用常规手段已经无法彻底解决巨额不良资产问题，今后在具体处置过程中，应当“区别对待，对症下药，多管齐下”。

一、不良资产处置与金融机构稳定和企业改革发展的关系

（一）不良资产处置直接影响金融机构稳定

银行系统的稳定是金融稳定的核心，这是从20世纪全球金融业研究中得出的一项基本结论。四大国有银行作为我国银行业的主体，维系着国民经济的命脉和安全，在我国经济社会发展中发挥着举足轻重的作用，多年来为支持经济体制改革、促进国民经济发展、维护社会稳定做出了重要贡献。

从诸多情况分析来看，当前国内银行业不良贷款率过高、金融体系相对较为脆弱，在某种程度上存在不稳定性。国有商业银行不良资产无论总量还是比例都还在高位徘徊。据银监会统计，2004年底国内主要商业银行（指4家国有商业银行和12家股份制商业银行）不良贷款存量为17176亿元，不良贷款率为13.2%。这无疑对中国银行业乃至整个金融体系的安全与稳定构成了现实威胁和潜在隐患，而银行改革的相对滞后亦将影响国企改革进程，产生相互掣肘的“双滞后”效应。

具体到东北地区，国有银行不良贷款居高不下、金融风险不断增大现象尤为突出。从数量上看，目前四大国有银行不良贷款主要集中在广东、辽宁、山东、湖北、河南、江苏、河北、黑龙江、吉林、四川等省，占全国不良贷款的58.6%；就比例而言，海南、湖北、吉林、黑龙江、江西、安徽、辽宁等省区的不良贷款比例最高。非常巧合的是，吉林、黑龙江、辽宁三省无一例外均在“双高”地区。相关统计数据表明，东北三省国有银行2001年底不良贷款比例高于全国平均水平12个百分点。到2003年底，全国主要金融机构不良资产余

额2.44万亿元，东北三省为3100亿元，占12.7%；全国主要金融机构不良贷款率为17.8%，东北三省为23%，其中黑龙江、吉林甚至超过30%。然而，更为严峻的是，东北三省的不良贷款呈现上升趋势：2004年8月末，辽宁省主要银行业金融机构不良贷款余额为1742.48亿元，不良贷款率26.9%；吉林省的不良贷款余额为1081.7亿元，不良贷款率36.65%；黑龙江省的不良贷款余额为1229.15亿元，不良贷款率35.51%。

不仅如此，东北地区中小金融机构的潜在支付风险也十分严重。一方面，不良贷款率呈现上升趋势。以城市商业银行为例，到2002年，吉林、辽宁、黑龙江三省城市商业银行不良贷款比例分别高出全国平均水平49、17和5个百分点，其中吉林省城市商业银行不良贷款比例高达66%，为全国之最。另一方面，效益不佳、资不抵债金融机构增多，城市信用社和农村信用社亏损严重，城市商业银行净亏损家数上升。至2002年，东北三省城市商业银行共有15家，其中8家出现亏损。

更为令人担忧的是：银行业的全方位开放势必对国有商业银行现有的垄断地位形成冲击，一旦居民储蓄出现分流态势，银行不良贷款将随之“水落石出”，使得不良资产问题凸显起来，进而加剧金融风险。如果不抓紧解决历史遗留问题，采取有效举措处置银行不良资产，宏观金融稳定恐怕难有保证。因此，不良资产处置方式与效果直接影响到包括东北老工业基地在内的我国金融机构稳定和改革发展大局。

（二）不良资产处置与企业改革发展密切相关

20世纪90年代以来，随着市场化改革的推进，大量国有企业在日益激烈的同业竞争中力不从心，经营状况日益恶化。1995年经过清产核资发现，按户数算，37%的国有非金融企业在扣除资产损失和潜亏挂账后已经成为资不抵债的“空壳”企业。据统计，2001年31

个省区市地方国有企业的不良资产占所有者权益的比重，有18个省区市在50%以上，其中超过90%的有8个。情况最严重的辽宁和吉林，不良资产占所有者权益的比重高达259%和188%。全部地方国有企业加总，不良资产占所有者权益的比重为53%，扣除不良资产后的资产负债率为84%。①

总体上看，东北工业企业的债务负担比全国水平要高。2002年，东北资产负债率高于80%的工业企业共有3463家，占东北工业企业的31%。这其中，有1260家企业已经资不抵债，占比11.3%；资产负债率在70%—80%之间的工业企业共有1238家，占比11.1%。在辽宁，1507户地方国有及国有控股工业企业中，资不抵债企业有308户，平均资产负债率为135%。2002年辽宁全省地方国有及国有控股企业利润为-1.02亿元，到2003年6月末，全省规模以上全部工业企业亏损面达39.2%。同样位处东北的黑龙江，地方国有企业的资产负债率为83%，资不抵债的国有企业占36.7%，亏损面高达49.9%。

毋庸讳言，迄今为止，我国以现代企业制度改造国有企业已获得成功者，所占比重还不大，一些深层次矛盾和根本性问题尚未得到有效解决，国企改革仍处于攻坚阶段，并且面临如下难题：国有企业的历史包袱还没有甩掉；国有经济布局和结构的调整远没有完成；建立现代企业制度任重道远；按照科学发展观的要求，转变经济增长方式。② 初步统计，目前全国还有1828户国有大中型困难企业需要通过政策性破产退出市场，这些企业平均资产负债率为146%，2003年亏损额150亿元，累计亏损额1221亿元，涉及职工281万人，涉及国有金融机构债权1730亿元。③

① 《中国财政年鉴（2002）》，中国财政杂志社，第398、408页。

② “国资委：国企改革仍面临四大难题，处于攻坚阶段”，新华网，2005年1月18日。

③ “我国1828户国有困难企业亏损额达到1221亿元”，新华网，2005年4月27日。

相关数据表明，如果进行严格的资产评估，冲销不良资产中的损失，并把各种表外债务考虑在内，相当一部分国有企业作为一个整体可能已经资不抵债。而困难企业的继续存在不可避免会通过拖欠银行贷款、欠税欠费、拖欠货款等方式继续消耗公共资源，它们对国家财政和金融体系的负面影响尤其突出，这使得困难企业的重组和退出显得更为紧迫。基于此，在企业重组和退出进程中，除了确需破产清算的之外，对于有重组价值的企业，应当考虑把不良资产处置与企业重组、企业结构调整结合起来。因为企业的重组成功，可以为不良资产回收提供相应保证，同时也会进一步推动企业改革。

值得注意的是，与我国银行不良资产产生背景相仿的波兰，在处置不良资产中也很重视将处置工作与企业重组结合进行。波兰政府认为，债务危机的两端是企业和银行，国有银行与国有企业有着千丝万缕的历史联系，银行不良贷款基本集中于大型生产企业和支柱产业，根本原因是传统体制导致的公司治理缺失、软预算约束和资本与流动资金不足。他们认为，企业问题不解决，银行问题就不能解决，银行与企业重组两者无法分开。为了支持银行与企业的债务重组，波兰专门制定了《银行与企业财务重组法》和其他相关法规，依据这些法规，采取银行为主导的庭外协议式的重组，取得了很好的效果，银行债权的回收有了保证，而且推动了企业改革。

二、不良资产处置效果的影响因素分析

（一）主要影响因素

现阶段影响银行不良资产处置效果的因素主要有 4 个，即不良资

产的定价、不良资产的处置成本、不良资产的处置效率和不良资产处置中的道德风险。

1. 不良资产的定价

不良资产的处置核心是价格问题。而定价机制又是非常复杂的，是资产种类、处置方式、处置时机、政策环境、人际关系等多种因素的、动态的综合平衡。

综合来讲，分析不良资产定价的影响因素可以从宏观、中观和微观三个层面来进行。宏观因素主要包括市场透明度、法律体系结构、经济周期、投资者的退出机制是否健全等。而中观因素则包括行业特征、行业的竞争状况、行业所处生命周期阶段，微观因素主要有企业与银行的关系、企业的财务状况、抵押品现值。

目前，包括金融资产管理公司在内的不良资产处置主体商业化运作手段单一，内控制度相对健全而激励机制不足，在任务重、时间紧的压力下，以中介机构的评估值作为处置价格，若有价无市又不能调整就暂不处置，同时按先易后难的顺序处置资产，处置程序大于处置结果，规避各种责任追究风险便成为资产管理公司的理性选择。而在实际工作中，有的资产或给予适当投入、或简化程序、或加快和延迟处置、或加大攻关力度等，资产的回收率就可能成倍提高。这种情况表明，不良贷款处置中确实存在“政策性贬值”问题。

来自银监会的调研报告认为，不完善的定价方法是四大公司难以应对国际投行挑战的重要原因之一。国际投资者采用以尽职调查为基础的现金流分析法确定不良资产价值，并以此为基础进行风险折扣后，确定不良资产收购价格。而国内资产管理公司普遍不考虑“资金的时间价值”，通常采用静态的债务重组偿债法，结合资产评估法和清算关闭法，再综合确定售价。定价的关键性不止是银监会一家之言。国家外汇管理局有关人士同样指出，“对外处置项目在取得主管部门的批准后，资产管理公司会就外汇汇兑问题向国家外汇管理局提出申请。在审批过程中最难把握的是不良资产在对外处置中的定价是否合理的问题。”①国内外的定价差别表明，建立一套既符合国际惯例又符合中国国情的不良资产定价体系，对不良资产处置市场的完善至关重要。

2. 不良资产的处置成本

分析表明，目前我国不良资产处置市场化程度低、交易不透明，导致不良资产处置的交易成本明显偏高。这主要表现为：

（1）安置成本很高。在成本负担方面，国企职工安置形成了巨大的隐性负债：我国长期实行低工资制，国企职工很大部分应得的收入被国家以利润的形式提取，构成了国家对职工的隐性负债，国企一旦破产或重组，巨额的安置费也必然纳入成本。但由于国家财力有限，国企再生清偿能力低，这无疑加大了银行不良资产的处置成本。

（2）交易成本过高。由于当前不良资产处置没有形成有效的市场交易价格，导致不良资产处置缺乏有效的投资需求，进而加大了交易费用：一方面，不良资产的卖方为了寻找有效的市场投资者，必须得花费大量的时间、金钱和精力；另一方面，潜在的市场投资者（买方）为了找到合适的投资对象，也需要支付较高的成本。

与此同时，我国不良资产处置主体各自为阵，缺乏沟通交流和必要的合作，信息的不对称，造成社会资源的闲置与浪费。而在处置不良资产过程中，处置主体往往还需要相关中介机构的协助，从而大大增加了处置成本。

（3）税费项目繁多。与金融资产管理公司处置不良资产享有税费优惠相比，银行处置不良资产税负相对较重，如要缴纳营业税、城建税、契税、印花税、房产税等，在处置过程中，往往还会发生过户费、评估费、登记费、土地出让金、诉讼费、执行费等。特别是对一

① “银监会直面3%超低回现率，不良资产外卖掉入定价陷阱”，《21世纪经济报道》，2004年6月24日。

些通过抵债收回的不良资产更是如此：一方面，接收这些不良资产时，需缴纳营业税，印花税、契税等，处置时又要纳税，这种双向征税显然加重了不良资产的处置成本；另一方面，银行通过变现处置不良资产收回部分现金只是将实物资产转化为货币资产，实际上只是收回部分贷款本金，属还贷行为而不是银行的经营收入，但现行政策则视同买卖行为要求缴纳流转税。

(4) 监管成本较高。由于我国不良资产处置的市场化程度较低、交易不够透明，“暗箱操作”时有发生，从而增加了监管部门为防范道德风险而付出的监管成本。

3. 不良资产的处置效率

现实情况表明，现阶段我国不良资产的处置效率不容乐观。到目前为止，我国尚未形成统一的不良资产处置市场：一级市场主要被四家资产管理公司垄断，缺乏必要的竞争；二级市场流通不畅，市场交易主体有限，交易手段和交易品种缺乏。凡此种种，都大大抑制了我国不良资产处置的速度和效率。

4. 不良资产处置中的道德风险

不良资产处置涉及银行等金融机构对不良资产开展的处置前期调查、资产重估定价、处置方式选择、处置方案制定与执行等一系列活动，是一项包含资产重组、定价和资本运营等多种专业技能在内的知识密集型金融业务。近年来，随着国有商业银行改革不断推进，我国在处置不良资产方面取得了重要进展。但与此同时不良资产剥离、管理和处置中也存在着较为严重的“道德风险”，引发了一系列违法违规案件，导致银行金融资产流失，反映了当前我国不良资产处置市场发育还不健全、相关法律法规仍不完善、处置业务运作尚不规范的客观现实。

就剥离不良资产而言，这种处置方式在某种程度上已经引发了相关主体的“道德风险”：

(1) 银行的道德风险。银行的道德风险存在于不良资产的产生、剥离过程中。首先，国有银行所有权与经营权分离，存在委托代理机制，存在严重的信息不对称。银行经理层接受委托管理银行，掌握的银行经营信息远远多于国家。而我国的委托代理又存在所有者虚位及受托人错位问题，银行经理层不仅名义上拥有银行资产，而且实际操纵和控制这些资产。银行经理层仅仅承担名义所有者即受托人的责任和义务。无论银行经理层如何管理资产，风险和损失最终都由国家承担。这种信息和责任的严重不对等使银行管理者在进行贷款决策时容易出现逆向选择。根据原中央金融工委掌握的过去三年整个银行系统金融案件情况的资料看，国有银行几乎每一笔不良贷款背后都隐藏着金融腐败甚至金融犯罪，绝大部分不良资产的产生是金融腐败的结果，并不是人们通常所说的政策性因素。而以账面价进行的政策性剥离使国家财政买单银行经营损失的形式更加直接，极易引发道德风险。

其次，银行将不良资产剥离当成又一政策资源。原先银行许多所谓“优良贷款”是靠“借新还旧”实现的，不良贷款率远没见底。现在有了这一政策资源，银行预期下次还会有剥离大餐，于是，将原先借新还旧类贷款不再展期，不惜将隐藏已久的问题暴露出来。相关数据表明，1999 年不良资产剥离后不到一年，许多银行的不良贷款率就出现反弹，有的银行不良率甚至超过剥离前。银行的精力主要放在了如何尽可能多地享受政策资源，而不是如何清收不良贷款。

再者，如果剥离只关注不良贷款的结果，而不考虑不良贷款形成的原因，极易使银行将问题资产进行搭车剥离，作为政策执行者的基层行在具体操作时有机会将“难言之隐”一剥了之。许多可能隐藏重大问题的银行自办实体贷款、银行对外投资形成的房地产贷款等被剥离并廉价处置，相关责任人轻易逃脱了应承担的责任，资产的剥离变成责任的剥离。

(2) AMC（资产管理公司）的道德风险。AMC 的道德风险存在于不良资产收购、处置过程中。首先，第一次剥离由于时间仓促，

AMC的组建主要依靠原来银行相关部门的人员。但如果实际操作不良资产剥离的人员事先知道自己将成为处置这些资产的主体，那么在挑选接收的资产时，必然会从自身利益出发优先选择处置难度较小的资产。而以账面价收购的政策性剥离又使AMC有机会与银行讨价还价。

其次，AMC所有权与经营权分离，同样存在委托代理矛盾，表现在不良资产处置过程中存在以下风险：所有者与经营者利益不一致；所有者与经营者之间信息不对称；所有者与经营者对经营结果所负责任不对等。

（3）债务人的道德风险。债务人的道德风险存在于不良资产产生和处置过程中。首先，如果债务人看到经营成败无关紧要，即使有了坏账也有AMC兜底，就会弱化经营目标约束，刻意逃废债务，使银行资产质量进一步恶化，社会信用受到更大冲击。20世纪90年代中后期随着失业问题的加剧，中小企业改制蓬勃发展，各地政府在企业改制中往往有意悬空银行债权，破产逃债成风，导致社会信用环境急剧恶化。截至2000年末，在工、农、中、建、交五行开户的62656户改制中小企业涉及贷款本息5792亿元，其中经过金融债权管理机构认定的逃废债企业32140户，占改制企业的46.8%，逃废银行贷款本息1851亿元，占改制企业贷款本息的32%。

其次，债务人对自己的情况肯定比债权人熟悉。AMC拥有许多银行没有的处置优惠政策，而其自身也存在道德风险，存在漏洞。债务人可能与AMC有关人员串谋，压低折扣率。更为严重的是，债务人可能想方设法转移利润和资产，利用法律漏洞，使AMC无资产可执行。

（4）中介机构的道德风险。AMC在处置不良资产过程中，要进行大量诉讼，需要依靠律师事务所、评估事务所、会计师事务所、拍卖公司等中介机构进行代理。由于这些工作是AMC确定债权、发现财产、评估作价、出售变现的重要依据和重要环节，中介机构的职业道德对资产处置结果有着重要影响。而我国中介机构发展时间较短，社会信用意识不强，行业规范不健全，处罚措施不到位，人员素质参差不齐，违反职业道德的行为屡屡出现，使资产处置变现率大大降低，国有资产流失风险随之增大。

（二）金融资产管理公司的不良资产处置效果

亚洲金融危机后，我国于 1999 年相继设立信达、华融、东方、长城四大金融资产管理公司（AMC），对口接收、管理和处置建行、工行、中行、农行按账面价值剥离的共约 1.4 万亿不良贷款，开始全面、大规模、集中清理国有银行不良资产，从而进入了以 AMC 为主导的清理阶段。四家资产管理公司通过债转股、资产置换和转让、债务重组、租赁经营、资产拍卖、打包出售甚至资产证券化等方式，对不良资产进行处置。

对于资产管理公司的绩效，业界从对银行降低不良贷款率、减轻国有企业负担、不良资产的质量、处置的环境、处置的政策和方式等多方面进行了探索分析。比较普遍的看法是，四大金融资产管理公司担负着两项重大使命，一是加快国有大中型企业转亏为盈步伐，促进企业转换经营机制、建立现代企业制度；二是集中处理和回收历史遗留下来的国有商业银行不良资产，防范和化解金融风险。经过六年的实践，中国的 AMC 已积累了一些经验，在不良资产处置方面取得了阶段性成果和进展。但与此同时也存在诸多问题，主要是：资产管理公司接收资产把关不严、处置进度慢、处置手段单一、资产回收率低、违规现象多、资产公司贱卖国有资产，等等。

1. 在处置效果方面，不良资产处置缓慢，回收率较低

根据国外不良资产处置回收的资料及经验，人们发现随着时间的推移，不良资产的回收率几乎呈直线下降，其价值会像冰雪一样消融，这就是不良资产的“冰棍效应”。

银监会公布的数字显示，截至 2004 年 12 月末，四大国有金融资

产管理公司累计处置（指累计回收的现金、非现金和形成的损失的总额）不良资产总额6750.6亿元，阶段处置进度（指累计处置总额占购入贷款原值的比率）为53.96%，资产回收率（指回收的现金及非现金占累计处置总额的比率）为25.48%，现金回收率（指回收现金占累计处置总额的比率）为20.29%。到2005年6月末，四家资产管理公司共累计处置不良资产7174.2亿元，累计回收现金1484.6亿元，现金回收率为20.69%（见表1）。

表1　2005年6月末资产管理公司处置不良资产情况表　　单位：亿元、%

名　称	处置不良资产总数	处置进度	现金回收	资产回收率	现金回收率
合　计	7174.2	57.28%	1484.6	25.55%	20.69%
华　融	2201.3	62.87%	442.5	25.72%	20.10%
长　城	2294.8	67.73%	239.2	13.94%	10.43%
东　方	1096.1	43.41%	262.5	30.46%	23.95%
信达	1581.9	50.86%	540.4	38.74%	34.16%

注：(1) 累计处置指至报告期末经过处置累计回收的现金、非现金和形成的损失的总额；

(2) 阶段处置进度指累计处置总额占购入贷款原值的比率；

(3) 资产回收率指回收的现金及非现金占累计处置总额的比率；

(4) 现金回收率指回收现金占累计处置总额的比率。

数据来源：银监会网站。

最新数据显示，至2005年9月末，我国四家金融资产管理公司共累计处置不良资产7366.6亿元，累计回收现金1550.3亿元，占处置不良资产的21.04%。其中：华融资产管理公司累计处置不良资产2238.0亿元，回收现金455.2亿元，占处置不良资产的20.34%；长城资产管理公司累计处置不良资产2350.3亿元，回收现金247.7亿元，占处置不良资产的10.54%；东方资产管理公司累计处置不良资产1134.7亿元，回收现金277.7亿元，占处置不良资产的24.48%；

信达资产管理公司累计处置不良资产1643.6亿元，回收现金569.7亿元，占处置不良资产的34.66%。[①] 相对于14000亿元的政策性不良资产总额以及迫在眼前的处置期限而言，处置进度不容乐观。按照财政部的要求，至2006年，四大资产管理公司总计1.4万亿元不良资产的处置工作必须全部完成，而目前四大资产管理公司不良资产处置进度才刚刚过半，资产收回率也只有四分之一。

2. 在具体处置措施方面，运用的措施和手段不多，或有但难以实施，或有实施但市场化程度不高，收效甚微

资产管理公司和银行采取的措施单一，大多数还是局限于一般性清收。而清收通常会遭遇法院“执行难”——交了高额诉讼费，不一定胜诉，好不容易胜诉了却兑现不了。和解协议延期偿还、分期偿还，也往往是出于无奈，迫于压力，被执行人其实并无再生清偿能力，不过是拖延时间，反而进一步恶化财务状况。若申请企业破产，又面临企业破产难、假破产、乱破产等问题——现时期企业破产多是在政府主导、包办下进行的，金融机构几乎没有话语权，在支付完职工费用、破产费用等后，能用于清偿银行的资产所剩无几。因此，企业破产更多地成为企业逃废债务、地方政府甩包袱的工具。

三、各种处置方式的效果比较

现阶段而言，国内金融机构处置不良资产步伐加快，各具利弊的处置方式主要有债转股、剥离不良资产、银行核销呆坏账、企业兼并收购重组、利用社会力量委托处置、与地方政府合作处置、组合资产打包处置、吸引外资参与处置、资产证券化等。

---

① 数据来源：银监会网站。

（一）债转股与剥离不良资产

1．债转股

20世纪90年代末，“债转股”与“兼并破产”和“技改贴息”被并称为国企解困的“三大政策”，债转股更被视作“重大举措”。所谓“债转股”，是把一部分有市场、有发展前景、由于负债过重而陷入困境的企业，通过金融资产管理公司，将银行的债权转为股权，帮助企业走出困境，防范和化解金融风险。这是1999年国家针对国有企业资产负债率过高，为实现国有企业减轻债务负担实现“三年脱困”、优化企业治理结构推出的重大举措。在原国家经贸委向金融资产管理公司和开发银行推荐的601户企业中，确定实施债转股的企业580户，债转股总额4050亿元，占四家资产管理公司当时收购的13939亿元银行不良资产总额的29%。可以说，“债转股”在盘活不良资产、化解金融风险方面起到了一定的作用。

债转股确实解决了部分国有企业的债务负担，一个直接效果是提高了企业盈利能力。据测算，债转股企业从2000年4月1日停息至2002年的3个年度里，按照5年期以上银行贷款年利率5.76%计，共减轻企业负担约690亿元，大体相当于债转股企业3年来利润的30%左右。也就是说，企业30%的利润是通过免息获得的。国家最初确定债转股企业的范围是一批“七五”、“八五”计划期间主要依靠银行贷款建成投产的国家重点工业企业。对企业财务结构而言，这项政策相当于“国家用银行的钱补充了企业的资本金”。

在取得一定成效的同时，还应当看到，债转股企业的一些根本问题依然存在，许多地方国企把债转股当作“免费的午餐”，债转股已经演化成为企业逃债的借口。不仅如此，债转股在改善国有企业治理结构方面效果也很有限——仍有相当数量的企业没有完成股份制改造，没有成立股份有限公司。“债转股”政策实施后，在全国实施了债转股的企业中，有近30%尚未完成股份制改造。若以金额计，未转股的资产占总拟转股资产的 42%，约为 1700 亿元。以建设银行为例，截至 2002 年 9 月底，建行转股金额本外币合计 544 亿元，其中以债务本金转股 494.5 亿元，利息转股 49.5 亿元。而在已经实施的 283 户债转股企业中，只有 135 家完成股份制改造并注册新公司，尚未完成股份制改造的企业超过 52%。此外，即使在已经完成债转股的企业里，由于国有企业固有的产权缺陷，在企业重大事务的决策上，银行和资产管理公司作为拥有相当数量股权的“阶段性持股股东”，对企业经营管理仍然没有发言权和约束力。加上资产管理公司本身政企不分、主体缺位、缺乏有效激励机制和自我约束机制，运作效率也不是很高，重组资产的经营效益堪忧。

据统计，1999 年实施债转股以来，各金融机构共收到分红 73.9 亿元，平均每年 24.6 亿元，资本年收益率仅为 0.62%；而按银行同期 3.6%左右的资金成本计算，债转股资产平均每年收益应高于 144 亿元，金融机构才能保本。所以，对于金融机构而言，债转股资产是“赔钱的生意”，平均每年赔本 120 亿元。据建行统计。从 2000 年到 2002 年 9 月底，建设银行仅收到 28 户债转股企业分红 18.5 亿元；也就是说，在建行的 283 户债转股企业中，只有 6%的企业能为股东分红，而且 3 年累计分红资金中 90%来自中石化、中石油两家企业。从统计数据看，在建行债转股企业中，绝大多数平均收益仅为 0.1%左右，远低于银行贷款利率（当时 1 年期贷款利率为 5.31%），而有分红的 28 户企业平均收益率也仅为 2.35%。而按照财政部的最新规定，原来银行或资产管理公司与企业签订的股份回购协议都已不再生效，因此，当年对企业实施过债转股的金融机构尤其是银行，目前已经开始积极为债转股后所持股权资产寻找其他退出通道。

总的来讲，债转股在推进国有企业改革、化解银行风险方面起到了一定的积极作用：降低了原负债企业的资产负债率，免除了其还本付息压力，减轻了企业负担；改善了金融资产质量，某种程度上卸掉了银行包袱。但由于种种原因，债转股对企业的经营管理未形成实质性影响，而股权也有演变成资产管理公司不良资产的风险，因此实施债转股方式处置不良资产存在相应的负面作用，实际效果不够理想；债转股作为一种具有高含金量的政策，专门针对困境企业和亏损项目，盈利企业无缘实行，客观上造成“鞭打快牛，赢利吃亏，还本付息吃亏”的效应，进而误导企业行为，产生新的信用风险和道德风险，这对整个社会信用体系和金融生态环境的培育发展是不利的。

2. 剥离不良资产

2004 年 6 月 21 日，国有银行不良资产的第二次剥离开始启动。通过公开拍卖的形式，建行和中行 2787 亿元可疑类不良资产卖给了信达资产管理公司，其中建行有 1200 亿元，其余 1500 多亿元为中行拥有。信达出价所需资金由央行通过发行票据和信达公司自己出资共同解决。

此次不良资产剥离和第一次剥离的最大不同之处就是采用了市场化的手段进行公开竞价。国有银行不良资产的第一次剥离是在 1999 年，当年从四家国有银行中剥离出去近 1.4 万亿元不良资产，并成立四家资产管理公司专门负责处置这些不良资产，采取的办法是按照账面价值进行等价剥离，由国家财政买单。专家和业内人士普遍认为第一次剥离存在很多不足之处，例如按账面值将不良贷款等价剥离至资产管理公司，虽使资产交接过程得以简化、操作成本有所降低，但也造成难以对不良资产的处置结果建立一个有效、合理的评估考核机制等问题。

从不良资产的两次大笔剥离来看，政府成为“买单者”。财政部部长金人庆在十届全国人大三次会议举行的记者招待会上表示，国有商业银行 1.4 万亿元不良资产剥离到资产管理公司后，仍将由中央财政来负担。2004 年建行、中行二次剥离所需巨额资金依然是由国家财政、央行再贷款、发行金融债券三部分组成。这种情形不应当成为一个固定模式，在解决不良资产的问题上，应当减少商业银行对以国家买单的剥离方式为其经营“卸负”、“减压”的预期，防止每隔一段时间集中剥离一次不良资产的现象机制化。更为重要的是要避免银行不良资产增长的“周而复始”，对大比例“制造”不良资产的商业银行加强监管，督促商业银行制订并实施有效的资产扩张策略，将对资产质量的追踪、评价真正引入并落实到商业银行内部相关人员的升迁、降职等奖惩考评体系内。

对于不良贷款问题，国有银行的基本态度一般都认为这归因于体制因素，应该由政府来买单。然而，通过财政买单方式进行不良资产剥离，不仅会给国有银行带来巨大的道德风险，而且从根本上来讲也不可能化解不良贷款风险。20世纪90年代后期亚洲金融危机发生后，中国政府采取了一系列措施控制银行系统风险：国有银行按照五类分级法增加呆账准备金的拨备；在1998年增加2.7亿元的国债用以充实国有银行自有资本金，使之达到巴塞尔协议的要求；1999年成立四大资产管理公司，并且剥离了四大国有银行将近14000亿元的不良资产。但是，这种政府主导的资产重组效果并不理想。由于国有商业银行的企业制度和经营机制没有得到改革，到2001年，国有银行的不良资产又积累到1.8万亿元，达到占全部贷款26.6%的高水平，大大超过了四大国有银行的自有资金。银监会公布的数据显示，截至2005年6月末，全部商业银行不良贷款余额为12759.4亿元，比年初减少5550.7亿元。但稍加分析就会发现，中国银行业的不良资产实际上已经上升，而且上升的数目不小，因为2005年上半年仅中国工商银行财务重组，就剥离了7050亿元的不良资产，仅此粗略估算，2005年上半年不良资产实际上升高达1500亿元。

（二）银行核销（呆坏账、损失类资产）方式

所谓银行核销呆坏账方式，是指对那些确因客观条件造成的而企业无法偿还的债务，实行合理的债务核销冲减制度。具体办法是冲减银行的坏账准备金，即银行在自身风险防范能力许可的范围内，承担这部分贷款损失。我国国有银行利用呆坏账准备金对国企债务进行冲

销，1996 年的冲销额度为 200 亿元，1997 年为 300 亿元，1998 年为 400 亿元，冲销重点主要是国有企业集团。根据有关报道，2004 年央企共申报核销损失 3178 亿元人民币，加上财政部已核准的近 1000 亿元损失，共计 4000 多亿元人民币。而在过去几年中，四大国有银行已经剥离了近 1.4 万亿元。毫无疑问，这些损失最终都是由广大民众来承付。

而为了加大对东北地区不良贷款的处置力度，中央已经明确，允许东北地区的商业银行进一步采取灵活措施处置不良资产和自主减免贷款企业表外欠息。减免表外欠息和核销呆坏账的工作在 2004 年已经展开。国务院已批准同意 4 家国有独资商业银行和 3 家政策性银行对四级可疑类贷款和表外欠息可以根据具体情况，自主决定减免的条件、标准、时限、权限及企业的偿债方式。截至 2004 年底，中国银行、中国建设银行、交通银行 3 家银行位于东北三省一市的分支机构在股份制改革过程中共核销损失类资产 340 亿元，剥离可疑类贷款近 500 亿元。2004 年，中国人民银行在东北地区共核销了 600 亿元不良资产，加大了对吉林省农村信用社试点资金支持，推进对下岗失业人员小额担保贷款，妥善处理了鞍山证券和辽宁证券公司问题。2005 年，国家将继续加大对下岗失业人员小额担保贷款，并增加 50 亿元用于全国农村扶贫贷款，重点向东北地区倾斜。

作为处置银行不良资产的一种方式，银行核销呆坏账方式虽然从某种意义上“解放”了企业，但却直接影响了银行账面盈利情况：大量坏账的存在给银行造成较高的准备金成本，银行盈利的很大部分被用于提取贷款准备金，银行的资本充足率相应降低，进而减少了流动性供给的来源。

以四大国有银行为例。2000 年底，四行境内外机构合计实现账面利润 153.47 亿元，其中境内机构实现账面利润 54.6 亿元。四行 2000 年实现减亏增盈，主要原因是不良贷款剥离使呆账准备金、坏账准备金的提取数额下降，减轻了银行的经营负担。2001 年，四家银行合计盈利230多亿元，财务状况继续好转，当年还消化历史财务包袱617亿元，如果考虑这一因素，四家银行2001年实现盈利为847亿元。2002年，四家银行合计盈利302亿元，消化历史财务包袱1236亿元，若考虑这一因素，四家银行2002年实现盈利1537.59亿元。2003年，四家银行拨备前经营利润合计1965亿元。其中，账面盈利合计148亿元，比上年减少161亿元，主要是在经营利润增长的情况下，银监会督促四家银行采取更加审慎的经营管理措施，大幅度处置不良资产，加大历史包袱核销力度，做实账面利润所致；累计提取损失准备914.75亿元，核销呆账贷款1118亿元；消化表内应收利息和消化其他历史包袱902亿元，比上年增加420亿元。[①] 由此不难看出，核销呆坏账方式对银行机构本身降低风险是极为不利的。

（三）企业兼并收购重组方式

优质企业对劣质企业进行收购兼并等形式的资产重组也可以化解部分不良资产。在处置过程中，通过对企业进行重整实行债务重组，通过多种渠道将企业债务转化为投资、改善企业财务状况，通过优势企业兼并或由新的投资者收购，从而达到转化不良资产的目的。

在现实中，企业重组大多是由政府通过行政手段撮合，政府作为资产所有者，指定买卖双方，并倾向于把亏损严重、改造前景不好的企业推向市场，但又不愿“低价甩卖”，使得产权交易市场冷清。这样的“拉郎配”极有可能使效益好的企业背上包袱，为不良资产的处置增加新的障碍。

我国组建金融资产管理公司后，赋予其各种投资银行的手段，使得资产管理公司可以运用各种金融工具进行资产与债务重组。典型的案例如长城资产管理公司对渝汰白上市公司进行资产与债务重组的成功，使渝汰白公司转亏为盈，并具有继续经营和发展的能力，而长城

---

① 数据来源：银监会网站。

公司的债权回收也有了相应保证。再比如信达资产管理公司对郑百文上市公司采取一系列资产与债务重组，重组成功后不仅信达公司的债权达到最大限度的回收，而且上市公司因为新战略投资人的进入而获得持续经营的能力，广大股东也避免了因破产清算而颗粒无收。

当然，采用兼并收购重组方式处置银行不良资产涉及到大量工作，包括企业债务及资产的重组、企业组织结构和经营、管理模式的改造等复杂业务。在我国现有法制条件、市场环境之下，这些工作难度很大，每笔不良贷款的重组都需要一个专业工作组很长时间的努力，总体上对人力资源的需求是很大的。

与此同时，通过兼并收购重组方式处置银行不良资产涉及诸多的法律障碍，严重影响了这项工作的进行。我国的公司法、破产法与证券法都没有或缺乏“企业重组”的内容，而现行法律的一般性规定又往往严重阻碍资产与债务重组，证券市场现行的一些规则，也给企业重整设置障碍，如郑百文重组，重组方案设计贯彻了市场原则，即重组相关方共同分摊重组成本，重组的一系列交易符合公平交易原则，达到了重组各方最大限度的减少损失，降低社会成本，资产管理公司最大限度的收回债权。但是这样的重组方案却遇到重重障碍，突出的是法律障碍，还有证券市场的一些现行规则等等。如果我国有类似美国企业重整的法律和波兰的《银行与企业财务重组法》，郑百文重组半年时间就可以完成了。

在美国，濒临破产的企业，其利益相关方达成的重组计划经破产法院确认后即可执行，破产法院根据绝对优先规则而确认，符合这一原则，只要三分之二股权及半数的股东接受重组计划，破产法院将不会因为少数当选股东反对而拒绝重组计划。反对者有向法院起诉的权利，若法院根据有关破产法的原则对重组计划审查后，驳回反对方的上述，重组计划仍要执行。不过，法律也对不愿参加重组的股东给予保护，如可以用公平价格由公司回购他们的股份。在波兰，专为处置银行不良资产而制定的《银行与企业财务重组法》规定，以债权人为主导的庭外调解协议通过后，即具有法律效力，若重组计划涉及到债权和股权的置换，证券委员会需在30天内批准同意，等等。

（四）利用社会力量委托处置方式

银行或资产管理公司在处置进程中还可以利用社会力量处置不良资产，加快不良资产处置进度，促进回收最大化的实现。银行或资产管理公司将不良资产委托外部机构处置的方式即委托处置。委托处置包括打包委托处置和单项委托处置。对于单户金额较大或委托人认为需单项委托的资产，采取单项委托处置的方式；对于单户金额较小、地域分布集中的不良资产，采取打包委托处置的方式。对于单项委托处置，受托人的处置方案应事先征得委托人的同意；对于打包委托处置，受托人应在委托人授权的框架内处置不良资产。

吸引社会力量参与不良资产的处置，可以有多种方式：一是将不良资产打包出售给专业中介机构，由其对负债企业进行资产与债务重组，重组成功后，将债权（或债权转成的股权）卖给战略投资人，或在重组过程中就吸引战略投资者进入。这种方式的优点是，资产管理公司可以快速回收资金，并可吸引有专业经营的机构进行资产与债务重组，提高重组效益。缺点是，不良资产的出售价格会很低，因为购买不良资产的投资者要对债务重组投入资源，并承担重组的风险，同时资产管理公司不能分享重组增加的收益。因此，采取买断的方式出售不良资产，不良资产的回收率是较低的，而且可能会很低。

二是成立合伙公司，由金融资产管理公司投入一定量的不良资产，专业机构投资一定量的现金共同组成合伙公司。资产管理公司以投入的资产为限为有限合伙人，投资人投入资金并负责全面经营，对合伙公司承担无限责任，合伙公司的收益按股份比例双方分享。这种方式的好处是，既可以吸引境内外专业机构参与不良资产的处置，提高处置效益；资产管理公司能够分享不良资产重组增加的收益；从而使不良资产的回收率比较高。但其资金回收要随着债务重组的过程逐步实现，而不是快速回收。

三是采取“外包”的方式，即将不良资产委托给专业机构处置，资产管理公司向受托公司支付一定的工作费用，并按不良资产回收额提取一定比例的金额作为受托机构的报酬。受托机构全面负责不良资产的处置，处置过程的重大决策要征得资产管理公司的同意。“外包”方式的好处是，可以运行受托机构的专业经验，提高不良资产的回收率，而不良资产重组增加的收益都归资产管理公司所有，受托机构的报酬只是资产处置回收额的一个极小比例。我国信达资产管理公司将郑百文等一组不良资产委托给中和应泰管理顾问公司处置，已取得了经验。

根据相关报道，截至2004年上半年，我国私营企业已达到334万户，注册资本金4万多亿元。[①] 另据估计，2004年深圳与香港之间通过地下汇兑的交易额达到1000亿元人民币，广东、深圳两地投放的现金占全国投放量的一半以上。[②] 因此，中国的民间资本是有实力的，关键是要允许民间资本和社会力量参与银行不良资产处置。

（五）与地方政府合作处置方式

受社会和法律环境的制约，正常催收、债务重组、呆账核销等常规方式的处置“瓶颈”现象日益显现，主要表现为对人力、物力资源的大量占用，处置周期长、成本高、道德风险大。一些新的不良贷款处置方式效果也并不尽如人意，在实践中遇到了种种困难。而从中国转型时期的特殊国情分析，现阶段各级政府基本上都具备整合资源的控制力，有能力同银行一起处置不良贷款。

银政合作批量处置不良资产，可以有效解决以往处置方式中遇到的相关难题。与地方政府合作，有利于商业银行在处置不良资产批量

① 《金融时报》，2005年2月5日。

② “深港地下钱庄调查”，《环球财经》，2004年第10期。

上实现重大突破。因为，一是商业银行的不良资产具有明显的行政区域性；二是商业银行在战略性调整过程中，撤并了部分分支机构，对其不良资产的处置，带有典型的行政区域性；三是由于执法环节较差，国有中小型企业负债率高，企业债务的重组在很大程度上依赖地方政府的协调，甚至需要地方财政的参与——地方政府参与不良资产、金融债务的重组，具有商业银行不可替代的作用；地方政府可以有效地重组土地资源、安置失业人员。

这方面，一个比较典型的案例是，工行天津分行在国内首次以银政合作方式整体处置不良资产本息259.4亿元，不良贷款本金加表内应收利息受偿率为30.4%，但同时要用110多亿元的利润为这批整体处置的不良贷款“买单”。[①] 也就是说，实际受偿率为21.3%，这还未考虑费用率和工商银行的地位优势等。2004年6月，从工行内部传出的消息表明，三项总计600亿元的不良资产出售计划，正按照不同的进度有条不紊地分批进行。[②] 而接下这一单买卖的，正是地处东北老工业基地的黑龙江、吉林、辽宁三省地方政府。统计表明，历史包袱沉重的工行东三省分行，不良贷款率普遍都超过了30%，不良贷款总额大约在1200亿元到1400亿元，辽宁分行约为450亿元，吉林分行大约400亿元，黑龙江分行也超过了400亿元的数字。[③] 不良贷款挤占了大量资金，已经影响到新业务的开展。

通常，各地方政府都希望银行债权多的企业能通过破产程序，然后将企业出售改组，不过银行债权往往会成为破产清算的最后受偿对象，银行显然不能同意这样的方案，因为单是职工的下岗安置费用便会占到很大比例，清偿顺序后置可能使银行最后无法拿到一分钱。而对于当地政府来说更多是从综合效应角度出发，并不仅仅关心这些资

① “探索国有商业银行批量处置不良贷款的新途径”，《中国金融》，2004年第24期。

② “工行上报不良资产剥离计划”，《21世纪经济报道》，2004年6月24日。

③ “工行上报不良资产剥离计划”，《21世纪经济报道》，2004年6月24日。

产赔了多少或赚了多少。综合效应之一，便是企业重组。目前东北老工业基地企业重组任务非常迫切，如果银行是大的债权人，对企业进行重组需要经银行同意，有许多工作很难操作。地方政府收购这部分资产之后，企业的改制重组相对较为便捷。地方政府将对债权企业进行重组，引进一些投资机构承接运营这部分资产，比如对买入的资产进行债务重组，然后出售给一些投资机构；其二，也可能委托这些机构对资产进行运作；其三，通过这些投资机构，再找一些投资人共同购买这些资产。

需要指出的是，地方政府由于受财力限制，一次性支付收购资金的困难相对要大。而较为可行的方案是，地方政府分批接收不良资产，接收一笔付清一笔，以消除其财政压力。

（六）打包处置（拍卖、招标出售）方式

打包处置是将一定数量的债权、股权和实物等资产进行组合，形成具有某一特性的资产包，再将该资产包通过债务重组、转让、招标、拍卖、置换等手段进行处置的方式。商业银行通过此种方式可以实现不良资产的批量处置。

通过打包处置不良资产，商业银行可以一次性处置十几亿元、几十亿元甚至上百亿元的不良资产，实现快速批量处置的目标，并可以节约不良资产处置成本。与以往的单笔不良资产处置相比，打包处置可以尽快改善商业银行的资产结构，提高资产质量，增加经营效益。近年来，建设银行借鉴国际经验，积极探索创新不良资产处置方式，加快了处置不良资产的步伐。其中，公开拍卖抵债资产、启动公开竞争性招标出售项目，成为建行处置抵债资产的主要方式，这些处置手段已经为建行资产质量的提升带来明显效果。

这类方式的最大好处在于能够迅速减少不良资产存量，获得一部分现金，从而可以继续盘活和处置不良资产。由于它们具有适用范围广、对象条件要求低、处置的配套环境比较完善等优势，所以目前得

到银行和 AMC 的广泛采用。但是，打包处置方式也存在一些缺陷：首先，打包处置定价高了会使不良资产“烂”在银行或 AMC 手中，定价低了又会导致国有资产流失，影响不良资产回收价值最大化的实现；其次，处置损失比较严重，并且是一次性处置，银行对不良资产后续收益不再享有分配权；同时，拍卖、出售等方式都不可避免会造成企业的破产或导致新企业为取得效益而减员增效，这部分职工的下岗分流就成为增加的社会成本，使得银行和 AMC 在处置不良资产时的现金回收至多不超过 50%。

（七）吸引外资方式

外资介入国内不良资产处置的正式文件是 2001 年 10 月由财政部、中国人民银行以及当时的外经贸部发布的《金融资产管理公司吸收外资参与资产重组与处置的暂行规定》，该规定明确指出：资产管理公司可以通过吸收外资对其所拥有的资产进行重组和处置。

利用外资是十分重要的处置方式之一。由于我国不良金融资产总量很大，但不良金融资产的交易市场发育程度却很低，国内市场容量有限。要想加快处置，提高处置效率，就必须吸引包括外资在内的国内外投资者参与处置不良资产。信达资产管理公司作为承担试点任务的中国第一家金融资产管理公司，在利用外资方面进行了大胆探索和实践，取得了一定成果。在处置蚌埠热电厂项目中信达资产管理公司引进了美国战略投资者，以合资方式对蚌埠热电厂进行财务安排和资产重组，不仅一举收回 870 万美元，解决了蚌埠热电厂长期拖欠的金融债务问题，化解了金融风险，而且引进外资后新成立的合资公司开始盈利，收到了投资者、债权人、债务人“三盈”效果。这是我国金融资产管理公司引进外资参与处置不良金融资产的第一个成功项目。

然而，银监会推出的一份关于四大资产管理公司利用外资处置不良资产的调研报告，则显得不容乐观。据银监会统计，截至 2003 年末，四大资产管理公司先后 13 次利用外资处置不良资产，涉及贷款本金及表内利息达825.27亿元，回收现金25.33亿元。其中，向外资出售不良资产428.39亿元，回收现金10.7亿元，与外资合作处置不良资产396.88亿元，已回收现金14.63亿元。① 这意味着，外资参与处置不良资产的平均回现率仅为3%，远低于四大资产管理公司自身20%左右的总体平均回现率。但在利润的较量中，外方已经旗开得胜。以2001年华融按8%的现金回收率出售108亿元资产包给摩根士丹利投标团为例，若按保守估计约20%的回现率，摩根在这笔生意中将获利10亿元以上。因此尽管看起来更像是"赔本买卖"，中外各方的合作仍旧如火如荼。从2001年11月到2004年1月，华融资产管理公司共向外国机构投资者出售不良资产367亿元，占该公司累计处置不良资产总数的25.23%。四大公司天然地强调对外处置所带来的短期现金流，而外国机构投资者也乐于通过买来的资产包低成本进入尚处于管制的行业。

一些业内人士认为，国际投行在取得中国的不良资产后，目的不是为了处置，而是单纯为了投机赢利。现实中，为了加快处置速度和简化处置手续，资产管理公司通常以大资产打包出售。由此带来的问题是，国内投资者的资金能力有限，却不得不面对由少数几家国际投行竞标的局面；另外，由于国内投资者可能真正考虑到怎样盘活企业，而不光是为了转手倒卖，因此可能给出更高的价格。换言之，国际投行大多是以很低的价格获取资产管理公司出售的不良资产的。与此同时，税收也是不良资产处置中的一个敏感话题。目前国际投行参与国内不良资产处置，可以享受很多税收优惠政策，如免收营业税、印花税，减收所得税等。凡此种种，使得他们轻而易举便获得了数亿甚至数十亿人民币的利润。这些巨额利润之后又被兑换成美元汇出境外，进而从中国的GDP中消失。

无独有偶，来自国家审计署的审计报告同样指出，我国"资产管

① 数据来源：银监会网站。

理公司普遍存在违规低价处置资产现象”。[①] 2004年审计中共发现资产处置过程中违规和不规范问题272.15亿元，主要表现为评估、拍卖环节管理不严，走过场，有的甚至虚假操作、故意低价处置。[②] 由此不难看出，参与不良资产处置成为外资进入中国市场效益最高、成本最低的一种路径。而金融资产管理公司将不良资产低价打包向外资机构批发，从某种程度上讲有可能导致国有资产流失。

（八）资产证券化方式

长期以来，中国处理不良资产很大程度上采用的是“逐步清收、挨门追讨”的传统方式。而西方国家在通过资产证券化方式处置不良资产、化解金融系统风险方面成效显著，积累了许多成功经验，值得借鉴。

资产证券化可以增加金融资产的流动性，也有助于加快处置不良资产进程。不良资产的“不良”并不是资产没有价值，而是因为资产不能按当初的合同约定定时定额回收。由于这一根本上的不同，不良资产证券化交易使衍生出的资产类型可能较为多样。经过谨慎周密的资产价值分析、变现能力和进度分析，妥善安排信用提升的措施后，不良资产证券化可以增加金融资产的流动性，有助于解决商业银行资本充足率不足等问题，也可以为资产管理公司处置不良资产提供一个新的工具。

为了加快不良资产的处理速度，2004年上半年，华融资产管理公司宣布对其接收的不良贷款中的部分抵押贷款以及已过户到公司名下的房地产类资产进行证券化操作，还聘请了经验丰富的韩国资产管理公司为特别顾问，计划推出“资产支持债券”的全新债券品种，以建立起一个银行不良资产二级交易市场，并以与国外投资者组建合资

---

① 新华社，2005年6月28日。

② 新华社，2005年6月28日。

公司的方式加快处置持有的不良资产。与此同时，其他几家资产管理公司和国有商业银行也都作了相应的积极准备。可以说，不良资产的证券化在我国进入了议事日程。2004 年 7 月 30 日，中国首例不良资产证券化项目——工行宁波分行 26 亿元不良资产证券化项目得以完成，并在 9 月底得到了监管部门的高度评价。

不良资产证券化可以通过批量剥离而加速不良资产风险转移，降低银行的财务负担，增强不良资产的流动性，有利于不良资产的科学定价和处置的专业化。概言之，资产证券化能分散银行资产的地区或行业风险，有效控制银行的利率风险、信用风险和流动性风险，为化解银行巨额不良资产带来的金融风险、缓释金融危机提供路径，这对我国金融改革与发展具有重要的现实意义。但是目前而言，资产管理公司持有的不良贷款要想通过证券化的方式成功化解，还存在一系列的障碍：

首先，其贷款与证券化对资产的质量要求相去甚远。据专家估计，目前金融资产管理公司持有的不良债权，相当一部分由于体制原因并经过长期“沉淀”已经没有什么价值，也根本不可能产生现金流。剩下的一部分尽管还有可能产生收益，但也因国有企业经营每况愈下，其价值大打折扣，能否产生稳定的收益现金流量最终还取决于国企改革的进程，以及在此过程中复杂的企业资产重组效果，具有很大的不可测性和不稳定性。更重要的是，目前金融资产管理公司持有的不良贷款大多数属于信用贷款，没有任何抵押品和担保品，这种资产几乎不可能进行有效的证券化处理。

其次，中国缺乏大量、持续、稳定的长期资金供给。资产证券化作为一种融资方式，需要有稳定的资金来源或资金供给，也就是要有比较稳定的对于资产证券化的需求。从发达国家的情况来看，资产证券化的最主要投资者是机构投资者。因为由于资产支持证券的复杂性，个人投资者没有能力对自己投资的证券进行深入细致的分析，无法凭自己的专业知识对投资可能带来的后果作出判断，无法回避投资风险，无法进行投资组合以自觉地防范风险，没有条件及时根据市场的变化而对自己的投资策略进行科学的调整。因此，个人投资者不可能成为资产支持证券的主要投资者。而中国目前能够参与证券投资的机构投资者数量很少，他们能够真正用于投资的资金规模也很有限，这就直接制约了资产证券化的进行。

另外，将不良贷款证券化所需的会计制度、税收制度、法律制度、信用评级、专业人才等一系列条件中国都尚不具备。因此，资产证券化在我国实施还面临诸多制度约束和现实挑战。

（九）小结

由于东北地区的特殊历史情况，用常规手段显然已经无法彻底解决巨额不良资产问题。因此，在具体处置过程中，应当“区别对待，对症下药，多管齐下，合力出击”：

针对事实上已经损失的政策性不良贷款，可考虑由国家财政代为发行“振兴东北特别国债”，采取专项核销、集中核销等方式予以解决。而对有盘活潜力的政策性不良贷款，不妨实施二次剥离，以公开竞价方式交由四大资产管理公司专门处置，国家相应出资弥补银行资本金。中央政府注资与不良贷款剥离可以看成是对东北历史欠账的补偿和为区域金融稳定的买单，但这决不能固化为一种特定机制和常规模式。

作为处置银行不良资产的一种方式，银行核销呆坏账方式虽然从某种意义上“解放”了企业，但却直接影响了银行账面盈利情况。而随着中央明确允许商业银行“进一步采取灵活措施处置不良资产”、“自主减免贷款企业表外欠息”等相关政策的出台，东北地区可充分运用政策优势，建立以银行为主的债务重组机制，采用债转股、债务打折、债务延期、债务减免息、资产置换、兼并重组、折价出售等多种途径，加快国有企业重组步伐和不良资产处置进度。对于发展前景较好的企业，通过发行特种企业债券、将部分银行不良贷款转化为企业债券债务，也不失为一种选择。

不仅如此，解铃还得系铃人。在东北地区不良资产处置过程中，地方政府的作用是不可或缺的。现阶段，商业银行与地方政府共同合作处置不良资产的典型案例不乏其有，而借鉴部分城市商业银行的成功经验，允许地方发行政府债券，部分或全部置换地方中小金融机构的不良贷款，同样势在必行。需要指出的是，倘若地方政府能够大规模脱离直接从事经济的私人领域而去认真管理公共事务、尽力提供公共产品，为处置不良资产创造良性的信用、法律和市场环境，那么当地金融生态就会好转。从这个意义上讲，完善东北金融生态环境，重振东北经济雄风，地方政府责无旁贷、任重道远。

勿庸置疑，更多采用市场化的手段处置不良资产是一种现实的逻辑必然。因此，设立区域性的证券交易中心和不良资产处置机构，以此为平台，为不良资产打包出售、资产证券化甚或地方政府债券、企业特种债券发行提供相应场所，乃是东北地区的当务之急。而以更加开放的姿态积极鼓励、引进国内资本和外国资本平等参与东北国企改制和不良资产处置，则可彰显、考量东北老工业基地的勇气与智慧。

本文参考文献：

1. 贾康、周雪飞：《转型时期中国金融改革与风险防范》，中国财政经济出版社 2003 年版。

2. 阎坤、周雪飞：“透析中国转型时期的‘特殊金融谜团’”，《财贸经济》，2003 年第 1 期。

3. “国资委：国企改革仍面临四大难题，处于攻坚阶段”，新华网，2005 年 1 月 18 日。

4. “我国 1828 户国有困难企业亏损额达到 1221 亿元”，新华网，2005 年 4 月 27 日。

5. “银监会直面 3%超低回现率，不良资产外卖掉入定价陷阱”，《21 世纪经济报道》，2004 年 6 月 24 日。

6.《金融时报》，2005 年 2 月 5 日。

7.“深港地下钱庄调查”，《环球财经》，2004 年第 10 期。

8.“探索国有商业银行批量处置不良贷款的新途径”，《中国金融》，2004 年第 24 期。

9.“工行上报不良资产剥离计划”，《21 世纪经济报道》，2004 年 6 月 24 日。

10.《中国财政年鉴》(2002)，中国财政杂志社。

11.《中国金融年鉴》(历年)，中国金融出版社。

阎坤　周雪飞

隐名持股的法律瑕疵及其对银行机构风险和国家金融安全的影响

内容提要

金融市场由于涉及到国家安全，在任何国家都是属于政府特别监管的产业，具有一定的垄断性，属于外资竞相追逐的领域；另一方面由于涉及到国家安全，WTO 成员国都是在对等的基础上开放金融市场，按照互惠的原则给予国民待遇，实现有条件的国民待遇原则，对外资的进入和持股比例都有政策和法律上的限制。金融市场的垄断性和稳定的赢利性，激励外资的进入并力图掌握控股权和控制权，为此，为规避政策和法律上的持股比例限制，隐名持股或者间接持股的现象开始出现。本文通过对高盛隐名持股高华证券和间接控股高盛中国的案例分析，揭示了隐名持股中所提出的法律问题，以及金融机构，特别是商业银行在隐名持股中的法律瑕疵，及其对银行机构风险与国家金融安全的负面影响。本文的观点是：第一，隐名代理在中国的法律规定与隐名持股难以兼容；第二，隐名持股不利于规范和确定与包括其他股东在内的第三人之间关系，与股权的法律特性也不相符，影响到法人治理结构和风险内控制度的完善；第三，商业银行中居民存款和债权人利益特殊保护的特点，要求隐名持股必须具有特别的法律限制，且应该包括在政策或者法律规定的持股比例限制的范围之内，受到法律的有效规范和调整。

一、境外证券公司在中国隐名持股的案例及其所提出的问题[①]

高盛证券接管重组海南证券公司和合资成立高盛中国的安排，被业内认为可能是外资隐名持股并控股中资金融机构的典型案例。高盛一方面借钱给方风雷等6人，以方风雷等6人的名义在北京设立三家公司（以下简称三家公司）与联想集团合资接管海南证券公司，两者分别占75%及25%股份，接管后的证券公司改名为高华证券。进而，高华证券公司又与高盛公司合资成立一家证券公司，叫高盛中国，持

① 资料来自2004年8月15日《新京报》。这里仅是作为案例，为分析商业银行中的隐名持股提供方便，揭示商业银行隐名持股所包含的法律问题。

股比例分别为67%及33%。在这个计划中，高盛投资1.9亿美元，其中3000万美元获得高盛中国33%股权，1亿美元将用作借给方风雷的贷款及协助其成立接管证券公司，其余6000万美元将用作偿还海南证券公司接管前的债务。据悉，高盛与方风雷等在协议中有回购和选择权的约定：一旦中国的政策允许，高盛有权获得方风雷及其团队在高华证券的股份，实行直接管理控制。高盛在高盛中国中占股33%，其余股份由高华等“中方”持有，符合《外资参股证券公司设立规则》中，外资持股比例不能超过1/3的规定。

案例中，高盛实际上是隐名持股人，方风雷等实际上属于代理人，高盛对方风雷等的“慷慨解囊”，表面上虽然对接管后的高华证券公司乃至合资成立的高盛中国的持股比例没有超过1/3，但实际上是高华证券与高盛中国的绝对隐名控股人。通过隐名持股的安排，高盛隐名持有高华证券75%的股份，又间接持有合资证券公司—高盛中国50.25%的股权，直接持有高盛中国33%的股权。形式上看属于相对控股，可以合并报表，实际上属于绝对控股。

隐名持股的价值在于：第一，规避了政策法律对外资在金融机构中持股比例的限制，避开监管层的管制；第二，以相对控股为名实际控股，增强了控股人的控制力，两者的区别就是，一旦绝对控股，没有控股股东的同意，其他股东就不能通过相互转让或者恶意收购取得公司的控股权；第三，股权集中度越高，监管难度越大，监管程度越弱，控股股东的控股权溢价、收益率以及对中小股东的剥夺率就越高，相关机构的风险以及对国家金融安全负面影响就越大。

因此，隐名持股，除了上述方风雷等向高盛借款涉及到中国对外举债的管理秩序与人民资本项目下监管外，至少还涉及到如下重要的关系：第一，隐名持股人与名义持股人之间的委托代理关系；第二，隐名持股人和名义持股人与相关股东以及目标公司之间的关系；第三，隐名持股人和名义持股人与目标公司债权人之间的关系；第四，隐名持股人和名义持股人与目标公司所在国政府之间的关系。后面三类关系又可以简称为隐名持股人和名义持股人与第三人之间的关系。

应该说，能否使这些关系建立在权利义务平等而且合法的基础上，既能够保护各方的合法权益，又能够维护国家的金融秩序和效率，是决定是否允许隐名持股和允许什么种类的隐名持股的客观依据和法律基础。特别值得强调的是，当隐名持股与商业银行联系在一起时，直接涉及到居民存款的保护和银行机构风险的暴露，显得更加复杂，金融监管和国家资本项目的监管难度更大，法律条件应该更高，法律限制应该更加严格。

二、隐名代理在中国的法律规定与隐名持股难以兼容

（一）隐名代理与间接代理在中国的法律规定

隐名代理，最早发源于18世纪的英国，是英美法系独特的制度。根据代理关系，即代理事实与本人[①] 身份状态公开的程度，隐名代理在英美法中，被分为部分隐名与完全隐名两种类型：第一，不公开本人姓名的代理，又称为部分隐名代理，指不明示以本人名义，但明示为本人利益与第三人为意思表示的代理；第二，不公开本人身份的代理，又称为完全隐名的代理，指既不明示以本人名义，也不明示为本人利益，而是以自己的名义与第三人为意思表示的代理。间接代理，大陆法系中的代理制度分为直接代理与间接代理。根据代理人是否以本人的名义与第三人进行活动以及代理行为的效果是否直接对本

① 本人，也就是委托人，两者属于同一概念，前者是英美法上的称呼。本人均与委托人作为同一概念，在本文中，交叉使用。

人发生效力为标准，将代理分为直接代理[①] 和间接代理。以代理人自己的名义，为委托人利益而与第三人发生法律关系，其法律效果首先对代理人发生效力，然后依代理人与委托人之间的内部关系，而转移于本人的制度，称为间接代理。

我国现行的《中华人民共和国合同法》（以下简称《合同法》）第四百零二条和第四百零三条借鉴了英美法和大陆法系的规定，突破了《民法通则》的局限，在委托合同一章中，规定了隐名代理或者间接代理制度；合同法第二十二章，自第四百一十条到第四百二十三条专门对行纪进行了规定。合同法第四百二十三条规定，本章关于行纪没有规定的，适用委托合同的规定。合同法第一百二十三条规定，“其他法律对合同另有规定的，依照其规定”，合同法第一百二十四条规定，“本法分则或者其他法律没有明文规定的合同，适用本法总则的规定，并可以参照本法分则或者其他法律最相类似的规定”。行纪[②]与信托[③]，作为隐名代理或间接代理制度的特例，予以专门的规定或者立法。表明我国合同法中，将隐名代理与间接代理作为同一类别相互适用，本人介入权和第三人选择权、抗辩权在隐名代理和间接代理

---

① 以委托人的名义与第三人发生法律关系，且法律后果直接对委托人发生效力称为直接代理。

② 所谓行纪是一方当事人（行纪人）接受他方当事人（委托人）的委托，以自己的名义为他方利益，从事代购、代销、寄售等活动并获得相应报酬的行为。行纪与信托极为相似，行纪人与受托人都是以自己的名义为他人的利益从事交易活动。信托是指委托人基于对受托人的信任，将其财产权委托给受托人，由受托人按委托人的意愿，以受托人的名义，为受益人的利益或特定目的，进行管理或处分的行为。行纪与信托二者之间有联系但也存在重要区别：(1) 设立信托必须有确定的信托财产，行纪不以交付财产为成立要件。(2) 财产的性质不同。信托财产具有独立性，有别于委托人、受托人和受益人的自有财产。行纪关系中，行纪人为委托人购买或者出售的财产，其所有权都属于委托人。(3) 第三人的地位不同。受托人依据信托文件管理、处分信托财产，享有自主权。行纪人实施委托的事务的范围通常限于代他人买卖业务，并且要遵守委托人的指示。行纪人未经委托人授权将财产出售给第三人的，第三人通常不能获得财产的所有权；受托人将信托财产出售给第三人的，第三人可以获得财产的所有权。

③ 中国信托法第 2 条规定。

中都可以适用。但笔者还是认为，信托中本人介入权与第三人的选择权以及本人与第三人相互抗辩权的取得，除了类推适用上述合同法的规定外，应该在信托契约中，对其类推适用进行约定，作出明确的意思表示，选择权和介入权以及相关的抗辩权才能确定，否则，还是容易产生争议。

（二）介入权与选择权存在着制度上的缺陷，不利于利益平衡和秩序维护

为了维护委托人和第三人的权益，合同法第四百零三条分别规定了介入权与选择权和抗辩权。本人介入权，合同法第四百零三条第一款规定，受托人因第三人的原因对委托人不履行义务，受托人应向委托人披露第三人，委托人因此可以行使受托人对第三人的权利，但第三人与受托人订立合同时如果知道该委托人就不会订立合同的除外。这一法律规定的缺陷表现为行使介入权前提条件的选项太少，限制条件也不全，影响到本人介入权的行使。如合同法规定：行使介入权的前提条件是“受托人因第三人的原因对委托人不履行义务”，但未将其他条件也作为选项，如：受托人破产，受托人不愿意披露第三人等。同时，作为介入权的限制条件仅仅有第三人反对委托人存在的消极意义上的选项，却没有第三人对代理人信赖，以及委托人行使介入权将与代理人与第三人订立的合同中的明示或默示条款相抵触，就不得行使等积极意义上的选项。

第三人选择权，合同法第四百零三条第二款规定了第三人的选择权：受托人因委托人的原因对第三人不履行义务，应向第三人披露委托人，第三人因此可以选择受托人或委托人作为相对人主张其权利，但第三人不得变更选定的相对人。选择权的立法缺陷同样是权利行使的前提条件选项太少。试想，如果受托人不告诉第三人委托人的存在，则选择权就无从行使。如果把第三人行使选择权的前提规定为：“第三人只要得知了委托人的存在，就可以行使选择权”，将会更好的

维护第三人的合法权益。

本人和第三人相互之间的抗辩权，合同法第四百零三条第三款规定的是抗辩权：委托人行使受托人对第三人的权利的，第三人可以向委托人主张其对受托人的抗辩权。第三人选定委托人作为其相对人的，委托人可以向第三人主张其对受托人的抗辩以及受托人对第三人的抗辩。其立法缺陷是，委托人可以向第三人主张其对受托人的抗辩的规定不利于保护第三人的权益。因为未披露的本人在自己的身份披露以前，本人与代理人的内部关系不足以形成对第三人主张的抗辩。

显然，本人与第三人利益的不能有效保护，影响到隐名代理制度的功能，也决定了隐名持股中，隐名持股人与名义持股人之间以及他们相互与包括其他股东在内的第三人之间关系的处理和规范上存在着法律上的瑕疵和隐患。

三、隐名持股不利于规范和确定与包括其他股东在内的第三人之间关系，与股权的法律特性也不相符，影响到法人治理结构和风险内控制度的完善

（一）介入权和选择权等主体的不确定性，影响到第三人利益的保护和平衡

就委托人与代理人关系而言，隐名持股若造成股东的不确定性，将导致隐名股东只享受权益而不承担亏损和责任，或者权益享受时，多个主体相争，承担义务和风险时，主体缺位或者不能确定，影响其他股东的利益，使其他股东作为第三人，是否可以行使选择权或者抗辩权，存在着较大的不确定性。隐名股东能否行使介入权，缺乏法律

保障。上述案例中，如果方风雷等投资的三家公司在高华证券中出资不到位或者行使权利时，损害到其他股东的利益，其他股东能否在隐名持股的高盛与三家公司之间行使选择权，法律上存在不完善之处。如：三家公司必须为了第三人的利益披露了高盛作为委托人的情况下，才可以行使选择权，如果他不披露，第三人就不能行使选择权。一旦披露，则三家公司与高盛证券之间内部协议，却又可以成为高盛抗辩包括股东、政府和债权人在内的第三人的依据，显然不利于维护第三人的利益。

（二）隐名持股与股权确定性之间存在冲突

隐名持股，是指投资人实际认购出资，却不在公司的章程、股东名册或其他工商登记材料中记载，相关记载和显示的仅仅的是代理人投资及其作为股东的情况。所谓借用名义投资，是指名义上的投资人尽管并不是实际上的投资人，但名义投资人并不对外公开代理的事实，也不公开具体委托人的行为。而股权，是股东行使权力，承担义务的载体，具有绝对性，一面是权益，一面是责任，是赢利分享与亏损分担的依据，也是权利和义务对等原则的要求。因此，一方面作为股东要通过章程以及股权凭证来确立其股东地位和股东资格，另一方面资本确定、资本真实的原则要通过验资和工商部门的登记，变更要做公告等信息披露等具有公信力的措施来保障，使股东既能行使权益，又要承担亏损。因此隐名持股与股权的法律特征之间存在冲突。

（三）隐名持股，使控制权的形式与内容分离，掩盖了控制权的溢价，也规避了控股股东的诚信义务，影响到公司法人治理和风险内控制度的完善

隐名持股使公司的控股权形式与内容相分离，掩盖了控制权的溢价，控股股东还可以通过并表、表决权等较多地支配公司的公共资源，因此控股权具有较高的溢价，一般为股权价格的30%，且控制

程度越高，溢价越高。如果国有企业与外资股东以同样的价格条件受让某一企业的股权，而将控股权让给外资，同意外资控股权以隐名股东的方式存在，则等于眼睁睁地看着国有资产在给外资“抬轿”的过程中，白白地流失掉。最近媒体普遍关注的某商业银行的救助性重组就是一例：由于外资金融机构旨在争夺控制权，股权溢价高达2.3倍，据说还有不少中国的大型国有企业作为财务投资者与外资金融机构合作。试想，建行股票，作为剥离后的优质资产在境外上市，溢价才1.1倍，不愿意花1.1倍的溢价买优质资产，却愿意花2.3倍的价格，与外资一起去买一个问题银行的劣质资产，而且回报期还需要15年，属于典型的“付的是金价买的是黄铜”，实在令人费解！但由于隐名持股，分离了控股权的形式与内容，麻痹国资部门的监管和审批；另一方面，《股份制商业银行公司治理指引》第八条至第十条及公司法的相关条款，都对大股东有诚信义务的规定，即忠诚义务和注意义务，要求大股东不得占用公司资金、或者用担保和非正常价格的关联交易等方式转移公司的资源，损害中小股东的利益，更不得用内部贷款、转移存款等方式，损害银行的利益。银行更不能参与洗钱，否则构成违法犯罪，冲击国家的金融秩序。但是由于形式与内容的分离，控股股东处于隐蔽状态，公司法和相关法律对隐名持股的大股东的义务难以规范和约束。同时，控股股东不需履行控股东的义务，就影响到他对公司管理层的约束和监督，导致管理层的代理成本和经营风险的扩大。

《公司法》第二十条关于“法人人格否定”部分规定：公司股东滥用股东权利损害公司或者其他股东的利益或者滥用公司法人独立地位和股东有限责任损害公司债权人的利益，因此而给相关利益人造成损失的，分别应当依法承担赔偿或者连带责任。但在隐名持股的情况下，由于选择权和抗辩权的不完善以及因为隐名而导致股东的不确定，在追究相应股东的法律责任时，公司的名义持股人成了隐名持股人逃避责任的“防火墙”和“挡箭牌”。显然，隐名持股与公司法人治理结构和风险内控体系的建立和完善的要求之间存在着对抗性的冲突，为金融机构风险特别是银行信用风险的爆发埋下了隐患，威胁到国家的金融秩序和金融安全。

四、商业银行中居民存款和债权人利益特殊保护的特点，要求隐名持股必须具有特别的法律限制，且应该包括在政策或者法律规定的持股比例限制的范围之内

（一）委托人不确定和影响第三人选择权的隐名持股不应适用于商业银行

金融机构负债经营、经营货币资金这一特殊的商品、及其经营活动是以信用为基础，具有诸多不确定性的特点，决定了银行业的内在风险性以及该风险的连带性和扩散性。

根据法人有限财产责任的理论，外资股东只对设立在东道国的银行以出资额为限承担责任。由于金融企业是高负债企业，有限的出资额与多倍放大的负债总额难以匹配，一旦清偿时，存款人的债权极有可能落空，从而诱发金融风险。

银行与债权人和监管机构之间信息不充分或信息不对称，为银行将金融风险或损失转嫁给债权人提供了便利，存在着逆向选择和道德风险。隐名持股，与银行负债经营的特点不相符，以及与银行资本充足率的要求相违背，一方面在解除了外资金融机构的投资入股对风险承担的约束，导致外资金融机构更加片面地追求赢利而忽视风险控制，加速金融风险的暴露的同时，又刺激外资股东在分享银行赢利的同时，却将亏损和风险推给名义持股人，逃避应该承担的股东责任的

可能性。显然，隐名持股导致了商业银行风险承担主体的缺位或者不明确，直接威胁国家金融安全与存款人利益。因此，在商业银行中，笔者认为一方面，或者明确商业银行的股东不允许完全隐名持股，或者明确只能通过信托等能够确定真正的委托人的方式来隐名持股；另一方面，应该明确规定，第三人对商业银行中隐名持股人与名义持股人之间，既可以行使选择权，也可以要求他们两方承担连带保证责任。同时，隐名持股人与名义持股人之间的内部协议，不能作为委托人对抗第三人，行使抗辩权的依据。

（二）适用于商业银行的隐名持股，应该包括在政策或法律规定的持股比例限制的范围之内

2006年2月1日，中国银行业监督管理委员会颁布的《中资商业银行行政许可事项实施办法》开始施行。该办法规定：单个境外金融机构作为发起人或者战略投资者向单个中资商业银行投资入股比例不得超过20%，多个境外金融机构作为发起人或者战略投资者投资入股比例合计不得超过25%。这一规定中持股比例限制当然应该包括合规的隐名持股或者间接持股比例在内。理由是，上述《中资商业银行行政许可事项实施办法》第十一条第二款规定：“境外金融机构关联方的持股比例，应当与境外金融机构合并计算”。所谓关联关系，根据《关联方关系及其交易的披露准则》，在企业财务和经营决策中，如果一方有能力直接或间接控制，共同控制另一方或对另一方施加重大影响，将被视为关联方。隐名持股中的实际投资人，作为信托人与代其持有股份的代理人之间的关系，以及具有选择权安排和约定的协议双方或者多方，如上述案例中方风雷等六人与高盛之间当然属于关联关系，理应合并计算，所代持的股权比例，当然应该包括在法律政策规定的持股比例限制的范围之内。

其次，隐性投资人或者选择权约定的关系人不仅与代理人之间存在关联关系，而且可能成为实际控制人或者一致行动人。所谓实际控

制人或者股份控制人，[①] 根据我国公司法在第二百一十七条中规定：实际控制人是指，虽不是公司的股东，但通过投资关系、协议或者其他安排，能够实际支配公司行为的人；所谓一致行动人，是指通过协议、合作、关联方关系等合法途径扩大其对一个公司股份的控制比例，或者巩固其对公司的控制地位，在行使表决权时采取相同意思表示[②] 的两个以上的自然人、法人或者其他组织。按照法律规定，实际控制、股份控制或者一致行动人，其股份都应该合并计算。同时，他们又属于银监会颁布的《商业银行行政许可事项管理暂行办法》中所言的关联关系，因此，笔者认为，无论是隐名持股还是通过选择权协议约定的间接持股都应当包含在持股比例的限制之内，受到政策和法律的规范和制约。

（三）对法律和政策限制恶意规避的隐名持股，潜伏着巨大的法律风险

1. 以合法的形式掩盖非法的内容属于无效行为

为了恶意规避国家法律和政策的限制，隐名持股中隐名股东的不能确定，使居民的存款利益缺乏保障，国家金融安全面临威胁，属于典型的、我国合同法第五十二条第二项规定的“以合法形式掩盖非法目的”的行为，应该被认定为无效的民事行为。隐名持股人与名义持股人之间协议的无效，除了应该退回业已取得的利益外，还应该就因此而给银行或者第三人造成的损失承担连带赔偿责任。

2. 恶意规避法律和政策的隐名持股可能构成行政许可法中的欺骗或者是不当，有可能引起包括造成国家为外资银行股东买单在内的更加严重的法律后果

---

① 《公司法》分别在第十六条、第二十一条规定了“实际控制人”的义务。

② 采取相同意思表示的情形包括共同提案、共同推荐董事、委托行使未注明投票意向的表决权等情形。

我国《行政许可法》第三十一条规定，申请人申请行政许可，应当如实向行政机关提交有关材料和反映真实情况，并对其申请材料实质内容的真实性负责。同时第七十八条和第七十九条对被许可人涉嫌以欺骗等不正当手段取得行政许可，行政机关应当依法给予行政处罚作出了明确的规定；另一方面，如行政机关涉嫌违法行政许可，给当事人的合法权益造成损害，应当依照国家赔偿法的规定给予赔偿。金融许可，特别是银行隐名股东的许可，一旦存在行政许可上的法律瑕疵，引发银行机构风险，导致银行倒闭或者破产，政府除了国家赔偿外，势必要对居民存款损失承担赔偿责任。

五、结论及建议

综上所述，我认为：第一，商业银行对外资的持股比例与控制权，直接关系到国家的金融控制权与金融安全，又关系到银行的机构风险和存款人利益的保护，2006 年 2 月 1 日生效的《中资商业银行行政许可事项实施办法》第十一条规定：境外金融机构作为发起人或者战略投资者向单个中资商业银行投资入股比例，单个不得超过 20%，多个合计不得超过 25% 的比例限制，是中国对外资参股中资金融机构持股比例第一次公开明确的规定。这一比例限制既是对国家金融安全的维护，也是对 WTO 规则及其承诺的遵守与实现，应该说具有严肃性，不能以任何借口或者作为特例突破这一比例限制。第二，隐名持股的法律瑕疵，决定了隐名持股与银行法人治理结构和风险内控机制之间存在对抗性冲突，同时，商业银行对外资持股比例限制，因为关系到国家的金融控制权和金融安全，具有强制性和刚性的特点，因此，商业银行应该严格限制隐名持股，应该通过对资本金来源的审查、股东资格的审查和审批，防止为规避政策和法律限制的隐名持股的发生。第三，即使作为特例，经过批准，允许在商业银行中通过信托或者具有回购权安排方式的隐名持股，也应该按照上述“实施办法”第十一条第二款的规定，作为境外金融机构关联方的持股比例，与境外金融机构合并计算。任何回避这一比例限制的不合法的隐名持股以及不将合法的隐名持股纳入比例限制范围内的做法，都将构成对中国法律和政策的直接冲突，潜伏着较大的法律风险，应该予以明确禁止。

段爱群